Introduction to Android Application Development

Android Essentials(4th Edition)

Android

应用程序开发权威指南

(第四版)

[美] Joseph Annuzzi, Jr.
Lauren Darcey
Shane Conder 著

林学森 周昊来 译

電子工業出版社
Publishing House of Electronics Industry
北京•BEIJING

内容简介

本书是Android应用程序开发领域的权威之作，由Android系统的资深专家执笔，深入浅出地讲解了Android应用程序开发平台的搭建、Android应用程序开发过程中的点点滴滴，以及应用程序发布的技术要点。书中配有大量的注释和图片来引导读者学习。

本书不仅适合Android应用程序开发工程师阅读，也是系统工程师、测试工程师、项目经理的必备宝典。

图书在版编目（CIP）数据

Android应用程序开发权威指南：第四版 / (美) 安尼兹 (Annuzzi Jr,J.), (美) 达西 (Darcey,L.), (美) 康德 (Conder,S.) 著；林学森，周昊来译. 一北京：电子工业出版社，2015.3

书名原文: Introduction to Android Application Development: Android Essentials, 4E

ISBN 978-7-121-25199-3

Ⅰ. ①A… Ⅱ. ①安… ②达… ③康… ④林… ⑤周… Ⅲ. ①移动终端－应用程序－程序设计 Ⅳ. ①TN929.53

中国版本图书馆CIP数据核字（2014）第297914号

策划编辑：符隆美
责任编辑：徐津平
印　　刷：北京中新伟业印刷有限公司
装　　订：河北省三河市路通装订厂
出版发行：电子工业出版社
　　　　　北京市海淀区万寿路173信箱　　邮编：100036
开　　本：787×980　1/16　印张：40.25　字数：630千字
版　　次：2015年3月第1版
印　　次：2015年3月第1次印刷
定　　价：118.00元

凡所购买电子工业出版社图书有缺损问题，请向购买书店调换。若书店售缺，请与本社发行部联系，联系及邮购电话：（010）88254888。

质量投诉请发邮件至zlts@phei.com.cn，盗版侵权举报请发邮件至dbqq@phei.com.cn。

服务热线：（010）88258888。

❖

谨以本书献给 Cleopatra(Cleo)

——Joseph Annuzzi,Jr.

谨以本书献给 ESC

——Lauren Darcey 和 Shane Conder

❖

目录

第 8 章 布局设计 223

IV Android应用设计要点 293

第11章 使用Android首选项 295

第 14 章 设计兼容的应用 347

V 发布和部署 Android 应用程序 371

第 15 章 学习 Android 软件开发流程 373

附录 B 快速入手指南：Android 模拟器 543

附录C 快速入手指南：Android DDMS 569

致谢

这本书的顺利付梓得益于很多人在多方面的努力，包括 Pearson 教育（Addison-Wesley Professional）集团的小组、技术评审人的专业建议，以及来自家庭、朋友、同事和其他人的支持和鼓励。同时我们也要感谢 Android 开发者社区、Google 和 OHA 组织的远见和专业态度。特别要感谢的是 Mark Taub 对这个版本的信任；感谢 Laura Lewin 在本书背后所做的强有力的支持；感谢 Olivia Basegio 对本书参与者的精密分工和策划；感谢 Songlin Qiu 无数次的审校，以使本书可以顺利出版；还有技术审阅人员：Ray Rischpater 给出了很多有益的建议，Doug Jones 对细节部分有不少改进意见（还有 Mike Wallace, Mark Gjoel, Dan Galpin, Tony Hillerson, Ronan Schwarz 和 Charles Stearns 等人的支持）。Dan Galpin 提供了“小窍门”、“友情提示”和“警告”的清晰图片。Amy Badger 给出了瀑布流的完美描述图。最后，要感谢 Hans Bodlaender 允许我们使用他利用业余时间开发的有趣的字体。

作者简介

Joseph Annuzzi,Jr. 是一名自由软件架构师、艺术家、作家和技术评论家。他是以下几方面的专家：Android 平台，最前端的 HTML5 技术，各种云技术，各种不同的编程语言，灵活掌握多种 framework，集成各式各样的社交 API，修改各种端对端，密码学和计算机图形学的算法，以及创造卓越的 3D 渲染器。他是 Internet 和移动端技术的前瞻者，同时拥有几项正在申请中的专利。他本科毕业于加州大学戴维斯分校的管理经济学专业，辅修计算机科学，并常住在硅谷。

除了技术领域的成绩外，他还曾被媒体发现与国际电影明星共同在黑河沙滩上享受日光浴；他曾在冬天徒步跋涉穿越巴伐利亚森林；沉浸在意大利地中海文化中，同时也亲身经历过发生在东欧的某 ATM 机 (刚好是他乘坐的出租车的下车地点) 暴力犯罪事件。他的生活方式健康且积极向上，他设计出了独特的减肥方式来保持身材，并且很喜欢他的小猎犬，Cleopatra。

Lauren Darcey 在一家小型的软件公司（专注于移动技术，包括 Android、iOS、BlackBerry、Palm Pre、BREW 和 J2ME，同时也提供咨询服务），负责技术方面的领导工作。Lauren 在软件开发领域有超过二十年的专业经验，并且是应用程序架构和商业级移动应用程序开发方面的有名权威。Lauren 本科毕业于加州大学圣克鲁斯分校的计算机科学专业。

她利用大量的空余时间来与痴迷于移动端开发的丈夫一起环游世界。她还是一位天生的摄影师。她的工作成果曾经见诸世界的各类书报中。在南非，她和一条 4 米长的大白鲨一起潜入水中；也曾被困在一大群发疯的河马和大象之间。她在日本时曾被猴子攻击过；也曾在肯尼亚因两只饥饿的狮子而被困山谷；在埃及差点渴死；在泰国经历过政变事件；在阿尔卑斯记录下了她的行程；在德国啤酒城一路买醉；睡在欧洲的摇摇欲坠的城堡中；在冰岛曾把舌头卡在冰山之中（并被一群野生驯鹿看到了)。

Shane Conder 有非常丰富的开发经验，并且在过去十年中一直专注于移动开发和嵌入式开发。他设计并研发了很多商业级的应用程序，目标平台包括 Android、iOS、BREW、BlackBerry、J2ME、Palm 和 Windows Mobile——其中有一些程序已经被安装在世界各地百万级数量的手机中。Shane 在他的技术博客中已经写了很多移动领域和开发平台方面的文章，并在博客圈中“家喻户晓”。他本科毕业于加州大学的计算机科学专业。

Shane 总是拥有最新潮的智能机、平板及其他移动设备。你会发现他经常在研究一些最新的技术，譬如云服务和移动端平台，和其他让人兴奋的、尖端的技术——这些可以极大地激活他的大脑创造能力。他也很享受与其妻子一起畅游世界——即便她强迫他与 4 米长的大白鲨一起深潜，也曾使他在肯尼亚差点被狮子吃掉。他承认自己一定会携带最少两部手机——即便当前都没有网络信号覆盖；他也承认如果当时看到 Laurie 将舌头卡在冰岛的冰山中，一定会掏出他的 Android 手机拍照，然后心中窃喜。他同时也承认是时候要写自己的简历了。

引言

Android 是一个流行、免费、开源的移动端平台，它已经迅速攻占了无线电子世界。本书为软件开发小组提供了很多专业的指导，包括如何设计、开发、测试、调试和发布专业的 Android 应用程序。如果你是一位移动开发的老兵，你可能会关注于开发流程化中的一些技巧，并充分利用 Android 的一些特性。相反如果你是移动开发的新手，那么本书也同样可以帮助你顺利地从传统软件领域过渡到移动端的实现中——特别是我们面对的还是非常有前景的平台：Android。

本书的目标读者

我们在移动领域有很多年的开发经验，并成功运作过不少项目。本书内容既包含了我们从这些成功项目中总结出来的技巧，同时也提供了开发人员从项目设想到最终实现所需要知道的一系列知识。在这里，你可以学习到移动端软件开发流程与传统领域软件开发流程的区别，以及一些可以帮助你节省很多宝贵时间、发现和解决缺陷的实用技巧。不论你面对的项目规模有多大，这本书都适用。

本书的目标读者包括：

- **有志于开发专业的 Android 应用程序的工程师**。本书的大部分内容都适用于那些有 Java 经验，但不一定做过移动端开发的软件人员。对于有些经验的移动开发人员，他们也能从书中学习到如何充分利用 Android 的优势，并了解 Android 系统和当今市面上流行的其他移动平台的本质区别。
- **有志于测试 Android 应用程序的 QA 人员**。无论他们面对的是黑盒还是白盒测试，QA 人员都会觉得本书很有价值。我们专门花几章节的内容来分析 QA 人员所关心的问题，包括如何制定可靠的测试计划、移动端的问题追踪系统，如何管理手持设备，以及如何利用 Android 提供的可用工具来彻底测试应用程序等等。

- **有志于规划和管理 Android 开发团队的项目经理**。项目经理们在整个项目流程中，都可以借助于本书来制定计划，招聘人员，以及运作 Android 项目。我们会讨论项目的风险管理，以及如何让 Android 项目运作得更加顺利。
- **其他读者**。本书绝不仅适用于软件开发者。对于那些想在垂直市场应用领域掘金，或者是想规划很酷的手机应用程序的人，抑或是单纯只是想在他 / 她的手机上找点乐子的业余爱好者，本书也是很好的参考资料。甚至是想评估 Android 是否符合他们需求（包括可行性分析）的商人们，也会在这里找到一些有用的信息。总的来说，任何对移动应用程序有好想法，或者是自己有 Android 设备的人，都可以从中寻找到一些有价值的信息——无论他们是为了赚钱，还是兴趣使然。

本书所要阐释的一些关键问题

本书为读者解答了如下一些疑问。

1．Android 是什么？各个 SDK 版本间如何区分？

2．Android 和其他移动技术有什么区别，开发者又该如何利用这些差异？

3．开发者如何利用 Android SDK 和 ADT，在模拟器或者真机设备上开发和调试 Android 应用程序？

4．Android 应用程序的构造是怎么样的？

5．开发者如何设计出可靠的移动端用户界面——特别是针对 Android 系统？

6．Android SDK 有哪些功能，开发者又该如何正确地使用它们？

7．移动端的开发流程和传统桌面型的开发流程有什么区别？

8．针对 Android 开发的最好策略是什么？

9．经理、开发者或者是测试人员在规划、开发和测试移动应用程序时，应该关注哪些方面的内容？

10．移动小组如何开发出可靠的 Android 应用程序？

11. 移动小组如何为 Android 应用程序打包？
12. 移动小组如何从 Android 应用程序中获利？
13. 最后，作者在本次改版中添加了哪些新内容？

本书的编排架构

《Android 应用程序开发权威指南》（第四版）的重点在于 Android 开发中的一些精华部分，包括建立开发环境，理解应用程序的生命周期，用户界面设计，面向多种类型的设备进行开发，以及设计、开发、测试和发布商业级应用程序的整个软件流程。

本书分为六大部分，下面是各部分的概述。

- 第一部分：Android 平台的概述

这一部分是 Android 的入门，阐释了它与其他移动平台的区别。你会逐渐熟悉 Android 的 SDK 和工具，安装开发工具，以及编写和运行你的第一个 Android 应用程序——在模拟器上或者是在真机中。很多开发者和测试人员（特别是白盒测试员）对这一部分应该会比较感兴趣。

- 第二部分：Android 应用程序基础

这一部分介绍了编写 Android 应用程序的一些设计原则。你会学习到 Android 程序的构造是什么样的，以及如何在项目中导入资源文件，譬如字符串、图像、用户界面元素等。开发者对这一部分应该会感兴趣。

- 第三部分：Android 用户界面设计准则

这一部分对 Android 中的用户界面设计进行了更进一步的分析。你将学习到 Android 中的核心界面元素，即 View。你也可以学习到 Android SDK 提供的很多常用的用户控件和布局。开发者对这一部分应该会感兴趣。

- 第四部分：Android 应用程序设计准则

这一部分讨论了大多数 Android 应用程序会用到的特性，包括使用 preference 来存储程序数据；如何使用文件、文件夹和 content provider。你也可以学习到如何让应用程序在多种设备中流畅运行。开发者对这一部分应该会有兴趣。

■ 第五部分：发布 Android 应用程序

这一部分讨论了完整的移动端软件开发流程，针对项目管理、软件开发人员、用户界面设计人员及 QA 人员提供了很多建议和技巧。

■ 第六部分：附录

这一部分讨论了很多有用的附录信息，帮助你运行和使用 Android 工具——具体而言，包括 Android 开发工具的概述，两个有用的开发工具快速入手指南——模拟器和 DDMS——Android IDE 技巧方面的附录，以及每章节最后的测验题答案。

本次改版所做的修改

当我们开始撰写本书的第一版时，市面上还没有 Android 设备。现如今全球已经有各式各样的 Android 产品了——手机、平板、电子书阅读器、智能手表，以及一些有特色的设备，譬如游戏控制台、Google 电视、Google 眼镜。另外，其他一些诸如 Google Chromecast 之类的设备还可以让 Android 设备和 TV 实现屏幕共享。

与本书第一版本出来时的 Android 平台相比，它已经经历了非常大的变化。Android SDK 有很多新的特性，开发工具也有不少必需的升级。Android 系统作为一种科技平台，已然是移动市场领域的王者。

在这一版本中，我们提供了大量 Android 应用程序体验方面的信息。另外，我们也会讨论很多对 Android 程序自动化测试有价值而且可用的技术，以保证你可以创造出高质量的产品。我们同时也修改了很多章节，并添加了对以 Fragment 为基础的实现途径的描述。但不用担心，读者们仍然会像以前的几个版本一样喜爱最新的这次更新；只是现在它更为强大，覆盖面更广，还加入了不少最佳实践建议。除新增了文字内容外，我们还对所有范例代码进行了升级，并且在最新的 Android SDK 中进行了重新测试（当然，它们是向后兼容的）。我们提供了测验问题来帮助读者确认是否已经很好掌握了章节的学习重点；我们在章节末尾还添加了练习题来让读者可以更深入地理解 Android 系统。有各种不同的 Android 开发社区，而我们的目标就是面向所有的开发者——不管他们的目标设备是什么。这其中也包括了那些希望为几乎所有平台提供服务的开发者。因而一些老式 SDK 的关键部分在本书中仍然被保留了下来——它们很可能对兼容性产生影响。

在这一版本中，我们做了如下改进和升级。

- 包含了最新和最重要的 Android 工具。
- Android 应用程序用户体验这一话题，现在用一个独立的章节来专门分析了，内容包括：不同的导航模式（有代码范例），改进用户体验可以借助的一些技术等等。
- 测试章节有了全新的内容，加入了对单元测试的讨论。同时也会通过一个实用的代码范例来指导读者使用自动化测试技术（很多专业的开发者都会使用这些技术）。
- 一个新的代码范例，以及对如何在应用程序中添加 `ActionBar` 的讨论。
- 对话框这一章节中添加了 `DialogFragment`。
- Android preference 这一章节现在包含了一个代码范例，来讨论如何为“single-pane”和“multipane”布局添加 preference fragment。
- 发布应用程序这一章节也经过了重新设计，重点讨论了如何使用 Google Play Developer Console 来发布你的应用程序，并对控制台的最新特性进行了突出描述。
- 所有章节和附录现在都有小测验和练习题，这样读者可以评估学习成果。
- 所有的范例代码和相应的应用程序都已经升级，以保证可以在最新的 SDK 中运行。

就如你所看到的，我们的讨论覆盖到了与 Android 相关的所有最热门的，也是最让人兴奋的特性。我们重新评估现有章节，更新内容，同时也添加了一些新章节。最后，我们也包含了很多附加的内容、声明——以及，针对各位亲爱的读者朋友们的回馈所做的修正。谢谢你们！

本书所用的开发环境

本书中的 Android 代码是在以下的开发环境中编写出来的。

- Windows 7
- Android ADT Bundle（使用了 `adt-bundle-windows-x86-20130729.`

zip)

- Android SDK Version 4.3, API Level 18 (Jelly Bean)
- Android SDK Tools Revision 22.0.5
- Android SDK Platform Tools 18.0.1
- Android SDK Build Tools 18.0.1
- Android Support Library Revision 18 (如果适用的话)
- Java SE Development Kit (JDK) 6 Update 45
- Android devices: Nexus 4 (phone)、Nexus 7 (small tablet) 及 Nexus 10 (large tablet)

Android 在与其他移动平台的竞争中（譬如 Apple 的 iOS 和 BlackBerry），仍然保持了高速的增长率。不断有各种让人兴奋的 Android 新设备涌现出来。开发者已经把 Android 列为用户今后一段时间的选择重点。

Android 最近的一次平台重大升级，是 Android 4.3——即大家所知的 Jelly Bean，或者 JB——它带来很多在竞争中脱颖而出的特性。本书旨在帮助开发者支持所有市面上流行的设备，而不仅仅是一部分特殊的机器。截至本书编写阶段，大概有 37.9% 的用户的设备运行了 Android 的 Jelly Bean，4.1 或者 4.2 版本。当然，有些设备是通过在线方式进行了升级，有些用户则是购买了新的 Jelly Bean 设备。但是，对于开发者而言他们要面对的是各种不同版本的 Android 平台，以便能覆盖到这一领域的大部分设备。另外，Android 的下一个版本很可能在近期发布。

那么这些对本书意味着什么呢？它意味着我们既要提供对以前 API 的支持，也要讨论 Android SDK 中出现的那些新 API。我们从兼容性角度讨论了支持所有（至少是大部分）用户设备所需要采用的策略。我们提供了截屏图片来重点突出各 SDK 的差异，因为任何大的版本升级在 UI 外观上都会体现出来。换句话说，你应该已经下载了最新的 Android 工具，我们则提供了书本编写时最新的工具的截屏和操作步骤。这是我们在对书本内容进行取舍时所设定的界线。

附加的可用资源

本书中的示例程序可以从书本的官网中下载到，即：*http://introductiontoandroid.blogspot.com/2013/05/book-code-samples.html*。你也可以在本书的官网中找

到其他的 Android 讨论话题（*http://introductiontoandroid.blogspot.com*）。

寻求更多支持信息

你可以在网上找到各种充满活力的、有用的 Android 开发者社区——其中包含了很多对开发者和无线领域研究人员有价值的内容。

- Android 开发者官网：Android SDK 和开发者参考资料
  http://d.android.com/index.html 或 *http://d.android.com*
- Google Plus：Android 开发群组
  https://plus.google.com/+AndroidDevelopers/posts
- Stack Overflow：包含了众多 Android 方面的技术信息，以及官方的支持论坛
  http://stackoverflow.com/questions/tagged/android
- Open Handset Alliance：Android 生产商，运营商和开发者
  http://openhandsetalliance.com
- Google Play：购买和销售 Android 应用程序
  https://play.google.com/store
- Mobiletuts+：移动开发指南，包括 Android
  http://mobile.tutsplus.com/category/tutorials/android
- anddev.org：Android 开发者论坛
  http://anddev.org
- Google 的 Android 应用小组：开源的 Android 应用程序
  http://apps-for-android.googlecode.com
- Android 工具项目：工具小组讨论升级和修改
  https://sites.google.com/a/android.com/tools/recent
- FierceDeveloper：针对无线开发者的每周快报
  http://fiercedeveloper.com
- Wireless Developer Network：无线领域的每日要闻
  http://wirelessdevnet.com
- XDA-Developers 上的 Android 论坛：从最基本的开发到 ROM 制作

http://forum.xda-developers.com/forumdisplay.php?f=564

- Developer.com：提供了以开发者为中心的一系列文章

  http://developer.com

本书的编写规范

本书使用了如下一些规范。

- 代码和编程术语是以 `monospace` 文本的形式提供的。
- Java 的 import 声明、异常处理，以及错误检测通常会从打印书稿中移除掉，以使读者可以将精力放在重点部分，并控制书本内容的长度。

同时，本书也以如下几种形式提供了相关信息。

小窍门

提供了有用的信息或者是建议。

友情提示

提供了额外的、可能很有趣的相关信息。

警告

提供了一些可能的缺陷，以及规避它们的实用建议。

联系作者

我们欢迎各位读者对本书做出评论，提出问题，以及给出反馈。我们邀请你访问如下的博客网址：

- *http://introductiontoandroid.blogspot.com*

或者给我们发送 E-mail：

- *introtoandroid4e@gmail.com*

或者是在 Google+ 中找到我们：

- Joseph Annuzzi, Jr.——*http://goo.gl/FBQeL*
- Lauren Darcey——*http://goo.gl/P3RGo*
- Shane Conder——*http://goo.gl/BpVJh*

I

Android 平台概述

1. Android 简介
2. 搭建你的 Android 开发环境
3. 编写你的第一个 Android 应用

第 1 章 Android 简介

移动开发者社区已经完全认同 Android 是一个一流的操作系统。开发 Android 应用是将移动用户作为目标并想留住用户的商业公司的一个主要方向。移动开发者使用 Android 平台来定义移动应用体验应该是什么样子的。最后，手机制造商和移动运营商已经在 Android 上投入巨资，用于给用户创造一个独特的体验。

在移动开发者社区，Android 已经逐渐成为了一个改变游戏规则的平台。Android 是一个创新和开放的平台，同时，通过不断扩张领域，从先期的使用者到高端的智能设备的顾客，它很好地解决了移动市场不断增长的需求。

本章将介绍 Android 是什么，它是如何被开发的，为什么它会被开发，以及该平台如何融入到已建立的移动市场。本章的前半部分侧重于历史，后半部分将介绍 Android 平台是如何运行的。

1.1 移动软件开发简史

要了解是什么让 Android 那么引人注目，我们必须研究移动开发是如何发展演变的，以及 Android 和其他竞争对手的平台相比有什么区别。

1.1.1 遥想当年……

还记得当时电话只是电话，我们使用固定电话的号码吗？我们需要跑向电话机，而不是从口袋里把它拿出来？当我们在拥挤的球赛中和朋友们走丢了，等待数小时来期待相聚？当我们忘记了购物清单（图 1.1），必须找一个付费电话或者再次开车回家？

这些日子已经远去了。如今，这些司空见惯的问题都很容易解决：使用一键快速拨号，或者一条简单的文字信息，譬如“你是谁”，“20？”，或者“牛奶和？”

我们的移动电话使我们保持安全和连通。现在我们可以自由漫步，通过手机，我们不但可以和朋友、家人和同事保持联系，手机也可以告诉我们可以去哪里，做什么，如何去做。如今，即使是最简单的事情，手机也往往参与其中。

图 1.1　移动电话开始成为一个重要的购物附件

考虑下面的真实故事，略有夸张：

在一个温暖的夏日夜晚，我在新罕布什尔州乡村的新家里高兴地做着晚餐，一只蝙蝠掠过我的头顶，把我吓得半死。

当我低头躲避的时候，我做的第一件事情是拿出我的手机，发送一条文字信息给那时在全国各地跑的丈夫。我写道，“屋子里有只蝙蝠！”

我的丈夫没有马上回复（那时我认为这是一个值得离婚的事件）。所以我打电话给我的爸爸，并询问有没有摆脱蝙蝠的建议。

爸爸笑而不语。

我有些生气，我用手机拍摄了一张蝙蝠的照片，并把它发送给丈夫和发表到我的博客上，并对丈夫感到愧疚。同时我告诉全世界我的家中偶遇野生生物的奇妙遭遇。

最终，我在 Google 上搜索“摆脱蝙蝠”，并按照网上提供的这种情况的指导操作并得到帮助。我还了解到，八月下旬往往是蝙蝠宝宝第一次离开栖息处，并学习飞行的时间段。我马上意识到我手中的是蝙蝠宝宝，所以我冷静地拿出扫帚，将蝙蝠赶出了我的屋子。

问题解决了——我在我信赖的手机的帮助下完成了一切，我的 LG VX9800。

这个故事说明什么？今天我们没有道理不将移动设备称之为智能手机。因为它们几乎可以解决任何问题——我们现在依靠它们做一切事情。

注意到这个故事里使用了五六个不同的移动应用程序。每个应用程序是由不同的公司开发的，并有着不同的用户界面。有一些是精心设计的，有一些不是。有一些应用程序是收费的，其他的则是免费下载的。

从用户的角度来看，这些经历是有用的，但并不令人激动。从移动开发者的角度来看，创造一个无缝和强大的能处理所有执行任务的应用程序似乎是一个机会，甚至是创建一个更好的蝙蝠陷阱，如果你愿意的话。

在 Android 之前，移动开发者在编写应用程序时面临着很多障碍。用熟悉的方式构建更好的应用，独特的应用，有竞争力的应用，混合的应用，组合了许多常见的任务，譬如发送信息和打电话，往往是不现实的。

要理解为什么会这样，让我们先来简单了解手机软件开发的历史。

1.1.2 “砖”

Motorola DynaTAC 8000X 是第一款商用便携式手机。它于 1983 年推出，尺寸为 13 英寸 ×1.75 英寸 ×3.5 英寸，大约 2.5 磅重，它能让你通话半小时多的时间。它的售价为 $3,995，并需要加上可观的月租费和按分钟计的话费。

我们称之为“砖”，这个绰号伴随着许多早期的喜欢或是憎恶的手机。砖的大小，电池只能支持半次的谈话，这些早期的手机大多见于旅游中的公司高管，证券人员和富人的手中。第一代的移动手机太昂贵了，单是服务费就会让一般人破产，特别是在手机漫游的时候。

早期的手机没有功能特别齐备的（即使是 Motorola DynaTAC，见图 1.2，拥有许多我们早已知晓的按钮，譬如发送、结束和清除按钮）。这些早期手机的功能仅仅比拨打和接收电话多一点。如果你够幸运的话，使用一个简单的联系人程序不是不可能。

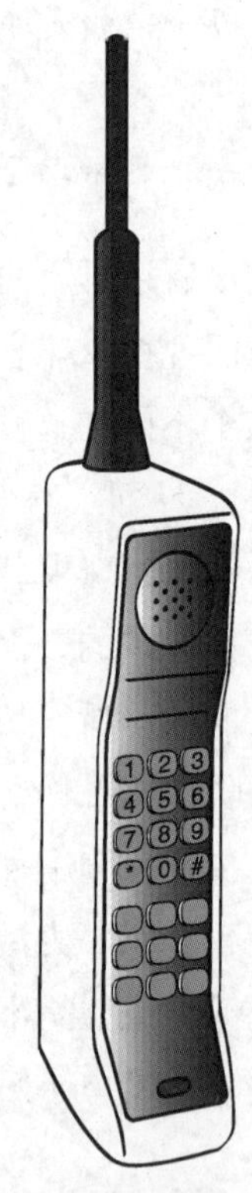

图 1.2　第一部商业化的移动电话：Motorola DynaTAC

第一代移动电话是由手机厂商设计和开发的。竞争非常激烈，商业机密被严密保护。手机制造厂商并不想暴露手机的内部工作情况，所以他们通常在内部开发手机软件。作为一个开发者，如果你不是小圈子里的成员，你将没有机会为手机编写应用程序。

正是在这一时期，我们看到了第一个“消磨时间”的游戏开始出现。Nokia以将 20 世纪 70 年代的视频游戏移植到了早期的单色手机上而闻名。其他制造厂商纷纷效仿，增加了不少游戏，譬如：乒乓弹球、俄罗斯方块以及井字棋。

这些早期的设备也有一些缺陷，但有一点很重要——他们改变了人们交流沟通的认识。随着移动设备价格的降低，电池的改进，信号接收区的增长，越来越多的人开始携带这些便携式设备。不久之后，移动设备就不仅仅是一个新奇设备了。

客户开始渴望有更多的功能和游戏。但这里有一个问题。手机制造商并没有动机或者资源去制作用户想要的每一个应用程序。他们需要通过一些方法提供一个门户网站以提供娱乐和信息服务，而不是允许用户直接访问手机。

有什么比互联网更好的方法来提供这些服务吗？

图 1.3　不同的手机外形：直板手机、滑盖手机和翻盖手机

1.1.3　无线应用协议（WAP）

事实证明，允许手机直接访问互联网并没有很好的扩展移动设备。

直到现在，专业的网站五光十色，充满了文字、图片以及其他类型的多媒体。这些网站基于 JavaScript、Flash 以及其他技术来提高用户体验，而且它们的设计分辨率往往是 800 × 600，甚至是更高的分辨率。

第一个翻盖手机，Motorola StarTAC，于 1996 年发布。它只有一个 LCD 屏幕来显示独立的数字（后来的机型增加了点阵式显示方式）。同时，Nokia 发布了首款滑盖手机，8110——被亲切地称之为“黑客帝国手机”，因为该款手机在电影中被大量使用。8110 可以显示 4 行文件，每行能显示 13 个字符。图 1.3 显示了一些常见的手机外形。

邮票大小的低分辨率屏幕、有限的存储空间和处理能力，这些手机并不能处理传统 Web 浏览器所需要的大量数据。同时，数据传输所需要的带宽对用户来说也十分昂贵。

无线应用协议（WAP）标准的出现解决了这些问题。简而言之，WAP 是一个万维网骨干协议——超文本传输协议（HTTP）的精简版本。不同于传统的 Web 浏览器，WAP 浏览器被设计用于在限制内存和带宽的手机中运行。第三方 WAP 网站提供了用无线标记语言（WML）编写的网页。这些网页能在手机的 WAP 浏览器中显示。用户就像在 Web 上浏览网页，虽然这些网页设计更为简单。

WAP 解决方案对于手机制造商来说是十分重要，他们的压力大大减轻——可以在手机上自带一个 WAP 浏览器，然后依赖开发者来做用户想要的内容。

WAP 解决方案对于移动运营商来说也十分重要，他们可以提供一个自定义的 WAP 门户，引导用户访问他们希望提供的内容，从而收取数据流量费用，这往往很高。

这是开发者首次有机会为手机用户开发内容，得到了一些有限的成果。因为内容的价值有限，用户体验需要提高，这些成果并没有拉动消费者市场。

早期的 WAP 网站往往是著名网站的扩展，譬如 CNN.com 以及 ESPN.com，他们寻找新的方式来扩展它们的读者群。一夜之间，手机用户可以在手机上访问新闻、股票行情和体育比分。

WAP 应用程序的商业化之路是困难的，没有内置的付费机制。这个时期一些著名的商业 WAP 应用出现了，它们包含了简单的壁纸和铃声目录，首次允许用户个性化自己的手机。举例来说，一个用户浏览了 WAP 网站，并请求了一个特定的物品。他以他的电话号码和手机型号填写了一个简单的请求表单。内容提供商根据给定的手机型号发送兼容的图片或者声音。付款和验证则是通过一些附加的支付机制，譬如短消息服务（SMS），增强消息服务（EMS），多媒体消息服务（MMS）和 WAP 推送。

WAP 浏览器，特别是早期的版本，速度很慢，让人有挫败感。通过数字键盘来输入冗长的 URL 是极为困难的。WAP 网页往往很难导航。大部分 WAP 网页往往只写一次，并没有考虑不同手机的区别。无论终端用户是拥有一个大的彩屏手机，还是一个邮票大小的单色屏幕，开发者都不能定制独特的用户体验。这导致了平庸并不吸引人的用户体验。

内容提供商并不为 WAP 网站感到担心，他们往往会在电视和杂志上为短信短码做广告。在这种情况下，当用户发送一个特定壁纸或者铃声的付费短信，内容提供商将内容发回给用户。移动运营商通常喜欢这种传递机制，因为他们能通过短信费用来获取大量利润。

WAP 并没有达到商业上的期望。在某些市场，譬如日本，能蓬勃发展；而在其他国家，譬如美国，却没有繁荣。对于手机上网来说，手机的屏幕太小。一次读完一句话的片段，然后等待数秒下载下一片段，这摧毁了用户体验，特别是因为下载的每一秒都要向用户收费。批评者开始称 WAP 是“等待和付费”。

最后，提供 WAP 门户网站（当你打开 WAP 浏览器打开的默认主页）的移动运营商常常限制 WAP 网站的访问性。门户网站允许运营商限制用户可以访问的网站，显示运营商选择的内容提供商而不是竞争对手的。这种围墙花园的方式进一步打击了第三方开发者，他们无法通过编写应用程序来获得收益。

1.1.4 专有移动平台

很显然，用户想要更多——他们永远想要更多。

编写一个基于 WAP 的健壮的应用程序，譬如包含很多图像的视频游戏，是几乎不可能的。18 ~ 25 周岁的人——拥有可支配收入的小孩很可能会通过壁纸和铃声来个性化他们的手机。他们看着便携式的游戏系统，想要一个兼具手机和游戏机的设备，或者一个包含手机和音乐播放器的设备。他们会提出，如果任天堂的只包含五个按钮的 GameBoy 能提供数小时的娱乐，为什么不增加电话功能？另外一些人看着他们的数码相机、掌上电脑、黑莓、iPod 播放器，甚至是他们的笔记本电脑，也会提出相同的问题。在各种设备的交叉领域似乎很有市场。

内存越来越便宜，电池越来越好。PDA 以及其他嵌入式设备开始能够运行常见的操作系统的精简版本，如 Linux 或者 Windows。传统的桌面应用程序开发者突然变成了嵌入式设备市场的参与者，特别是一些智能手机的技术，譬如 Windows Mobile，他们会感到很熟悉。

手机制造厂商开始意识到，如果他们想要继续销售传统的手机，他们需要改变关于手机设计的一些保护政策，将它们内部的框架一定程度地暴露出来。

传统手机上出现了许多不同的专有平台。一些智能手机运行 Palm OS（后来的 WebOS）和 RIM 黑莓操作系统。Sun 公司拿出了它著名的 Java 平台，出现了 J2ME（现在称之为 Java 微型版，Java ME）。芯片制造商高通开发并授权了无线二进制运行时环境（BREW）。其他的平台，譬如 Symbian 操作系统，是由手机制造商如 Nokia、Sony-Ericsson、Motorola 和 Samsung 开发的。而 Apple 的 iPhone 操作系统（OS X iPhone）在 2008 年加入了这个行列。

这些平台中很多和开发者计划相联系。这些计划保证了开发者社区的小巧、审核，并根据许可协议来确定哪些可以做，哪些不可以做。这些计划往往是必要的，开发者甚至需要付费才能参与。

每个平台都有优点和缺点。当然，开发者喜欢争论哪一个平台是“最好的”（提示：它通常是我们现在开发的平台）。

事实上，没有一个平台取得了胜利。一些平台最适合商业化游戏和数百万收入——如果你的公司有品牌的支持。其他一些平台更开放，适合爱好者或者是垂直市场的应用。对于所有应用程序都是最好支持的平台是没有的。综上所述，移动平台变得越来越碎片化，所有的平台都分享了这块馅饼的一部分。

对于手机制造商和移动运营商来说，手机产品线迅速变得复杂起来。不同平台市场的渗透率随着地区和用户人口而差别很大。为了抢占市场，制造商和运营商必须推出不同的平台而不是使用唯一的平台。我们甚至能看到一些手机支持多种平台（譬如黑莓 10 手机提供了运行时支持 Android 应用程序）。

移动开发者社区和手机市场一样变得碎片化了，几乎不可能追踪所有的变化。开发者开始形成了独特的小圈子。不同平台开发的需求差别很大。移动软件开发者使用完全不同的编程环境，不同的工具，不同的编程语言。不同平台之间的移植很复杂，代价很大。此外，应用程序的测试、签名和认证程序，与运营商相关的管理服务和应用程序市场管理变成了复杂的任务。

对于 ACME 公司来说，想要开发一个移动应用程序是一个噩梦。需要开发一个在黑莓、iPhone 还是 Windows Phone 平台的应用程序？每个人都拥有不同的手机。ACME 必须要选择一个平台，甚至更糟的是，需要被迫支持所有的平台。一些平台允许免费的应用程序，而另一些则不允许。垂直市场的应用程序机会是有限和昂贵的。

因此，很多伟大的应用程序并没有让他们预期的用户使用，而很多伟大的想法没有被开发出来。

1.2 开放手机联盟

搜索广告巨头，Google，现在是一个家喻户晓的名字，Google 已经在很多领域展现了很大的兴趣，包括它的愿景、品牌、搜索、广告收入为基础的平台、为无线市场开发的工具套件等。该公司的商业模式在互联网上取得了巨大的成功。从技术上来说，无线市场并没有什么不同。

1.3 Google 进入无线市场

Google 最初进入移动市场遇到了能想象到的所有问题。互联网用户享受的自由和移动手机的用户完全不同。互联网用户可以选择一系列不同的电脑品牌，操作系统，互联网提供商和网络浏览器。

几乎所有的 Google 服务都是免费和广告驱动的。很多在 Google 实验室的应用程序可以直接和手机上可用的应用程序竞争。这些程序包括简单的日历和计算器程序，利用 Google 地图导航和定制的新闻提醒，还有收购的服务，譬如 Blogger 和 YouTube。

这种做法并没有产生预期的效果，Google 决定采用了不同的方式：改造整个无线应用程序开发的基础系统，希望可以为用户和开发者提供一个更为开放的环境——互联网模式。互联网模式允许用户在免费软件、共享软件和付费软件之间选择。这允许了不同服务之间的自由市场竞争。

1.3.1 开放手机联盟的形成

凭借以用户为中心的、民主的设计哲学，Google 将现存的壁垒森严的无线市场转变为一个手机用户可以在不同运营商之间轻松切换，无限制的运行应用程序和服务的市场。利用其庞大的资源，Google 采用了广泛的方法，研究了无线基础——从 FCC 无线频谱政策，到手机制造商的需求，应用程序开发者的需求到移动运营商的期望。

接着，Google 加入了具有相同想法的无线社区，并提出了如下问题：如何建立一个更好的移动手机？

开放手机联盟（OHA）成立于 2007 年 11 月，并回答了这个问题。开放手机联盟是一个由这个星球上最大、最成功的手机厂商组成的联盟。它的成员包括了芯片制造商、手机制造商、软件开发商和服务提供商。它们很好地体现了整个移动供应链。

Andy Rubin 被认为是 Android 平台之父。他的公司，Android,Inc. 于 2005 年被 Google 收购。OHA 成员们，包括 Google，开始开发一个基于 Android,Inc. 技术的开放式标准平台，旨在缓解阻碍移动社区的上述问题。这就产生了 Android 项目。

Google 在 Android 项目中的参与是如此广泛，以至于谁是 Android 平台的主导（OHA 还是 Google）并不清晰。Google 提供了 Android 开源项目的早期代码，并提供了在线 Android 文档、工具、论坛和软件开发工具包（SDK），供开发者使用。最重要的 Android 新闻来自于 Google。它还举办了多项会议（Google IO、全球移动通信大会和及 CTIA 无线通信展）以及 Android 开发者挑战赛（ADC）。一系列的竞赛用于鼓励开发者编写 Android 平台的杀手级应用——以获取数百万美元的奖励。Google 不仅仅是组织者，更是在平台后面的驱动力。

1.3.2 制造商：设计 Android 设备

开放手机联盟里有超过一半的成员是设备制造商，譬如：Samsung、Motorola、Dell、Sony Ericsson、HTC 和 LG，以及半导体公司譬如 Intel、Texas Instruments、ARM、NVIDIA 和 Qualcomm。

第一部搭载 Android 的手机——T-Mobile G1，是由手机制造商 HTC 和移动运营商 T-Mobile 开发提供，发布于 2008 年 10 月。许多其他的 Android 手机则于 2009 年和 2010 年早期发布。这个平台发展势头很快，到了 2010 年第四季度，Android 开始统治智能手机市场，逐步取代了其他竞争的手机平台，譬如 RIM 的黑莓，苹果的 iOS 和 Windows Mobile。

Google 通常在每年的 Google IO 会议和重要会议上宣布 Android 平台的数据，譬如财务收入。截止到 2013 年 5 月，Android 设备被运往了超过 130 个国家，每天有超过 150 万部新的 Android 设备被激活，总共有约 9 亿设备被激活。广泛的制造商和运营商支持的优势显得卓有成效。

制造商不断创造新一代的 Android 设备——从手机到高清显示器，从管理运动计划的智能手表到专用的电子书阅读器，再到全功能的电视机、上网本，以及几乎所有其他你能想象到的“智能”设备（见图 1.4）。

图 1.4　今天市场上的一些 Android 设备

1.3.3　移动运营商：提供 Android 体验

当运营商拥有设备之后，必须交付给用户使用。包括了北美、南美和中美洲，以及欧洲、亚洲、印度、澳大利亚、非洲和中东的移动运营商都加入了 OHA，从而确保了 Android 的全球市场。拥有近 5 亿用户的电信巨头——中国移动也是联盟的创始成员之一。

大部分 Android 设备的成功往往基于以下一个事实：许多 Android 设备无须

和传统手机一样加上价签——不少手机是由运营商提供免费的激活。而竞争对手，譬如苹果的 iPhone 则受困于无法在低端市场提供有竞争力的产品。这是第一次，一个普通人可以负担得起全功能的智能手机。我们听说过很多人，从待业人员到杂货店的店员，说到他们的生活在收到第一部 Android 手机后变得更好了。而这种现象只能更加剧 Android 处于下风的地位。

制造厂商为 Android 的增长做出了巨大的贡献。在 2013 年 1 月，三星宣布其 Galaxy S 产品线已经在全球售出超过 1 亿台（*http://www.samsungmobilepress.com /2013/01/14/Samsung-GALAXY-S-Series-Surpasses-100-Million-Unit-Sales*）。在 Galaxy S4 发布的一个月后，三星销售了超过 1 千万台设备。

Google 还创建了它自己的 Android 平台，称之为 Nexus。现在的 Nexus 产品线，有三款设备，分别是 Nexus4、7 和 10，每个设备都分别由手机制造合作伙伴 LG、华硕和三星制造。Nexus 设备提供了完整的、真正的 Google 所希望的 Android 体验。许多开发者使用这些设备来创建和测试他们的应用程序，因为它们是世界上唯一能及时更新 Android 最新操作系统的设备。如果你也希望你的应用程序能工作在最新的 Android 操作系统版本上，你应该考虑购买其中的一个或多个设备。

1.3.4 应用程序驱动设备的销售：开发 Android 应用程序

当用户购买了 Android，他们需要杀手级应用，不是么？

最初，Google 主导了开发 Android 应用程序的包，其中有很多，譬如电子邮件客户端和网页浏览器，是这个平台的核心功能。他们还开发了首个成功的第三方 Android 应用程序分发平台：Android 市场，也就是现在的 Google Play 商店。Google Play 商店仍然是用户下载应用程序的主要方式，但不再是唯一的 Android 应用程序分发平台。

截止到 2013 年 7 月，Google Play 商店拥有超过 500 亿的应用程序。这些只考虑了应用程序在该市场分发，没有考虑其他应用程序单独出售或者在其他市场分发的情况。这个数字也没有考虑到在 Android 平台运行的 Web 应用程序。这些为 Android 的用户提供了更多的选择，也为 Android 的开发者提供了更多的机会。

Google Play 商店最近进行了大幅的重新设计，越来越多的工作用来增加展示和销售游戏应用程序。一个 Google 计划增加游戏分发的方式是提供新的 Google Play 游戏服务 SDK。该 SDK 允许开发者在游戏中增加实时社交功能，以及应用程序编程接口（API）来实现排行榜和成就榜单，从而吸引新用户并鼓励老用户。

另一个 Google Play 重新设计的原因是驱动内容销售。用户总是寻找新的音乐、电影、电视节目、书籍、杂志等。Google Play 专注于这些内容来满足用户对这方面服务的需求。

1.3.5　利用所有 Android 设备的优势

Android 的开发平台已经拥抱了很多移动开发社区——远远超过了 OHA 的成员。

随着 Android 设备和应用程序变得越来越容易获得，许多其他的移动运营商和设备制造商转而销售 Android 设备给他们的客户，特别是相对于其他专有平台的成本方面来考虑。Android 平台的开放标准能为运营商减少许可和专利费用，所以我们看到了更多开放设备的迁移。市场已经完全敞开，新用户能够首次就考虑智能手机，而 Android 很好地填补了这一需求。

1.3.6　Android 市场：现在我们在哪里

Android 在各个方面（设备、开发者和用户）持续增长。最近，焦点主要集中在这几个方面。

- **有竞争力的硬件和软件功能升级**：Android SDK 开发者专注于提供竞争对手没有的功能 API，从而保持 Android 在市场上的领先地位。例如，最新发布的 Android SDK 版本增加了重要的功能更新，如 Google Now 的上下文服务。
- **扩展智能手机**：用平板的 Android 用户在增加。市场上搭载 Jelly Bean 的 Android 平台具有不同的尺寸和形状。一些硬件制造商甚至使用 Android 平台作为游戏机、智能手表和智能电视，还有许多其他需要操作系统的设备。

- **提高用户界面功能：**Android 的开发团队将重点从功能的实现转到了提供用户界面的易用性升级和“多彩性”。他们投入巨资来创造更为流畅、更快速、反应更灵敏的用户界面，并更新他们的设计文档，使其成为一流的教程以供开发者来学习实践。这些原则主要围绕这三个目标和用户体验：“陶醉”、“简单”和“与众不同”。依赖这些原则可以帮助应用程序增加可用性。

友情提示

有些人可能会想到移动市场中围绕着 Android 几乎所有成员的法律纠纷。虽然大部分并没有直接影响开发者，但有些，特别是涉及应用内购买的则会有影响。这在任何主流的平台上都会存在。我们在这里并不能提供任何法律意见。我们能给出的建议是保持对法律纠纷的关注，希望一切都好，不只是在 Android 平台，还在其他受影响的平台。

1.4　Android 平台的差异

Android 平台本身被誉为是“第一个完整、开放和免费的移动平台”。

- **完整：**在开发 Android 平台的时候，设计者进行了全面的考虑。他们从一个安全的操作系统开始，在上面建立了一个健壮的软件框架，从而允许在上面开发丰富的应用程序。
- **开放：**Android 平台通过开源许可协议来提供。开发者开发应用程序时可以获得前所未有的访问设备功能的权限。
- **免费：**Android 应用程序可以免费开发。在该平台开发不需要许可费用。没有加入开发成员的费用、没有测试费用、不需要签名或者认证费用。Android 程序可以通过多种方法来分发和商业化。分发你自己的应用程序是免费的，但在 Google Play 商店上上架则需要注册和支付一笔一次性的 $25 费用。（免费意味着开发过程可能是有成本的，但这些在平台上是不要求的。这并不包括设计、开发、测试、市场和维护费用。如果你提供了这些，你不需要付费，除了一项费用：$25 的开发者注册费是设计用来鼓励开发者创建高质量的应用程序）。

1.4.1　Android：下一代的平台

尽管 Android 的许多创新功能在现有移动平台上并不可行，设计者的许多可靠尝试被证明在移动世界里是有影响力的。事实上，很多功能在专有平台上已经存在，但 Android 将它们组合成为一个免费和开放的方式，同时解决了这些竞争对手的缺陷。

Android 的吉祥物是一个绿色的小机器人，如图 1.5 所示，这个小家伙（小女孩？）经常用来表示 Android 相关的内容。

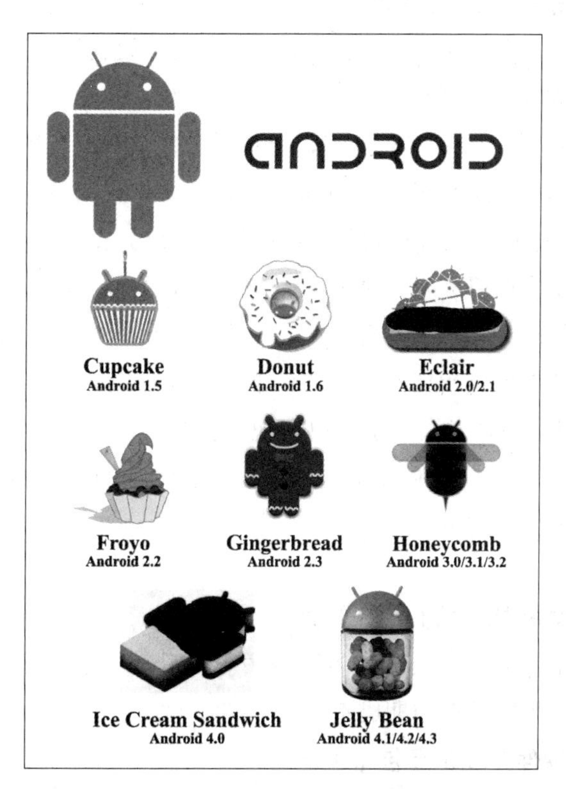

图 1.5　一些 Android 的不同的 SDK 版本和它们的代号

Android 是首个新一代的移动平台，给开发者带来独特的竞争优势。Android 设计者研究了现有平台的优缺点，然后将它们最成功的特点组合起来。同时，Android 设计者避免了其他一些平台过去所犯下的错误。

自从 Android 1.0 SDK 的发布，Android 平台以快速的步伐持续发展。相当一段时间，每隔几个月就有一个新的 Android SDK 发布出来！在高科技行业，每个 Android SDK 版本都有一个独特的项目名称。在 Android 的世界里，每代 SDK 是按字母顺序命名的甜点（见图 1.5）。

最新一代 Android 的代号为果冻豆，下一代 Android 版本的发布将十分引人注目。

1.4.2　自由和开放的源码

Android 是一个开源的平台，不论是开发者还是设备制造商都不需要为该平台开发支付专利费或者许可费用。

Android 底层的操作系统基于 GNU 通用公共许可第二版（GPLv2）著作权许可，它要求任何第三方的修改必须继续保持开源许可协议的条款。而 Android 的框架则是基于 Apache 软件许可证（ASL/Apache2）发布，它允许发布开源或者闭源的版本。平台的开发者（尤其是设备制造商）可以选择增强 Android 功能而不需要将他们的改动提供给开源社区。相反，平台开发者可以从特定设备的改进工作中获利，并在他们想要的许可协议下重新发布他们的工作。

Android 应用程序开发人员也可以在他们喜爱的许可协议下发布他们的应用程序。他们可以编写一个开源的自由软件或者是传统的有收益的具有协议的应用程序，或者是介于两者之间的软件。

1.4.3　熟悉和廉价的开发工具

不像某些专有平台，需要开发者缴纳注册费用、审批费用和购买昂贵的编译器，开发 Android 程序没有前期成本。

免费提供的软件开发工具包（SDK）

Android SDK 和工具都可以免费得到。开发者同意 Android SDK 许可协议以后，就可以在 Android 网站下载 Android SDK。

熟悉的编程语言，熟悉的开发环境

开发者有多种集成开发环境（IDE）可以选择。许多开发者选择流行而且免费的 Eclipse IDE 来设计和开发 Android 应用程序。Eclipse 是最流行的 Android 集成开发环境之一。被称之为 Android 开发者工具（ADT）的 Android Eclipse 的插件则可以帮助 Android 的开发。甚至，可以从 Android SDK 下载一个包，包含了集成 ADT 插件的 Eclipse IDE，也就是 Android IDE。此外，Android 团队发布了一个可以替代 Eclipse 的工具：Android Studio，它基于 IntelliJ IDEA 的社区版本。Android 应用程序可以在以下操作系统中开发。

- Windows XP（32 位），Windows Vista（32/64 位），Windows 7（32/64 位）
- Mac OS X 10.5.8 或更高版本（仅限于 x86 平台）
- Linux（Ubuntu Linux 8.04 或更高版本）

1.4.4　合理的开发学习曲线

Android 应用程序由著名的编程语言编写：Java。

Android 应用程序框架包含了传统的编程结构，如线程和进程，和专门设计的数据结构来封装移动应用常用的数据对象。开发者可以依靠熟悉的类库，譬如 java.net 和 java.text。专业库的支持，图形和数据库的管理则基于明确定义的开放标准：嵌入式 OpenGL（OpenGL ES）和 SQLite。

1.4.5　功能强大的应用开发的支持

过去，设备制造商往往和信赖的第三方软件开发商（OEM、ODM）建立特殊的关系。软件开发商的精英们为之编写原生应用程序，譬如消息管理和 Web 浏览器，作为设备的核心功能集。为了设计这些应用程序，开发商需要给予开发者得到内部软件框架和固件的权限和知识。

而在 Android 平台上，原生和第三方应用程序之间并没有区别，从而可以保持开发者之间的良性竞争。所有的 Android 应用程序使用同一套 API，Android 应用程序可以访问底层硬件，允许开发者编写更强大的应用程序。应用程序可以完全被扩展或者被替代。

1.4.6　丰富和安全的应用程序集成

回到先前的关于蝙蝠的故事，作者在几分钟内访问了一系列的手机应用程序：短信、拨号器、相机、电子邮件、彩信和浏览器。每一个都是运行在手机上的独立的应用程序——有些是内置程序，有些是购买的。每一个应用程序都有其独特的用户界面。没有一个是完全集成的。

这和 Android 并不类似。Android 平台的一个最引人瞩目和创新的功能是设计良好的应用集成。Android 可以提供所有的工具来建立一个更好地“蝙蝠陷阱”。如果你愿意，可以允许开发者编写无缝集成核心功能（譬如 Web 浏览器、地图、联系人管理和短消息）的应用程序。应用程序也可以成为内容提供者并以安全的方式分享彼此的数据。

过去，一些平台譬如 Symbian 受到了恶意软件的困扰，Android 的蓬勃发展的应用程序安全模型有助于保护用户和系统远离恶意软件，虽然 Android 也不能完全免疫恶意软件。

1.4.7　没有昂贵的开发费用

不像 iOS 等平台，Android 应用程序不需要昂贵和耗时的测试认证程序。在 Google Play 商店发布应用程序需要支付一次性的低成本（$25）的开发费。而要创建 Android 应用程序，除了你的时间之外，并没有任何成本。你所需要的仅仅是一台电脑、一个 Android 设备、一个好的想法和对 Java 的理解。

1.4.8　应用程序的“自由市场”

Android 开发者可以自由选择任何一种他们想要的收入模式。他们可以开发免费软件、共享软件、试用版软件以及带广告应用和收费应用。Android 的设计从根本上改变了移动应用程序应该如何开发。在过去，开发者面临着许多功能方面的限制。

- 软件市场上许多特定类型应用的竞争的限制。
- 软件市场上价格、收费模式和专利费的限制。
- 运营商不愿意为少数人口提供应用程序。

在 Android 平台，开发者可以编写和成功发布他们想要的任何类型的应用程序。开发者可以为少数人口提供定制的应用程序，而不是基于移动运营商的要求只提供多数人的收费版本。垂直市场的应用程序可以部署到特定的目标人群。

因为开发者拥有多种应用程序分发机制的选择，他们可以选择一种方式而不需要强迫遵守别人的规则。Android 开发者可以有多种方法发布他们的应用程序。

- Google 开发的 Google Play 商店（原来的 Android 市场），一个通用的收入共享的 Android 应用商店。Google Play 商店现在拥有一个 Web 商店用于在线浏览和购买应用（见图 1.6）。Google Play 同时也销售电影、音乐和书籍。因此，你的应用程序将会在一个出现在一个好的商店。
- Amazon 在 2011 年上线了 Amazon Appstore，它包含了一系列令人兴奋的 Android 应用程序，并使用自己的收费和收入共享系统。Amazon Appstore 的独特之处在于它允许用户在购买前在 Web 浏览器中运行应用程序的演示版本。Amazon 采用了类似于模拟器的环境从而使其能在浏览器中正确运行。
- 还有许多其他的第三方应用商店可供选择。有些比较小众，有些则支持不同的移动平台。
- 开发者还可以提供自己的交付/收费机制，譬如在网站或者企业内部分发。

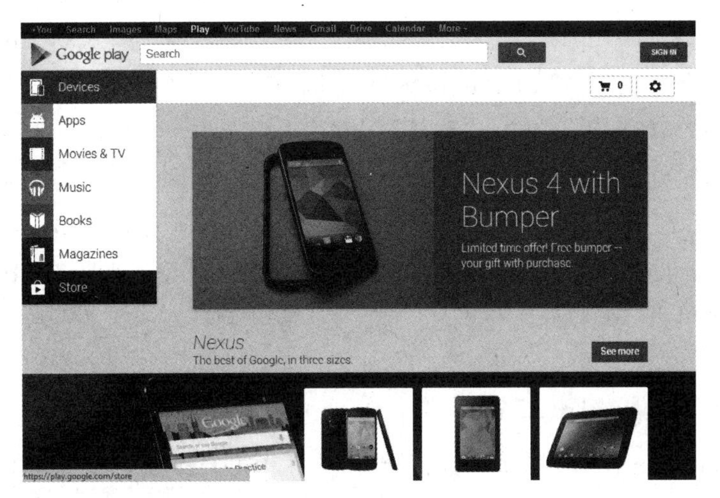

图 1.6 在线的 Google Play 应用商店，显示 Devices 标签页

移动运营商和手机开发商现在仍然可以免费地开发他们自己的应用商店并执行他们自己的规则，但这不再是开发者分发他们应用的唯一方式。你在这些平台分发你的应用时，请一定要仔细阅读应用商店的协议。

1.4.9　一个不断发展的平台

早期的 Android 开发者必须面对新平台的典型困难：频繁修改的 SDK，缺乏良好的文档，市场的不确定性，移动运营商和设备制造商对 Android 的升级支持很慢，即使有的话。这意味着 Android 开发者常常需要面对不同的 SDK 版本以满足所有用户。幸运的是，不断发展的 Android 开发工具使其变得简单，现在 Android 已经是一个完善的平台，其中许多的问题已经解决。Android 论坛社区十分活跃和友善，并非常支持互相帮助解决困难。

Android SDK 每一次的版本更新都提供了一些平台的实质改善。在最近的版本，Android 平台增加了很多人需要的"艳丽"用户界面，表现在视觉上和性能上的改进。流行的设备，譬如平板电脑或者互联网电视现在完全支持该平台，还有新兴的设备，譬如 Google 眼镜和智能手表。在 API 18 的发布版本中，已经支持了 Android 设备和应用程序的屏幕共享，并增加了新的设备——电视棒 Chromecast。

虽然大部分的升级和改善是受欢迎和必要的，新的 SDK 版本常常会导致 Android 开发者社区的混乱。一些已经发布的应用程序都需要重新测试和重新提交到 Google Play 商店来满足新的 SDK 的需求。这带来了 Android 设备的固件升级，使得一些旧的应用程序过时，有时甚至无法使用。

虽然这些成长中的阵痛可以预见，而且大部分的开发者已经容忍了这些。请记住：和 RIM、iOS 平台相比，Android 在移动市场是一个后来者。苹果的 App Store 拥有了许多应用，但用户希望在他们的 Android 设备上也有相同的应用，开发商很少只为一个平台开发部署，他们必须能支持所有流行的平台。

1.5　Android 平台

Android 是一个操作系统，也有开发应用程序的软件平台。一些日常任务的核心组件，譬如网页浏览和电子邮件应用都包含在 Android 设备里。

作为 OHA 的愿景——强大开源的无线开发环境，Android 是一个新兴的移动开发平台。该平台的设计目的是为了鼓励自由开发的市场，一个用户所希望的和开发者渴望去开发的市场。

1.5.1　Android 的底层架构

和它的前辈们相比，Android 平台被设计成具有更高容错能力的平台。设备运行在 Linux 操作系统上，Android 应用则被在一个安全的方式下执行。每一个 Android 应用运行在它独立的虚拟机里（见图 1.7）。Android 应用都是托管代码，因此，它们不太可能导致系统崩溃，进一步导致系统损坏的可能性更小（设备变砖，或者无法使用）。

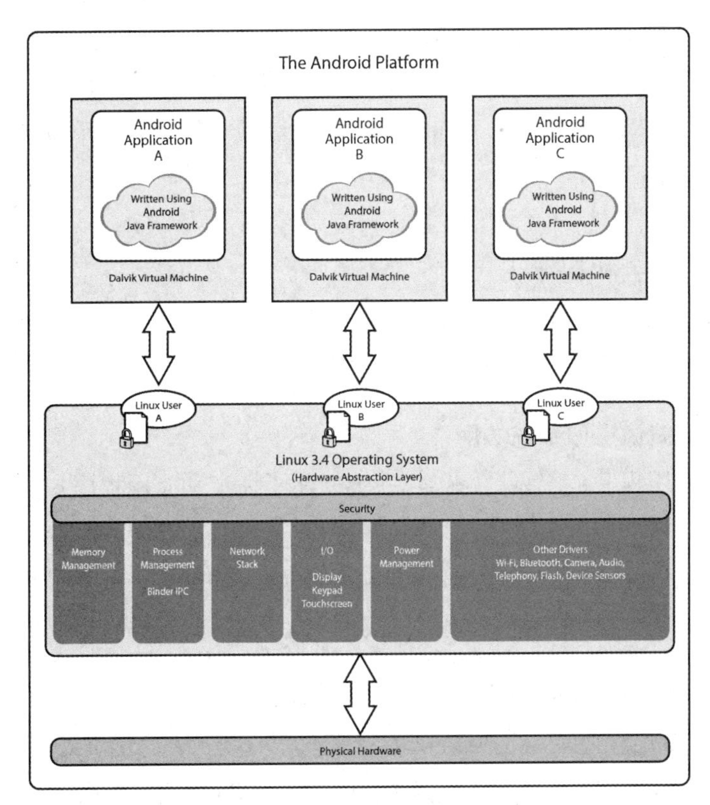

图 1.7　Android 平台架构图

Linux 操作系统

Linux 3.4 的内核负责处理核心系统服务，并作为硬件抽象层（HAL）介于物理硬件和 Android 软件栈之间。一些内核处理的核心功能包括以下内容。

- 增强的应用权限和安全性。
- 低级别的内存管理。
- 进程管理和多线程。
- 网络协议栈。
- 显示、键盘输入、摄像头、Wi-Fi 无线、闪存、声音、进程间通信（IPC）和电源管理驱动的访问。

Android 应用运行时环境

每个 Android 应用程序在单独的进程中运行，在 Dalvik 虚拟机中拥有自己独立的实例。Dalvik 虚拟机基于 Java 虚拟机，并被设计为移动设备优化。Dalvik 虚拟机拥有一个小型的内存专用区并为应用加载做了优化，一个设备可以同时运行多个 Dalvik 虚拟机的实例。

1.5.2 安全和权限

Android 平台的完整性是通过一系列安全措施来维护。这些措施能确保用户数据的安全，设备不会遭受恶意软件和误操作的影响。

应用程序就像操作系统的用户

当一个应用程序被安装后，操作系统创建了一个和应用程序相关联的新的用户配置文件。每一个应用程序作为不同的用户来运行，在文件系统中拥有私有的文件，有独立的用户 ID，独立的安全操作环境。应用程序在操作系统中使用自己的用户 ID、在独立的 Dalvik 虚拟机实例中运行自己的进程。

明确定义的应用程序权限

Android 应用程序需要注册所需的特定权限来访问系统上的共享资源。有些权限允许应用程序使用设备的功能来拨打电话、访问网络、控制摄像头和其他硬件传感器。应用程序也需要权限来获取包含私人信息的共享数据，譬如用户偏好、用户位置和联系信息。

应用程序也可以声明其他的应用来使用它们自己的权限。一个应用程序可以声明任意数量的不同权限类型，譬如只读或者读写权限，从而更好地在应用程序中控制。

有限制的特定权限

应用程序可以作为一个内容提供者，将它们希望共享公开的具体信息作为即时的权限提供给其他程序。这可以通过给予和取消使用统一资源标示符（URI）的权限来访问特定的资源。

URI 描述了系统上的特定资产，譬如图片和文字，下面是一个提供所有联系人电话号码 URI 的例子。

```
content://contacts/phones
```

要了解具体的权限是如何工作的，让我们来看一个例子。

假如我们有一个跟踪用户公开和非公开的生日愿望列表的应用程序。如果这个应用程序希望将它的数据共享给其他的应用，它可以提供公开的生日愿望列表的 URI 权限，允许其他应用能访问到该列表，而不是通过询问用户来得到。

应用签名的认证

所有的 Android 应用程序包都由证书来签名，所以用户知道该应用是认证过的。证书的私钥由开发者保存。这有助于建立开发者和用户的信任关系。它也能使开发者来控制哪些应用程序能提供系统上其他应用的访问权限。没有证书的认证是可行的，自签名也是可以接受的。

多用户和受限制档案

Android 4.2（API 级别 17）带来了可共享设备，譬如平板的多用户账号的支持。随着 Android 4.3（API 级别 18）版本的发布，主设备用户现在可以创建限制配置文件，用于限制用户访问特定应用的权限。开发者也可以利用他们应用程序里的受限配置文件的能力，从而使主设备用户拥有进一步限制特定设备用户访问特定应用程序内容的能力。

Google Play 开发者注册

开发者必须创建一个开发者账号从而可以在广受欢迎的 Google Play 商店发布应用程序。Google Play 商店管理严密，并且不允许恶意软件。

1.5.3　探寻 Android 应用程序

Android SDK 提供了大量最新和健壮的 API。Android 设备的核心服务暴露给所有的应用程序来访问。只要给予了相应的权限，Android 应用程序可以相互之间共享数据，并能访问系统上的共享资源。

图 1.8　Duke，Java 的吉祥物

Android 编程语言的选择

Android 应用程序是用 Java 语言编写的（见图 1.8）。到目前为止，Java 语言是开发者访问整个 Android SDK 唯一的选择。

小窍门

有一些猜测：其他的编程语言，譬如 C++，可能会在 Android 未来的版本中加入。如果你的应用程序必须依赖其他编程语言（譬如 C/C++）的本地代码，你可能需要考虑使用 Android 本地开发者套件（NDK）来整合。

你也可以开发一个运行在 Android 设备中的移动 Web 应用程序。这些应用程序可以通过 Android 浏览器来访问，也可以使用嵌入 WebView 控件的本地 Android 应用（仍然是 Java 编写的）来访问。本书关注于本地应用程序的开发。你可以在 Android 开发者网站找到更多关于开发 Web 应用程序的内容：*http://d.android.com/guide/webapps/index.html/*。

你想要部署 Android 平台的 Flash 应用程序？请检查 Android 平台的 Adobe 的 AIR 支持。用户从 Google Play 市场安装了 Adobe 的 AIR 的应用，就可以用来加载你的兼容应用了。要了解更多信息，请参考 Adobe 网站：*http://adobe.com/*

devnet/air/air_for_android.html。

开发者甚至可以使用某些脚本语言来开发应用程序。目前有一个开源项目，它可以使用脚本语言，譬如 Python 等作为构建 Android 应用程序的选项。要了解更多，请参阅 Android 脚本项目网址：*https://code.google.com/p/android-scripting*。与 Web 应用，Adobe AIR 应用类似，开发 SL4A（Scripting Layer for Android，Android 上的脚本语言层）应用不在本书的介绍范围之内。

自带应用和第三方应用之间无差异

不像其他的移动开发平台，Android 平台上的自带应用和第三方应用之间没有区别。只要给予相应权限，所有应用程序都可以相同的方式访问核心库以及底层接口。

Android 设备出厂的时候自带了一系列原生应用程序，譬如 Web 浏览器和联系人管理器。第三方应用可以整合这些核心应用，并扩展它们以提供更丰富的用户体验，或者用替代应用完全替代之。它的思想是：任何应用程序都使用相同的 API 来构建（第三方开发者也能使用），从而保证了公平的，或者尽可能接近的竞争环境。

值得注意的是，从 Google 的开发时间轴开始，在某些情况下，Google 使用了未文档化的 API。因为 Android 是开放的，没有私有的 API。Google 从来没有禁止访问这些私有 API，但警告了开发者，使用这些私有 API 可能导致在未来的 SDK 版本下的不兼容。参考博客：*http://android-developers.blogspot.com/2011/10/ics-and-non-public-apis.html*，有一些曾经的未文档化的 API 成为公开的 API 的例子。

常用的包

在 Android 平台，移动开发者不再需要重新发明轮子。相反，开发者可以使用 Android 的 Java 包内的类库来完成常用的任务，这包括图形、数据库访问、网络访问、安全通信和小工具。Android 包包括以下的支持。

- 各种用户界面控件（按钮、旋钮，文字输入）。
- 各种用户界面布局（表格、标签、列表、画廊）。

- 整合能力（通知、窗口小部件）。
- 安全的网络和 Web 浏览功能（SSL、WebKit 内核）。
- XML 支持（DOM、SAX 和 XML 解析器）。
- 结构化存储和关系数据库（应用程序首选项、SQLite）。
- 强大的 2D 和 3D 图形库（包括 SGL、OpenGL ES 和 RenderScript）。
- 播放和录制单机或者网络流的多媒体框架（`MediaPlayer`、`JetPlayer`、`SoundPool` 和 `AudioManager` 类）。
- 许多音频和视频格式的广泛支持（MPEG4、H.264、MP3、AAC、AMR、JPG 和 PNG）。
- 可以访问可选的硬件，譬如基于位置的服务（LBS）、USB、无线网络、蓝牙以及硬件传感器。

Android 应用程序框架

Android 应用程序框架提供了实现一般应用程序所需的一切东西。Android 应用程序的生命周期主要包括了以下主要组件。

- Activity（活动）执行应用程序的功能。
- View（视图）组定义了应用程序的布局。
- Intent（意图）通知系统有关应用程序的部署。
- Service（服务）允许后台处理而无需用户交互。
- Notification（通知）在一些有趣事情发生的时候提醒用户。
- Content provider（内容提供者）促进了不同应用程序之间的数据传输。

Android 平台上的服务

Android 应用程序可以使用一系列管理器来和操作系统以及底层硬件。每个管理器负责保持一些系统服务的状态。例如：

- `LocationManager` 用于和设备上的基于位置的服务进行交互。
- `ViewManager` 和 `WindowManage` 负责显示界面以及设备相关的用户界面的基础。

- AccessibilityManager 负责辅助事件，提供对物理损伤的用户的设备支持。
- ClipboardManager 提供了访问设备全局剪贴板的能力，可以剪切和复制内容。
- DownloadManager 作为系统服务，负责 HTTP 的后台下载。
- FragmentManager 管理一个 Activity 的 Fragment（片段）。
- AudioManager 提供了音频和振铃控制的访问。

Google 服务

Google 提供 API 用以整合许多不同的 Google 服务。在这些服务被添加之前，开发者需要等待移动运营商和设备制造商更新 Android 设备，才可以使用许多的服务，譬如地图和基于位置的服务。现在，开发者可以通过在他们应用的工程中加入所需的 SDK 来整合这些最新最好的服务更新。Google 的服务包括：

- 地图。
- 基于位置的服务。
- 游戏服务。
- 认证 API。
- Google Plus。
- Play 服务。
- 应用内计费。
- Google 云传输。
- Google 分析。
- Google AdMob 广告服务。

1.6 总结

移动软件开发者随着时间而进化。Android 已经成为了一个新的移动开发平台，它借鉴了其他平台过去的成功，避免过去的其他平台的失败。Android 被设计用来鼓励开发者编写创新的应用。该平台是开源的，没有前期费用，相对于其他的竞争平台，开发者可以享受很多的好处。现在是深入研究该平台，让你可以评估 Android 平台能给你带来什么东西的时候了。

1.7 小测验

1．第一台个人使用的移动手机的绰号是什么？

2．20 世纪 70 年代，Nokia 将哪款游戏添加到了早期的移动设备中？

3．Google 购买了哪家公司，并在 Android 操作系统中使用和发展了它的技术？

4．第一款 Android 设备是什么？哪家设备制造商开发了它？在哪家移动运营商销售？

1.8 练习题

1．描述 Android 作为开源系统的好处。

2．用你自己的话，阐述 Android 的底层架构。

3．熟悉 Android 的文档信息，你可以在以下网址找到：*http://d.android.com/index.html*。

1.9 参考内容和更多信息

Android 开发

http://d.android.com/index.html

开放手机联盟

http://openhandsetalliance.com

官方的 Android 开发者博客

http://android-developers.blogspot.com

本书的博客

http://introductiontoandroid.blogspot.com

第2章 搭建你的Android开发环境

Android开发者在他们的计算机上编写和测试应用程序，然后将这些应用程序部署到真实的设备硬件上进行进一步的测试。

本章中，你将开始熟悉所有你需要掌握的工具并通过其来开发Android应用程序。你将了解如何在虚拟设备或者真实硬件上配置开发环境的信息。你还将探索Android SDK和它提供的所有功能。

友情提示

Android SDK和Android开发工具软件包（ADT）会频繁更新。我们尽了一切努力来提供最新的工具的最新的步骤。然而，本章介绍的步骤和用户界面可能在任何时候更改。请参阅Android开发网站（*http://d.android.com/sdk/index.html*）和本书的网站（*http://introductiontoandroid.blogspot.com*）以获取最新的信息。

2.1 配置你的开发环境

要编写Android应用程序，你需要配置你的Java开发编程环境。该软件可以免费在线下载。Android应用程序可以在Windows，Macintosh或者Linux系统上开发。

要开发Android应用程序，你需要在你的计算机上安装以下软件。

- Java开发工具包（JDK），版本6，你可以在以下网站下载：*http://oracle.com/technetwork/java/javase/downloads/index.html*（或者 *http://java.sun.com/javase/downloads/index.jsp*，如果你比较怀旧的话）。

- 最新的 Android SDK。在本书中，我们将介绍如何使用 ADT 包中的 Android SDK，它适用于 Windows，Mac 或者 Linux 平台，可以在 *http://d.android.com/sdk/index.html* 下载。ADT 套件包括了一切你用于本书中的例子以及开发 Android 应用程序的功能。其他包含在 ADT 套件中的项目包括 SDK 工具，平台工具，最新的 Android 平台，以及最新的模拟器的 Android 系统映像。
- 一个兼容 Java 的 IDE 是必需的。幸运的是，ADT 套件提供了 Android IDE，它是 Eclipse IDE 的特殊版本。Android IDE 已经包含了 ADT 插件。本书主要使用 Android IDE。另一个使用 Android IDE 的方法是使用你自己的 Eclipse 副本。你将会需要 Eclipse 3.6.2（Helios）或者更高版本，或者是 Eclipse IDE Java Developer，Eclipse Classic 或者 Eclipse IDE for Java EE Developers 版本。如果你使用自己的 Eclipse 版本，你需要安装 Eclipse 的 ADT 插件。该插件可以通过 Eclipse 软件更新机制来下载。有关如何安装该插件，请参阅 *http://d.android.com/tools/sdk/eclipse-adt.html*。虽然该工具在开发中是可选的，我们强烈建议使用普通的 Eclipse IDE 的用户安装。我们将贯穿本书多次使用该插件的功能，虽然它是使用 Android IDE 来完成该功能的。

一份完整的 Android 开发系统需求可以在以下网址找到：*http://d.android.com/sdk/index.html*。

小窍门

大多数开发者使用 Android IDE 来开发 Android 应用。Android 开发团队已经直接整合 Android 开发工具到 Eclipse IDE 中。然而，开发者并不受限于使用 Android IDE 或者 Eclipse，他们同样也可以使用其他的 IDE，譬如全新的基于 IntelliJ IDEA 的 Android Studio。本书并不覆盖使用 Android Studio 来开发 Android 应用。有关使用 Android Studio 的信息，请参阅 *http://d.android.com/sdk/installing/studio.html* 的入门指南。欲了解使用其他开发环境的信息，请通过阅读 *http://d.android.com/tools/projects/projects-cmdline.html* 开始。它讲述了使用命令行工具，这可能在使用其他环境中十分有用。另外，阅

> 读 *http://d.android.com/tools/ debugging/debugging-projects-cmdline.html* 可以了解使用其他 IDE 上的调试信息，*http://d.android.com/tools/testing/testing_otheride.html* 可以了解使用其他 IDE 来测试程序。

基本的安装过程包含以下步骤。

1. 下载并安装相应的 JDK。
2. Android IDE 用户：下载并解压相应的 Android SDK 及 ADT 包。
3. 限 Eclipse 用户：下载并安装相应的 Android SDK 工具，Eclipse IDE，以及 Android ADT 插件。在 Eclipse 的首选项中配置 Android 的设置。确保指定了安装的 Android SDK 的目录，并保存设置。
4. 启动 IDE，并使用 Android SDK 管理器下载安装你可能使用的 Android 平台版本和其他组件，包括文档资料，示例应用程序，USB 驱动和附加工具。Android SDK 管理器可以作为 Android ADT 包的独立工具，也可以作为 Android IDE（或者 Eclipse 下安装了插件）的工具。在选择哪些组件你想要安装的时候，我们建议完全安装（选择所有）。
5. 如果有必要，通过安装相应的 USB 驱动程序来配置你的计算机用于调试设备。
6. 配置你的 Android 设备来调试设备。
7. 开始开发 Android 应用程序。

在本书中，我们没有提供安装每个前述组件的具体步骤的安装指示，这有三个原因。首先，这是一本中 / 高级的书，我们希望你已经有一些安装 Java 开发工具和 SDK 的知识。其次，Android 开发者网站提供了有关安装开发工具以及在不同操作系统上配置的详细信息。设置 ADT 包的安装说明可以在 *http://d.android.com/sdk/installing/bundle.html* 找到，在现有 IDE 上的安装说明可以在 *http://d.android.com/sdk/installing/index .html* 找到。第三，安装 Android SDK 所需要的确切步骤随着不同的主要版本（以及一些次要版本）而有些许的改变，因此你最好总是检查 Android 开发者网站获取最新的信息。最后，请牢记，Android SDK，ADT 包以及工具包经常更新，可能与本书介绍的开发环境并不完全一致。也就是说，我们将在本节帮助你完成后面的一些步骤，并假设你在第二步已经正确安装配置 JDK 和 ADK 包。我们会浏览 Android SDK，并介绍一些开发应用所需要的核心工具。然后，在下一章节，你将会测试你的开发环境，并编写你的第一个 Android 应用程序。

2.1.1　配置你的操作系统用于设备调试

要安装并在 Android 设备上调试 Android 应用程序，你需要配置你的操作系统，通过 USB 数据线访问手机（见图 2.1）。在某些操作系统，譬如 Mac OS 下，这本身就可以工作。而在 Windows 操作系统上，你需要安装相应的 USB 驱动。你可以从以下网站下载 Windows USB 驱动：*http://d.android.com/sdk/win-usb.html*。在 Linux 下，需要执行一些额外的步骤。更多信息请参见 *http://d.android.com/tools/device.html*。

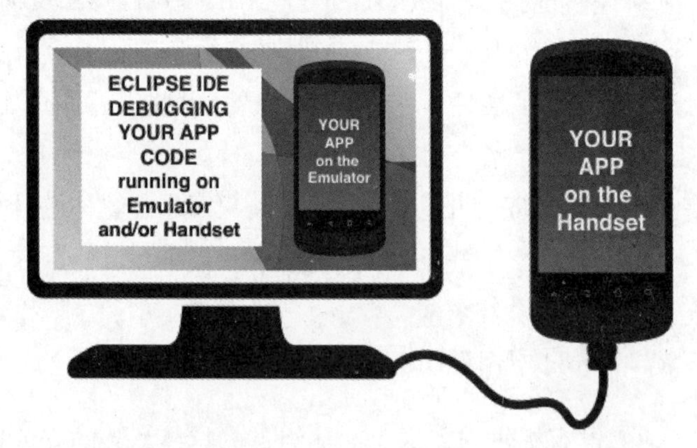

图 2.1　通过模拟器和 Android 手机来调试 Android 应用程序

2.1.2　配置你的 Android 进行调试

Android 设备默认情况下禁用调试模式。你的 Android 设备必须通过 USB 连接来开启调试模式，允许工具来安装和启动你部署的应用程序。

在 Android 4.2+ 的设备上需要开启开发者选项，才能在真机上测试你的应用。我们将讨论如何在 Android 4.3 的设备上配置你的硬件。如果你使用的是 Android 的其他版本，请查看以下链接了解如何设置你的版本：*http://d.android.com/tools/device.html#setting-up*。不同版本的 Android 使用了不同的设置方法，所以请执行适合你的设备的版本的方法。

友情提示

你可以通过以下方法，开启开发者选项。选择 Home（主页）→ All Apps（所有应用程序）→ Settings（设置）→ About Phone/About Tablet（关于手机或者关于平板），然后向下滚动到内部版本号，按版本号 7 次。按下几次以后，你会发现显示消息“你现在离成为开发者还有 X 步”，继续按版本号直到你被告知开发者选项已启用。如果你没有启用开发人员选项，你将无法在你的设备上安装应用程序。

你需要开启你的设备来安装 Android 应用程序，而不是从 Google Play 应用商店里下载。你可以通过导航到 Settings（设置），Security（安全）来设置。这里，你应该勾选（启用）Unknown sources（未知来源）的选项，如图 2.2 所示。

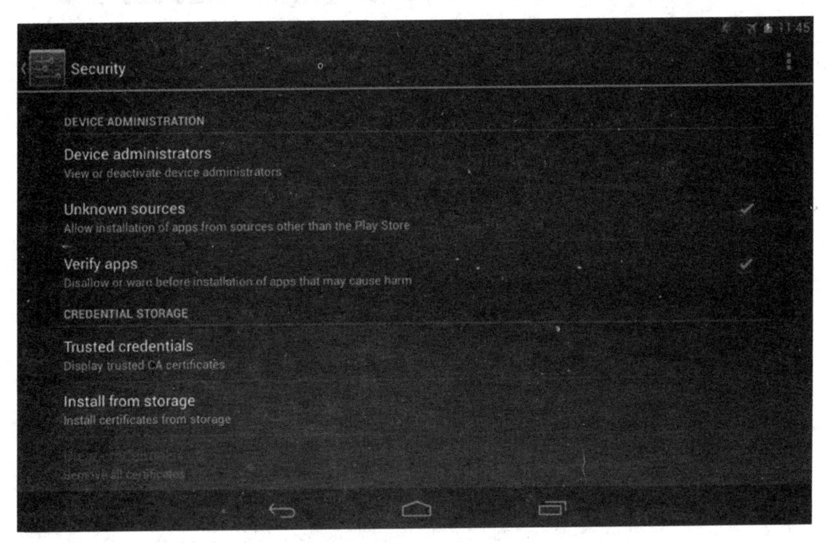

图 2.2　允许设备上未知来源的应用

如果你没有开启该选项，你将不能安装开发者的应用程序、示例应用或者其他市场上发布的没有开发者工具的应用，从服务器甚至电子邮件来加载应用程序是一个很好的测试部署的方式。

其他几个重要的开发设置可以通过选择 Home（主页）→ All Apps（所有应用）→ Settings（设置）→ Developer options（开发者选项）来设置（见图 2.3）。

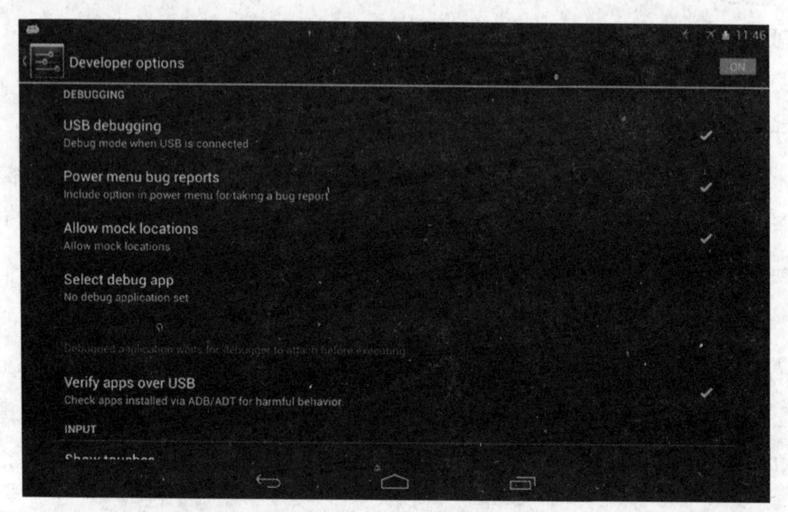

图 2.3　开启设备上的 Android 开发者选项

这里，你应该启用以下选项。

- USB debugging（USB 调试）：该选项允许你通过 USB 数据线来调试你的应用。
- Allow mock locations（允许模拟位置）：该选项允许你在开发用途下发送模拟的位置信息，这将方便使用 LBS 的应用。

2.1.3　更新 Android SDK

Android SDK 经常更新。作为 ADT 插件的一部分，你可以使用 Android SDK 管理器轻松地更新 Android IDE 中的 Android SDK 和工具。

Android SDK 的更改可能包括：增加、更新以及删除功能，包名称的变化，工具的更新等。随着 SDK 新版本的更新，Google 提供了以下有用的文档。

- 更改的概览：SDK 主要变化的简述。
- API 的差异报告：SDK 特定变化的完整列表。
- 发行说明：SDK 已知问题的列表。

每一个 Android SDK 的新版本都有这些文档。举例来说，Android 4.3 的信息可以在 *http://d.android.com/about/versions/android-4.3.html* 上找到，Android 4.2 的信息可以在 *http://d.android.com/about/versions/android-4.2.html* 上找到。

你可以在 *http://d.android.com/sdk/installing/adding-packages.html* 找到更多关于增加和更新 SDK 包的信息。

2.1.4　Android SDK 的问题

由于 Android SDK 是在不断地开发中的，你可能会遇到问题。如果你认为你发现了一个问题，你可以找到一份开放问题的列表，并查看在 Android 项目问题跟踪网站的状态。你也可以提交新的问题进行审查。

Android 开源项目的问题跟踪网站是：*https://code.google.com/p/android/issues/list*。要了解你提供的 bug 或者是被 Android 平台开发团队认为是缺陷的更多信息，请访问以下网站 *http://source.android.com/source/report-bugs.html*。

小窍门

为你提交的 bug 的修复时间漫长而感到沮丧吗？了解 Android bug 解决处理过程的工作原理是十分有帮助的。有关该过程的详细信息，请参阅 *http://source.android.com/source/life-of-a-bug.html*。

2.2　探索 Android SDK

Android SDK 的 ADT 包包含了几个主要组成部分：Android 应用程序框架，平台工具，SDK 工具，额外工具以及示例程序。

2.2.1　了解 Android SDK 的许可协议

在你下载 Android SDK 的 ADT 包之前，你必须阅读并同意 Android SDK 的许可协议。该协议是你（开发者）和 Google（Android SDK 的版权所有人）之间的协议。

即使你公司有人代表你同意了许可协议，它仍然对你（开发者）十分重要。你需要注意以下几点。

- 权限授予：Google（作为 Android 的版权持有人），授予你有限的、全球的、免版税的、不可转让的和非独家使用的协议来完全使用 SDK 为 Android 平台开发应用。Google（和第三方贡献者）授予你许可，但他们依然拥有完整的著作权和知识产权的资料。使用 Android SDK 并没有赋予你使用任何 Google 品牌，标志或者商业名称的许可。你不可以删除任何的版权声明。你的应用进行交互的第三方的应用（或者其他 Android 应用）则取决于独立的条款，并在该协议之外。
- SDK 的使用：你仅可以开发 Android 应用程序。你不可以从 SDK 中制作衍生产品，或者在任何设备上分发 SDK，或者和其他软件一起，作为分发 SDK 的一部分。
- SDK 的更改和向后兼容性：Google 可以在任何时刻更改 Android SDK，而不另行通知，且不考虑向后兼容性。虽然 Android API 的变化在预发行版本的 SDK 上是一个重要的问题，但是最近版本的发布已经相当稳定。也就是说，每个 SDK 的更新往往只会影响一小部分该领域的现有应用程序，因此更新是合适的。
- Android 应用开发者的权利：你保留你使用 SDK 开发的 Android 软件的所有权利，包括知识产权。你还保留了你的工作的所有责任。
- Android 应用程序的隐私要求：你同意，你的应用程序将保护隐私和用户的合法权益。如果你的应用程序使用或者访问有关用户（用户名，密码等）的个人及私人信息，你的应用程序提供足够的隐私声明，并确保数据的安全存储。需要注意的是，隐私的法规可能随着用户的位置而有所改变，你作为开发者需要自行负责妥善管理这些数据。
- Android 应用程序恶意软件的要求：你负责你开发的所有应用程序。你同意不编写破坏性的或者恶意软件。你需要为通过应用程序传输的所有数据负责。
- 特定 Google API 的附加条款：使用 Google 地图的 Android API 需要接受进一步的服务条款。你在使用这些特定 API 前必须同意这些附加条款，并且需要总是提供 Google 地图的版权声明。使用 Google 的 API（Google 应用程序，譬如 Gmail、Blogger、Google Calendar、YouTube 等）被限制于那些在用户安装时明确授予的权限。

- 你开发时的风险：使用 Android SDK 开发时产生的危害都是你的过错，而不是 Google 的。

2.2.2　阅读 Android SDK 文档

Android 文档以 HTML 格式提供，你可以在 *http://d.android.com/index.html* 获取。如果你希望拥有文档的本地副本，你需要使用 SDK 管理器下载它们。一旦你下载了它们，Android 文档的本地副本可以在 Android 安装目录的 docs 子目录下面找到（见图 2.4）。

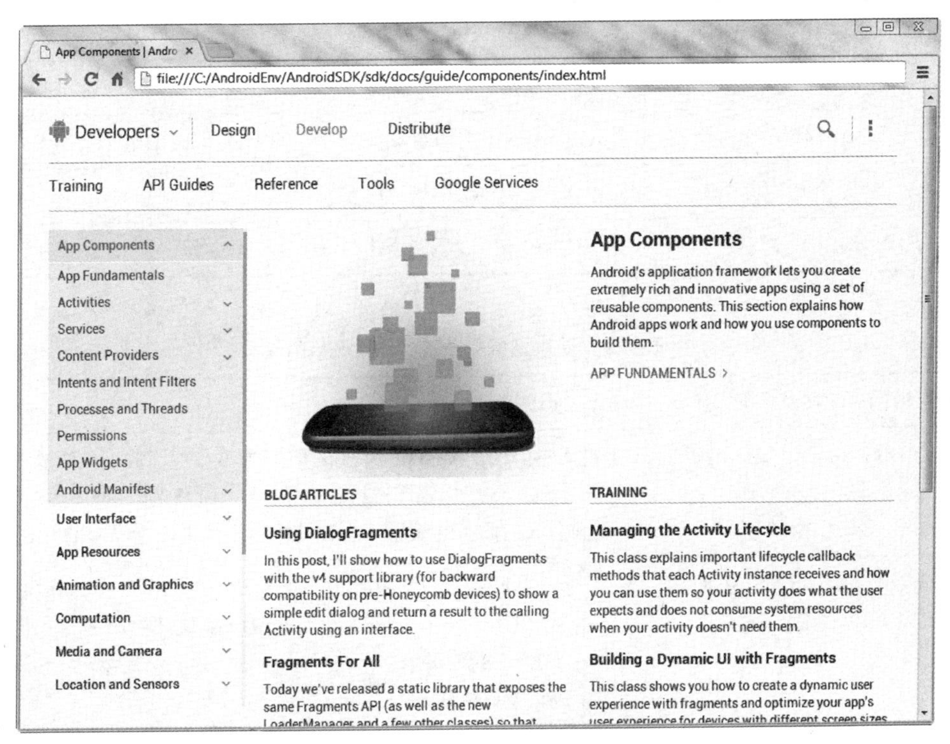

图 2.4　Android SDK 文档的离线浏览

2.2.3　探索 Android 应用框架核心部分

Android 应用程序框架由 `android.jar` 文件提供。Android SDK 是由几个

重要的包组成，如表 2.1 所示。

表 2.1 Android SDK 中重要的包

顶层的包的名称	描述
android.*	Android 应用基础
dalvik.*	Dalvik 虚拟机支持的类
java.*	核心类以及常用通用工具（网络、安全、数学库等）
javax.*	加密支持
junit.*	单元测试的支持
org.apache.http.*	HTTP 协议的支持
org.json	JSON 的支持
org.w3c.dom	W3C Java 绑定文档对象模型核心的支持（XML 和 HTML）
org.xml.sax.*	简单 XML（SAX）的 API 支持
org.xmlpull.*	高性能的 XML 的拉式解析

表 2.2 受欢迎的第三方 Android API

可选的 Android SDK	描述
Android Support Library 包：不同的包	增加了最新 SDK 组件的旧版本支持。例如，许多的 LoaderAPI 以及 Fragment API 在 API 级别 11 的时候被引入，而 API 级别 4 可以使用这个插件作为兼容的形式
Google AdMob Ads SDK 包：com.google.ads.*	允许开发者在应用中加入 Google AdMob 广告来获取收益，该 SDK 需要同意附加的服务条款并注册账号。欲了解详细信息，请访问 *https://developers.google.com/mobile-ads-sdk/*
Google Analytics App Tracking SDK 包：com.google.analytics.tracking.android.*	允许开发者通过 Google 分析服务收集并分析关于他们 Android 应用是如何被使用的信息。该 SDK 需要同意附加的服务条款并注册账号。欲了解详细信息，请访问 *https://developers.google.com/analytics/ devguides/collection/android/v2*

续表

可选的 Android SDK	描述
Android Cloud Messaging for Android (GCM) 包：com.google.android.gcm	为开发者提供推送服务，允许开发者从网络将数据推送到设备上的应用。该 SDK 需要同意附加的服务条款并注册账号。欲了解详细信息，请访问 *http:// d.android.com/google/gcm/index.html*
Google Play services 包：com.google.*	方便开发者使用 Google+，Google 地图以及其他 Google API 和服务的开发。例如，如果你需要在你的应用中包含 MapView 控件，你需要安装和使用该功能。该附加项需要同意附加的服务条款并注册 API Key。欲了解详细信息，请访问 *http://d.android.com/google/play-services/index.html*
Google Play APK Expansion Library 包：com.google.android . vending.expansion.*	Google Play 服务器限制应用的大小为 50MB，该包允许开发者可以创建超过 50MB 的应用，并从 Google Play 提供扩展文件，这为每一个 APK 文件提供了额外的 4GB 空间。该 SDK 需要同意附加的服务条款并注册账号。欲了解详细信息，请访问 *http:// d.android.com/google/play/expansion-files.html*
Google Play In-app Billing Library 包：com.android.vending .billing	允许应用开启在 Google Play 商店内的应用内购买。该 SDK 需要同意附加的服务条款并连接到你的 Google Play 发布商账户。欲了解详细信息，请访问 *http:// d.android.com/google/play/billing/index.html*
Google Play Licensing Library 包：com.google.android .vending.licensing.*	允许应用开启在 Google Play 商店内的应用内许可证验证。该 SDK 需要同意附加的服务条款并连接到你的 Google Play 发布商账户。欲了解详细信息，请访问 *http://d.android.com/google/play/licensing/index.html*
不同设备和制造商特定的附加项和 SDK	你可以找到一些第三方的附加项和制造商特定的 SDK，它们一般包含 Android SDK，Android 虚拟设备（AVD）附加项和 SDK 管理器内可用的包。还有一些可以在第三方网站上找到。如果你实现特定设备或者制造商的功能或者已知服务提供商的服务，请查看它们是否在 Android 平台上有可用的附加项

2.2.4　探索 Android 核心工具

Android SDK 提供了许多工具用来设计、开发、调试和部署你的 Android 应用。现在，我们希望你能够关注核心工具，那些你需要知道设置和运行 Android 应用的工具，我们将在附录 A，“掌握 Android 开发工具”中具体讨论。

Android IDE 和 ADT

你将会在你的 IDE 中花费大量的开发时间。本书假定你使用 ADT 包内自带的 Android IDE，因为这是官方开发的环境配置。

ADT 无缝集成了许多重要的 Android SDK 工具，并提供了创建、调试和部署 Android 应用的向导。ADT 在 Android IDE 上增加了许多有用的功能。在工具栏上有几个按钮，可以执行以下操作。

- 启动 Android SDK 管理器。
- 启动 Android 虚拟设备管理器。
- 运行 Android lint（静态分析工具）。
- 创建一个新的 Android XML 资源文件。

Android IDE 将其工作区组织成为不同透视（各自有一组特定的窗格）用来完成不同的任务，譬如编码和调试。你可以选择在 Android IDE 环境的右上角的相应选项卡之间切换视图。`Java` 透视排列了和项目相关的编码及导航窗格。`Debug`（调试）透视则允许你设置断点，查看 `LogCat` 中的信息，并进行调试。ADT 增加了一些特殊的透视来设计和调试 Android 应用。`Hierarchy View`（分层视图）透视则在 Android IDE 中整合了层次查看工具，因此你可以设计、查看和调试应用中的用户界面控件。`DDMS` 视图则在 Android IDE 中整合了 `Dalvik` 虚拟机调试监控服务（`DDMS`）工具，你可以连接到模拟器和设备实例，并调试你的应用程序。图 2.5 显示了 Android IDE 工具栏，以及 Android 功能区（左边）和 Android 视图区（右边）。

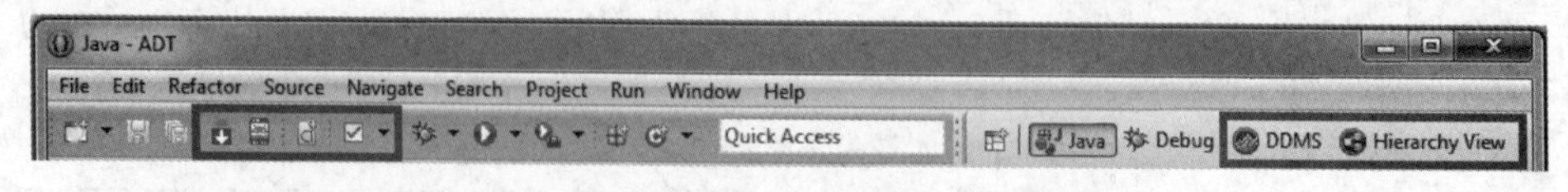

图 2.5　Android IDE 工具栏的功能以及视图区

你可以通过选择窗口、打开视图区，或者单击 Android IDE 工具栏右上角的视图区切换不同视图。

Android SDK 和 AVD 管理器

Android 工具栏的第一个图标，绿色的 Android 机器人和向下的箭头，将会启动 Android SDK 管理器（见图 2.6 上）。Android 工具栏的第二个图标，像小型手机，将会启动 Android 虚拟设备（AVD）管理器（见图 2.6 下）。

这些工具执行两个主要功能：管理机器上已安装的 Android SDK 组件，以及管理开发者 AVD 的配置。

就像桌面电脑，不同的 Android 设备运行不同版本的 Android 操作系统。开发者需要他们的应用能够针对不同的 Android SDK 版本。有些应用针对特定的 Android SDK 版本，而其他应用则尽量提供尽可能多的版本支持。

Android SDK 管理器可以同时跨多个平台版本有助于 Android 开发。当一个新的 Android SDK 发布，你可以使用该工具下载和更新你的工具，同时使用旧版本的 Android SDK，保持向后兼容性。

Android 虚拟设备管理器组织并提供工具来创建和编辑 AVD。要在 Android 模拟器中管理应用，你必须配置不同的 AVD 配置文件。每个 AVD 配置文件描述了你想要配置的模拟设备类型，包括需要支持 Android 的平台，以及设备的具体参数。你可以指定不同的屏幕尺寸和方向，你也可以指定模拟器是否有 SD 卡，如果有的话，它的容量是多少，当然还有许多其他的设备配置。

Android 模拟器

Android 模拟器是 Android SDK 提供的最重要的工具之一。你可以经常使用该工具来设计和开发 Android 应用。模拟器在你的计算机上运行，表现和移动设备一样。你可以在模拟器中加载应用、测试和调试它们。

模拟器是一个通用的设备，它并不依赖任何特定的手机配置。你提供一组 AVD 配置来描述硬件和软件的具体配置来模拟硬件。图 2.7 显示了一组使模拟器看上去像是一个典型的 Android 4.3 智能手机风格的 AVD 配置。

图 2.8 显示了一组使模拟器看上去像是一个典型的 Android 4.3 平板风格的 AVD 配置。图 2.7 和 2.8 都显示了流行的 Gallery 应用在不同设备的不同表现。

小窍门

你需要知道的是，Android 模拟器是真实 Android 设备的替代，但它并不完美。模拟器是一个有价值的测试工具，但它不能完全代替在真机上的测试。

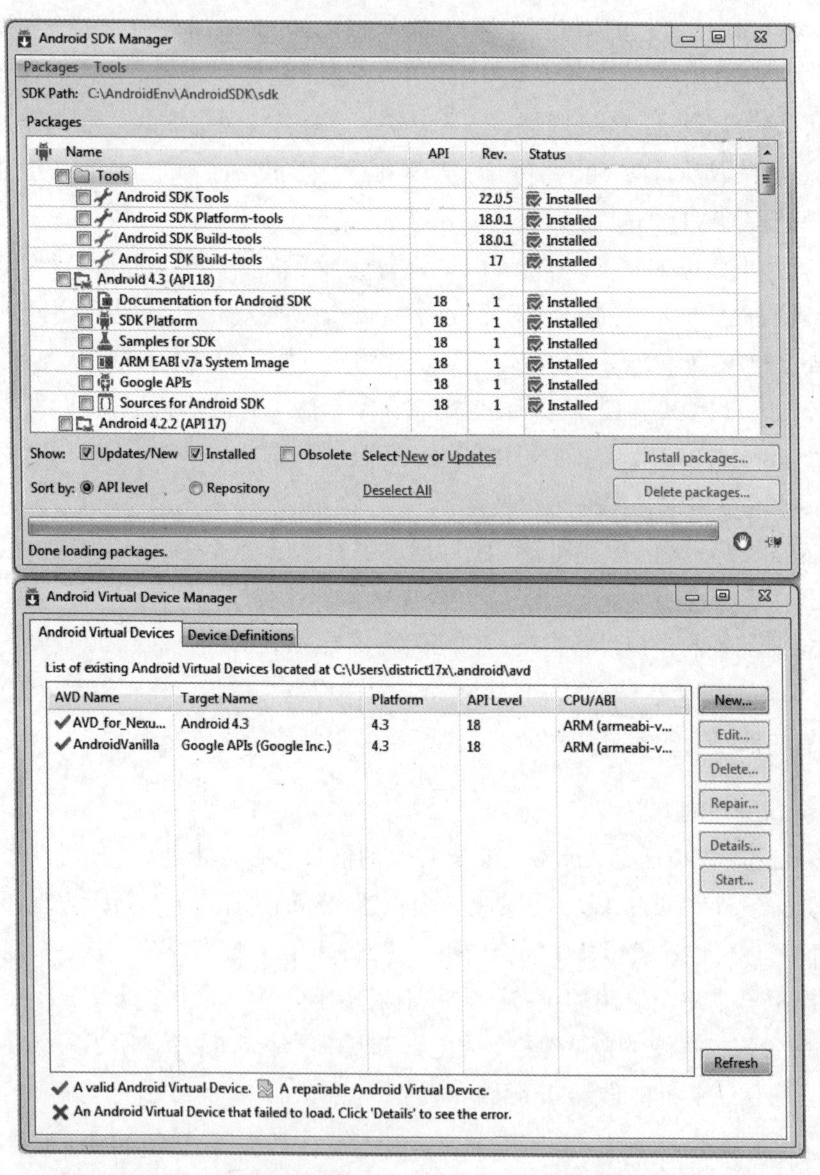

图 2.6　Android SDK 管理器（上）和 Android 虚拟设备管理器（下）

图 2.7　Android 模拟器（智能手机风格， 果冻豆的 AVD 配置）

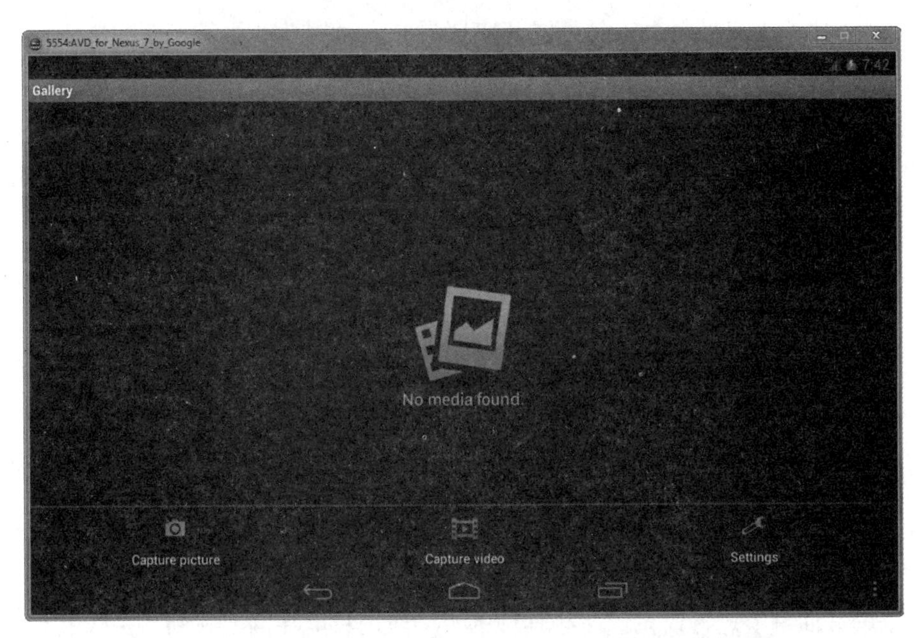

图 2.8　Android 模拟器（平板风格，Nexus 7 果冻豆的 AVD 配置）

2.2.5 探索 Android 示例应用程序

Android SDK 提供了许多示例和演示应用来帮助你学习 Android 开发的过程。在 Android SDK 中，这些演示应用默认并没有提供，但你可以使用 Android SDK 管理器来下载不同 API 级别的演示应用。下载完成后，它们将位于 Android SDK 的 `/samples` 子目录中。

小窍门

要了解如何使用 Android IDE 来下载 Android SDK 示例应用，请阅读第 3 章“编写你的第一个 Android 应用”中的“使用 SDK 管理器增加 Android 示例程序”一节。

有超过 60 个示例应用用来演示 Android SDK 的不同方面。其中一些是关于通用应用开发任务的，譬如管理应用的生命周期或是用户界面设计。

让我们来看看一些最简单的示例应用。

- ApiDemos：一个由菜单驱动的实用程序，演示了多种 Android API，包含了用户界面小工具，以及应用程序生命周期的组件，譬如服务，闹钟和通知等。
- Snake：一个简单的游戏，演示了位图的位置和键盘事件。
- NotePad：一个简单的列表应用，演示了数据库访问和实时文件夹功能。
- LunarLander：一个简单的游戏，演示了绘图和动画。
- SkeletonApp 和 SkeletonAppTest：一个简单的应用，演示了如何接收文字输入。
- Spinner 和 SpinnerTest：一个简单的应用，演示了一些应用程序生命周期的基础知识，以及如何使用单元测试框架来创建和管理应用测试案例。
- TicTacToeMain 和 TicTacToeLib：一个简单的应用，演示了如何创建和管理共享代码库，并被你的应用所用。

有些其他的示例应用涵盖了特定的主题，但它们演示的 Android 功能将会在本书的后面章节进行讨论。一些其他的示例应用只能在网上找到。一些最有用的在线示例应用列表如下。

- Support4Demos：一个示例应用，演示了 Android 级别 4 以上的支持库的主要功能，包括 Fragment 和 Loader。
- Support7Demos：一个示例应用，演示 Android 级别 7 以上的支持库的主要功能，包括 `ActionBar`、`GridLayout` 以及 Google 电视棒的 `MediaRouter`（API 级别 18）。
- Support13Demos：一个示例应用，演示 Android 级别 13 以上的支持库的主要功能，包括了增强的 `Fragment` 的支持。
- SupportAppNavigation：一个示例应用，演示使用支持库来导航应用的功能。

小窍门

我们将会在第 3 章“编写你的第一个 Android 应用程序”中，讨论如何为演示应用设置你的开发环境。一旦完成环境设置，你就可以使用 Android IDE 或者 Eclipse 来添加示例代码。你可以选择 `File` → `New` → `Other`，然后在 `Android` 下，选择 `Android Sample Project`。示例应用取决于你选择的编译目标。然后，创建一个 Run 或者 Debug 的配置，在模拟器或者真机上编译运行。你将会在下一章节看到详细步骤，测试你的开发环境并编写你的第一个应用。

2.3　总结

在本章节中，你安装、配置、开始探索需要的工具，并开始开发 Android 应用。这其中包括了合适的 JDK，Android SDK 以及 Android IDE 或者 ADT 包。你也了解了可以选择其他替代的开发环境，譬如 Android Studio。你了解了如何配置你的 Android 硬件来进行调试。接着，你探索了许多在 Android SDK 中的工具，了解了它们的基本功能。最后，你细读了 Android SDK 内提供的示例代码。你现在应该拥有一个配置合适的开发环境来编写 Android 应用。在下一章中，你将能够利用这些设置的优点，编写一个 Android 应用程序。

2.4 小测验

1．Android 开发需要什么版本的 Java JDK？

2．当你安装你自己的应用，而不使用 Android 市场下载应用到你的 Android 硬件设备上，你需要选择什么样的安全选项？

3．当你调试你的应用时，你必须在你的硬件设备上开启什么选项？

4．哪个 .jar 文件包含了 Android 应用框架？

5．单元测试支持的顶级包的名字是什么？

6．在你的应用中，Google 提供了哪个可选的 Android SDK 来整合广告信息？

2.5 练习题

1．打开 Android SDK 中的 Android 文档的本地副本。

2．启动 Android SDK 管理器，并安装至少一个其他版本的 Android。

3．举出 5 个本章没有提及的 Android SDK 中的示例应用。

2.6 参考资料和更多信息

Google 的 Android 开发者指导

http://d.android.com/guide/components/index.html

Android SDK 的下载网址

http://d.android.com/sdk/index.html

Android SDK 的许可协议

http://d.android.com/sdk/terms.html

标准版本的 Java 平台

http://oracle.com/technetwork/java/javase/overview/index.html

Eclipse 项目

http://eclipse.org

第3章 编写你的第一个 Android 程序

现在，你的电脑上应该已经设置好了 Android 开发环境。当然，如果你有一个 Android 设备就更理想了。现在，是时候开始编写一些 Android 代码了。在本章节，你将会学习如何安装 Android 示例程序，并从 Android IDE（集成开发环境）中添加和创建 Android 项目。你也将会学习如何验证你的 Android 开发环境是否设置正确。然后，你将会在软件模拟器和 Android 设备上编写和调试你的第一个 Android 程序。

友情提示

Android 开发工具包（ADT）更新频率很快。我们力求提供最新的工具和最新的步骤。然而，这些步骤和本章节提及的用户界面随时可能会更改。因此，请参阅 Android 开发网站（*http://d.android.com/sdk/index.html*）和本书网站（*http:// introductiontoandroid.blogspot.com*）以获取最新资讯。

3.1 测试你的开发环境

确保你正确配置开发环境的最佳方法就是运行一个现有的 Android 程序。你可以在你 Android SDK 的安装路径的 samples 子目录下找到示例程序，运行示例程序以轻松测试你的开发环境。

在 Android SDK 的示例程序中，你可以找到一个经典游戏 Snake（贪吃蛇，参阅 *http://en.wikipedia.org/wiki/Snake_(video_game)*）。为了构建和运行 Snake 程序，你需要：在你的 Android IDE 工作区里创建一个基于已存在的 Android 示例项目的新 Android 项目，创建一个合适的 Android 虚拟设备（AVD）配置文件，并为该项目设置启动配置。当一切都设置正确以后，你可以在 Android 模拟器和 Android 设备中构建并运行该程序。通过示例程序来测试你的开发环境，你可以排除项目配置和编码方面的问题，转而确定开发工具是否设置正确。当这些都做完以后，你可以开始编写和编译你自己的 Android 程序了。

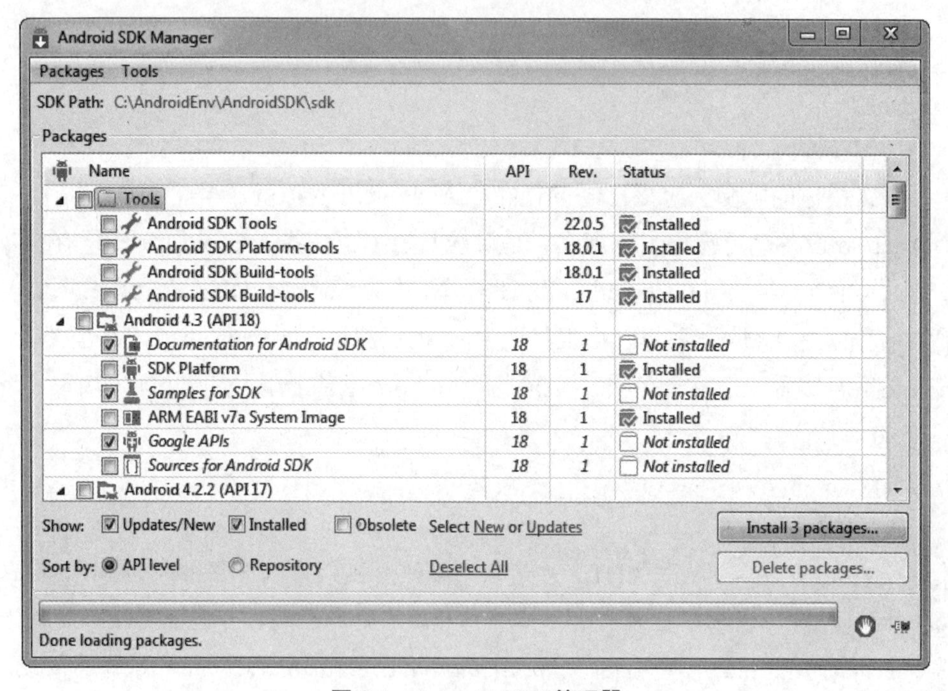

图 3.1　Android SDK 管理器

3.1.1　使用 SDK 管理器加入 Android 示例程序

一个快速学习开发 Android 程序的方法是查看已创建好的应用程序。有许多的 Android 程序可供借鉴，但我们首先需要将它们下载下来。步骤如下。

1. 从 Android IDE 中单击 `Android SDK Manager` 按钮（ ）打开 Android SDK 管理器。你可以看到一个类似于图 3.1 的对话框。

2. 你需要在 Android 4.3（API 18）条目下选择和安装 `Samples for SDK`（SDK 示例代码）。你可能还希望下载一些额外的项目，选择并安装（如图 3.1）：

Documentation for Android SDK（Android SDK 文档）和 Google APIs（Google 应用程序接口）。点击 Install Packages（安装包）。你需要确保 SDK Tools（SDK 工具），Platform-tools（平台工具），Build-tools（编译工具），SDK Platform（SDK 平台），以及 System Image（系统映像）也已安装，如果没有，你也需要选择这些并安装。

3. 一个新的对话框（如图 3.2）将询问你是否同意接受你将要安装包的许可协议。你可以在左边窗体选择高亮相应的包并选择 Accept（同意）或者 Reject（拒绝）来分别同意或拒绝相应许可协议。你也可以全选并选择 Accept License（同意许可协议）来接受全部许可协议。现在我们在左侧选择 Android SDK License 并选择 Accept License，再点击 Install（安装）来安装包。这将会启动安装所选的包，等待安装完成即可。

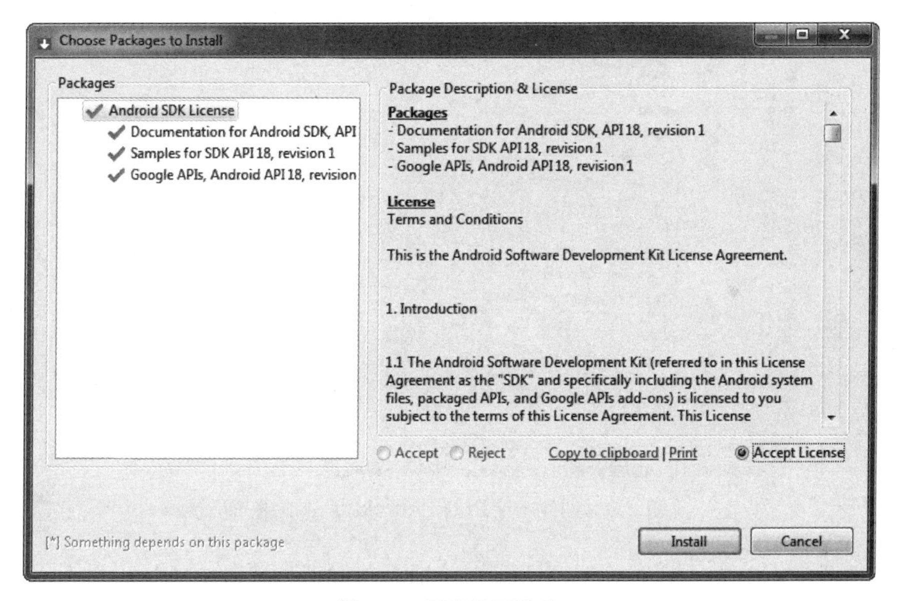

图 3.2　同意许可协议

小窍门

要了解更多关于如何下载当前开发平台的 Android SDK 示例程序，请参阅 *http://d.android.com/tools/samples/index.html*。

安装完成后，你就可以准备导入 Android 示例项目到你的工作区了。

3.1.2　添加 Snake 项目到你的 Android IDE 工作区

为添加 Snake 项目到你的 Android IDE 工作区，你需要以下操作：

1. 选择 File（文件）→ New（新建）→ Other（其他）…

2. 选择 Android → Android Sample Project（Android 示例工程）（如图 3.3）。点击 Next（下一步）。

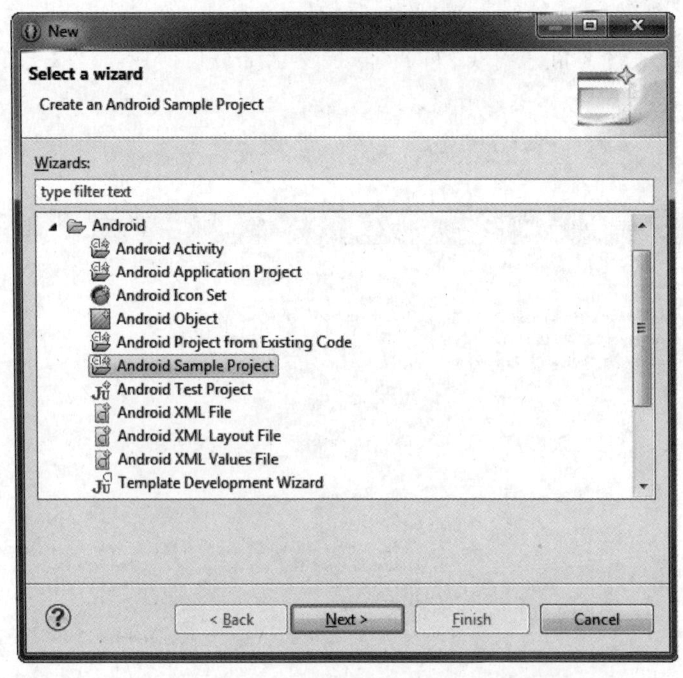

图 3.3　创建一个新的 Android 示例项目

3. 选择你的生成目标（如图 3.4）。这里，我们选择 Android 4.3，点击 Next（下一步）。

4. 选择你想创建的示例（如图 3.5）。选择 Snake。

5. 点击 Finish（完成）。现在你可以在你的工作区里看到 Snake 项目文件（如图 3.6）。

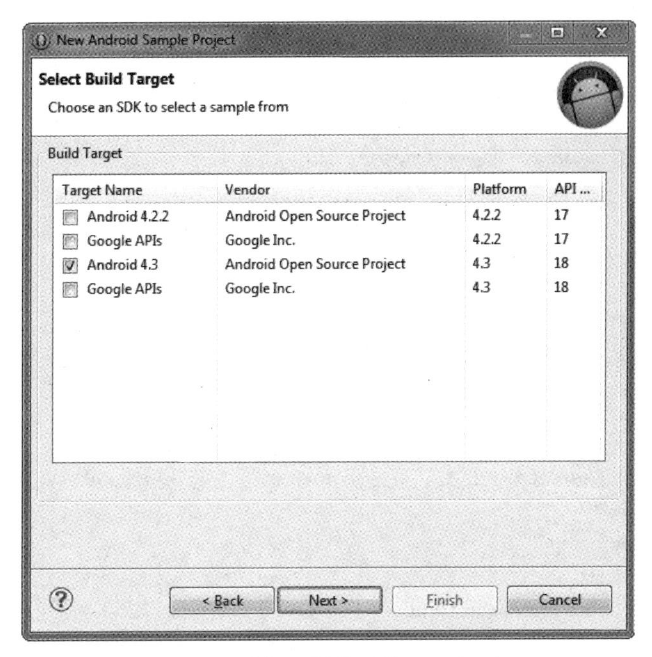

图 3.4　选择示例代码的 API 级别

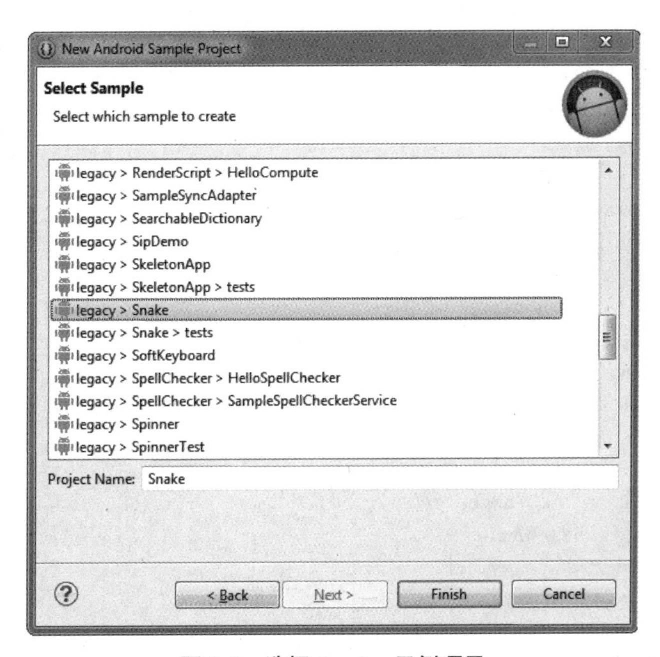

图 3.5　选择 **Snake** 示例项目

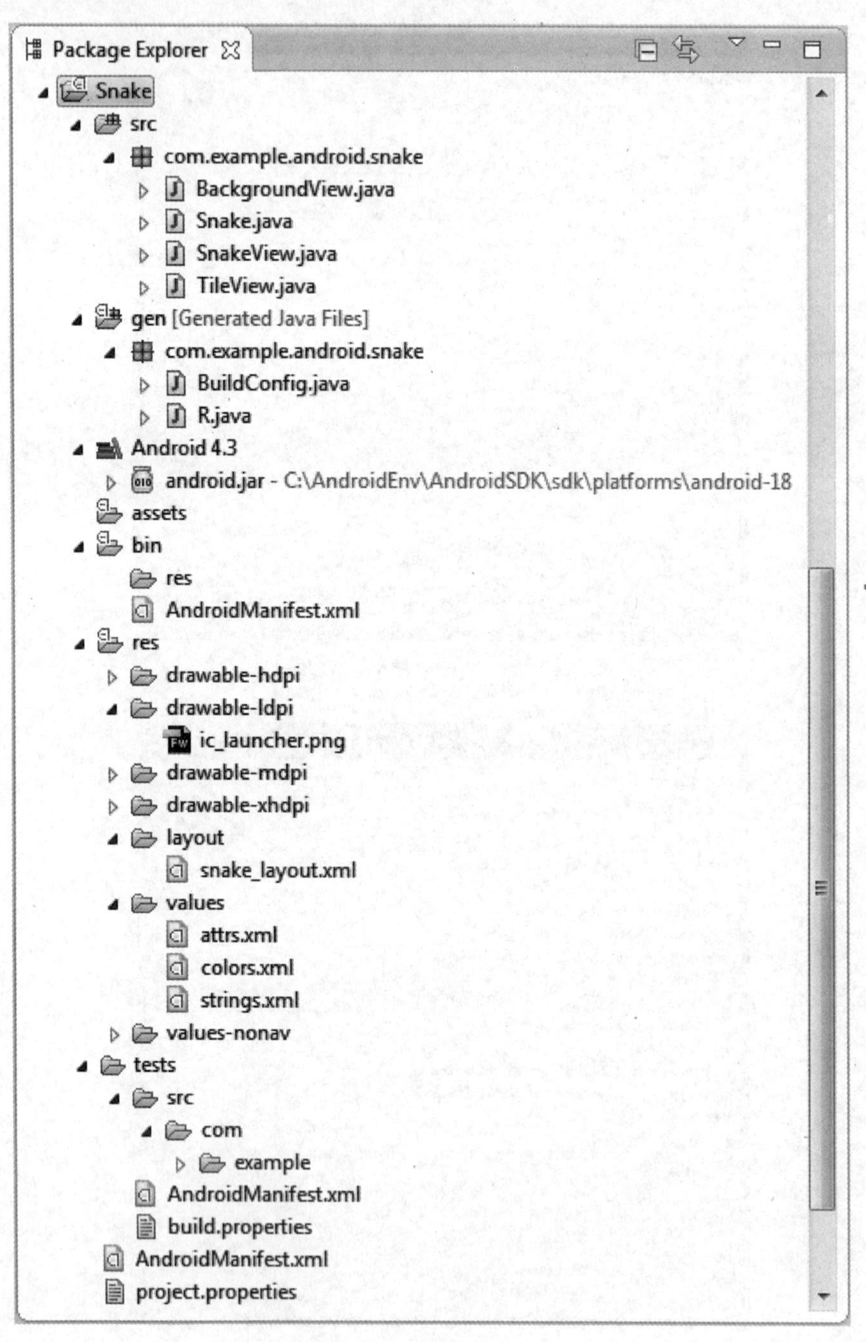

图 3.6　Snake 项目的文件

警告

当你添加一个已存在的项目到工作区里时，偶尔会遇到 Android IDE 显示如下错误："Project 'Snake' is missing required source folder: gen"（"项目 'Snake' 缺少所需的源文件夹 : gen"）。如果遇到这样的情况，导航到 /gen 目录，并删除其中的文件。里面的文件将会自动重新生成，错误也会消失。而如果选择 Clean（清理）操作和 Build（生成）操作有时并不能解决这个问题。

3.1.3 为你的 Snake 项目创建一个 AVD

下一步是创建一个 AVD，你需要创建一个 AVD 来描述你想要模拟的设备类型，以运行 Snake 应用。这个 AVD 配置文件描述了你想要模拟器模拟的设备类型，还包括了其支持的 Android 平台类型。你并不需要为每一个应用创建新的 AVD，只需要创建你想要模拟的设备。你可以指定不同的屏幕尺寸和屏幕方向，你也可以指定模拟器是否具有 SD 卡，如果有的话，SD 卡的容量是多少。

对于本例，默认的 Android 4.3 的 AVD 就足够了。以下是如何创建一个基本 AVD 的步骤。

1. 通过点击 Android IDE 工具栏上的小的 Android 设备按钮（ ）来启动 Android 虚拟设备管理器。如果你没有找到这个图标，你也可以通过 Android IDE 的 Window 菜单来启动该管理器。你现在可以看到 AVD 管理器的窗口了（见图 3.7）。

2. 点击 New 按钮。

3. 选择你的 AVD 的名字。因为我们将使用默认值，这里为 AVD 命名为 AndroidVanilla。

4. 选择一个设备。该选项控制了模拟器的不同分辨率。我们想要选择一个典型的设备尺寸。因此，在这种情况下，选择 Nexus 4（4.7",768×1280: xhdpi）。该选项与广泛流行的 Nexus 4，Google 自有品牌的设备最为相关。你可以自由选择最合适的设备来匹配你想要运行应用程序的 Android 设备。

5. 选择构建目标。我们希望适合典型的 Android 4.3 的设备，因此在下拉菜单中选择 Google API Leve 18。除了包含 Android API，该选项也包含了

Google API 以及应用程序，譬如地图应用，作为平台映像的一部分。虽然我们可以为该项目选择标准 Android 4.3 API 级别 18，了解 Google API 提供的附加选项也是十分重要的。

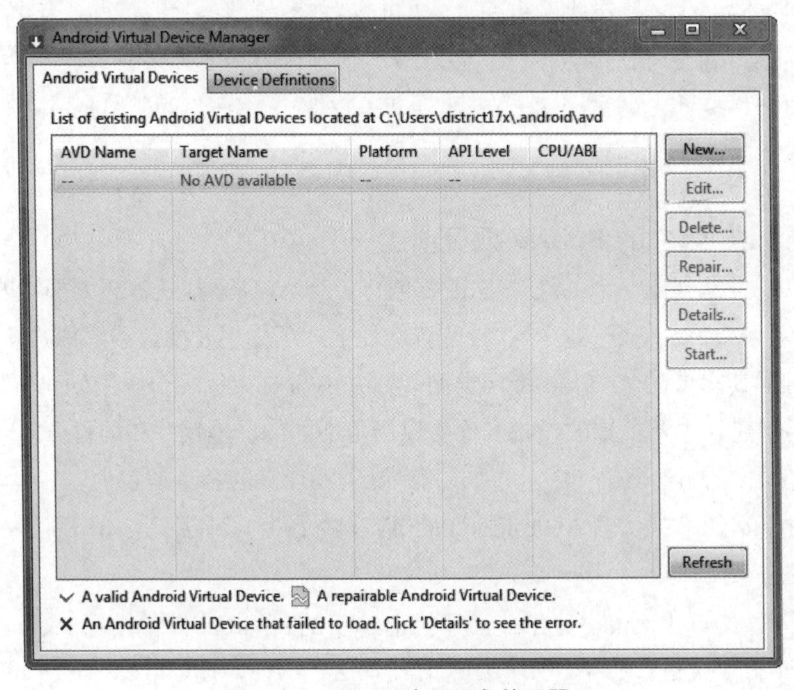

图 3.7 Android 虚拟设备管理器

6. 关于 Memory Options（内存选项）设置，你可以根据你开发机器的内存配置来尝试不同的设置值来获得更好的性能。默认的虚拟机的内存大小为 1907，虚拟机堆的大小为 64。如果你的机器比较古老，没有这么多的内存，你可能需要显著的降低该值，譬如 512。用于本书的开发机器拥有 8GB 的内存和相当强大的四核处理器，我们决定使用的内存值为 768，虚拟机堆的大小为 64。

7. 选择 SD 卡的容量，以 KB 或者 MB 来计算（不熟悉 KB？可以参见 Wikipedia 条目：*http://en.wikipedia.org/wiki/Kibibyte*）。SD 卡映像的大小将会占用你的硬盘，也可能需要较长时间来分配数据，因此，请选择合理的数值，譬如 1024MB。

8. 请认真考虑模拟器选项中的启动 Snapshot（快照）功能。这会大大提高模拟器的启动性能。请参阅附录 B“快速入门指南，Android 模拟器”了解详情。

你的项目设置将类似图 3.8 所示。

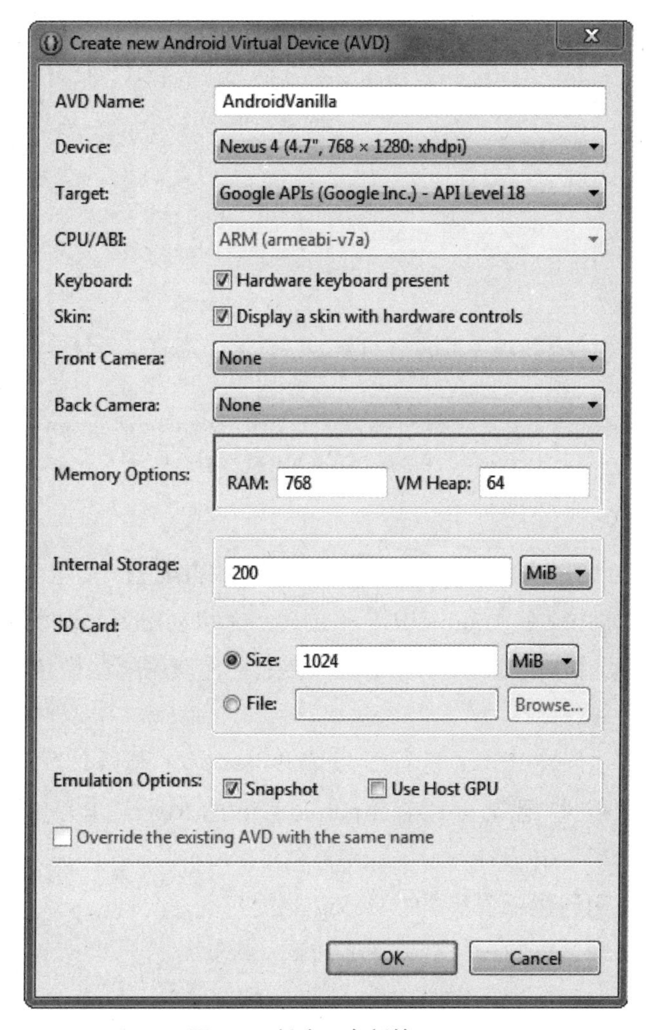

图 3.8　创建一个新的 AVD

9．点击 OK 按钮来创建 AVD，然后等待操作完成。

10．现在你应该可以在 Android 虚拟设备管理器中看到你刚才创建的 AVD（见图 3.9）。

有关创建不同类型的 AVD 的更多信息，请参阅附录 B。

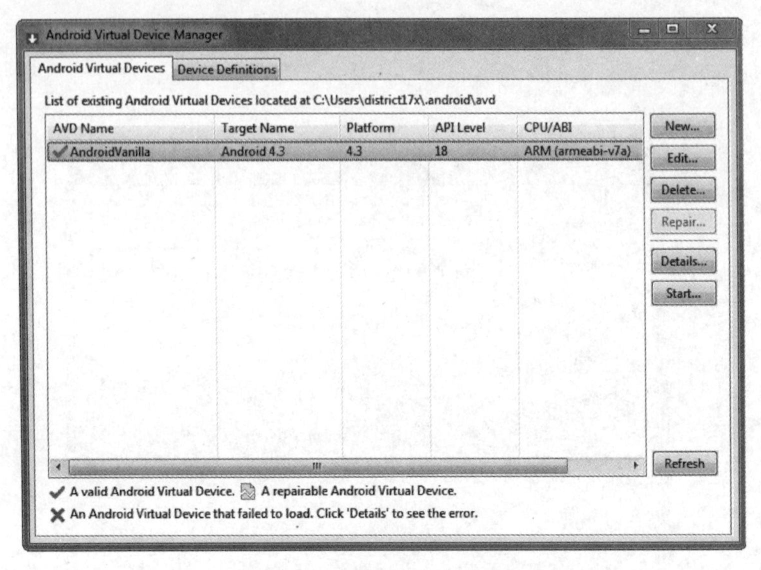

图 3.9 新的 AVD 已添加

3.1.4 为你的 Snake 项目创建一个启动配置

接下来，你必须在 Android IDE 中创建一个启动配置，以设置不同情况下的 Snake 应用构建和启动。该启动配置将会配置你使用哪些模拟器选项以及应用的入口。

你可以独立创建 Run（运行）配置和 Debug（调试）配置，每一个使用不同的选项。这些配置可以在 Android IDE 的 Run 菜单下创建（Run，Run Configurations…以及 Run，Debug Configurations…）。请按照以下步骤来为 Snake 应用创建一个基本的 Debug 配置。

1. 选择 Run，Debug Configurations…。
2. 双击 Android 应用来创建一个新的配置。
3. 为你的调试配置命名为 SnakeDebugConfig。
4. 单击 Browse（浏览）按钮，选择 Snake 项目（见图 3.10）。
5. 切换到 Target 选项卡，从首选的 AVD 列表中，选择前面创建的 AndroidVanilla，如图 3.11 所示。
6. 选择 Apply（应用），然后点击 Close（关闭）。

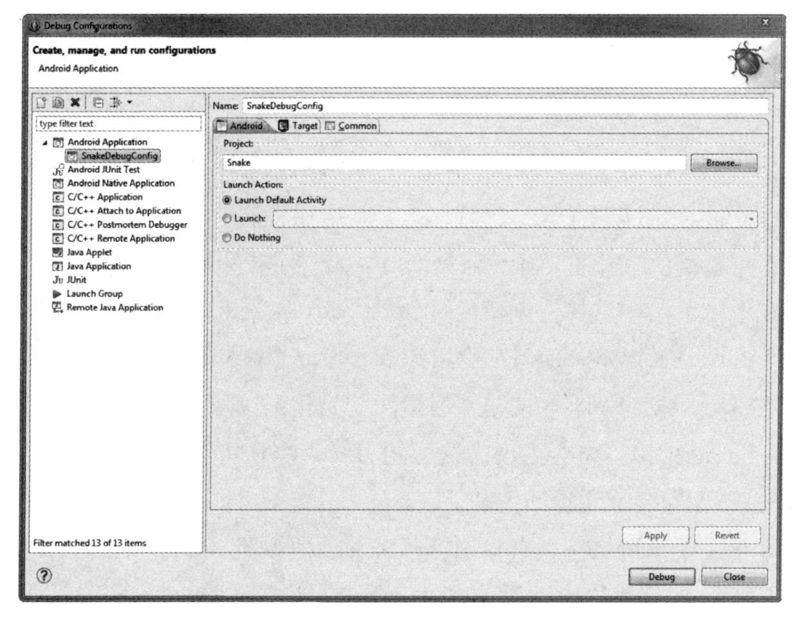

图 3.10　在 Android IDE 中的命名 **Debug** 配置

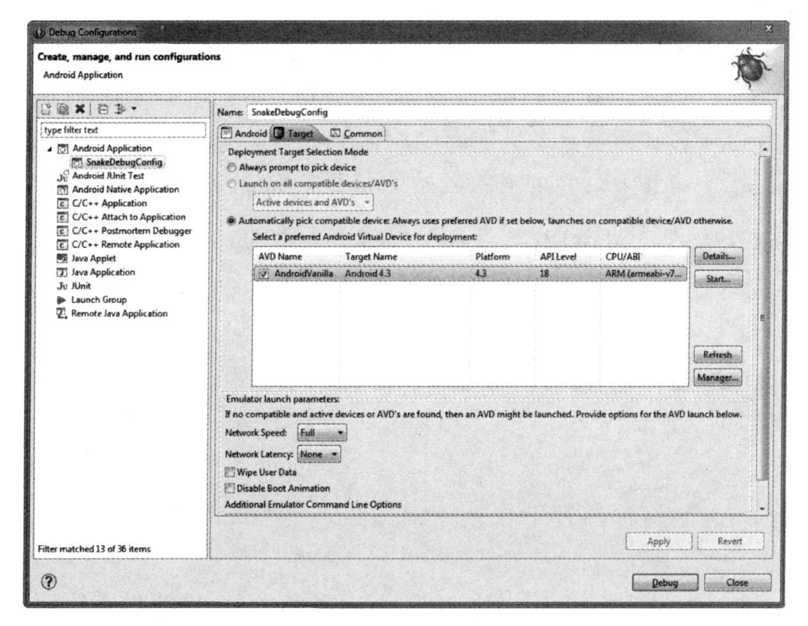

图 3.11　在 Android IDE 中的 **Debug** 配置窗口中的 **Target AVD** 选项卡

你可以在 Target 和 Common 选项卡中设置其他的模拟器和启动选项，但现在我们保留它们的默认值。

3.1.5 在 Android 模拟器中运行 **Snake** 应用程序

现在你可以通过以下的步骤运行 Snake 应用程序。

1. 在工具栏的下拉菜单中选择 Debug As 图标（）。

2. 在下拉菜单中选择你创建的 SnakeDebugConfig 配置。如果你在列表中没有找到 SnakeDebugConfig，你可以在 Debug Configurations…中找到，在列表中选择，点击 Debug 按钮，后续的初始化可以从小虫的下拉菜单中启动。

3. Android 模拟器将会启动，这可能需要一些时间来初始化，然后应用程序将会在模拟器上安装或者重新安装。

4. 如果需要，请从左到右轻扫屏幕来解锁模拟器，如图 3.13 所示。

5. Snake 应用程序启动后，你可以玩该游戏，如图 3.14 所示。

小窍门

即使是在非常快的计算机上，模拟器的启动也可能需要很长的时间。你可能需要在你工作的时候离开一会，然后在需要的时候重新连接。Android IDE 内的工具可以处理重新安装应用，并重新启动它，这样你就可以在任何时间保持模拟器的加载。这是另外一个为每个 AVD 开启快照功能的原因。你也可以之前就在 Android 虚拟设备管理器中点击 Start 按钮来启动模拟器。这种启动 AVD 的方式也可以给你提供一些额外选项，譬如屏幕缩放（见图 3.12），这适合在非常高的 AVD 分辨率在电脑屏幕上的显示，或者是和真实硬件相比，更好地模拟设备大小。

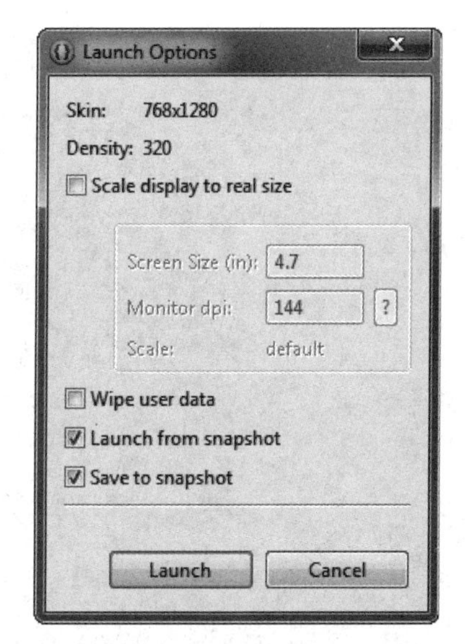

图 3.12　配置 AVD 启动选项

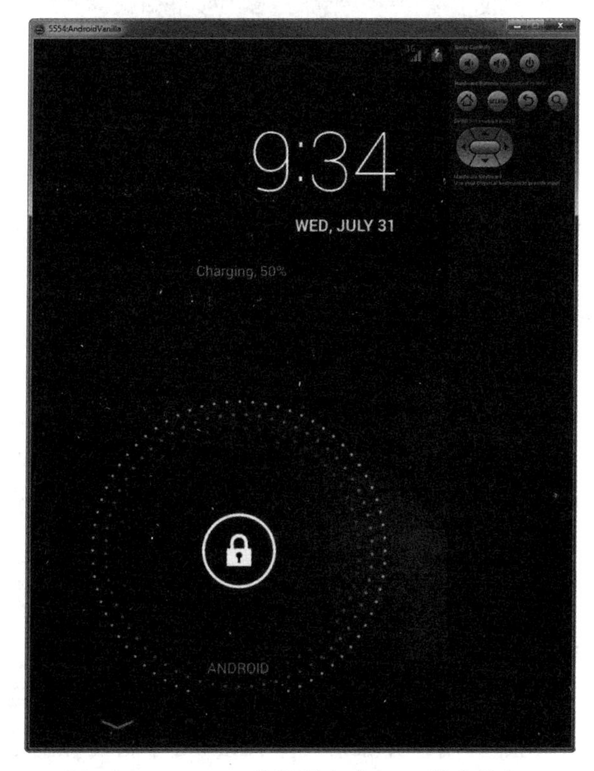

图 3.13　Android 模拟器启动中　（锁定状态）

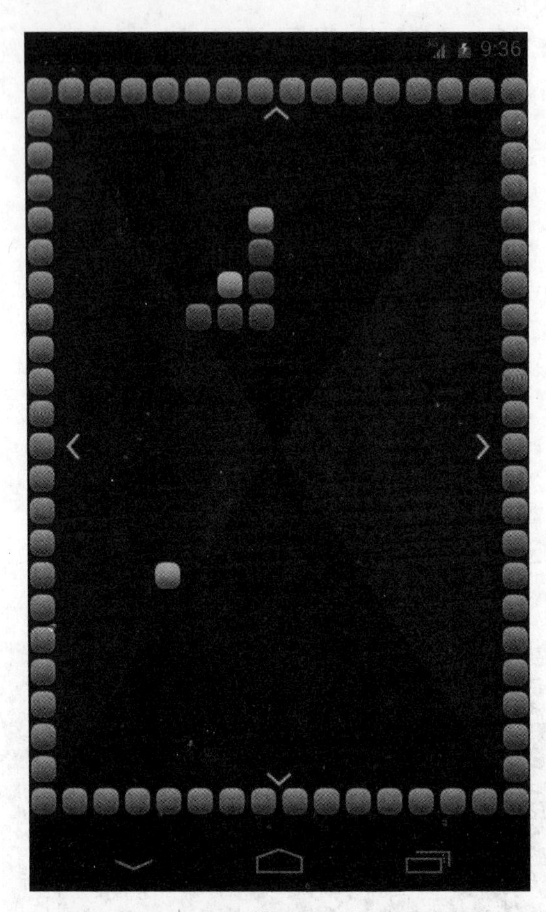

图 3.14　Android 模拟器中的 Snake 游戏

你可以通过模拟器来和 Snake 应用交互，并玩该游戏。你也可以在 All App 显示页面下的任何时候点击应用程序图标来启动 Snake 应用。当你重新编译和安装你的应用用于测试时，你不需要每次都关闭并重启模拟器。你只需在使用 Android IDE 工作的时候，将模拟器保持在后台运行，并再次使用 Debug 配置来重新部署即可。

3.2　构建你的第一个 Android 应用

现在是时候从头编写你的第一个 Android 应用。你将会从一个简单的“Hello World”应用开始，构建应用，并探索一些 Android 平台功能的更多细节。

小窍门

本章节提供的代码示例来自于 MyFirstAndroidApp 应用。本书的网站提供 MyFirstAndroidApp 应用的源代码的下载。

3.2.1 创建并配置一个新的 Android 项目

你可以和添加 Snake 应用类似的方法创建一个新的 Android 应用到你的 Android IDE 工作区中。

你需要做的第一件事是在 Android IDE 工作区中创建一个新的项目。Android 应用项目创建向导将为一个 Android 应用创建所有必须的文件。请按照 Android IDE 中的这些步骤来创建一个新的项目。

1. 在 Android IDE 工具栏上选择 File → New → Android Application Project。

2. 填写应用程序名称如图 3.15 所示。应用程序的名称是应用的“友好”的名称。该名字将会在应用程序启动器中和图标一起显示。将应用程序命名为“My First Android App”，这将会自动创建一个名为“MyFirstAndroidApp”的项目，但你可以自由地更改为你选择的名称。

3. 我们还需要修改包名称，使用反向域名表示法（*http://en.wikipedia.org/wiki/Reverse_domain_name_notation*），这里我们使用 com.introtoandroid.myfirstandroidapp。所需最低 SDK 版本应该是你计划构建的第一个 SDK API 级别。因为我们的程序将与几乎所有的Android设备兼容，你可以将该数值设低（譬如级别 4，代表了 Android 1.6），或者设置该级别以避免 Android IDE 的任何警告。请确保设置的最低 SDK 版本涵盖你所有可用的测试设备，这样你可以在这些设备上成功地安装它们。在我们的例子里，使用默认选项即可。点击 Next。

4. 保持其他的 New Android Application 的设置为默认值，除了你可能想要改变源文件存储的目录。点击 Next（见图 3.16）。

5. 保持 Configure Launcher Icon 的设置为默认值。该选项将允许我们定义应用在应用程序启动器中的图标。但在我们的例子中，我们将使用包含在 Android SDK 中的标准图标。点击 Next（见图 3.17）。

6. Create Activity 向导允许我们包含一个默认的 Activity。我们将使用默认设置，然后点击 Next（见图 3.18）。

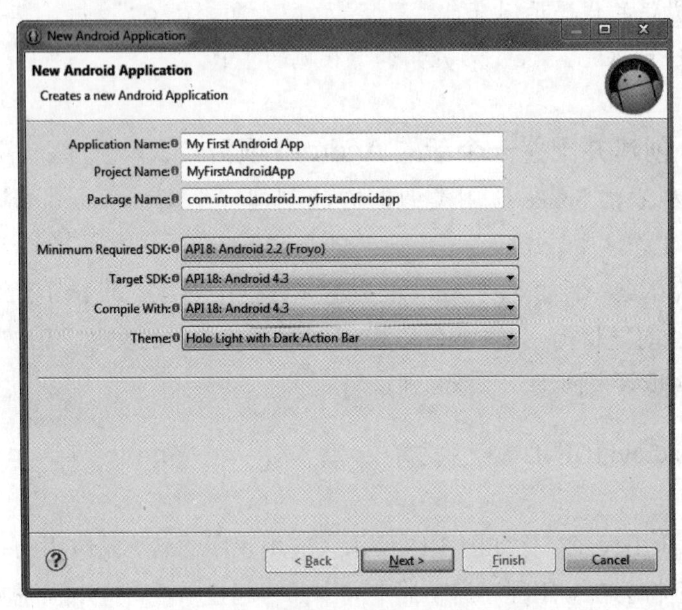

图 3.15 配置一个新的 Android 项目

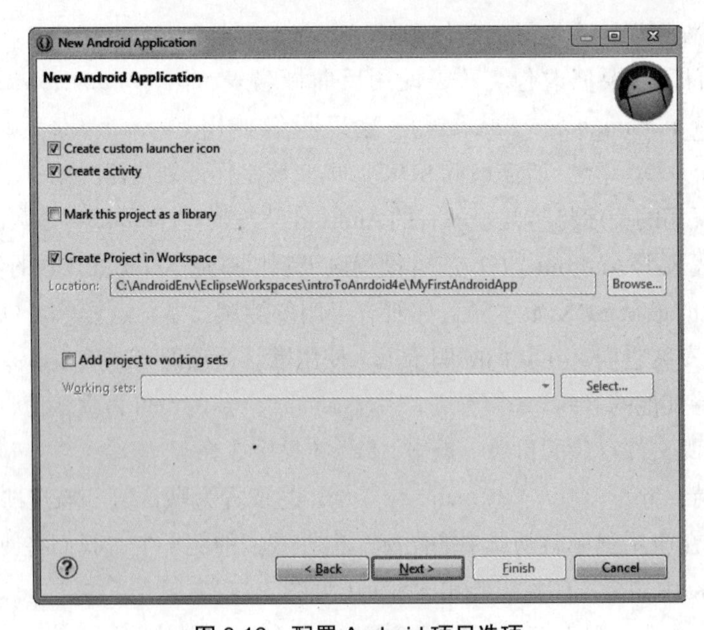

图 3.16 配置 Android 项目选项

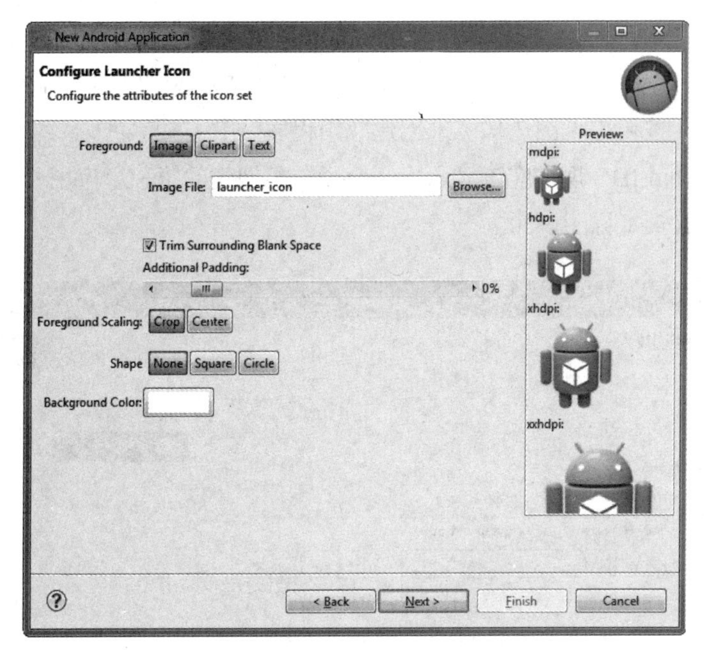

图 3.17　为我们的 Android 项目配置启动器图标

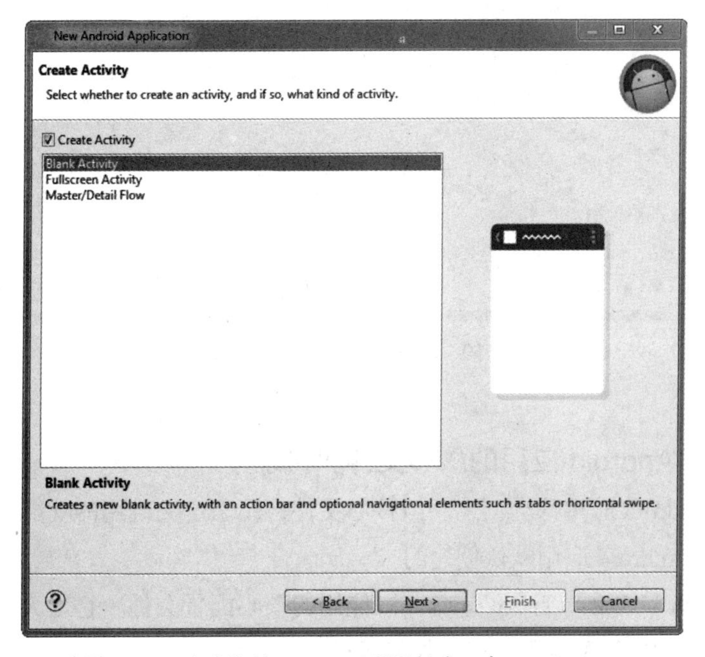

图 3.18　为我们的 Android 项目创建一个 `Activity`

7. 选择 Activity Name，将该 Activity 类命名为 MyFirstAndroid-App Activity。Layout Name 应该会自动更改为你刚刚输入的内容。最后，点击 Finish 按钮（见图 3.19）来创建应用程序。

8. Android IDE 现在应该显示我们使用向导创建的第一个应用，布局文件打开以供我们编辑（见图 3.20）

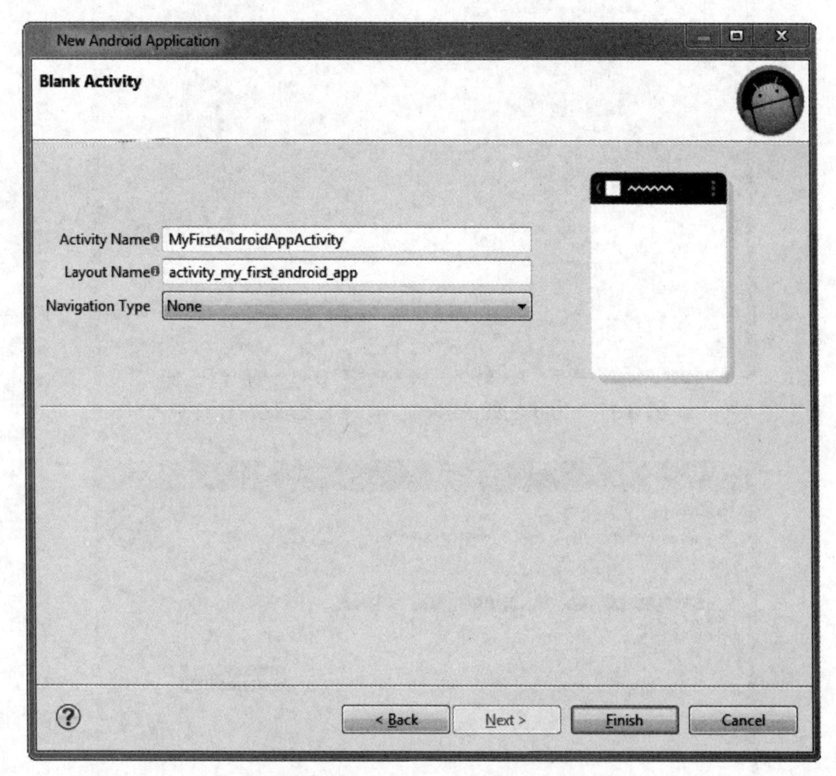

图 3.19　为 **Activity Name** 命名

3.2.2　Android 应用的核心文件和目录

每个 Android 应用都会创建一组核心文件，用于定义应用的功能。下列文件是一个新的 Android 应用默认创建的。

- **AndroidManifest.xml**——应用的核心配置文件。它定义了你的应用程序的功能和权限，以及如何运行。

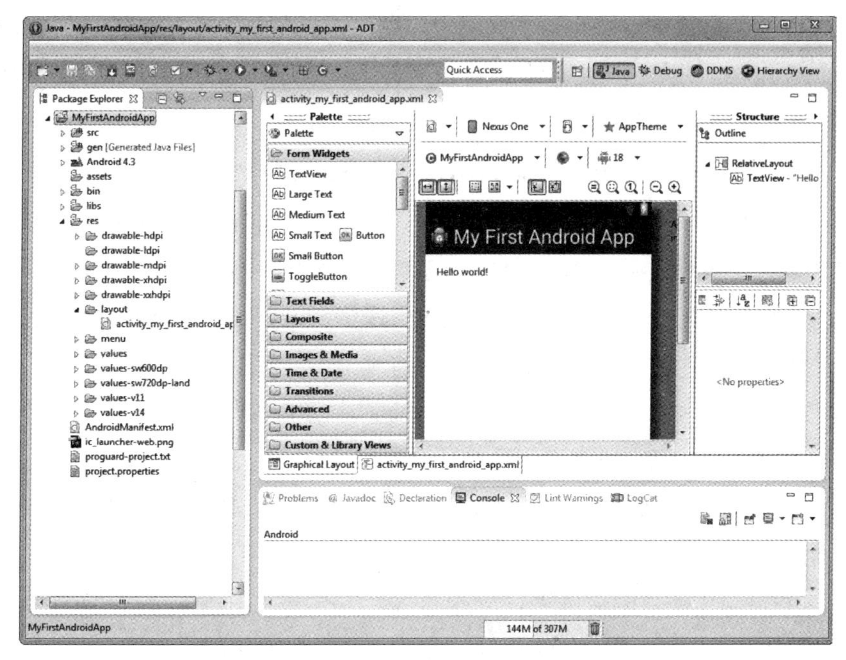

图 3.20　使用向导创建的我们第一个应用

- **ic_launcher-web.png**——这是一张 32 位的 512×512 大小的高分辨率图标，用来在 Google Play 商店中显示。该图标的大小不能超过 1024KB。
- **proguard-project.txt**——Android IDE 和 ProGuard 使用的编译文件。可以通过编辑该文件来配置你的代码优化选项，以及发布版本的混淆设置。
- **project.properties**——Android IDE 中使用的编译文件。它定义了你的应用程序的构建目标，以及其他编译系统选项（如果需要的话）。请不要编辑这个文件。
- **/src**——必须的文件夹，包含了所有的源代码。
- **/src/com/introtoandroid/myfirstandroidapp/MyFirstAndroidAppActivity.java**——这个应用的主入口点，被命名为 `MyFirstAndroidAppActivity`。在 Android 的清单文件中定义了该 Activity 为默认的启动 Activity。
- **/gen**——必须的文件夹，包含了所有的自动生成的文件。

- **/gen/com/introtoandroid/myfirstandroidapp/BuildConfig.java**——当你调试你的应用程序时，该源文件自动生成。请不要编辑这个文件。
- **/gen/com/introtoandroid/myfirstandroidapp/R.java**——自动生成的资源管理的源文件。请不要编辑这个文件。
- **/assets**——必须的文件夹，包含了项目中未编译的资源文件。应用程序的资产是一些你不想作为应用程序资源管理的应用程序数据（文件，目录）。
- **/bin**——该文件夹放置用于生成你应用 APK 文件的自动生成文件。
- **/libs**——包含所有 .jar 库项目的目录。
- **/libs/android-support-v4.jar**——该支持库可以添加到你的项目中，从而为运行旧版本 Android 的旧设备带来新的 Android API。
- **/res**——必须的文件夹，放置和管理所有的应用程序资源。应用程序的资源包括动画、可绘制图形、布局文件、数据化的字符串和数字、以及原始文件。
- **/res/drawable-***——应用程序图标的图形资源，具有多种尺寸，用以支持不同设备屏幕分辨率。
- **/res/layout**——必须的文件夹，包含了一个或多个布局资源文件，每个文件管理应用中的不同的 UI 或者 App Widget。
- **/res/layout/activity_my_first_android_app.xml**——`MyFirstAndroidAppActivity` 相对应的布局资源文件，用来组织应用主屏幕的控件。
- **/res/menu**——文件夹，包含了定义 Android 应用菜单的 XML 文件。
- **/res/menu/my_first_android_app.xml**——`MyFirstAndroidAppActivity` 中使用的菜单资源文件，定义了一个 Settings 菜单。
- **/res/values***——文件夹，包含了定义 Android 应用尺寸，字符串和样式的 XML 文件。
- **/res/values/dimens.xml**——`MyFirstAndroidAppActivity` 中使用的尺寸资源文件，用来定义默认尺寸的边距。

- **/res/values/strings.xml**——MyFirstAndroidAppActivity 中使用的字符串资源文件，用来定义一些在整个应用中可能被重用的字符串变量。
- **/res/values/styles.xml**——MyFirstAndroidAppActivity 中使用的样式资源文件，用来定义应用的主题风格。
- **/res/values-sw600dp/dimens.xml**——尺寸资源文件，当使用 7 英寸平板时，该文件将会覆盖 res/values/dimens.xml。
- **/res/values-sw720dp/dimens.xml**——尺寸资源文件，当使用 10 英寸平板的横屏模式时，该文件将会覆盖 res/values/dimens.xml。
- **/res/values-v11/styles.xml**——尺寸资源文件，当设备运行在 API 级别 11 或以上时，该文件将会覆盖 res/values/dimens.xml。
- **/res/values-v14/styles.xml**——尺寸资源文件，当设备运行在 API 级别 14 或以上时，该文件将会覆盖 res/values/dimens.xml。

其他的一些文件被保存在磁盘上，作为工作区中 Android IDE 项目的一部分。然而，上面所列的文件和资源目录是你平时接触和使用的重要项目文件。

3.2.3　为你的项目创建一个 AVD

下一步是创建一个 AVD，用于描述你想要将应用程序运行在什么类型的设备上。本例中，我们可以使用为 Snake 应用创建的 AVD。一个 AVD 描述的是一个设备，而不是一个应用。因此，你可以使用相同的 AVD 运行多个应用程序。你也可以创建一些相同配置，不同数据的 AVD（譬如安装不同的应用或者不同的 SD 卡的内容）。

3.2.4　为你的项目创建一个启动配置

接下来，你必须在 Android IDE 中创建运行和调试的启动配置，用以配置 MyFirstAndroidApp 应用程序编译和运行的状况。启动配置，是你用来配置使用的模拟器选项和你的应用入口。

你可以分别创建独立的运行配置和调试配置，分别使用不同的选项。要应用创建一个运行配置，请按照下列步骤来创建 MyFirstAndroidApp 应用的基本运行配置。

1. 选择 Run，Run Configurations（或者右击项目，选择 Run As）。
2. 双击 Android Application。
3. 将你的配置命名为 MyFirstAndroidAppRunConfig。
4. 点击 Browse 按钮选择项目，并选择 MyFirstAndroidApp 项目。
5. 切换到 Target 标签页，设置 Deployment Target Selection Mode 为 Always prompt to pick device。
6. 点击 Apply，然后点击 Close。

小窍门

如果你将 Deployment Target Selection Mode 设置为 Automatic，那么当你在 Android IDE 中选择 Run 或者 Debug 时，如果有设备连接，你的应用将会自动安装并运行在该设备上。否则，应用将会在特定的 AVD 模拟器上运行。如果你设置为 Always prompt to pick device，你将总是被提示选择 (a) 你的应用运行在一个已存在的 AVD 上 (b) 你的应用运行在一个新的模拟器实例上，并允许指定 AVD (c) 你希望你的应用运行在实体设备上（如果设备插入连接的话）。如果有任意的模拟器已经运行，然后真实的设备插入连接，当模式为 Automatic 时，你也会看到相同的提示。

现在为应用创建调试的配置。该过程和创建运行的配置相似。请按照下列步骤来创建 MyFirstAndroidApp 应用的基本调试配置。

1. 选择 Run，Debug Configurations…（或者右击项目，选择 Debug As）。
2. 双击 Android Application。
3. 将你的配置命名为 MyFirstAndroidAppDebugConfig。
4. 点击 Browse 按钮选择项目，并选择 MyFirstAndroidApp 项目。
5. 切换到 Target 标签页，设置 Deployment Target Selection Mode 为 Always prompt to pick device。
6. 点击 Apply，然后点击 Close。

现在你的应用拥有了一个调试配置。

3.2.5　在模拟器中运行你的 Android 应用

现在，你可以按照以下步骤运行 MyFirstAndroidApp。

1. 在工具栏上选择 Run As 下拉菜单（ ）

2. 在弹出的下拉菜单中，选择你创建的运行配置（如果你没有看到，选择 Run Configurations…，然后选择合适的配置。当你下次运行该配置时，你将会在该下拉菜单中看到该配置。）

3. 因为你选择了 Always prompt to pick device 模式，你现在将会被提示选择模拟器实例。选择 Launch a New Android Virtual Device，并选择你创建的 AVD。这样，你可以选择从一个已经运行的模拟器，或者启动一个新的兼容应用程序设置的 AVD 实例。如图 3.21 所示。

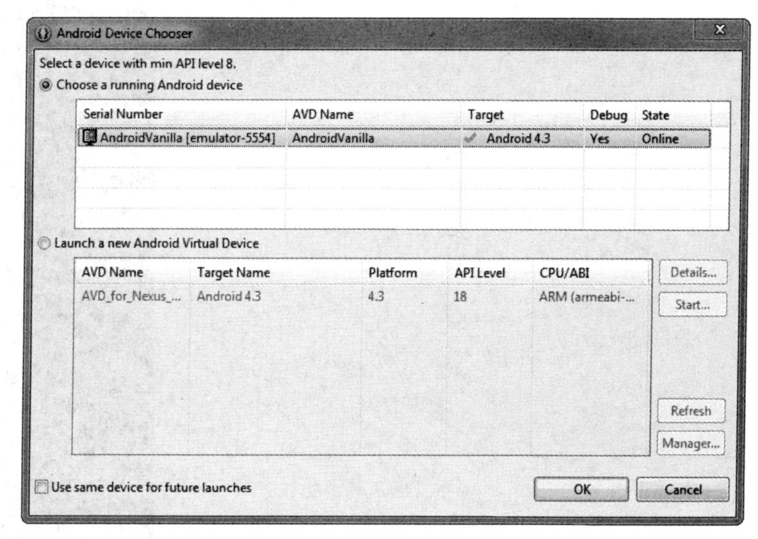

图 3.21　手动选择 deployment target selection mode

4. Android 模拟器启动，这可能需要一些时间。

5. 点击 Menu 按钮，或者向右滑动来解锁模拟器。

6. 应用程序启动，如图 3.22 所示。

7. 点击在模拟器中点击 Back 按钮来结束程序，或者点击 Home 来暂停。

8. 点击在 Favorites tray 中找到 All Apps 按钮（如图 3.23 所示），用来浏览 All Apps 屏幕中所有已安装的应用。

9. 你的屏幕现在应该类似于图 3.24，点击 My First Android App 图标来再次运行应用程序。

图 3.22 模拟器中运行的 **My First Android App**

图 3.23 **All Apps** 按钮

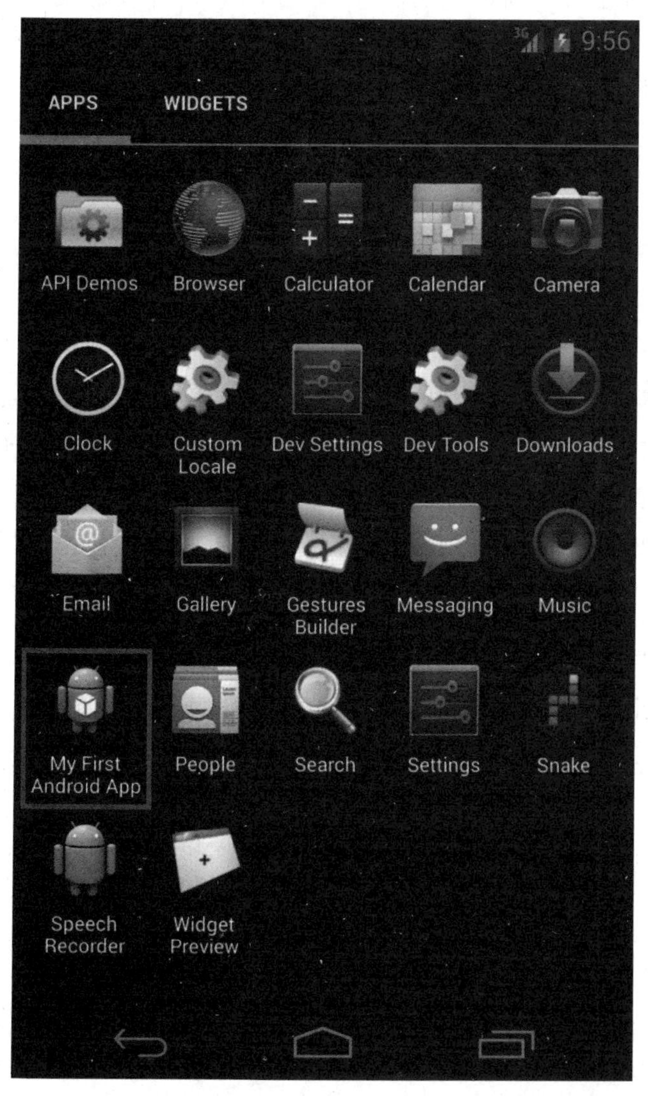

图 3.24 **All Apps** 屏幕中的 **My First Android App** 应用程序图标

3.2.6 在模拟器中调试你的 Android 应用

在继续之前，你需要熟悉在模拟器中调试程序。为了说明一些有用的调试工具，让我们在 My First Android App 中制造一个错误。

在你的项目中，编辑源文件 MyFirstAndroidAppActivity.java。在你的类中创建一个新的方法 forceError()，并在你的 Activity 类的 onCreate() 方法中调用该方法。forceError() 方法会在你的应用中产生一个新的未处理的错误。

forceError() 应该看上去类似这样：

```
public void forceError() {
    if(true) {
        throw new Error("Whoops");
    }
}
```

这时候运行该程序，并观察会发生什么，可能会有帮助。首先使用 Run 配置来运行。在模拟器中，你会看到应用程序已意外停止。还会看到一个对话框，提示你可以强制关闭应用程序，如图 3.25 所示。

关闭应用程序，但保持模拟器仍然运行。现在到调试应用的时间了。你可以按照以下步骤调试 MyFirstAndroidApp 应用。

1. 在工具栏中选择 Debug As 下拉菜单。
2. 在弹出的下拉菜单中，选择你创建的调试配置（如果你没有看到，选择 Debug Configurations…，然后选择合适的配置。当你下次运行该配置时，你将会在该下拉菜单中看到该配置）。
3. 接下来的操作和你在运行配置时的一样，并选择合适的 AVD，然后重新启动模拟器，如果需要的话，解锁屏幕。

调试器的连接需要一段时间。如果这是你第一次调试 Android 应用程序，你可能需要点击一些对话框，例如像图 3.26 所示的对话框，当第一次你的应用连接到调试器时会显示。

在 Android IDE 中，使用 Debug 透视来设置断点，单步执行代码，并观察

LogCat 中记录的应用信息。此时，当应用程序崩溃时，你可以使用调试器来确定原因。当你使用 Android IDE 启动调试时，可能需要点击多个对话框。如果你允许你的应用在抛出异常后继续运行，可以检查 Android IDE 中的 Debug 透视的结果。如果检查 LogCat 记录面板，你可以看到你的应用由于未处理的异常而被迫退出（如图 3.27 所示）

图 3.25　**My First Android App** 优雅地崩溃了

MyFirstAndroidAppActivity.java

```
package com.introtoandroid.myfirstandroidapp;

import android.os.Bundle;

public class MyFirstAndroidAppActivity extends Activity {

    @Override
    protected void onCreate(Bundle savedInstanceState) {
        super.onCreate(savedInstanceState);
        setContentView(R.layout.activity_my_first_android_app);

        forceError();
    }

    @Override
    public boolean onCreateOptionsMenu(Menu menu) {
        // Inflate the menu; this adds items to the action bar if it is present.
        getMenuInflater().inflate(R.menu.my_first_android_app, menu);
        return true;
    }

    private void forceError() {
        if (true) {
            throw new Error("whoops");
        }
    }
}
```

Confirm Perspective Switch

This kind of launch is configured to open the Debug perspective when it suspends.

This Debug perspective is designed to support application debugging. It incorporates views for displaying the debug stack, variables and breakpoint management.

Do you want to open this perspective now?

Remember my decision

Yes　No

图 3.26　切换到 Android 模拟器调试透视

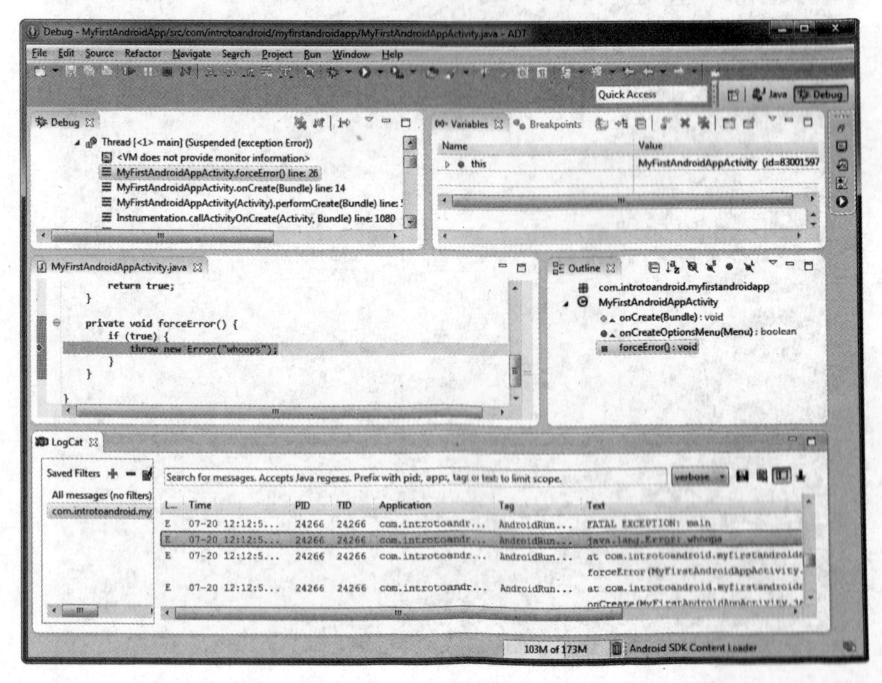

图 3.27　在 Android IDE 中调试 **MyFirstAndroidApp**

特别的，可以看到一个红色的AndroidRuntime错误：java.lang.Error: whoops。回到模拟器，点击 Force Close 按钮。现在右击该行代码的左侧，并选择 Toggle Breakpoint（或者双击）来为 forceError() 方法设置断点。

小窍门

在 Android IDE 中，你可以使用 Step Into(F5)、Step Over(F6)、Step Return(F7) 或 Resume(F8) 来执行代码。在 Mac OS X 中，你可能发现 F8 被当成全局的快捷键。如果你希望使用键盘快捷键，你可能需要修改 Android IDE 中的键盘快捷键，你可以选择 Window、Preferences、General 及 Keys 找到 Resume 并将其设置为其他键。或者，你也可以改变 Mac OS X 中的全局快捷键，找到 System Preferences、Keyboard & Mouse 及 Keyboard Shortcuts 将 F8 的映射设置为其他按键。

在模拟器中，重新启动你的应用程序，并单步调试代码。你可以看到你的应用抛出了异常，你可以在 Debug 透视的 Variable Brower 面板观察到异常。扩展其内容，将会显示这是“Whoops”错误。

重复引发程序崩溃，并熟悉控制操作是很重要的。当你操作时，切换到 DDMS 透视。你可以注意到一系列进程在模拟器的设备上运行，譬如 system_process 和 com.android.phone。如果你启动了 MyFirstAndroidApp，你会在模拟器进程列表中看到 com.introtoandroid.myfirstandroidapp。程序崩溃时强制关闭程序，你将会看到它在进程中消失。你可以使用 DDMS 来杀死进程，查看线程和堆，以及访问手机的文件系统。

3.2.7 为你的 Android 应用增加日志记录

在你开始深入了解 Android SDK 中的各种功能前，你应该需要熟悉日志记录，它是调试和学习 Android 的宝贵资源。Android 的日志记录功能包含在 android.util 包的 Log 类中。请参阅表 3.1 了解 android.util.Log 类中的一些有用的方法。

表 3.1 常用日志记录方法

方法	作用
Log.e()	记录错误
Log.w()	记录警告
Log.i()	记录信息性信息
Log.d()	记录调试信息
Log.v()	记录详细信息

为了在 MyFirstAndroidApp 中增加日志的记录，你需要编辑 MyFirst-AndroidApp.java 文件。首先，你必须为 Log 类添加适当的输入语句

```
import android.util.Log;
```

小窍门

为了节省时间，在 Android IDE 中，你可以在你的代码中使用导入的类。你可以将鼠标悬停在需要导入的类名上面，并选择 Add Imported Class QuickFix 选项来导入需要的类。

你也可以使用 Organize Imports 命令（Windows 下快捷键 Ctrl+Shift+O 或者 Mac 下快捷键 Command+Shift+O）来让 Android IDE 自动组织你的导入。这将会删除未使用的导入，并增加已使用但未导入的包。如果遇到命名冲突的情况，这往往与 Log 类有关，你可以选择你实际想使用的包。

接下来，在 MyFirstAndroidApp 类中，你需要声明一个字符串常量，该字符串用以标记所有该类输出的日志。你可以使用 Android IDE 中的 LogCat 工具，基于 DEBUG_TAG 字符串来过滤你的日志信息：

```
private static final String DEBUG_TAG = "MyFirstAppLogging";
```

现在，在 onCreate() 方法中，你可以记录一些信息：

```
Log.i(DEBUG_TAG,
    "In the onCreate() method of the MyFirstAndroidAppActivity Class");
```

这里，你必须注释掉你之前的 forceError() 调用，从而确保你的应用程序不会崩溃。现在，你已经准备好运行 MyFirstAndroidApp 了。保存好你的工作，并在模拟器中调试。请注意，在 LogCat 列表中，将会出现你的日志信息，这些信息的 Tag 域的值为 MyFirstAppLogging（如图 3.28 所示）。

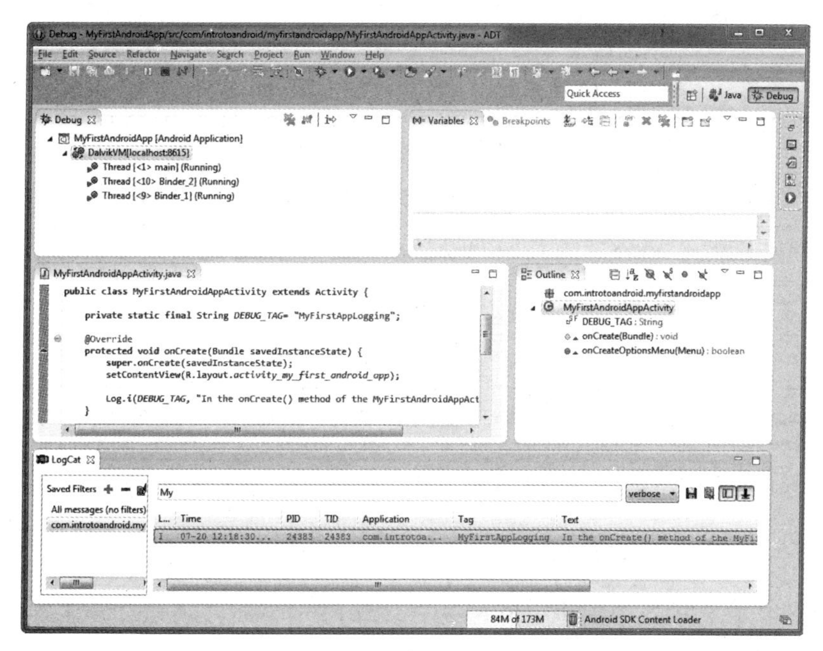

图 3.28　**MyFirstAndroidApp** 的 **LogCat** 记录

3.2.8　为你的应用程序增加媒体支持

接着，让我们为 MyFirstAndroidApp 应用增加一些功能，让应用可以播放 MP3 音乐文件。Android 媒体播放器的功能可以在 android.media 包内的 MediaPlayer 类中找到。

你可以从现有的应用资源中创建 MediaPlayer 对象，或者通过 URI 指定一个特定的文件。简单起见，我们首先使用 android.net 包中的 Uri 类来访问 MP3 文件。

表 3.2 显示了 android.media.MediaPlayer 和 android.net.Uri 类中使用的一些方法。

为了在 MyFirstAndroidApp 中增加 MP3 播放的支持，编辑 MyFirst-AndroidApp.java 文件。首先，你必须为 MediaPlayer 类增加恰当的导入声明。

```
import android.media.MediaPlayer;
import android.net.Uri;
```

表 3.2 MediaPlayer 中常用的方法以及 Uri 解析方法

方法	作用
MediaPlayer.create()	为一个目标文件创建一个新的媒体播放器用来播放
MediaPlayer.start()	开始媒体播放
MediaPlayer.stop()	停止媒体播放
MediaPlayer.release()	释放媒体播放的资源
Uri.parse()	从一个正确格式的 URI 地址实例化一个 Uri 对象

然后，在 MyFirstAndroidApp 类中，声明一个 MediaPlayer 的成员变量。

```
private MediaPlayer mp;
```

现在，在你的类中创建一个 playMusicFromWeb() 方法，并在 onCreate() 方法中调用该方法。playMusicFromWeb() 方法创建一个 Uri 对象，创建 MediaPlayer 对象，并开始 MP3 的播放。如果因为某种原因，该方法调用失败了，该方法将会使用你的记录标签来记录下错误 playMusicFromWeb() 方法应该类似于：

```
public void playMusicFromWeb() {
    try {
        Uri file = Uri.parse("http://www.perlgurl.org/podcast/archives"
            +"/podcasts/PerlgurlPromo.mp3");
        mp = MediaPlayer.create(this, file);
        mp.start();
    }
    catch (Exception e) {
        Log.e(DEBUG_TAG, "Player failed", e);
```

```
    }
}
```

在 Android 4.2.2（API 级别 17）中，使用 MediaPlayer 类来访问网上的媒体内容需要在应用的 Android 清单文件中注册 INTERNET 的权限。最后，你的应用需要特别的权限来访问基于位置的功能。你必须在 AndroidManifest.xml 文件中注册该权限。为了在你的应用中增加该权限，请执行以下步骤：

1. 双击 AndroidManifest.xml 文件。
2. 切换到 Permissions 标签页。
3. 单击 Add 按钮，并选择 Uses Permission。
4. 在右边的窗体中，选择 android.permission.INTERNET（见图 3.29）。
5. 保存文件。

稍后，你将会学习到不同 Activity 的状态，以及可能包含 playMusic-FromWeb() 方法部分的回调函数。现在，你只需要知道 onCreate() 方法将会在用户导航到该 Activity（前进或后退）时调用，或者是他/她旋转屏幕或设备的配置更改时调用。这并没有包括所有的情况，但在这个例子中，已经足够了。

最后，你应该在应用关闭的时候干净地退出。为了做到这一点，你需要重写你的 Activity 类内的 onStop() 方法，停止 MediaPlayer 对象，并释放它的资源，onStop() 方法应该类似这样：

```
protected void onStop() {
    if (mp != null) {
        mp.stop();
        mp.release();
    }
    super.onStop();
}
```

小窍门

在 Android IDE 中，你可以右击该类，并选择 Source（或者快捷键 Alt+Shift+S）。选择 Override/Implement Methods 选项，并选择 onStop() 方法。

现在，如果你在模拟器中运行 MyFirstAndroidApp（并且你拥有 Internet 连接来从 URI 位置获取数据），你的应用就可以播放 MP3。当你关闭应用，MediaPlayer 将会停止播放，并恰当地释放资源。

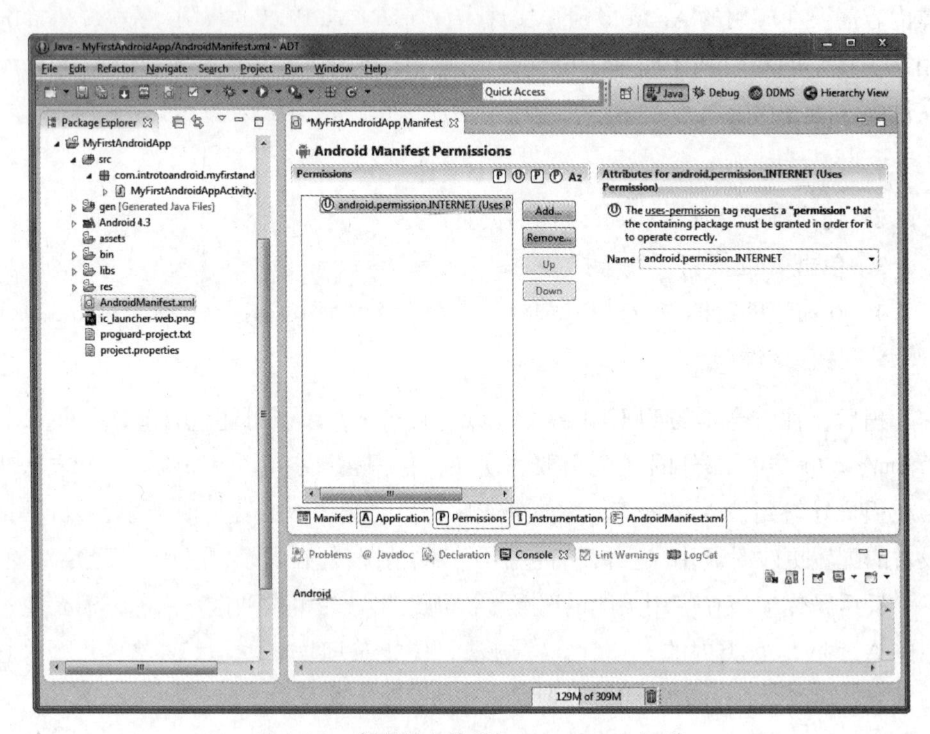

图 3.29　在配置文件增加 **INTERNET** 权限

3.2.9　在你的程序中增加基于位置的服务

你的应用已经知道如何说“您好”，并能播放一些音乐，但它不知道它在哪里。现在是熟悉了解一些简单的基于位置的调用来得到 GPS 坐标的时候了。为了使用基于位置的服务以及地图整合，你将会在典型的 Android 设备上使用一些 Google 应用，具体来说，就是地图应用。你不需要创建另一个 AVD，因为你已创建的 AVD 已经包含了 Google 的 API。

配置模拟器的位置

模拟器并不具有位置传感器，因此，首先你需要做的就是为你的模拟器设置 GPS 坐标。你可以在附录 B“快速入门指南：Android 模拟器”中找到如何做到这一点的步骤，请参见“配置模拟器的 GPS 位置坐标”。当你配置完模拟器的位置后，地图应用应该会显示你的模拟位置，如图 3.30 所示。请确保位置图标（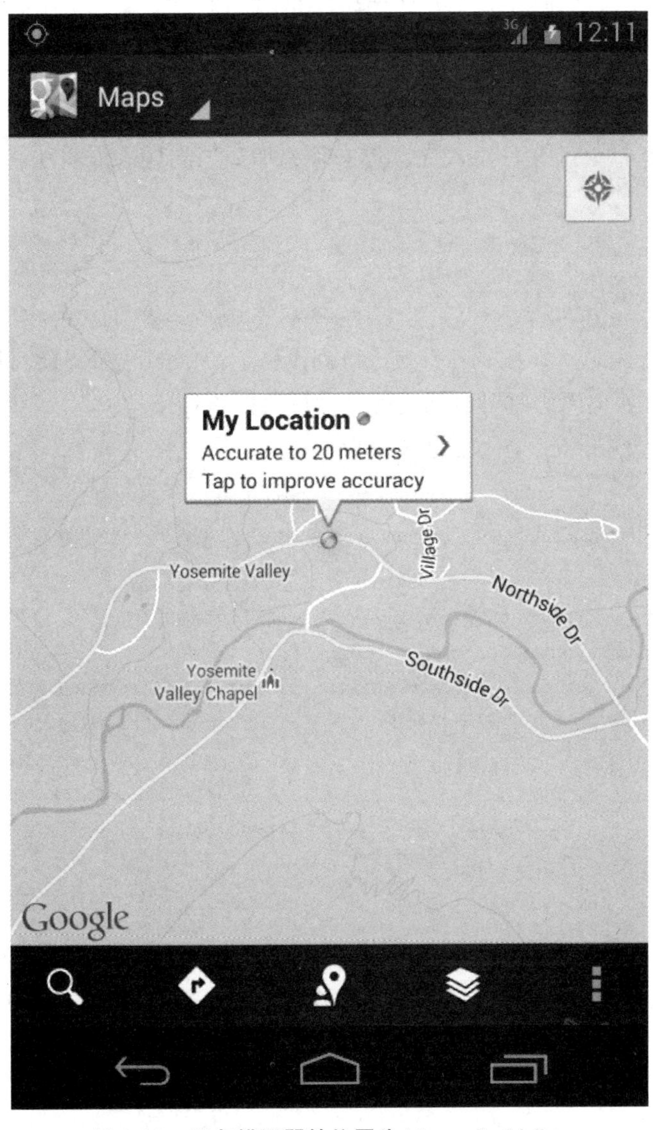）显示，它表明位置的设置对 AVD 起效。

图 3.30　设备模拟器的位置为 Yosemite Valley

警告

如果你在状态栏没有看见位置图标，这说明位置设置没有起效，你需要在AVD中配置它。

你的模拟器现在有了一个模拟位置：Yosemite Valley！

查找上一个已知的位置

为了在 MyFirstAndroidApp 中增加位置信息的支持，请编辑 MyFirst-AndroidApp.java 文件。首先，你必须添加适当的导入声明：

```
import android.location.Location;
import android.location.LocationManager;
```

现在，在类中创建一个 getLocation() 方法，并在 onCreate() 方法中调用该方法。getLocation() 方法得到设备上一个的已知位置，并将其输出为信息类信息。如果因为某种原因失败了，该方法将输出错误。

getLocation() 方法应该类似于：

```
public void getLocation() {
    try {
        LocationManager locMgr = (LocationManager)
            this.getSystemService(LOCATION_SERVICE);
        Location recentLoc = locMgr.
            getLastKnownLocation(LocationManager.GPS_PROVIDER);
        Log.i(DEBUG_TAG, "loc: " + recentLoc.toString());
    }
    catch (Exception e) {
        Log.e(DEBUG_TAG, "Location failed", e);
    }
}
```

最后，你的应用需要特定的权限来访问基于位置的方法。你必须在你的 AndroidManifest.xml 文件中注册该权限。为了在你的应用中增加基于位置的服务权限，请执行以下步骤：

1. 双击 AndroidManifest.xml 文件。
2. 切换到 Permissions 标签页。

3．单击 Add 按钮，并选择 Uses Permission。

4．在右边的窗体中，选择 android.permission.ACCESS_FINE_LOCATION。

5．保存文件。

现在，如果你在模拟器中运行 My First Android App 程序，你的应用将会以信息方式输出 GPS 坐标，你可以在 Android IDE 的 LogCat 页面看到。

3.2.10　在实体硬件上调试你的应用

你已经掌握了如何在模拟器中运行应用。现在让我们把应用运行在真实硬件上。本节将讨论如何将应用安装在 Android 4.3 的 Nexus 4 设备上。要了解如何安装到不同的设备上或者不同的 Android 版本上，请阅读：*http://d.android.com/tools/device.html*。

通过 USB 将 Android 设备连接到你的电脑上，并重启 Debug 配置。因为你在配置中选择了 Always prompt to pick device Deployment Target Selection Mode，你应该会在 Android Device Chooser 中看到一个真实的 Android 设备以供选择（见图 3.31）。

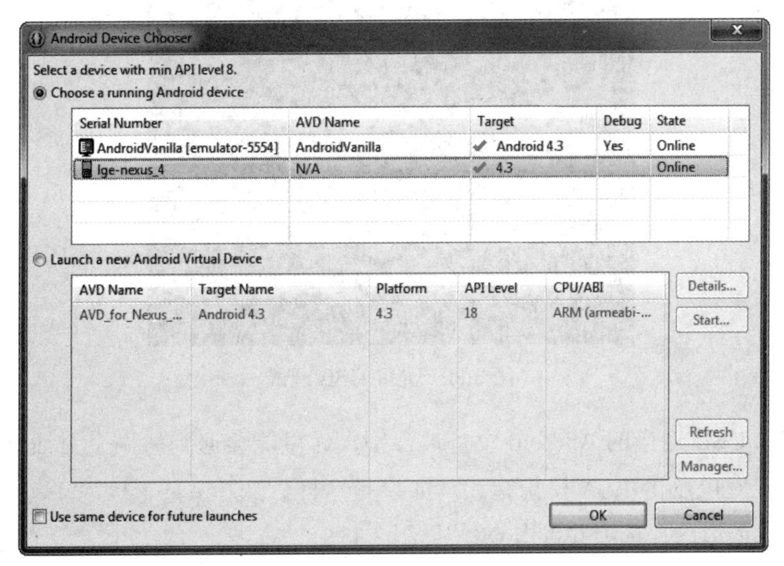

图 3.31　**Android Device Chooser** 中选择 USB 连接的 Android 设备

选择该 Android 设备作为你的目标设备，你可以看到 My First Android App 被加载到了 Android 设备中，并和先前一样启动。假如你在设备上启用了开发调试选项，你也可以在这里调试应用。为了开启 USB 调试，请前往 Settings，Developer Options，在 Debugging 下选择 USB debugging。一个对话框将会提示（见图 3.32），要求允许 USB 的调试，点击 OK 来允许调试。

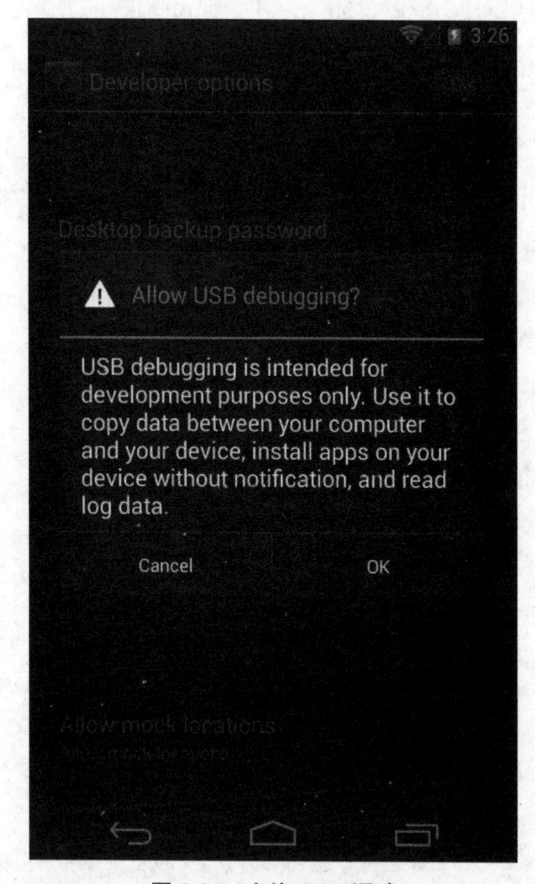

图 3.32 允许 USB 调试

一旦 USB 连接的 Android 设备被识别，你可能会遇到另一个对话框，询问你确认开发电脑的 RSA 秘钥指纹。如果是这样，选择 Always allow from this computer 选项并点击 OK（见图 3.33）。

一旦启用，你将被告知设备的 USB 调试连接已启用，因为一个小的 Android

bug状的小图标（ ）将显示在状态栏。图3.34显示了应用运行在真实设备的屏幕截屏（在本例中，手机运行在Android 4.3上）。

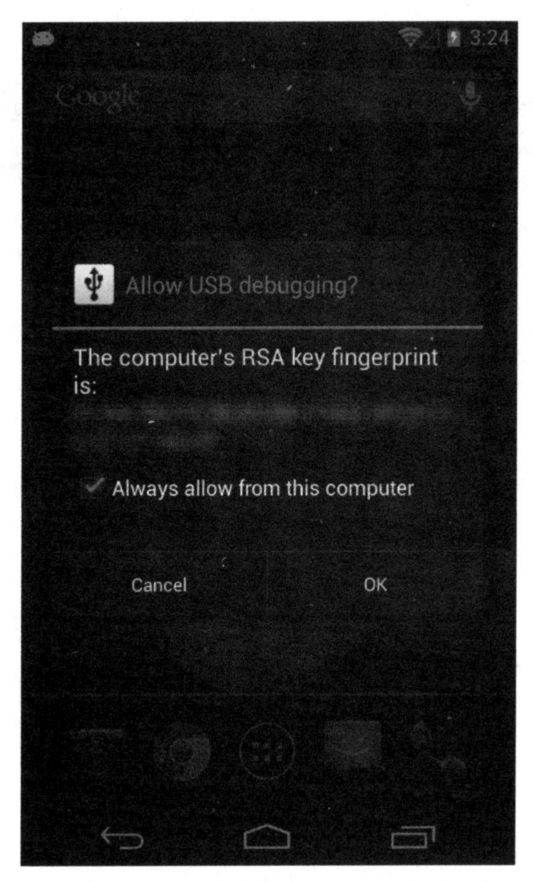

图3.33 存储电脑的RSA秘钥指纹

在设备上调试程序和在模拟器上调试大致相同，但有一些例外。你不能使用模拟器控制一些事情，譬如发送短信或者设置设备的位置，但你可以使用实际的操作（真的发送短信，真实的位置信息）来代替。

3.3 小结

本章向你展示了如何使用Android IDE来添加、构建、运行和调试Android项目。首先从Android IDE中安装示例应用，然后使用Android SDK中的示例应用来测试开发环境，接着使用 Android IDE 从头创建一个新的 Android 应用。你也学习了如何快速修改应用，并展示了一些在以后章节学习的令人兴奋的 Android 功能。

图 3.34　**My First Android App** 运行在 Android 设备上

在接下来的几章中，你将会学习开发 Android 应用的一些工具，然后专注于使用应用配置文件来配置你的 Android 应用的一些细节问题，还将会学习如何组织你的应用资源，譬如图片和字符串，供你的应用使用。

3.4 小测验

1．在 AVD 创建向导的模拟器选项中，选择 Snapshot 功能有什么优点？

2．在 android.util.Log 类中，e，w，i，v，d 分别代表什么？譬如 Log.e()？

3．在调试中，Step Into，Step Over，Step Return，和 Resume 的断点快捷键是什么？

4．组织导入文件的快捷键是什么？

5．在 Android IDE 中设置断点的快捷键是什么？

6．在 Android IDE 中，Override/Implement Methods 的快捷键是什么？

3.5 练习题

1．使用预配置定义来创建一个 Nexus 7 AVD。

2．阐述在 Android Application Project 创建向导中的 Minimum Required SDK，Target SDK 和 CompileWith 的作用。

3．在 Android Application Project 创建向导中，比较 Blank Activity 和 Fullscreen Activity 的区别。

4．为 MyFirstAndroidApp 配置运行和调试的配置，并在所有兼容的设备 /AVD 上运行或调试，按顺序写下每一步的步骤。

5．使用新的 Launcher Icon 来创建一个新的 Android Application Project。对于 Launcher Icon，增加填充到 50%，设置 Foreground Scaling 为 Center，设置为 Circle 形状，将图标的背景改变为蓝色，并执行其他必须的步骤来创建应用程序。

6．当创建 Blank Activity 时有三种 Navigation 类型，为每一种 Navigation 类型创建一个新的 Android Application Project，观察每个选项提供的内容，并执行其他必须的步骤来创建应用程序。

3.6 参考资料和更多信息

Android SDK 中 `Activity` 类的参考阅读

http://d.android.com/reference/android/app/Activity.html

Android SDK 中 `Log` 类的参考阅读

http://d.android.com/reference/android/util/Log.html

Android SDK 中 `MediaPlayer` 类的参考阅读

http://d.android.com/reference/android/media/MediaPlayer.html

Android SDK 中 `Uri` 类的参考阅读

http://d.android.com/reference/android/net/Uri.html

Android SDK 中 `LocationManager` 类的参考阅读

http://d.android.com/reference/android/location/LocationManager.html

Android 工具：“使用硬件设备”

http://d.android.com/tools/device.html

Android 资源：“常见任务以及如何在 Android 中实现”

http://d.android.com/guide/faq/commontasks.html

Android 示例代码

http://d.android.com/tools/samples/index.html

II

Android 应用程序基础

4. 了解 Android 应用结构
5. 使用 Android 清单文件定义你的应用
6. 管理应用程序资源

第 4 章
了解 Android 应用结构

传统的计算机科学课程往往根据功能和数据定义应用程序，Android 应用也没有什么不同。它们执行任务，在屏幕上显示信息，并根据各种数据源的数据执行。

开发具有有限资源的移动设备上的 Android 应用需要深入了解应用程序的生命周期。Android 使用自己特定的术语来定义应用构建模块——譬如 `context`、`activity` 以及 `intent`。本章节将使你熟悉最重要的部分，以及它们在 Android 应用中的相关 Java 类组件。

4.1 掌握重要的 Android 术语

本章将介绍 Android 应用程序开发中使用的术语，并为你提供 Android 应用程序如何实现功能以及如何与其他程序进行交互的更透彻的了解。这里是本章中用到的一些重要术语。

- **Context（上下文）**：上下文是 Android 应用的中央指挥中心。大部分应用特定的功能可以通过上下文访问或引用。`Context` 类（`android.content.Context`）是任何 Android 应用的基本构建模块，它提供了访问应用程序范围的功能，譬如应用程序的私有文件、设备资源，以及整个系统的服务。应用程序的 Context 对象会被实例化为一个 Application 对象（`android.app.Application`）。
- **Activity（活动）**：Android 应用是一系列任务的集合，每一个任务被称为活动。应用程序中的每一个活动都有一个唯一的任务或者目的。`Activity` 类（`android.app.Activity`）是任何 Android 应用的基本构建模块，而且大部分应用程序是由多个活动组成的。特别的，活动的目的是用来在一个屏幕上处理显示，但将其认为“一个活动就是一个屏幕”却过于简单。一个 Activity 类是 Context 类的子类，因此它也拥有 Context 类的所有功能。

- Fragment（碎片）：一个活动有一个独特的任务或者目的，但它可以进一步组件化，每一个组件被称为碎片。应用中的每一个碎片和其父活动一样拥有独特的任务或者目的。Fragment 类（android.app.Fragment）往往被用来组织活动的功能，从而允许在不同的屏幕大小，不同的屏幕方向和屏幕纵横比上提供更灵活的用户体验。碎片常常用来在由多个 Activity 类组成的不同的屏幕上，使用相同的代码和屏幕逻辑放置相同的用户界面。
- Intent（意图）：Android 操作系统使用异步的消息传递机制，用来将任务匹配到合适的 Activity。每一个请求被打包成一个意图。你可以将每一个请求想象成包含一条想要做一些意图的信息。使用 Intent 类（android.content.Intent）是应用程序组件，譬如活动和服务之间通信的主要方法。
- Service：那些不需要用户交互的任务可以封装成一个服务。当需要长时间的操作（处理耗时的处理），或者需要定时处理（譬如检查服务器是否有新邮件）时，服务是十分有用的。活动运行在前台，通常有一个用户界面，而 Service 类（android.app.Service）则用来处理 Android 应用的后台操作。Service 类继承自 Context 类。

4.2 应用程序 Context

应用程序 Context 对于所有顶层的应用程序功能是极为重要的。Context 类可以用来管理应用程序特定配置的详细信息，以及应用程序范围内的操作和数据，使用应用程序上下文来访问设置，并在多个 Activity 实例之间共享资源。

4.2.1 获取应用程序 Context

你可以使用 getApplicationContext() 方法在常见的类譬如 Activity

和 Service 中获取当前进程的 Context。例如：

```
Context context = getApplicationContext();
```

4.2.2 使用应用程序 Context

当你获取了有效的应用程序 Context 对象，它可以被用来访问应用程序范围内的功能和服务，包括以下内容：

- 获取应用程序资源，譬如字符串、图形，以及 XML 文件
- 访问应用程序首选项
- 管理私有的应用程序文件和目录
- 获取未编译的应用程序资产
- 访问系统服务
- 管理自由的应用程序数据库（SQLite）
- 以应用程序权限工作

警告

因为 Activity 类是由 Context 类派生的，有时你可以使用它，而不是显式地获取应用程序 Context。但是，不要在任何情况下都使用 Activity Context，因为这可能会导致内存泄露。你可以找到关于这方面的文章：*http://android-developers.blogspot.com/2009/01/avoiding-memory-leaks.html*

获取应用程序资源

你可以使用应用程序 Context 的 getResources() 方法获取应用程序资源。最简单的获取资源的方法是使用它的资源 ID，一个自动生成的 R.java 类中的唯一的数字。下面的例子是通过资源 ID 来获取应用程序资源中的 String 实例：

```
String greeting = getResources().getString(R.string.hello);
```

我们将在第 6 章“管理应用程序资源”中讨论更多不同类型的应用程序资源。

访问应用程序首选项

你可以使用应用程序 Context 的 getSharedPreferences() 方法获取

应用程序首选项。SharedPreferences 类可以用来保存简单的应用程序数据，譬如配置设置或者持久化的应用程序状态信息。我们将在第 11 章讨论更多应用程序首选项，“使用 Android 首选项”。

访问应用程序文件和目录

你可以使用应用程序 Context 来访问、创建和管理应用程序私有的文件和目录，以及外部的存储。我们将在第 12 章讨论更多应用程序文件管理，“处理文件和目录”。

获取应用资产

你可以使用应用程序 Context 的 getAssets() 方法来获取应用程序的资源。它返回一个 AssetManager（android.content.res.AssetManager）实例，可以通过它的名字来打开相关的资产。

4.3　使用 Activity 执行应用程序任务

Android 的 Activity 类（android.app.Activity）是任何 Android 应用的核心。大部分情况下，你在应用中为每一个屏幕定义和实现 Activity 类。例如，一个简单的游戏应用可能拥有以下五个活动，如图 4.1 所示。

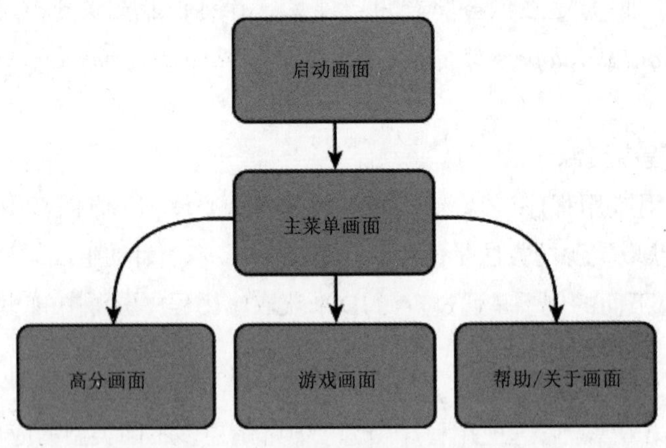

图 4.1　一个拥有五个活动的简单游戏

- **启动画面：**这个活动作为应用的主入口点。它显示了应用程序的名称和版本信息，短暂时间过后，将切换到主菜单。

- **主菜单画面**：这个活动作为切换开关来驱动用户进入应用程序的核心活动。在这里，用户必须选择他们在应用中需要做的事情。
- **游戏画面**：该活动显示核心的游戏。
- **高分画面**：该活动可以显示游戏得分或者设置。
- **帮助 / 关于画面**：该活动可以显示用户在游戏中可能需要的信息。

4.3.1　Android **Activity** 的生命周期

Android 应用程序可以是多进程的。只要内存以及处理器足够，Android 操作系统允许多个应用程序同时运行。应用可以具有进入后台的行为，当事件发生时，譬如有电话打入时，应用程序可以中断或者暂停。同一时刻，只有一个活动的应用程序对用户可见，具体来说，就是当前时刻在前台的单个应用 Activity。

Android 操作系统通过将 Activity 保存在 Activity 堆栈来跟踪所有的 Activity（见图 4.2）。该 Activity 堆栈被称为“返回栈”。当一个新的 Activity 启动时，在堆栈顶部的 Activity（当前在前台的 Activity）将暂停，新的 Activity 被推入到堆栈的顶部。当 Activity 完成时，它将从 Activity 堆栈中移除，在堆栈中的前一个 Activity 恢复继续。

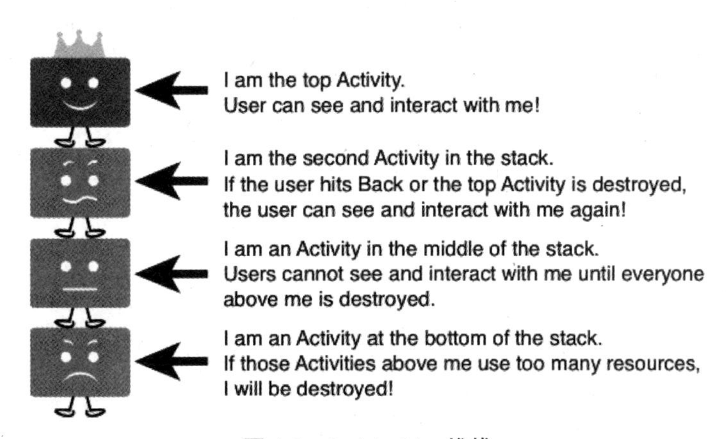

图 4.2　**Activity** 堆栈

Android 应用程序负责管理它们的状态和内存，资源以及数据。它们必须无缝地暂停和继续。了解 `Activity` 的不同生命周期的状态是设计和开发健壮的 Android 应用的第一步。

使用 Activity 的回调函数来管理应用程序的状态和资源。

Activity 生命周期内的不同重要状态的改变将触发一系列重要的回调方法。这些回调方法显示在图 4.3 中。

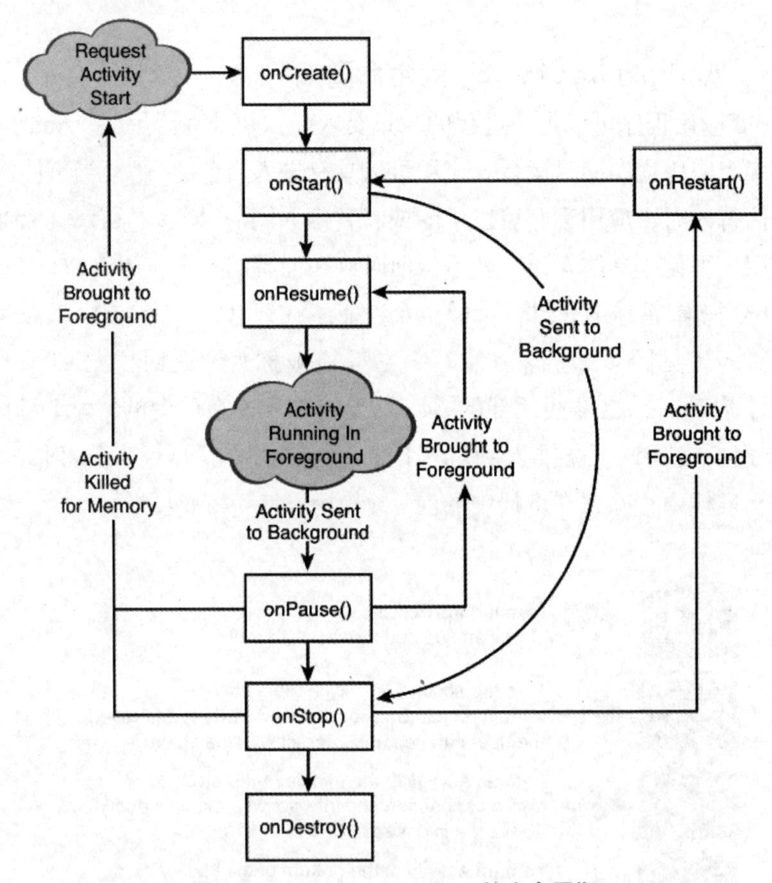

图 4.3　Android **Activity** 的生命周期

以下是 Activity 类中最重要的一些回调方法：

```
public class MyActivity extends Activity {
    protected void onCreate(Bundle savedInstanceState);
```

```
    protected void onStart();
    protected void onRestart();
    protected void onResume();
    protected void onPause();
    protected void onStop();
    protected void onDestroy();
}
```

现在，让我们考察一下这些回调方法，什么时候它们被调用，以及它们是做什么的。

在 onCreate() 方法中初始化静态 Activity 数据

当 Activity 第一次启动时，onCreate() 方法会被调用。onCreate() 方法有一个 Bundle 参数，如果这是一个新启动的 Activity，则该参数为 null。如果该 Activity 因为内存的原因被杀掉，当它重启时，Bundle 参数将包含 Activity 先前的状态信息，从而可以重新初始化。在 onCreate() 方法中适合执行任何的设置，譬如布局和数据绑定。这包括了调用 setContentView() 方法。

在 onResume() 方法中初始化以及取回 Activity 数据

当 Activity 到达了 Activity 堆栈的顶部并变成了前台进程时，onResume() 方法被调用。虽然 Activity 可能并不为用户所见，但这是最合适的地方来取回 Activity 需要运行的任何资源的实例（不论是否是专有的）。通常，这些资源会被密集处理，因此，我们只有在 Activity 为前台时才会保持它们。

小窍门

onResume() 方法通常是合适的地方用来开始播放音频、视频以及动画。

在 onPause() 方法中停止、保存和释放 Activity 数据

当另一个 Activity 移动到了 Activity 堆栈的顶部，当前的 Activity 会通过 onPause() 方法被告知它将会被推入 Activity 堆栈中。

这里，Activity 应该在 onResume() 方法中停止任何的声音、视频和动画。这里也是你必须停用资源，譬如数据库游标对象或者其他 Activity 终止时应该清理的对象。onPause() 方法可能是 Activity 进入后台时最后用来清理或者释放不需要的资源的机会。你需要在这里保存任何未提交的数据，以免你的应用没有机会恢复。调用 onPause() 后，系统保留杀死任何一个 Activity 而没有进一步通知的权利。

Activity 还可以保存状态信息到 Activity 的特定首选项或者应用程序访问范围的首选项。我们会在第 11 章详细讨论首选项，“使用 Android 首选项”。

Activity 需要在 onPause() 方法中执行快速的代码，因为只有 onPause() 方法返回后，新的前台的 Activity 才会启动。

警告

一般来说，任何在 onResume() 方法中获取的资源和数据应该在 onPause() 方法中释放。如果不是这样，当进程终止时，这些资源可能无法干净地释放。

避免 Activity 被杀死

在内存不足的情况下，Android 操作系统可以杀死任何暂停、停止或者销毁的 Activity。这基本意味着任何没有在前台的 Activity 都会面临被关闭的可能。

如果 Activity 在 onPause() 后被杀掉，那么 onStop() 和 onDestroy() 方法将不会被调用。在 onPause() 方法内更多的释放 Activity 的资源，那么 Activity 就越不太可能在后台被直接杀掉(没有其他的状态切换方法被调用)。

杀死一个 Activity 并不会导致它从 Activity 堆栈中的移除。取而代之的是，如果 Activity 实现并使用了 onSaveInstanceState() 用于自定义数据，Activity 状态将被保存到 Bundle 对象中（虽然一些 View 数据将会被自动保存）。当用户返回到 Activity 后，onCreate() 方法会被再次调用，这次会有一个有效的 Bundle 对象作为方法参数。

小窍门

那么，为什么当你的应用直接恢复时被杀掉？这主要是因为响应速度。应用设计人员必须保证应用程序的数据和资源的快速恢复，而在后台暂停时并不降低 CPU 性能和系统资源。

在 onSaveInstanceState() 方法中保存 Activity 状态到 Bundle 对象中

如果一个 Activity 因为内存不足，很容易被 Android 操作系统杀掉，或者需要响应状态的切换（譬如打开键盘）时，Activity 可以使用 onSaveInstanceState() 方法来保存状态信息到 Bundle 对象中。该回调方法并不能保证在任何情况下都被调用，因此需要使用 onPause() 方法来保证重要的数据提交。我们的建议是，在 onPause() 方法中保存重要的数据到永久存储，但使用 onSaveInstanceState() 来保存一些可以从当前屏幕快速恢复的数据（可以从该方法的命名看出）。

小窍门

你可能使用 onSaveInstanceState() 方法来存储不重要的信息，譬如未提交的表单数据或者任何其他减少用户麻烦的状态信息。

当 Activity 返回后，该 Bundle 对象被传递到 onCreate() 方法，允许 Activity 返回到其暂停时的确切状态。你也可以在 onStart() 回调方法后，使用 onRestoreInstanceState() 回调方法来读取 Bundle 信息。因此，当有 Bundle 信息时，回复到先前状态会比从头开始更快速和高效。

在 onDestroy() 方法中销毁静态 Activity 数据

当 Activity 通过正常的操作被销毁，onDestroy() 方法将会被调用。onDestroy() 方法会在两种情况下被调用：Activity 自己完成了它的生命周期，或者因为资源问题，Activity 被 Android 操作系统杀掉，但仍有足够的时间从容销毁 Activity（与不调用 onDestroy() 方法直接终止 Activity 不同）。

小窍门

如果 Activity 是被 Android 操作系统杀掉的，isFinishing() 方法将会返回 false。该方法在 onPause() 中十分有用，它可以知道 Activity 是否能够恢复。然而，Activity 仍然可能在将来被 onStop() 方法杀掉。不管怎么样，你可以使用该方法作为一个提示，知道有多少实例的状态信息被保存或者永久存储。

4.4 使用 Fragment 来组织 Activity 组件

在 Android SDK 版本 3.0（API 级别 11）前，Activity 类和应用的屏幕之间通常是一对一的关系。换句话说，应用程序的每一个屏幕，你需要定义一个 Activity 来管理它的用户界面。对于小屏幕的设备（譬如智能手机）工作良好，但当 Android SDK 开始增加支持其他类型的设备（譬如平板和电视）时，这种关系证明并不足够灵活。屏幕需要比 Activity 类更低层次的组件来工作。

因此，Android 3.0 引入了一个新的概念 Fragment。片段是屏幕功能的一个模块，或者是可以在 Activity 中存在拥有独立生命周期的用户界面。它由 Fragment 类（android.app.Fragment）以及一些支持类表示。一个 Fragment 类的实例必须存在于 Activity 类的实例中（以及生命周期），但 Fragment 每次实例化时，不需要和相同的 Activity 类组合。

小窍门

虽然 Fragment 直到 API 级别 11 才被引入到 Android，但 Android SDK 包含了一个兼容包（也被称为支持包），它允许 Fragment 库在所有目前使用的 Android 平台版本上使用（最早到 API 4）。

基于 Fragment 的应用设计被认为是最大化设备兼容性的最好方法。Fragment 让应用程序设计更为复杂，但设计不同尺寸的屏幕，你的用户界面将会更加灵活。

Fragment 如何使应用程序更加灵活，最好通过例子来说明。考虑一个简单的 MP3 音乐播放应用，允许用户查看艺术家列表，进一步查看他们的专辑列表，更进一步地查看专辑的每个音轨。当用户在任何时刻选择播放音乐，该曲目的专辑封面将随音轨信息和播放进度一起显示（以及“下一首”、“上一首”、“暂停”等）。

现在，假如你使用简单的一个屏幕对应一个 Activity 的准则，你这里将会得到四个屏幕，分别是艺术家列表、专辑列表、专辑音轨列表以及显示音轨。你可以为各自的屏幕实现四个 Activity。这将在小尺寸的设备，譬如智能手机上工作得很好。但在平板或者电视上，你将会浪费大量的空间。或者说，从另一个方面来思考，你有机会在更大的屏幕上提供更多的用户体验。实际上，在足够大的屏幕上，你可能想要实现一个标准的音乐库界面：

- 第一栏显示艺术家列表。选择一个艺术家将会过滤第二列的信息。
- 第二栏显示艺术家专辑列表。选择一个专辑将会过滤第三列的信息。
- 第三栏显示该专辑的曲目列表。
- 在屏幕的下半部分，所有的分栏下面，总是会显示艺术家、专辑或者曲目封面以及具体信息，这些信息取决于上述分栏选择了哪些内容。如果用户曾经选择过“播放”功能，则应用可以在屏幕的这个区域显示曲目的信息以及播放进度。

这种应用程序设计只需要一个单独的屏幕，因此只需要一个 Activity 类，如图 4.4 所示。

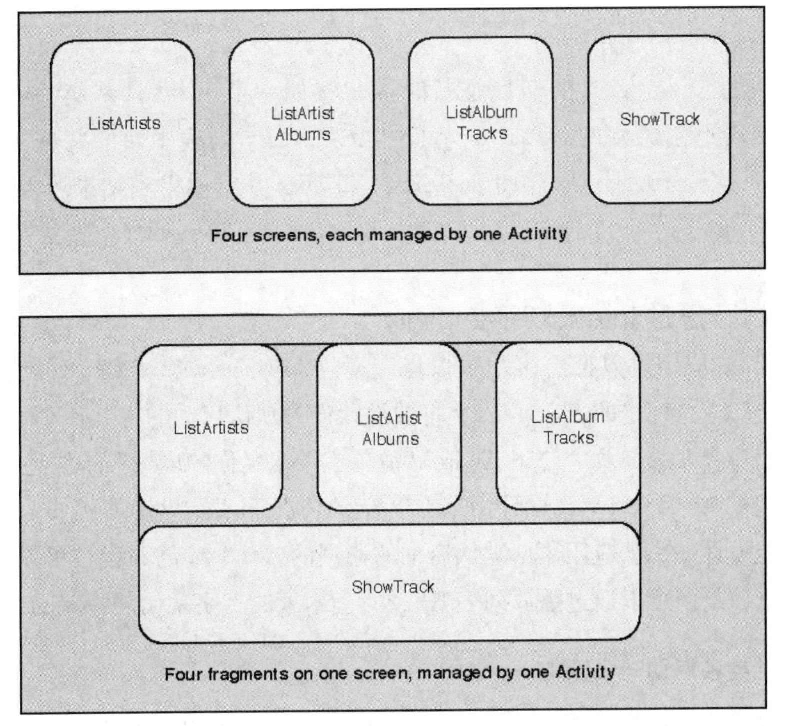

图 4.4　Fragment 如何提高应用工作流的灵活性

此时，你会陷入开发两个独立应用的困境：一个工作于较小的屏幕，而另一个工作于较大的屏幕。这就是 Fragment 被引入的原因。如果你将功能模块化，并使用四个 Fragment（艺术家列表、艺术家专辑列表、专辑曲目和专辑显示），你可以快速地混合和匹配它们，同时仍然只需要维护一份代码。

我们将会在第 9 章“使用 Fragment 分割用户界面”具体讨论 Fragment。

4.5 使用 Intent 管理 Activity 之间的切换

在 Android 应用程序的生命周期的过程中，用户可以在多个不同的 Activity 实例中切换。有时，在 Activity 堆栈中可能有多个 Activity 的实例。开发者需要在这些切换过程中关注每个 Activity 的生命周期。

一些 Activity 实例，譬如应用程序的启动界面在启动时显示，当主界面 Activity 接管后，它们将会被永久丢弃。用户在不重启应用程序的情况下，将不能回到启动 Activity。在这种情况下，可以使用 startActivity() 以及合适的 finish() 方法。

其他的 Activity 的切换是暂时的，譬如一个子 Activity 显示一个对话框，然后返回原始的 Activity（在 Activity 堆栈中暂停并恢复）。在这种情况下，父 Activity 启动了子 Activity，并希望得到结果。因此，使用 startActivityForResult() 以及 onActivityResult() 方法。

4.5.1 通过 Intent 切换 Activity

Android 应用可以拥有多个入口点。通过 AndroidManifest.xml 文件设定默认值，一个特定的 Activity 将被设计作为默认启动的主 Activity。

我们将会在第 5 章“使用 Android 清单文件定义你的应用”中详述。

其他的 Activity 被设计用来在特定的情况下才能启动。例如，一个音乐应用可能设计一个从应用菜单默认启动的通用的 Activity，但也可以定义特定的入口点，从而可以通过播放列表 ID 或者艺术家的名字来访问特定的音乐列表。

通过类名启动一个新的 Activity

你有多种方法启动 Activity。最简单的方法是使用应用程序 Context 对象来调用 startActivity() 方法，该方法接受一个参数（Intent）。

Intent(android.content.Intent) 是 Android 操作系统中，用来匹

配合适的 Activity 或者 Service（如果需要的话，启动服务），并将广播 Intent 事件发送到系统的异步消息机制。

现在，我们关注于 Intent 对象，以及它如何和 Activity 一起使用。下面的代码调用了 startActivity()，并传递了一个 Intent。该 Intent 要求启动的目标 Activity 的名字是 MyDrawActivity。该类在包的其他地方有具体实现。

```
startActivity(new Intent(getApplicationContext(),
    MyDrawActivity.class));
```

该行代码可能对于一些应用程序就足够了，它们只需要简单的从一个 Activity 切换到另一个。但是，你可以以更为健壮的方式使用 Intent 机制。例如，你可以使用 Intent 结构在 Activity 间来传递数据。

创建包含操作和数据的 Intent

你已经看到了最简单的使用 Intent 来根据类名启动类的情况。Intent 并不需要明确指定启动的组件或者类。相反，你可以创建一个 Intent 过滤器，并在 Android 清单文件中注册它。一个 Intent 过滤器用于 Activity、Service 以及 Broadrcast Receiver，指定它们对于哪些 Intent 是感兴趣并接收的（并且过滤掉其他的）。Android 操作系统尝试着解析 Intent 的需求，并基于过滤标准启动合适的 Activity。

Intent 对象内部包含两个主要部分：将要执行的操作、以及操作相关的数据（可选）。你也可以使用 Intent 操作类型和 Uri 对象来指定操作 / 数据对。如同你在第三章所见的，“编写你的第一个 Android 应用”，一个 Uri 对象表示了一个可以得到对象位置和名字的字符串。因此，一个 Intent 基本上可以说是“这样做”（操作）和“做什么”（URI 描述了操作的资源）。

最常见的操作类型在 Intent 类中有定义，包括 ACTION_MAIN（描述了 Activity 的主入口点）和 ACTION_EDIT（和 URI 一起编辑数据）。你也可以找到生成其他应用整合点的操作类型，譬如浏览器或者拨号器。

启动一个属于其他应用的 **Activity**

最初，你的应用程序可能只有自己包的 Activity。然而，只要有适当的权限，应用也可能启动其他应用的外部 Activity。例如，一个客户关系管理系统（CRM）应用可以启动联系人应用并浏览联系人的数据库，选择特定的联系人，并返回该联系人的唯一标示符以供 CRM 应用使用。

下面是一个简单的例子，演示如何创建一个包含预定义 Action（`ACTION_DIAL`）的 `Intent` 来启动电话拨号器和通过简单的 `Uri` 对象确定的特定的电话号码来拨号。

```
Uri number = Uri.parse("tel:5555551212");
Intent dial = new Intent(Intent.ACTION_DIAL, number);
startActivity(dial);
```

你可以在 *http://d.android.com/guide/appendix/g-app-intents.html* 找到常用的 Google 应用的 Intent 列表。*http://openintents.org/en/intentstable* 也提供了可用于开发者管理的注册 Intent 的协议。第三方应用以及在 Android SDK 中使用的 Intent 越来越多。

使用 Intent 并附加信息

你还可以在 Intent 中附加数据。`Intent` 的 `Extras` 属性存储了一个 `Bundle` 对象。`Intent` 类也拥有一系列方法用于许多常用数据类型的获取和设置名称 / 键值。

例如，下面的 `Intent` 包含了两个额外的信息，一个字符串和一个布尔值：

```
Intent intent = new Intent(this, MyActivity.class);
intent.putExtra("SomeStringData","Foo");
intent.putExtra("SomeBooleanData",false);
startActivity(intent);
```

然后，在 `MyActivity` 类的 `onCreate()` 方法中，你可以通过以下方法来获取该附加数据：

```
Bundle extras = getIntent().getExtras();
if (extras != null) {
    String myStr = extras.getString("SomeStringData");
    Boolean myBool = extras.getBoolean("SomeBooleanData");
}
```

小窍门

你可以为用于识别你的 Intent 额外对象的字符串起任何想要的名字。但是，Android 的惯例是，额外数据的名称包含包的名字——例如，com.introtoandroid.Multimedia.SomeStringData。我们也建议在 Activity 中定义额外的字符串名称（在前面的例子中，为了简洁而跳过了该步骤）。

4.5.2　通过 Activity 和 Intent 来组织应用程序导航

正如前面提到的，你的应用可能有一些屏幕，每个都有各自的 Activity。在 Activity，Inent 和应用导航之间有着密切的关系。你经常可以看到一种菜单模式在应用导航的不同方式中使用。

- 主菜单或者列表式屏幕：像一个开关一样，程序中的每一个菜单项会启动一个不同的 Activity，例如，不同的菜单项可以启动玩游戏的 Activity，高分的 Activity，以及帮助 Activity。
- 下拉列表式屏幕：像一个目录一样，每一个菜单项会启动相同的 Activity，但每一项将会传递不同的数据给 Intent（例如，数据库记录的菜单项）。选择一个特定的菜单项将会启动编辑数据库记录的 Activity，并传递该选项的唯一标识符。
- 点击的动作：有时你想要通过向导的方式在屏幕之间导航。你可以为一个用户界面的空间设置单击的处理方法，例如，一个“下一步”按钮，可以触发一个新的 Activity 的启动以及当前 Activity 的结束。
- 选项菜单：有些应用倾向于隐藏导航选项，直到用户需要它们。用户可以点击设备上的菜单按钮来启动选项菜单，每一个列出的选项对应于一个 Intent 并启动不同的 Activity。选项菜单不再被推荐使用，因为 Action Bar 是更好的显示菜单的方法。
- Action Bar 样式的导航：Action bar 是包含导航按钮选项的功能性标题栏，每个都派生了一个 Intent 并启动特定的 Activity。为了支持 Android 2.1 以上（API 级别 7）的版本，你应该使用 SDK 内的 android-support-v7-appcompat 支持库来支持 Action Bar。

我们将在第 17 章“规划 Android 的应用体验”中详细讨论应用程序的导航。

4.6　使用服务

当你开始 Android 开发时，尝试将 Activity 和 Intent 塞满你的大脑可能是困难的。我们已经尝试着提炼了你开始开发 Android 应用所需的一切 `Activity` 类，但如果我们不在这里说明还有很多的内容的话，就是失职，这些内容将会使用实际的例子贯穿整本书。然而，我们现在需要给你这些话题一些提示，因为我们将在下一章，当我们为应用配置 Android manifest 文件时接触到它们。

我们已经简单讨论了一个 Android 组件是 Service。一个 Android `Service`（`android.app.Service`）可以认为是一个没有用户界面、开发者创建的组件。Android `Service` 可以做两件事情之一，或者两者都做。它可以用来执行长久的操作，可以超出单个 `Activity` 的范围。此外，`Service` 可以作为客户端 / 服务端的服务器，通过进程间通信（IPC）提供远程调用服务。虽然服务处理经常被用来控制长期运行的服务器操作，但它也可以做开发者希望做的事情。任何 Android 应用公开的 `Service` 类必须在 Android 清单文件中注册。

你可以使用 Service 用于不同的目的。一般情况下，你使用 `Service` 不需要用户的输入。这里有一些你可能想要实现或者使用 Android Service 的例子。

- 一个天气、电子邮件或者社交网络的 App，可以实现定期检查网络上更新的服务。（提示：还有其他查询的实现方式，但这是 Service 经常使用的方式。）
- 一个游戏，可以在用户需要的时候创建一个 Service 来下载并处理下一关的内容。
- 一个照片或者多媒体的应用保持数据的在线同步，可以实现当设备处于空闲状态时，在后台打包并上传新内容的服务。
- 一个视频编辑应用，可以将繁重的处理工作放置到服务队列，从而避免不必要的降低系统整体性能。
- 一个新闻的应用，可以实现预加载内容的服务，当用户启动应用时，可以提前下载新闻故事，从而提高性能和响应能力。

一个好的经验法则是：如果一个任务需要使用工作者线程，可能会影响应用的响应速度和性能，而对处理时间并不敏感，那就考虑使用 Service，在主要应用程序和任何单独的 Activity 生命周期外处理任务。

4.7　接收和广播 Intent

Intent 还有另外的目的。你可以广播一个 Intent（通过调用 sendBroadcast()）到整个 Android 系统，允许任何对此有兴趣的应用（称为 BroadcastReceiver）来接收此广播，并作出相应处理。你的应用可以发送或者接收 Intent 的广播。广播通常用于通知系统有一些有趣的事情发生。例如，一个常用的被监听的广播 Intent 是 ACTION_BATTERY_LOW，当电池电量低的时候，会广播警告。如果你的应用具有某种电池独占服务，或者可能会在突然关机的情况下丢失数据，它可能想要监听这种广播并采取相应的处理。还有一些其他有趣的系统广播事件，譬如 SD 卡的状态变化，应用被安装或者移除，壁纸被改变等。

你的应用也可以使用相同的广播机制共享信息。例如，一个电子邮件应用可以在新邮件到达时广播一个 Intent，这样，其他应用（譬如垃圾邮件过滤器或者防病毒应用）可能会对此类型的事件感兴趣并作出反应。

4.8　总结

我们尝试着在提供你全面的参考以及大量灌输开发一个 Android 应用时不需要知道的细节之间寻找平衡。我们关注于你开发 Android 应用时的提高，以及了解本书中提供的每个例子所需要的细节。

Activity 类是任何 Android 应用的核心构建模块。每一个 Activity 在应用中执行了特定的任务，通常表示了一个单独的屏幕显示。每一个 Activity 通过一系列的生命周期的回调方法来负责它自己的资源和数据。同时，你可以使用 Fragment 类将 Activity 类分割成几个功能组件。这将允许多个 Activity 显示相似的屏幕组件，而不需要在多个 Activity 类之间复制代码。通过 Intent 机制，可以从 Activity 切换到另一个 Activity。一个 Intent 对象作为一个异步消息机制，Android 操作系统处理并通过启动相应的 Activity 或者 Service 来响应。你也可以使用 Intent 对象将整个系统范围的事件广播到任何感兴趣监听的应用程序。

4.9 小测验

1. Activity 类继承自什么类？
2. 在本章中，用什么方法可以获取应用程序 Context？
3. 在本章中，用什么方法可以获取应用程序资源？
4. 在本章中，用什么方法可以访问应用程序首选项？
5. 在本章中，用什么方法可以获取应用程序资产？
6. Activity 堆栈还有一个什么名字？
7. 在本章中，用什么方法可以保存 Activity 的状态？
8. 在本章中，用什么方法可以广播一个 Intent？

4.10 练习题

1. 详述在 Activity 生命周期中的每一个 Activity 的回调方法的功能。
2. 使用在线文档，确定 Fragment 生命周期的回调方法名称。
3. 使用在线文档，创建一个包含 10 个 Activity 的 Intent 的列表，其中一个 Activity 是 Intent 的目标组件。
4. 使用在线文档，确定 Service 生命周期的回调方法名称。

4.11 参考资料和更多信息

Android SDK 中应用程序 Context 类的参考阅读如下。

http://d.android.com/reference/android/content/Context.html

Android SDK 中应用程序 Activity 类的参考阅读

http://d.android.com/reference/android/app/Activity.html

Android SDK 中应用程序 Fragment 类的参考阅读

http://d.android.com/reference/android/app/Fragment.html

Android API 指南："Fragments"

http://d.android.com/guide/components/fragments.html

Android 工具：支持库

http://d.android.com/tools/extras/support-library.html

Android API 指南："Intents 以及 Intent 过滤器"

http://d.android.com/guide/components/intents-filters.html

第 5 章
使用 Android 清单文件定义你的应用

Android 项目使用一个名为 Android manifest 的特殊配置文件来定义应用的设置——设置包括应用程序名称和版本、应用程序运行所需要的权限、应用包含的组件等。在本章中，你将详细了解 Android 清单文件，并了解应用程序如何使用该文件来定义并描述应用行为。

5.1 使用 Android 清单文件配置 Android 应用

Android应用配置文件是每个Android应用必须包含的特殊格式的XML文件。该文件包含关于应用 ID 的重要信息。这里，你定义了应用的名称和版本，应用程序依赖的组件，应用程序运行所需要的权限，以及其他应用程序配置信息。

Android 的清单文件被命名为 `AndroidManifest.xml`，并且必须包含在任何 Android 项目的顶层目录。该文件包含的信息被 Android 系统用来：

- 安装和更新应用程序包。
- 显示应用程序详细信息，譬如用户看到的应用程序名称、描述及图标。
- 指定应用的系统需求，包括对 Android SDK 的支持、设备配置的需求（譬如，方向键），以及应用依赖的平台功能（例如多点触摸的功能）。
- 以市场过滤为目的，指定应用的哪些功能是必须的。
- 注册应用的 Activity，并指定如何启动。
- 管理应用程序的权限。
- 配置其他高级的应用组件配置详细信息，包括定义 Service、Broadcast Receiver 及 Content Provider。
- 为你的 Activity、Service 及 Broadcast Receiver 指定 Intent 过滤器。

- 为应用测试开启应用设置，如调试和配置仪器。

小窍门

当你使用 Android IDE 时，Android 项目向导将会为你创建初始的 AndroidManifest.xml 文件。如果你没有使用 Andriod IDE，android 的命令行工具也可以为你创建 Android 清单文件。

5.1.1 编辑 Android 清单文件

清单文件位于你的 Android 项目的顶层目录。你可以使用 Andriod IDE 清单文件资源编辑器编辑该文件，它是 ADT 包自带的功能。你也可以手动编辑 XML 文件。

小窍门

对于简单的配置修改，我们建议使用编辑器来修改。但是，如果我们添加了许多 Activity 的注册，或者一些更复杂的东西，我们通常直接编辑 XML 文件，因为资源编辑器有时有些混乱，并且没有支持文档。我们发现，当一个更复杂的配置文件导致 XML 文件嵌套（例如一个 Intent 过滤器），用户非常容易将其放在 XML 标签的错误层次中。因此，如果你使用编辑器，你应该经常检查生成的 XML 文件以保证它看上去是正确的。

使用 Android IDE 来编辑清单文件

你可以使用 Android IDE 清单文件资源编辑器来编辑清单文件。Android IDE 清单文件资源编辑器将清单信息组织和分类：

- Manifest 选项卡
- Application 选项卡
- Permissions 选项卡
- Instrumentation 选项卡
- AndroidManifest.xml 选项卡

让我们仔细查看示例的 Android 清单文件。和非常简单的 MyFirstAndroidApp 项目的默认配置文件相比，我们选择了一个更为复杂的示例项目，用来说明 Android 清单文件的一些不同特性。我们将要讨论的是 SimpleMultimedia 应用的清单文件。

使用 **Manifest** 选项卡配置包范围的设置

Manifest 选项卡（如图 5.1 所示）包含了包范围的设置，有包名、版本信息及所支持的 Android SDK 信息。你也可以在这里设置任何硬件或者功能需求。

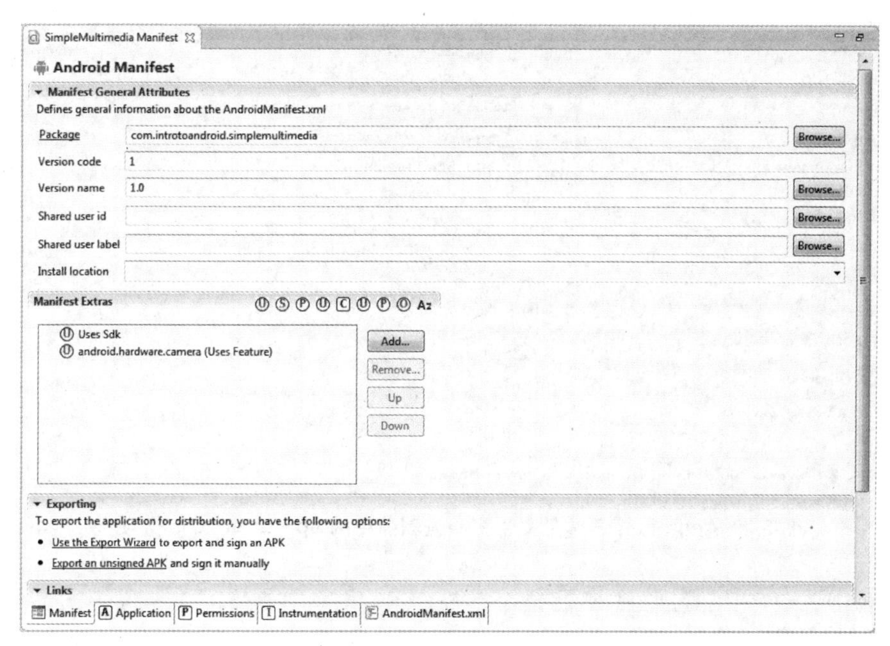

图 5.1　Android IDE 清单文件资源编辑器中的 **Manifest** 选项卡

使用 **Application** 选项卡管理应用和 **Activity** 设置

Application 选项卡（见图 5.2）包含了应用程序范围的设置，包括应用程序标签和图标，以及应用程序组件的信息，譬如 Activity，以及其他应用程序组件，包括 Service，Intent 过滤器和内容提供者的配置。

使用 **Permissions** 选项卡设置应用程序权限

Permissions 选项卡（见图 5.3）包含了你的应用所需要的任何权限规则。

该选项卡还可以用来设置应用程序的自定义权限。

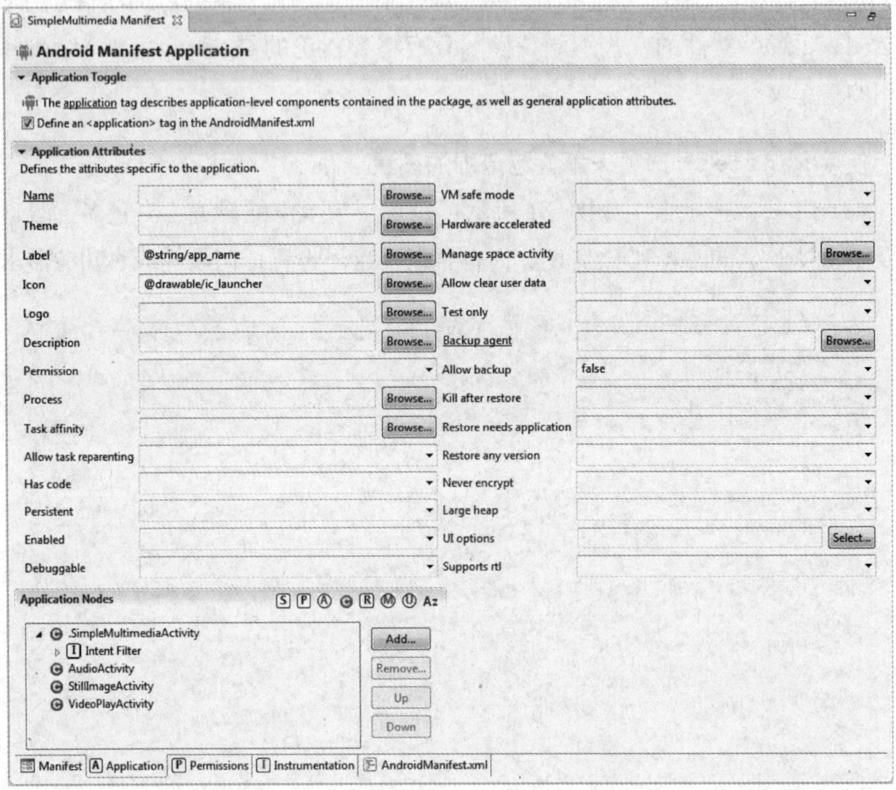

图 5.2 Android IDE 清单文件资源编辑器中的 **Application** 选项卡

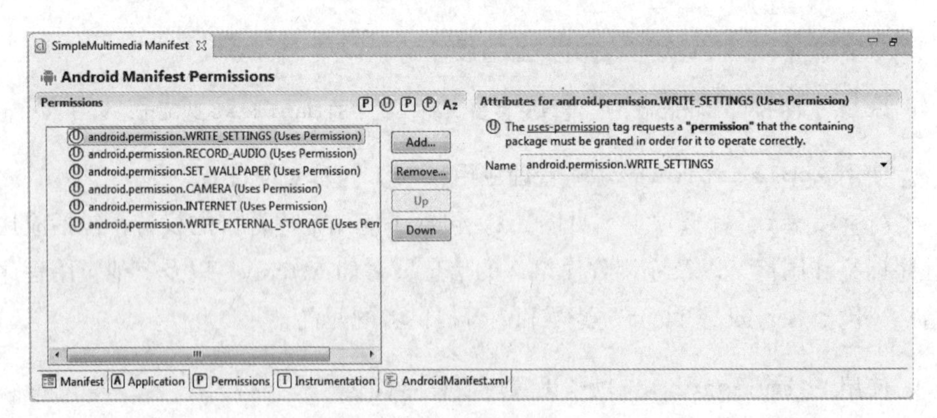

图 5.3 Android IDE 清单文件资源编辑器中的 **Permissions** 选项卡

警告

请不要混淆应用程序 Permission 字段（在 Application 选项卡的下拉框）和 Permissions 选项卡的功能。请使用 Permissions 选项卡来定义应用程序所需的权限。

使用 Instrumentation 选项卡管理测试设备

Instrumentation 选项卡（见图 5.4）允许开发者声明任何用来监控应用的 instrumentation 类。我们将在第 18 章“测试 Android 应用”具体讨论 instrumentation 和测试。

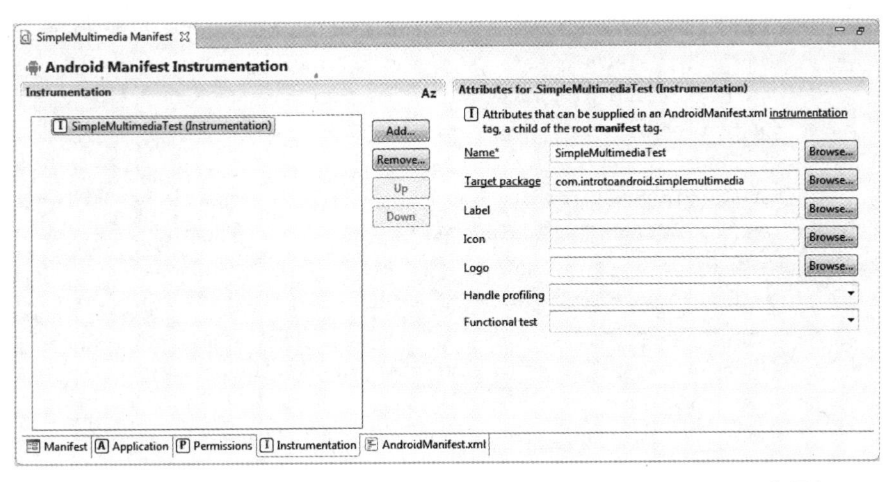

图 5.4　Android IDE 清单文件资源编辑器中的 Instrumentation 选项卡

手动编辑清单文件

Android 清单文件是一个特殊格式的 XML 文件，你可以通过点击 AndroidManifest.xml 选项卡来手动修改 XML 文件。

Android 清单文件一般包括一个单一的 <manifest> 以及 <application> 标签。下面是 SimpleMultimedia 应用的示例 AndroidManifest.xml 文件。

```
<?xml version="1.0" encoding="utf-8" ?>
<manifest xmlns:android="http://schemas.android.com/apk/res/android"
    package="com.introtoandroid.simplemultimedia"
    android:versionCode="1"
```

```
    android:versionName=″ 1.0″ >
    <application
        android:icon=″ @drawable/ic_launcher″
        android:label=″ @string/app_name″
        android:debuggable=″ true″ >
        <activity
            android:name=".SimpleMultimediaActivity"
            android:label="@string/app_name">
            <intent-filter>
                <action android:name="android.intent.action.MAIN" />
                <category android:name="android.intent.category.LAUNCHER" />
            </intent-filter>
        </activity>
        <activity android:name="AudioActivity" />
        <activity android:name="StillImageActivity" />
        <activity android:name="VideoPlayActivity" />
    </application>
    <uses-sdk
        android:minSdkVersion="10"
        android:targetSdkVersion="18" />
    <uses-permission
        android:name="android.permission.WRITE_SETTINGS" />
    <uses-permission
        android:name="android.permission.RECORD_AUDIO" />
    <uses-permission
        android:name="android.permission.SET_WALLPAPER" />
    <uses-permission
        android:name="android.permission.CAMERA" />
    <uses-permission
        android:name="android.permission.INTERNET" />
    <uses-permission
        android:name="android.permission.WRITE_EXTERNAL_STORAGE" />
    <uses-feature
        android:name="android.hardware.camera" />
</manifest>
```

这里是 SimpleMultimedia 应用的清单文件的内容概要。

- 应用程序使用的包名是：com.introtoandroid.simplemultimedia。
- 应用程序的版本名是 1.0。

- 应用程序的版本代码是 1。
- 应用程序的名称和标签存储在资源文件 /res/values/strings.xml 的资源字符串 @string/app_name 中。
- 应用程序可以在 Android 设备上调试。
- 应用程序的图标是 /res/drawable-* 目录（实际上会有多个版本，对应于不同的像素密度）下的 ic_launcher 图形文件（可以是 PNG、JPG、或者 GIF）。
- 应用程序有 4 个 Activity，分别是 SimpleMultimediaActivity、AudioActivity、StillImageActivity 以及 VideoPlayActivity。
- SimpleMultimediaActivity 是应用程序的主入口点，因为它负责处理 android.intent.action.MAIN。同时，该 Activity 在应用程序启动器中显示，因为它的类型是 android.intent.category.LAUNCHER。
- 应用程序需要下列的权限来运行：写入设置的能力、录制音频的能力、设置设备壁纸的能力、访问内置摄像头的能力、互联网访问的能力、写入外部存储的能力。
- 应用程序工作于 API 级别 10-18：换句话说，Android SDK 2.3.3 是最低支持的平台版本，软件编写的目标版本是 Jelly Bean MR2（Android 4.3）。
- 最后，应用使用 <uses-feature> 标签请求使用摄像头。

小窍门

当使用 <uses-feature> 标签时，你可以指定 android:required 的可选属性，并设置为 true 或者 false。这个可以用于配置 Google Play 商店中的过滤。如果该值设置为 true，Google Play 将只会在具有特定硬件或者软件功能的设备上会显示你的应用程序。在本例中，是摄像头。要进一步了解 Google Play 商店的过滤，请访问：*http://d.android.com/google/play/filters.html*。

现在让我们详细讨论这些重要配置。

友情提示

看前面的清单代码，你可能会奇怪，为什么在<activity>标签页的 SimpleMultimedia name 属性前有一个点（.）。这个点是省略的方式，用来指定 SimpleMultimedia 类是属于清单文件的包名。我们也可以指定整个包名的路径，但我们使用了简写方式以节省多余的字符。

5.2 管理你的应用程序 ID

你的应用程序的 Android 清单文件定义了应用程序的属性。你必须在清单文件里的<manifest>标签中使用 package 属性来定义包的名称：

```
<manifest xmlns:android=http://schemas.android.com/apk/res/android
    package=" com.introtoandroid.simplemultimedia"
    android:versionCode=" 1"
    android:versionName=" 1.0" >
```

5.2.1 控制你的应用程序版本号

为你的应用进行版本控制对于维护你的应用是至关重要的。智能版本管理可以减少混乱，并使产品的支持的升级更为简单。在<manifest>标签中定义了两个不同的版本属性：版本名称和版本代码。

版本名称（android:versionName）是一个用户友好的，开发者定义的版本属性。这项属性将在当用户管理他们设备上的程序，或者当用户从软件市场下载该应用时显示给用户。开发者使用这项版本信息可以用来追踪他们的应用程序版本。我们将在第 15 章“学习 Android 软件开发流程”中具体讨论移动应用的版本管理。

警告

虽然你可以在清单文件的设置中，使用 @string 方式的字符串资源引用，如 android:versionName，但有些发布系统并不支持这个。

Android 操作系统使用版本代码（android:versionCode），一个数字属性，来管理应用程序的更新。我们将在第 19 章“发布你的 Android 应用”中详细讨论发布和更新支持。

5.2.2　设置应用程序的名称和图标

整个应用程序的设置都在 Android 清单文件内的 <application> 标签内配置。在这里，你设置基本信息，譬如应用程序图标（android:icon）和友好的名称（android:label）。这些设置都是 <application> 标签内的属性。

例如，我们这里会使用应用包内的图标资源设置应用图标，使用字符串资源作为应用的名称。

```
<application
    android:icon=" @drawable/ic_launcher"
    android:label=" @string/app_name" >
```

你还可以在 <application> 标签内设置一些可选的应用程序设置，如应用程序描述（android:description），以及启动设备上调试应用的选项（android:debuggable= "true"）。

5.3　设置应用程序的系统需求

除了配置你的应用 IDE，Android 清单文件还用于指定应用程序正常运行的系统需求。例如，一个增强显示的应用可能需要使用设备譬如 GPS、罗盘和照相机。类似的，一个依赖于蓝牙 API 的应用，需要 Android SDK 至少在级别 5 或者更高（Android 2.0），因为它是蓝牙 API 引入的 Android 版本。

这些类型的系统需求可以被定义，并在 Android 清单文件中配置。当一个应用被安装到了设备上，Android 平台将会检查这些需求，如果需要的话，也会提示出错。类似的，Google Play 商店使用 Android 清单文件的信息用以过滤，为用户的设备提供相应的应用，从而使用户安装的应用可以在他们的设备上运行。

开发者可以通过配置 Android 清单文件设置应用的系统需求包括：

- 应用程序支持的 Android SDK 版本。
- 应用程序使用的 Android 平台功能。

- 应用程序所需的 Android 硬件配置。
- 应用程序支持的屏幕尺寸和像素密度。
- 应用程序链接的外部库。

5.3.1　针对特定的 SDK 版本

不同的 Android 设备运行不同版本的 Android 平台。通常，你可以看到过时的、不那么强大、甚至较为便宜的设备运行老旧版本的 Android 平台。而市场上新的、更为强大的设备通常运行最新的 Android 软件。

现在用户手中有数百个不同的 Android 设备。开发者必须确定他们的应用的目标人群是谁。他们是尝试支持尽可能多的用户，因此需要尽量支持尽可能多的平台版本呢，还是他们开发一个最新的游戏，需要最新的设备硬件？

小窍门

你可以使用 Android 支持库来扩大应用的目标 SDK 范围的支持，或者使用 Java 的反射机制在使用 SDK 前检查其功能。

你可以阅读更多有关使用支持包的内容：*http://d.android.com/tools/extras/support-library.html*，以及向后兼容性：*http://android-developers .blogspot.com/2009/04/backward-compatibility-for-android.html* 以及 *http://androiddevelopers.blogspot.com/2010/07/how-to-have-your-cupcake-and-eat-it-too.html*。支持包有多个修订版本，三个不同的版本——v4、v7 以及 v13，为旧的 Android 版本提供了更新的 API 功能，以分别支持 API 级别 4+、7+ 和 13+。

开发者可以在 Android 清单文件的 `<uses-sdk>` 标签中指定应用程序支持哪个 Android 平台版本。该标签有三个重要的属性。

- `minSdkVersion`：该属性指定应用程序支持的最低 API 级别。
- `targetSdkVersion`：该属性指定应用程序支持的最佳 API 级别。
- `maxSdkVersion`：该属性指定应用程序支持的最高 API 级别。

小窍门

Google Play 商店会根据应用清单文件的 <uses-sdk> 标签等的设置来为给定的用户过滤应用。这是准备在 Google Play 发布的应用所必须的标签。忽略使用该标签将会在编译环境中产生一个警告信息。要了解更多关于 <usessdk> 标签的信息，请阅读 *http://d.android.com/guide/topics/manifest/uses-sdk-element.html*。

<uses-sdk> 标签中的每一个属性是一个整数，它表示一个给定的 Android SDK 相关的 API 级别。该数值并不直接对应于 SDK 的版本。相反，它是与该 SDK 相关的 API 级别的数值。API 级别是由 Android SDK 的开发人员设置。你需要检查 SDK 文档，以确定每个版本的 API 级别的数值。表 5.1 显示了应用可用的 Android SDK 版本。

表 5.1　Android SDK 版本和对应的 API 级别

Android SDK 版本	API 级别	版本代号
Android 1.0	1	BASE
Android 1.1	2	BASE_1_1
Android 1.5	3	CUPCAKE
Android 1.6	4	DONUT
Android 2.0	5	ECLAIR
Android 2.0.1	6	ECLAIR_0_1
Android 2.1.X	7	ECLAIR_MR1
Android 2.2.X	8	FROYO
Android 2.3, 2.3.1, 2.3.2	9	GINGERBREAD
Android 2.3.3, 2.3.4	10	GINGERBREAD_MR1
Android 3.0.X	11	HONEYCOMB
Android 3.1.X	12	HONEYCOMB_MR1

续表

Android SDK 版本	API 级别	版本代号
Android 3.2	13	HONEYCOMB_MR2
Android 4.0, 4.0.1, 4.0.2	14	ICE_CREAM_SANDWICH
Android 4.0.3, 4.0.4	15	ICE_CREAM_SANDWICH_MR1
Android 4.1, 4.1.1	16	JELLY_BEAN
Android 4.2, 4.2.2	17	JELLY_BEAN_MR1
Android 4.3	18	JELLY_BEAN_MR2

指定最小支持的 SDK 版本

你应该总是为你的应用指定 minSdkVersion 属性值。该值表示你的应用程序支持的最低的 Android SDK 版本。

例如，如果你的应用需要使用 Android SDK 1.6 才引入的 API，你会检查 SDK 文档，并找到它被定义为 API 级别 4。因此，将以下内容添加到 Android 清单文件的 `<manifest>` 标签块中：

```
<uses-sdk android:minSdkVersion="4" />
```

就这么简单。如果你希望你的应用与最多数量的 Android 设备兼容，你应该使用可能的最低的 API 级别。但是，你必须确保你的应用在任何非目标平台的充分测试（支持任何比你目标 SDK 版本低的 API 级别，将在下一节所述）。

指定目标的 SDK 版本

你应该总是为你的应用指定 `targetSdkVersion` 属性值。该值表示你的应用程序构建以及测试的 Android SDK 版本。

例如，如果你的应用使用的 API 需要兼容到 Android 2.3.3（API 级别 10），但构建和测试则使用 Android 4.3 SDK（API 级别 18），你需要指定 `targetSdkVersion` 的属性为 18。因此，将以下内容添加到 Android 清单文件的 <manifest> 标签块中：

```
<uses-sdk android:minSdkVersion="10" android:targetSdkVersion="18" />
```

为什么你需要指定使用的目标 SDK 版本？ Android 平台已经内置了向后的兼容性（到某个点）。可以这么考虑：一个特定的 API 方法可能从 API 级别 1 开始就出现。但是，该方法的内部实现——具体的行为——可能会在不同 SDK 版本中有些不同。当你为你的应用指定了目标的 SDK 版本，Android 操作系统将会尝试着匹配你的应用到确切的 SDK 版本（同时，该方法的行为和你应用测试时的一样），即使该应用运行在不同（更新）的平台版本上。这意味着应用会继续表现的像“老的方式”运行，即使 SDK 有更改或者“改进”，因为新的 SDK 可能会导致应用程序有意想不到的结果。

指定最大支持的 SDK 版本

你很少会想到为你的应用指定 maxSdkVersion 属性值。该值表示你的应用程序支持的最高的 Android SDK 版本。它会显示你的应用的向前兼容性。

你可能想要设置该属性值的原因是：如果你想要限制安装应用在最新 SDK 的设备上。例如，你可能为你的应用开发免费的试用版，并计划为最新的 SDK 推出付费版本。通过在你的免费应用的清单文件设置 maxSdkVersion 版本，你可以禁止拥有最新 SDK 的用户安装它。这想法有什么缺点？如果你的用户的设备接收到了 OTA 的 SDK 更新推送，你的应用可能会在设备上停止工作（以及显示），而该应用之前则可以完美工作，这可能会让你的用户生气，并导致你的应用有很差的评分。总之，只有完全有必要时才使用 maxSdkVersion 属性，并且你已经了解使用它所带来的风险。

5.3.2　设置应用的平台需求

Android 设备拥有不同的硬件和软件配置。一些设备有内置的键盘，其他的则依赖软键盘。类似的，某些 Android 设备支持最新的 3D 图形库，其他的则提供很少甚至没有图形支持。Android 清单文件拥有一些信息标签用于标签 Android 应用程序支持或者需要的系统功能和硬件配置。

指定支持的输入方法

<uses-configuration> 标签可以用来指定应用程序支持的硬件或者软件的输入方法。它有多种 5 个方向的配置属性：硬件键盘和键盘类型；方向设备，

例如方向键、轨迹球和滚轮；以及触摸屏的设置。

对于一个给定的属性，没有“或”的支持。如果一个应用程序支持多种输入配置，在你的 Android 配置文件中必须有多个 <uses-configuration> 标签——分别为每一个支持的配置。

例如，如果你的应用需要物理键盘以及使用手指或者手写笔的触摸屏，你需要在你的清单文件内定义两个独立的 <uses-configuration> 标签，如下所示：

```
<uses-configuration
    android:reqHardKeyboard=" true"
    android:reqTouchScreen=" finger" />
<uses-configuration
    android:reqHardKeyboard=" true"
    android:reqTouchScreen=" stylus" />
```

有关 Android 清单文件内的 <uses-configuration> 标签的更多信息，请参阅 Android SDK 参考内容：*http://d.android.com/guide/topics/manifest/uses-configura-tion-element.html*。

警告

请确认使用所有可用的输入类型来测试你的应用，因为不是所有的设备都支持所有的输入类型。例如，Google TV 并没有触摸屏，如果你为你的应用设计有触摸屏输入，你的应用将不能在 Google TV 设备上正常工作。

指定所需的设备功能

并不是所有的 Android 设备都支持每一项 Android 功能。换句话说，Android 设备制造商和运营商会选择性地包括许多 API（以及相关的硬件）。例如，并不是所有的 Android 设备都支持多点触摸或者相机闪光灯。

<uses-feature> 标签用于指定你的应用需要哪些 Android 功能才能正常运行。这些设置只供参考，Android 操作系统并不会强制使用这些设置，但分发渠道，譬如 Google Play 商店会使用这些信息来为特定用户过滤应用程序。其他的应用程序也可能会检查这些信息。

如果你的应用程序需要多个功能，你必须为每个功能创建一个 <uses-feature> 标签。例如，应用需要光线传感器和距离传感器，它就需要两个标签：

```
<uses-feature android:name=" android.hardware.sensor.light" />
<uses-feature android:name=" android.hardware.sensor.proximity" />
```

使用 <uses-feature> 标签的一个常见原因是指定你的应用所支持的 OpenGL ES 版本。默认所有的应用都以 OpenGL ES1.0 工作（这是所有 Android 设备必须支持的功能）。但是，如果你的应用需要较新的 OpenGL ES 版本，譬如 2.0 或者 3.0，你必须在 Android 清单文件内指定该属性。这可以使用 <uses-feature> 内的 android:glEsVersion 属性，指定应用程序需要的 OpenGL ES 的最低版本。如果应用程序可以在 1.0、2.0 和 3.0 上运行，指定最低的版本（这样 Google Play 商店会允许更多的用户来安装你的应用）。

小窍门

Android Jelly Bean 4.3 增加了对 OpenGL ES 3.0 的支持。用于指定 OpenGL ES 3.0 支持的 android:glEsVersion 的值为 0x00030000。要了解更多 Android 4.3 增加的内容，请参阅：*http://d.android.com/about/versions/android-4.3.html#Graphics*。

有关 Android 清单文件的 <uses-feature> 标签，请参阅 Android SDK 参考文档：*http://d.android.com/guide/topics/manifest/uses-feature-element.html*。

小窍门

如果你的应用正常运行时，并不需要一个特定的功能。与其设置该功能，并在 Google Play 商店内过滤并限制特定的设备，你还可以在运行时检查特定的设备功能，并在用户的设备上支持该功能时才允许特定的应用功能。这样，你可以最大化安装和使用你应用的人群。在运行时检查特定的功能，你可以使用 hasSystemFeature() 方法。例如，你可以查看运行你应用的设备上是否具有触摸屏功能，并返回一个布尔值：getPackageManager().hasSystemFeature("android.hardware.touchscreen");

指定支持的屏幕尺寸

Android 设备有许多不同的形状和大小。当前市场上的 Android 设备有着非常多的屏幕尺寸和像素密度。<supports-screens> 标签可以用来指定应用支持的 Android 屏幕类型。Android 平台将根据大小将屏幕类型分为多个种类（小、正常、大和非常大），根据像素密度分为多个种类（LDPI、MDPI、HDPI、XHDPI、XXHDPI，分别代表低、中、高、非常高、和超高密度显示）。这些特性能有效地覆盖各种 Android 平台中可用的屏幕类型。

例如，如果应用程序支持 QVGA 屏幕（小）和 HVGA、WQVGA、WVGA 屏幕（正常），而无视像素密度，应用的 `<supports-screens>` 标签可以配置如下：

```
<supports-screens
    android:resizable="false"
    android:smallScreens="true"
    android:normalScreens="true"
    android:largeScreens="false"
    android:compatibleWidthLimitDp="320"
    android:anyDensity="true" />
```

有关 Android 清单文件的 `<supports-screens>` 标签的更多信息，请参考 Android SDK：*http://d.android.com/guide/topics/manifest/supports-screens-element.html* 以及 Android 开发指南中的屏幕支持：*http://d.android.com/guide/practices/screens_support.html#DensityConsiderations*。

5.3.3　使用外部库

你可以在 Android 清单文件中注册应用中链接的任何共享库。默认情况下，每个应用程序被链接到标准的 Android 包（譬如 `android.app`），并作为自己的包。但是，如果你的应用链接到了额外的包，它们应该在 Android 清单文件的 `<application>` 标签内使用 `<uses-library>` 标签来注册，例如：

```
<uses-library android:name="com.sharedlibrary.sharedStuff" />
```

这个特性通常用于链接到可选的 Google API。有关 Android 清单文件中的

<uses-library>标签的更多信息，请参考 Android SDK 的 *http://d.android.com/guide/topics/manifest/uses-library-element.html*。

5.3.4 其他应用程序配置和过滤器

你可能想使用一些其他较少使用的清单文件的设置，因为它们也在 Google Play 商店内被用于应用程序的过滤。

- <supports-gl-texture>标签用于指定应用支持的 GL 材质的压缩格式。使用图形库的应用使用该标签，并用于兼容可以支持指定压缩格式的设备。了解更多关于此标签的信息，请参阅 Android SDK 文档：*http://d.android.com/guide/topics/manifest/supports-gl-texture-element.html*。
- <compatible-screens>标签只在 Google Play 商店中使用，用来限制安装你的应用的设备需要指定的屏幕大小。该标签并不是由 Android 操作系统检查，并且该功能的使用并不被推荐，除非你完全确定需要限制你的应用安装在特定设备上。了解更多关于此标签的信息，请参阅 Android SDK 文档：*http://d.android.com/guide/topics/manifest/compatible-screenselement.html*。

5.4 在 Android 清单文件注册 Activity

在应用程序中的每一个 Activity 必须在 Android 清单文件中的<activity>标签内定义。例如，下面的 XML 部分注册了名为 AudioActivity 的 Activity 类：

```
<activity android:name="AudioActivity" />
```

下面的 Activity 必须在 com.introtoandroid.simplemultimedia 包内被定义——也就是说，Android 清单文件的<manifest>元素定义了包的名称。你也可以在 Activity 类的名字前使用点来指定 Activity 类的包范围：

```
<activity android:name=".AudioActivity" />
```

或者你也可以指定完整的类名：

```
<activity android:name=" com.introtoandroid.simplemultimedia.
AudioActivity" />
```

警告

你必须在<activity>标签中定义每一个Activity，否则它将不能作为你的应用程序的一部分运行。对于开发者来说，实现了一个Activity但忘记定义是非常常见的情况。然后他们花了很多时间来解决为什么不能正常运行，最后才意识到他们忘记在Android清单文件中注册。

5.4.1 使用Intent过滤器为你的应用指定一个主入口**Activity**

你可以在Android清单文件的<intent-filter>标签来配置Intent过滤器，并指定一个Activity类作为主入口点，你可以使用MAIN action类型或者LAUNCHER category。

例如下面的XML文件配置了SimpleMultimedia的Activity作为应用的主入口点：

```
<activity
    android:name=" .SimpleMultimediaActivity"
    android:label=" @string/app_name" >
    <intent-filter>
        <action android:name=" android.intent.action.MAIN" />
        <categoryandroid:name=" android.intent.category.LAUNCHER" />
    </intent-filter>
</activity>
```

5.4.2 配置其他的Intent过滤器

Android操作系统使用Intent过滤器来解析隐式的Intent，换句话说，Intent并没有指定特定的Activity或者其他组件类型来启动。Intent过滤器可以应用到Activity、Service以及Broadcast Receiver。一个Intent过滤器声明该应用组件匹配过滤器的条件时，它可以处理该特定类型的Intent。

不同的应用程序可以具有相同的Intent过滤器，并且可以处理相同类型的请求。实际上，这就是 Android 操作系统内的“共享”功能以及灵活启动应用的工作原理。例如，你可以在设备上安装不同的 Web 浏览器，所有的浏览器都可以通过设置相应的过滤器来处理“浏览网页”的 Intent。

Intent 过滤器使用 `<intent-filter>` 标签来定义，并且必须包含至少一个 `<action>` 标签，但它也可以包含其他的信息，譬如 `<category>` 和 `<data>` 字段。这里，我们有一个可以在 `<activity>` 块中找到的示例 Intent 过滤器的块：

```
<intent-filter>
    <action android:name=" android.intent.action.VIEW" />
    <category android:name=" android.intent.category.BROWSABLE" />
    <category android:name=" android.intent.category.DEFAULT" />
    <data android:scheme=" geoname" />
</intent-filter>
```

该 Intent 过滤器的定义使用了预定义的动作称为 VIEW，该动作用于查看特定的内容。它也可以处理 `BROWSABLE` 或者 `DEFAULT` 类型的 `Intent` 对象并使用了 `geoname` 的范式。这样，遇到由 `geoname://` 开始的 URI，拥有该 Intent 过滤器的 `Activity` 可以启动来查看内容。

小窍门

你可以为你的应用定义特定的操作。如果你这么做，并且希望第三方使用它们，请将这些操作文档化。你可以使用你想要的方式文档化：在你的网站提供你的 SDK 文档，或者为你的客户直接提供机密文件。为了最大化可见性，请考虑使用在线注册，譬如 OpenIntents (*http://openintents.org*)。

5.4.3 注册其他应用程序组件

所有的应用程序组件必须在 Android 清单文件中定义。除了 Activity，所有的 Service 和广播接收器也必须在 Android 清单文件中定义。

- Services 使用 `<service>` 标签注册。
- Broadcast Receivers 使用 `<receiver>` 标签注册。
- Content Providers 使用 `<provider>` 标签注册。

Service 和 Broadcast receiver 都使用 Intent 过滤器。如果你的应用程序作为 content provider，能够为其他应用展示共享的数据服务，它必须在 Android 清单文件中使用 <provider> 标签声明该功能。配置 content provider 包括确定哪些数据子集可以被共享，以及访问它们需要什么权限。我们将会在第 13 章“使用内容提供者”中讨论 content provider。

5.5 访问权限

Android 操作系统被锁定保护，因此应用程序对它们的进程空间之外的空间产生不利影响的能力很有限。与此相反，Android 应用程序使用它们自己的 Linux 用户账号（以及相应权限）在它们自己的虚拟机沙箱内运行。

5.5.1 注册你的应用程序所需的权限

Android 应用程序默认情况下没有任何权限。相反，对于共享资源或者特权的访问——无论是共享数据，譬如联系人数据库；或者访问底层硬件，譬如内置摄像头——必须在 Android 清单文件中明确注册权限。在应用程序安装时，这些权限将被赋予。

下面的 Android 清单文件内的 XML 片段使用了 <uses-permission> 标签来定义获取访问内置摄像头的权限：

```
<uses-permission android:name=" android.permission.CAMERA" />
```

一份完整的权限列表可以在 android.Manifest.permission 类内找到。你的应用清单文件应该只包含运行所需的权限。用户将在安装的时候被告知每个 Android 应用程序所需的权限。

小窍门

你可能会发现，在某些情况下，一台设备或者其他设备上的权限不会被强制执行（你可以在没有权限的情况下操作）。在这种情况下，你应该仍然谨慎地请求权限，这有两个原因。首先，用户将被告知应用程序正在执行敏感的操作。其次，该权限可能在未来的设备后被强制执行。另外要注意的是，在早期的 SDK 版本，并非所有的权限都必须在平台级别执行。

警告

要知道，用户将在安装你的应用程序前看到这些权限。如果应用程序的描述或者你提供的应用程序类型并不能和请求的权限相一致，你可能因为请求不必要的权限而得到较低的评分。我们看到了许多应用程序请求了它们并不需要或者没有理由要求的权限。许多注意到这点的用户将不会继续安装应用。隐私对许多用户来说是一个大问题，所以一定要尊重它。

5.5.2 注册你的应用其他的权限

应用程序也可以通过 `<permission>` 定义它自己的权限，并被其他应用程序使用。你必须说明权限，然后将其应用到特定的应用程序组件，譬如 Activity，可以使用 `android:permission` 属性。

小窍门

使用 Java 风格的作用域来为应用程序权限命名（譬如，`com.introtoandroid.SimpleMultimedia.ViewMatureMaterial`）。

可以在以下几个方面定义权限：

- 当启动一个 Activity 或者 Service。
- 当访问由 content provider 提供的数据。
- 在调用方法的级别。
- 当一个 Intent 发送或者接收广播。

权限拥有三个主要的保护级别：正常、危险和签名。正常的保护级别是应用程序很好的默认执行权限。危险的保护级别则用于高风险，可能对设备造成不良影响的 Activity。最后，签名保护级别则允许使用相同证书签名的应用来使用该组件，从而控制应用程序间的可操作性。你将在第 19 章“发布你的 Android 应用”中了解更多关于应用程序签名的内容。

权限可以细分为两类，称之为权限组，用来描述或者警告为什么特定的 Activity 需要权限。例如，权限可能暴露用户的敏感数据，如位置和个人信息

（android.permission-group.LOCATION 以及 android.permission-group.PERSONAL_INFO），访问底层硬件（android.permission-group.HARDWARE_CONTROLS），或者可能让用户产生费用的操作（android.permission-group.COST_MONEY）。一份完整的权限组清单可以在 Manifest.permission_group 类中找到。

关于应用程序的更多信息，以及它们如何实施自己的许可权限，请查看 <permission> 标签的 SDK 文档，*http://d.android.com/guide/topics/manifest/permission-element.html*。

5.6 探索其他清单文件的设置

现在我们已经覆盖了 Android 清单文件的基本知识，但 Android 清单文件中还有许多其他的可配置设置使用了不同的标签块，这与我们已经讨论的标签属性不一样。

其他一些可以在 Android 清单文件配置的功能包括：

- 在 <application> 标签属性中设置应用程序范围的主题。
- 使用 <instrumentation> 标签配置单元测试功能。
- 使用 <activity-alias> 标签为 Activity 起别名。
- 使用 <receiver> 标签创建 broadcast receivers。
- 使用 <provider> 标签创建 content providers，并使用 <grant-uri-permission> 和 <path-permission> 标签管理 content provider 的权限。
- 使用 <meta-data> 标签来包含你的 Activity、Service 或者 Receiver 组件注册的其他数据。

要了解每个标签的详细描述和在 Andriod SDK 中可用的属性（还有很多），请查看 Android SDK 中有关 Andriod 清单文件的参考：*http://d.android.com/guide/topics/manifest/manifest-intro.html*。

5.7　总结

每个 Android 应用程序都有一个特定格式的 XML 配置文件：AndroidManifest.xml。该文件非常详细地描述了应用程序的 ID，并有一些你必须在 Android 清单文件中定义的信息，包括：应用程序的名称和版本信息，包含的应用程序组件，它所需要的设备配置，它运行所需的权限。Android 操作系统使用 Android 清单文件来安装、更新和运行该应用程序包。第三方也使用 Android 清单文件中的一些细节，这包括了 Google Play 的发布渠道。

5.8　小测验

1. Android IDE 清单文件资源管理器中的五个选项卡的名称是什么？
2. 在 <manifest> 标签中定义版本的两个不同属性是什么？
3. 哪个 XML 标签用于指定你的应用支持的 Android SDK 版本？
4. 哪个 XML 标签用于指定你的应用支持的输入方式？
5. 哪个 XML 标签用于指定你的应用所需要的设备功能？
6. 哪个 XML 标签用于指定你的应用所支持的屏幕尺寸？
7. 哪个 XML 标签用于和外部库链接？
8. 哪个 XML 标签用于注册你的应用执行的权限？

5.9　练习题

1. 定义一个虚构的 <application> 标签，其中包括 icon、label、allowBackup、enabled、debuggable 以及 testOnly 属性，并为每一个属性包含值。

2. 叙述为什么选择一个目标 SDK 是非常重要的。

3. 使用 Android 文档，列出所有在 <uses-configuration> 标签中的 reqNavigation 属性的可用字符串值。

4. 使用 Android 文档，列出在 <uses-feature> 标签中的 name 属性的 5 个硬件功能

5. 使用 Android 文档，列出 <supports-screens> 标签中所有可能的属

性和它们的类型

6. 使用 Android 文档，列出 <uses-permission> 标签中可用于定义 name 属性的 10 个不同的值。

5.10　参考资料和更多信息

Android 开发者指南：“AndroidManifest.xml 文件”

http://d.android.com/guide/topics/manifest/manifest-intro.html

Android 开发者指南：“API 级别是什么”

http://d.android.com/guide/topics/manifest/uses-sdk-element.html#ApiLevels

Android 开发者指南：“支持多种屏幕”

http://d.android.com/guide/practices/screens_support.html

Android 开发者指南：“安全小技巧”

http://d.android.com/training/articles/security-tips.html

Android Google 服务：“Google Play 上的过滤器”

http://d.android.com/google/play/filters.html

第6章 管理应用程序资源

编写良好的应用程序会使用编程的方式访问资源，而不是开发者强行将其编码到源文件，这么做有多种原因。将应用程序资源存储在一个地方能更好地组织开发资源，使代码更具可读性和可维护性。外部的资源，譬如字符串可以根据不同的语言和地理区域进行本地化。最后，不同的资源可能适合不同的设备需要。

在本章中，你将会学习了解 Android 应用如何存储和访问重要资源，如字符串、图形和其他数据。你也将学习如何在项目中组织 Android 资源文件以适合本地化和不同设备的配置。

6.1 什么是资源

所有的 Android 应用程序由两部分东西组成：功能部分（代码指令）和数据部分（资源）。功能部分是决定你应用程序行为的代码，包括程序运行的任何算法。资源包括了文本字符串、样式和主题、尺寸、图片和图标、音频文件、视频以及应用使用的其他数据。

小窍门

本章提供的示例代码大部分来自 SimpleResourceView，ResourceRoundup 以及 ParisView 应用。这些应用的源代码可以在本书的网站上下载。

6.1.1 存储应用程序资源

Android 资源文件不同于 .java 类，是分开存放在 Android 项目内。最常见的资源类型存放在 XML 文件内。你也可以存储原始数据文件和图形资源。资源文件严格按照目录层次组织。所有的资源必须存放在项目的 /res 目录下的特定子目录下，其目录名必须是小写。

表 6.1 默认 Android 资源目录

资源子目录	内容
/res/drawable-*/	图形资源
/res/layout/	用户界面资源
/res/menu/	菜单资源，用于显示 Activity 中的选项或操作
/res/values/	简单的数据，如字符串、样式和主题，以及尺寸资源
/res/values-sw*/	覆盖默认的尺寸资源
/res/values-v*/	较新 API 自定义的样式和主题资源

不同的资源类型存储在不同的目录中。当你创建一个 Android 项目时，生成的资源子目录如表 6.1 所示。

不同的资源类型对应于一个特定的资源子目录名。例如，所有的图形资源都存储在 /res/drawable 目录结构下。资源可以使用更特殊的目录限定方式组织。例如 /res/drawable-hdpi 目录存储高像素密度屏幕的图形，/res/drawable-ldpi 目录存储低像素密度屏幕的图形，/res/drawable-mdpi 目录存储中等像素密度屏幕的图形，/res/drawable-xhdpi 目录存储超高像素密度屏幕的图形，/res/drawable-xxhdpi 目录存储极高像素密度屏幕的图形。如果你的图形资源被所有屏幕尺寸共享，你可以简单地将资源存储在 /res/drawable 目录中。我们将在本章内详细讨论资源目录限定名。

如果你使用 Android IDE，你将会发现将资源添加到你的项目非常简单。当你将资源添加到项目资源 /res 目录下的适当子目录时，Android IDE 将会自动检测到新的资源。这些资源将被编译，产生 R.java 的文件，该文件将使你能够以编程的方式访问你的资源。

6.1.2 资源类型

Android 应用程序使用多种不同类型的资源，如文本字符串、图形和颜色方案、以供用户界面设计。

这些资源都存储在 Android 项目的 /res 目录下，遵守严格（但有一定合理灵活性）的目录和文件名规定。所有的资源文件名必须是小写，而且要简单（只允许字符、数字和下画线）。

Android SDK 支持的资源类型，以及它们是如何存储在项目中的，参见表 6.2。

表 6.2 常见的资源类型如何存储在项目文件层次结构中

资源类型	所需目录	建议文件名	XML 标签
字符串	/res/values/	strings.xml	<string>
字符串复数形式	/res/values/	strings.xml	<plurals>, <item>
字符串数组	/res/values/	strings.xml 或 arrays.xml	<string-array>, <item>
布尔类型	/res/values/	bools.xml	<bool>
颜色	/res/values/	colors.xml	<color>
颜色状态列表	/res/color/	可以包括：buttonstates.xml, indicators.xml	<selector>, <item>
尺寸	/res/values/	dimens.xml	<dimen>
ID	/res/values/	ids.xml	<item>
整型	/res/values/	integers.xml	<integer>
整型数组	/res/values/	integers.xml	<integer-array>
混合类型数组	/res/values/	arrays.xml	<array>, <item>
简单可绘制图形（可打印）	/res/values/	drawables.xml	<drawable>
XML 文件定义的图形（如形状）	/res/drawable/	可以包括：icon.png, logo.jpg	支持的图形文件或者可绘制图形
补间动画	/res/anim/	可以包括：fadesequence.xml, spinsequence.xml	<set>, <alpha>, <scale>, <translate>, <rotate>

续表

资源类型	所需目录	建议文件名	XML 标签
属性动画	/res/animator/	mypropanims.xml	<set>, <objectAnimator>, <valueAnimator>
帧动画	/res/drawable/	可以包括：sequence1.xml, sequence2.xml	<animation-list>, <item>
菜单	/res/menu/	可以包括：mainmenu.xml, helpmenu.xml	<menu>
XML 文件	/res/xml/	可以包括：data.xml, data2.xml	开发者定义
原始文件	/res/raw/	可以包括：jingle.mp3, somevideo.mp4, helptext.txt	开发者定义
布局	/res/layout/	可以包括：main.xml, help .xml	多样，但必须是布局类型
样式和主题	/res/values/	styles.xml, themes.xml	<style>

小窍门

一些资源文件，譬如动画文件或者图形，使用它们的文件名作为变量引用的（无视文件的后缀名），因此，请合理命名你的文件。请参阅 Android 开发者网站 *http://d.android.com/guide/topics/resources/available-resources.html* 了解更多细节。

存储基本类型资源

简单的资源值类型，譬如字符串，颜色，尺寸以及其他基本类型，都存储在项目 /res/values 目录下的 XML 文件内。每一个在 /res/values 目录下的资源文件都必须以下面的 XML 文件头开始：

```
<?xml version="1.0" encoding="utf-8"?>
```

在根节点 <resources> 下为特定的资源元素的类型，譬如 <string> 或者 <color>。每个资源都使用不同的元素名称来定义。基本资源类型只有一个简单唯一的名称和数值，譬如颜色资源：

```
<color name=" myFavoriteShadeOfRed" >#800000</color>
```

小窍门

虽然 XML 的文件名是任意的，但最好的方法是将它们存储在单独的文件中，并反映它们的类型，譬如 strings.xml, colors.xml 等。但是，这并不禁止开发者为同一个类型创建多个资源文件，譬如两个独立的 XML 文件，分别名为 bright_colors.xml 和 muted_colors.xml。你将在第 14 章，“设计兼容的应用程序”，了解替代资源的文件是如何命名和细分的。

存储图形和文件

除了在 /res/values 目录下存储简单的资源文件，你也可以存储大量其他类型的资源，譬如图形、任意的 XML 文件和原始文件。这些类型的资源并没有存储在 /res/values 目录下，而是根据其类型存储在特定的目录下。例如，图形资源存储在 /res/drawable 目录结构下，XML 文件可以存储在 /res/xml 目录下，原始文件可以存储在 /res/raw 目录下。

请确保正确地命名资源文件，因为图形和文件的资源名称是从特定资源目录下的文件名来获取的。例如，一个 /res/drawable 目录下的名为 flag.png 文件将会被命名为 R.drawable.flag。

存储其他资源类型

其他的资源类型，譬如动画序列、颜色状态列表或者菜单，都存储在不同目录下的 XML 文件中，如表 6.2 所示，每个资源的名字必须是唯一的。

了解资源是如何被解析的

Android 平台拥有一个非常健壮的机制，能够在运行时加载合适的资源。你可以根据多种不同的标准来组织 Android 项目资源文件。你可以认为在本章中讨论的目录下存储的资源是应用的默认资源。你也可以为你的资源提供一个特殊版本，在特定条件下加载该版本而不是默认资源。这些专门的资源被称为替代资源。

开发者使用替代资源的两个常见的原因是：国际化/本地化的目的，以及设计在不同设备屏幕和方向下流畅运行的应用。我们将在本章中讨论默认资源，而替代资源将在第 14 章，“设计兼容应用程序”中讨论。

默认资源和替代资源可以通过例子很好地说明。假设我们有一个简单的应用程序，以及它所需的字符串、图形和布局资源。在该应用中，资源文件存储在顶层的资源目录（例如，/res/values/strings.xml、/res/drawable/mylogo.png、以及 /res/layout/main.xml）。无论你的应用运行在什么样的 Android 设备上（巨大的高清屏，邮票大小的屏幕，纵向或者横向屏幕等），相同的资源文件将被加载和使用。此应用程序只使用默认的资源。

但是，如果我们希望应用可以基于不同的屏幕密度使用不同尺寸的图片呢？我们可以使用替代的图形资源来做到这一点。例如，我们可以为不同设备的屏幕密度提供五个版本的 mylogo.png：

- /res/drawable-ldpi/mylogo.png（低密度屏幕）
- /res/drawable-mdpi/mylogo.png（中等密度屏幕）
- /res/drawable-hdpi/mylogo.png（高密度屏幕）
- /res/drawable-xhdpi/mylogo.png（超高密度屏幕）
- /res/drawable-xxhdpi/mylogo.png（极高密度屏幕）

让我们来看另外一个例子。假如我们发现，如果屏幕纵向布局和横向布局都被很好地定制了，应用程序会看上去更好。我们可以改变布局，移动控件位置，以达到更好的用户体验，并提供了两种布局：

- /res/layout-port/main.xml（竖屏模式下加载的布局）
- /res/layout-land/main.xml（横屏模式下加载的布局）

我们现在介绍的替代资源的概念，是因为它们很难在实际中被避免，但在本书的大部分时间里，我们将会主要使用默认资源，仅仅是为了专注于特定的编程任务，而不是自定义程序，让它在每一个可以使用的设备上都能完美运行。

6.1.3 以编程方式访问资源

开发者使用 R.java 类和它的子类来访问特定的应用程序资源。当你将资源添加到你的项目中时（如果你使用 Android IDE），R.java 类将会自动生成。你可以在你的项目中通过它的名称来引用任何资源标识符（这就是为什么名称必须是唯一的）。例如，在 /res/values/strings.xml 文件中定义了一个名为 strHello 的 String。你可以通过下面的方式在代码中访问它：

```
R.string.strHello
```

该变量并不直接对应名为 hello 的 String。相反，你使用该资源标识符在项目资源中获取该类型的资源（这恰好是 String）。

首先，为你应用的 Context（android.content.Context）获取 Resources 实例，在这个例子中，因为 Activity 类继承自 Context，使用 this 即可。然后，你使用 Resources 的实例来获取你想要的相关资源。你可以发现，Resources 类（android.content.res.Resources）有一个辅助方法来处理各种类型的资源。

例如，要获取 String 文本的简单的方法是调用 Resources 类中的 getString() 方法，如下所示：

```
String myString = getResources().getString(R.string.strHello);
```

在继续讨论前，我们发现深入了解并创建一些资源是有很有帮助的，因此让我们创建一个简单的例子。

6.2　使用 Android IDE 设置简单的资源值

为了说明如何使用 Android IDE 来设置资源，让我们来看一个例子。创建一个新的 Android 项目，并导航到 /res/values/strings.xml 文件，双击该文件来编辑它。或者，你也可以使用本书中包含的 ResourceRoundup 项目进行参考。你的 strings.xml 文件将会在右侧窗体中打开，类似于图 6.1，但只有较少的字符串。

在该窗体的底部有两个选项卡。Resources 选项卡提供了一个友好的方式来插入基本资源类型，如字符串、颜色和尺寸资源等。strings.xml 选项卡则显示了你创建的原始 XML 资源文件。有时，手动编辑 XML 文件更为快捷，特别是如果你要增加数条新资源时。点击 strings.xml 选项卡，你的窗体应该像图 6.2 所示。

现在，使用 Resources 选项卡中的 Add 按钮增加一些资源。具体来说，创建如下的资源：

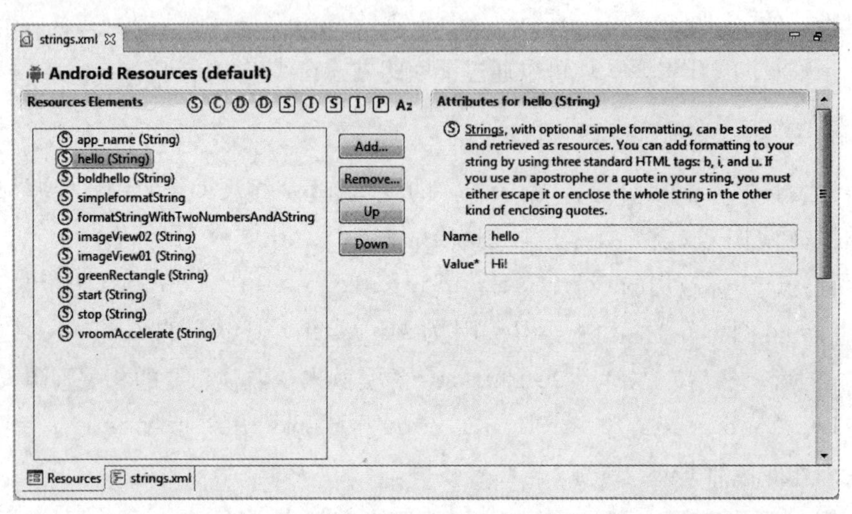

图 6.1　在 Android IDE 的资源编辑器（编辑视图）的实例字符串资源

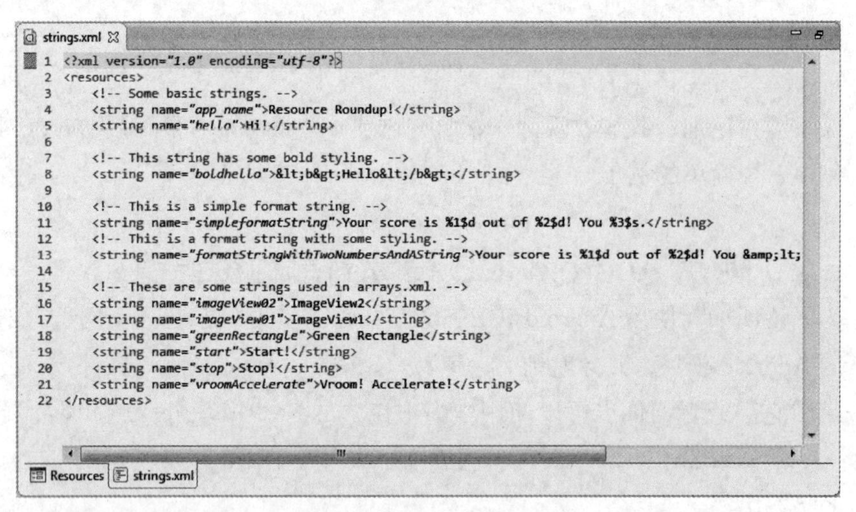

```
1  <?xml version="1.0" encoding="utf-8"?>
2  <resources>
3      <!-- Some basic strings. -->
4      <string name="app_name">Resource Roundup!</string>
5      <string name="hello">Hi!</string>
6
7      <!-- This string has some bold styling. -->
8      <string name="boldhello">&lt;b&gt;Hello&lt;/b&gt;</string>
9
10     <!-- This is a simple format string. -->
11     <string name="simpleformatString">Your score is %1$d out of %2$d! You %3$s.</string>
12     <!-- This is a format string with some styling. -->
13     <string name="formatStringWithTwoNumbersAndAString">Your score is %1$d out of %2$d! You &amp;lt;
14
15     <!-- These are some strings used in arrays.xml. -->
16     <string name="imageView02">ImageView2</string>
17     <string name="imageView01">ImageView1</string>
18     <string name="greenRectangle">Green Rectangle</string>
19     <string name="start">Start!</string>
20     <string name="stop">Stop!</string>
21     <string name="vroomAccelerate">Vroom! Accelerate!</string>
22 </resources>
```

图 6.2　在 Android IDE 的资源编辑器（XML 视图）的实例字符串资源

- 一个颜色资源，名称为 prettyTextColor，数值为 #ff0000。
- 一个尺寸资源，名称为 textPointSize，数值为 14pt。
- 一个绘制资源，名称为 redDrawable，数值为 #F00。

现在，在你的 strings.xml 资源文件中有了几个不同类型的资源。如果你切换到 XML 视图，你可以看到 Android IDE 资源编辑器为你的文件添加了合适的 XML 元素，现在你的文件应该看起来像这样：

```
<?xml version=" 1.0" encoding=" utf-8" ?>
<resources>
    <string name=" app_name" >ResourceRoundup</string>
    <stringname=" hello" >Hello World, ResourceRoundupActivity</string>
    <color name=" prettyTextColor" >#ff0000</color>
    <dimen name=" textPointSize" >14pt</dimen>
    <drawable name=" redDrawable" >#F00</drawable>
</resources>
```

保存 strings.xml 资源文件。Android IDE 将会在你的工程中自动生成 R.java 文件。它包含了相应的资源 ID，在文件被编译后，允许你通过编程的方式访问你的资源。如果你浏览 R.java 文件，该文件位于 /src 目录下，它看起来会是这样：

```
package com.introtoandroid.resourceroundup;
public final class R {
    public static final class attr {
    }
    public static final class color {
        public static final int prettyTextColor=0x7f050000;
    }
    public static final class dimen {
        public static final int textPointSize=0x7f060000;
    }
    public static final class drawable {
        public static final int icon=0x7f020000;
        public static final int redDrawable=0x7f020001;
    }
    public static final class layout {
        public static final int main=0x7f030000;
    }
    public static final class string {
        public static final int app_name=0x7f040000;
        public static final int hello=0x7f040001;
```

```
    }
}
```

现在，你可以在你的代码中使用这些资源。如果你浏览 ResourceRoundupActivity.java 的源文件，你可以增加一些代码来获取你的资源，并使用它们工作：

```
String myString = getResources().getString(R.string.hello);
int myColor =getResources().getColor(R.color.prettyTextColor);
float myDimen =getResources().getDimension(R.dimen.textPointSize);
ColorDrawable myDraw =
    (ColorDrawable)getResources().getDrawable(R.drawable.redDrawable);
```

一些资源类型，如字符串数组，通过手动编辑 XML 的方式更容易添加到资源文件中。例如，如果我们回到 strings.xml 文件，并选择 strings.xml 选项卡，我们可以通过添加下面的 XML 元素来为我们的资源列表添加一个字符串数组：

```
<?xml version=" 1.0" encoding=" utf-8" ?>
<resources>
    <string name=" app_name" >Use Some Resources</string>
    <stringname=" hello" >Hello World, UseSomeResources</string>
    <color name=" prettyTextColor" >#ff0000</color>
    <dimen name=" textPointSize" >14pt</dimen>
    <drawable name=" redDrawable" >#F00</drawable>
    <string-array name=" flavors" >
        <item>Vanilla</item>
        <item>Chocolate</item>
        <item>Strawberry</item>
    </string-array>
</resources>
```

保存 strings.xml 文件，现在你可以在你的资源文件 R.java 中使用名为 flavors 的字符串数组，因此你可以在 ResourceRoundup Activity.java 中使用编程的方式使用它，就像下面的代码：

```
String[] aFlavors = getResources().getStringArray(R.array.flavors);
```

现在你对如何使用 Android IDE 来添加简单的资源有了大致的了解，但还有一些不同类型的资源可以被添加为资源。常见的做法是在不同的文件中存储不同类型的资源。例如，你可以在 /res/values/strings.xml 文件中存储字符串，在 /res/values/colors.xml 文件中存储 prettyTextColor 的颜色资源，在 /res/values/dimens.xml 文件中存储 textPointSize 的尺寸数据。在资源目录下重新组织你的资源并不会改变资源的名称，也不会改变之前通过编程方式访问资源的代码名称。

现在，让我们仔细看看如何为你的 Android 应用添加一些常见类型的资源。

6.3　使用不同类型的资源

在本节中，我们将讨论 Android 应用中可以使用的具体的资源类型，它们是如何在项目中被定义的，以及如何用编程的方式访问资源数据。

表 6.3　字符串资源格式示例

字符串资源值	显示为
`Hello, World`	Hello, World
`"User's Full Name:"`	User's Full Name:
`User\'s Full Name:`	User's Full Name:
`She said, \"Hi.\"`	She said, "Hi."
`She\'s busy but she did say, \"Hi.\"`	She's busy but she did say, "Hi."

对于每种类型的资源，你会学习到不同类型的数值是如何存储的，以及存储为何种格式。一些资源类型（譬如字符串和颜色），可以在 Andriod IDE 资源编辑器中得到很好的支持，而其他的类型（譬如动画序列）则可以直接编辑 XML 文件，从而更易于管理。

6.3.1　使用字符串资源

对于开发者来说，字符串资源是最简单的资源类型之一。字符串资源可以在表格视图中显示帮助的文本标签。应用程序的名称默认也被存储为一个字符串资源。

字符串资源被定义在 /res/values 目录下的 XML 文件中，并在构建时被编译到应用程序包中。所有包含撇号以及单引号的字符串需要被转义或者被双引号所包裹。一些良好格式的字符串值示例如表 6.3 所示。

你可以使用 Resources 选项卡中编辑 strings.xml 文件，也可以点击该文件，选择 strings.xml 选项卡直接编辑 XML 文件。当你保存该文件后，该资源标识符将会自动添加到 R.java 文件中。

字符串值会在 <string> 标签中被标记，并代表了一个名称 / 键值对。你的程序使用名称属性引用特定的字符串，所以请合理命名这些资源。

这是一个 /res/values/strings.xml 字符串资源文件的例子：

```
<?xml version=" 1.0" encoding=" utf-8" ?>
<resources>
    <string name=" app_name" >Resource Viewer</string>
    <string name=" test_string" >Testing 1,2,3</string>
    <string name=" test_string2" >Testing 4,5,6</string>
</resources>
```

粗体、斜体和带下划线的字符串

你还可以为字符串资源添加三个 HTML 样式的属性：粗体、斜体和带下划线。你可以分别使用 <b>、<i> 以及 <u> 标记分别指定属性，例如：

```
<string name=" txt" ><b>Bold</b>,<i>Italic</i>,<u>Line</u></string>
```

6.3.2 使用格式化的字符串资源

你可以创建格式化的字符串，并且不包括所有的粗体、斜体和带下划线的标签。例如，下面的例子显示了分数以及“赢”或“输”的字符串：

```
<string
    name="winLose">Score: %1$d of %2$d! You %3$s.</string>
```

如果你想在格式化的字符串中包括粗体、斜体和带下划线的样式，你需要将这些格式化的标记转义。例如，如果想使最后的“赢”或“输”的字符串是斜体，你的资源文件可以是这样的：

```
<string name=" winLoseStyled" >
    Score: %1$d of %2$d! You &lt;i&gt;%3$s&lt;/i&gt;.</string>
```

友情提示

如果你熟悉 XML 语言的话，你将会发现这是标准的 XML 转义方式。事实上，它使用的就是 XML 转义方式。当一套标准的 XML 转义字符被解析后，该字符串将被带格式的解析。任何 XML 文档，你都需要使用转义字符，单引号（'='）、双引号（"="）以及 & 符号（&=&）。

编程方式使用字符串资源

正如本章前面所示，在代码中访问字符串资源非常简单。有两种主要的方式来访问字符串资源。

下面的代码可以访问应用中名为 hello 的字符串资源，并返回 String 类型。String 包含的所有的 HTML 样式的属性（粗体，斜体以及下划线）将会忽略。

```
String myStrHello = getResources().getString(R.string.hello);
```

你也可以访问 String，并使用其他方法来保留字符串格式：

```
CharSequence myBoldStr = getResources().getText(R.string.boldhello);
```

要加载一个带格式的 String，你需要保证任何格式的变量都被正确的转义。你可以使用 TextUtils（android.text.TextUtils）类中的 htmlEncode() 方法来做到这一点。

```
String mySimpleWinString;
mySimpleWinString =getResources().getString(R.string.winLose);
String escapedWin = TextUtils.htmlEncode(mySimpleWinString);
String resultText = String.format(mySimpleWinString, 5, 5, escapedWin);
```

resultText 变量的值会是：

```
Score: 5 of 5! You Won.
```

现在，如果你有类似前述 winLoseStyled 字符串的带样式的 String，你需要一些步骤来处理转义斜体的标记。为此，你可能想使用 Html 类（android.text.Html）的 fromHtml() 方法，如下所示：

```
String myStyledWinString;
myStyledWinString =getResources().getString(R.string.winLoseStyled);
String escapedWin = TextUtils.htmlEncode(myStyledWinString);
String resultText =String.format(myStyledWinString, 5, 5, escapedWin);
CharSequence styledResults = Html.fromHtml(resultText);
```

styledResults 变量的值将是：

```
Score: 5 of 5! You <i>Won</i>.
```

变量 styledResults 可以在用户界面控件中（例如 TextView 对象）使用，其中的文本样式可以正确显示。

6.3.3 使用带数量的字符串

一种特殊的资源类型，名为 <plurals>，可以用来定义单词在语法上不同数量形式的字符串。这里有一个 res/values/strings.xml 的资源文件，定义了两种不同的数量形式的动物名称，基于上下文的数量类型：

```
<resources>
    <plurals name=" quantityOfGeese" >
        <item quantity=" one" >You caught a goose!</item>
        <item quantity=" other" >You caught %d geese!</item>
    </plurals>
</resources>
```

单数形式的鹅的单词是 goose，其复数形式是 geese。我们可以使用 %d 的形式来显示鹅的确切数量给用户。为了在你的代码里使用复数化的资源，getQuantityString() 方法可以用来获取字符串资源的复数形式，如下所示：

```
int quantity = getQuantityOfGeese();
Resources plurals = getResources();
String geeseFound =
    plurals.getQuantityString( R.plurals.quantityOfGeese, quantity,
```

```
            quantity);
```

getQuantityString() 方法有三个参数。第一个参数是复数化的资源，第二个参数是数量值，用于告诉程序该显示哪种语法类型的单词，第三个参数只有在需要显示具体的数量时才被定义，并会用实际的整数值替换占位符 %d。

当你的程序需要国际化支持时，妥善管理单词的翻译，并考虑特定语言的数量问题是非常重要的。并不是所有的语言都遵循相同的数量规则，为了使该过程便于管理，使用复数化的字符串资源会有一定的帮助。

对于一个特定的单词，你可以定义多种不同的语法形式。要在你的字符串资源文件中定义单词的多种数量形式，你只需要指定超过一个 <item> 元素，并为每个 <item> 元素提供一个数量的值。你可以使用 <item> 元素的数量的值，见表 6.4。

表 6.4 字符串数量值

数量	描述
zero	用于表示零数量的单词
one	用于表示单个数量的单词
two	用于表示两个数量的单词
few	用于表示小数量的单词
many	用于表示大数量的单词
other	用于表示没有数量形式的单词

6.3.4 使用字符串数组

你可以在资源文件中指定字符串列表。这是存储菜单选项和下拉列表值的很好方法。字符串数组定义在 /res/values 目录下的 XML 文件中，并在程序构建时编译进应用程序包。

字符串数组通过使用 <string-array> 标记，并包含了一定数量的 <item> 子标签，每一个是数组里的一条字符串。下面是一个简单的数组资源文件，/res/values/arrays.xml：

```
<?xml version=" 1.0" encoding=" utf-8" ?>
<resources>
    <string-array name=" flavors" >
        <item>Vanilla</item>
        <item>Chocolate</item>
        <item>Strawberry</item>
        <item>Coffee</item>
        <item>Sherbet</item>
    </string-array>
    <string-array name=" soups" >
        <item>Vegetable minestrone</item>
        <item>New England clam chowder</item>
        <item>Organic chicken noodle</item>
    </string-array>
</resources>
```

正如本章的前面所示，访问字符串数组资源是非常容易的。可以使用 getStringArray() 方法从资源文件中获取字符串数组，在本例中，是一个名为 flavors 的数组：

```
String[] aFlavors = getResources().getStringArray(R.array.flavors);
```

6.3.5 使用布尔类型资源

其他的基本类型也可以被 Android 资源层次所支持。布尔类型资源可以用来存储应用程序的游戏偏好和默认值的信息。布尔类型资源被定义在 /res/values 下的 XML 文件中，并在构建时编译进应用程序包。

在 XML 文件中定义布尔资源

布尔值使用 <bool> 来标记，并代表了一个名称 / 键值对。name 属性定义了你如何在程序中引用布尔值，因此请明智地命名这些资源。

这里是一个 /res/values/bools.xml 的布尔资源文件的例子。

```
<?xml version=" 1.0" encoding=" utf-8" ?>
<resources>
    <bool name=" onePlusOneEqualsTwo" >true</bool>
    <bool name=" isAdvancedFeaturesEnabled" >false</bool>
</resources>
```

程序中使用布尔资源

你可以使用 Resources 类中的 getBoolean() 方法在代码中加载布尔资源。下面的代码将访问你的应用程序中名为 bAdvancedFeaturesEnabled 的布尔资源：

```
boolean isAdvancedMode =
    getResources().getBoolean(R.bool.isAdvancedFeaturesEnabled);
```

6.3.6　使用整型资源

除了字符串和布尔值，你也可以存储整数并作为资源。整型类型资源被定义在 /res/values 下的 XML 文件中，并在构建时编译进应用程序包。

在 XML 中定义整型资源

整型使用 <integer> 来标记，并代表了一个名称 / 键值对。name 属性定义了你如何在程序中引用整型值，因此请明智地命名这些资源。

这里是一个 /res/values/nums.xml 的整型资源文件的例子：

```
<?xml version=" 1.0" encoding=" utf-8" ?>
<resources>
    <integer name=" numTimesToRepeat" >25</integer>
    <integer name=" startingAgeOfCharacter" >3</integer>
</resources>
```

程序中使用整型资源

为了使用整型资源，你可以使用 Resources 类来加载整型资源。下面的代码将访问你的应用程序中名为 numTimesToRepeat 的整型资源：

```
int repTimes = getResources().getInteger(R.integer.numTimesToRepeat);
```

小窍门

类似于字符串数组，你可以创建整型数组作为资源，你可以使用 <integerarray> 标记并包含子 <item> 标记，为数组定义每一个项目。然后，你可以通过 Resources 类的 getIntArray() 方法加载整型数组。

6.3.7　使用颜色资源

Android 应用程序可以存储 RGB 颜色数值，可以被应用到其他的屏幕元素。你可以使用这些值来设置文本的颜色或者其他元素的颜色，例如屏幕背景颜色。颜色类型资源被定义在 /res/values 下的 XML 文件中，并在构建时编译进应用程序包。

在 XML 文件中定义颜色资源

RGB 颜色值总是以井号（#）开始。Alpha 值可以用来控制透明度。以下的颜色格式都支持：

- #RGB（例如，#F00 是 12 位的红色。）
- #ARGB（例如，#8F00 是 12 位的红色，加上 50% alpha 的透明度。）
- #RRGGBB（例如，#FF00FF 是 24 位的洋红色。）
- #AARRGGBB（例如，#80FF00FF 是 24 位的洋红色，加上 50% alpha 的透明度。）

颜色资源使用 <color> 来标记，并代表了一个名称 / 键值对。这里是一个 /res/values/colors.xml 的颜色资源文件的例子：

```
<?xml version="1.0" encoding="utf-8" ?>
<resources>
    <color name="background_color">#006400</color>
    <color name="text_color">#FFE4C4</color>
</resources>
```

程序中使用颜色资源

本章开始的例子就是访问颜色资源的例子。颜色资源是简单的整数值。下面的例子显示使用 getColor() 方法来获取名为 prettyTextColor 的颜色资源：

```
int myResourceColor = getResources().getColor(R.color.prettyTextColor);
```

6.3.8　使用尺寸资源

许多用户界面布局控件，例如文本控件和按钮，与特定的尺寸大小相关。这些尺寸可以被存储为资源。尺寸值总是以测量单位结束。

在 XML 文件中定义尺寸资源

尺寸资源使用 <dimen> 来标记，并代表了一个名称 / 键值对。尺寸类型资源被定义在 /res/values 下的 XML 文件中，并在构建时编译进应用程序包。

支持的尺寸单位如表 6.5 所示。

表 6.5 支持的尺寸测量单位

测量单位	描述	需要的资源标签	示例
像素	真实的屏幕像素	px	20px
英寸	物理测量值	in	1in
毫米	物理测量值	mm	1mm
点阵	常见字体测量单位	pt	14pt
屏幕密度无关像素	相对于 160dpi 屏幕的像素（最佳屏幕尺寸兼容性）	dp	1dp
缩放无关像素	最佳缩放字体显示	sp	14sp

这里是一个 /res/values/dimens.xml 的尺寸资源文件的例子：

```
<?xml version=" 1.0" encoding=" utf-8" ?>
<resources>
    <dimen name=" FourteenPt" >14pt</dimen>
    <dimen name=" OneInch" >1in</dimen>
    <dimen name=" TenMillimeters" >10mm</dimen>
    <dimen name=" TenPixels" >10px</dimen>
</resources>
```

友情提示

通常来说，dp 用于布局和图形，而 sp 则用于文本。设备默认的设置下，dp 和 sp 一般是相同的。然而，因为用户可以以 sp 方式控制文本的大小，如果字体布局大小很重要的情况下（譬如标题），你不应该使用 sp 来控制文本。相反，它对于用户设置的内容文本可能是重要的（譬如为视障人士提供的大字体）。

程序中使用尺寸资源

尺寸资源是简单的浮点数值。下面的例子显示使用 getDimension() 方法来获取名为 textPointSize 的尺寸资源：

```
float myDimension = getResources().getDimension(R.dimen.textPointSize);
```

警告

为你的应用程序选择尺寸单位时一定要小心。如果你的应用针对多种设备，拥有不同的屏幕尺寸和分辨率，你需要在很大程度上依赖更具扩展性的单位，如 dp、sp，而不是像素、点寸、英寸和毫米等。

6.3.9 可绘制资源

Android SDK 支持多种类型的可绘制资源，用于管理项目中所需要的不同类型的图形资源。这些资源类型对于管理项目中可绘制文件的显示也非常有用。表 6.6 列出了一些你可以定义的不同类型的可绘制资源：

表 6.6 不同的可绘制资源

可绘制图像类	描述
ShapeDrawable	几何图形，如圆圈或矩形
ScaleDrawable	定义可绘制图像的缩放
TransitionDrawable	用于可绘制图像之间的交叉渐变
ClipDrawable	绘制可裁剪的可绘制图像
StateListDrawable	定义可绘制图像的不同状态，如按下或者选择
LayerDrawable	可绘制图像数组
BitmapDrawable	位图文件
NinePatchDrawable	可缩放的 PNG 文件

使用简单的可绘制图形

你可以使用可绘制资源类型来指定简单颜色的矩形，然后可以应用到其他屏幕元素。这些可绘制资源类型通过特定的绘画颜色来定义，和定义颜色资源类似。

在 XML 文件中定义简单的可绘制资源

简单的可绘制类型资源被定义在 /res/values 下的 XML 文件中，并在构建时编译进应用程序包。简单的可绘制资源使用 <drawable> 来标记，并代表了一个名称 / 键值对。这里是一个 /res/values/drawables.xml 的简单的可绘制资源文件的例子：

```
<?xml version=" 1.0" encoding=" utf-8" ?>
<resources>
    <drawable name=" red_rect" >#F00</drawable>
</resources>
```

虽然看上去可能有一些混乱，但是你也可以创建描述其他可绘制对象子类的 XML 文件，如 ShapeDrawable。Drawable XML 定义文件和图片文件存储在 /res/drawable 目录下。这和存储 <drawable> 资源（可绘制图形）并不完全相同。ShapeDrawable 资源如前所述，是存储在 /res/values 目录下。

下面是 /res/drawable/red_oval.xml 内的一个简单的 ShapeDrawable 资源：

```
<?xml version=" 1.0" encoding=" utf-8" ?>
<shapexmlns:android= "http://schemas.android.com/apk/res/android"
    android:shape=" oval" >
    <solid android:color=" #f00" />
</shape>
```

当然，我们不需要指定大小，因为它会自动缩放以适应布局，类似于矢量图形格式。

程序中使用可绘制资源

可绘制资源使用 <drawable> 来定义一个给定颜色的矩形，代表了 Drawable 的子类 ColorDrawable。下面的代码获取了名为 redDrawable 的 ColorDrawable 资源：

```
ColorDrawable myDraw = (ColorDrawable)getResources().
    getDrawable(R.drawable.redDrawable);
```

小窍门

要了解如何为特定类型的绘制图形定义 XML 资源，并了解如何在代码中访问不同类型的可绘制资源，请参考 Android 文档：*http://d.android.com/guide/topics/resources/drawable-resource.html*。

6.3.10 使用图像

应用程序通常包括一些视觉元素，譬如图标和图片。Android 支持一些图片格式，可以直接在应用中加入。这些图像格式如表 6.7 所示。

这些图像格式被流行的图像编辑器如 Adobe 的 Photoshop、GIMP、Microsoft 的画图工具所支持。为你的项目添加图像资源很容易。简单地将图像资源拖入 `/res/drawable` 目录即可，它会自动包含到应用程序包中。

表 6.7 Android 支持的图片格式

支持的图片格式	描述	所需的扩展名
可移植网络图形 (PNG)	最好的格式（无损）	.png
九宫格可缩放图形	最好的格式（无损）	.9、.png
联合图像专家组 (JPEG)	可接受的格式（有损）	.jpg、.jpeg
图像互换格式 (GIF	不推荐的格式	.gif
WebP (WEBP)	Android 4.0+ 支持	.webp

警告

所有的资源文件名必须由小写和简单（字母、数字和下划线）字符来组成。该规则适用于所有文件，包括图像。

使用 9Patch 可伸缩图像

Android 设备的屏幕，不论是智能手机、平板或者电视，具有各种不同的尺寸。

它可以使用可伸展的图片从而允许适当地缩放单一的图片以适应不同的屏幕尺寸和方向，以及不同长度的文本。这些可以节省你或者你的设计师为不同屏幕尺寸创建图片的时间。

Android 支持 9Patch 可缩放图片用于该目的。9Patch 图片是简单的 PNG 图片，包含有补丁或者是定义了缩放的区域，而不是将图片作为一个整体来缩放。中间部分通常是透明的或者是单色的背景，因为它是可以缩放的部分。因此，使用 9Patch 图片常见的用途是创建框架和边框。因为包含了边角，一个非常小的图片文件可以用途任何大小的图像或者 View 控件。

9Patch 可缩放图片可以使用 Android SDK 中的 /tools 下的 draw9patch 工具从 PNG 文件中创建。我们将在第 14 章“设计兼容的应用程序”，讨论更多关于兼容以及使用 9Patch 图片。

程序中使用图片资源

图片资源只是另一种 Drawable 对象，称为 BitmapDrawable。大多数时候，你只需要图片的资源 ID 来设置用户界面控件的属性。

例如，假设我们将 flag.png 图片拖入 /res/drawable 目录，并增加 ImageView 控件到主布局，我们可用以下的方法在代码中和布局中的控件交互：首先使用 findViewById() 方法根据标识符获取控件，然后将其强制转换为正确的控件类型——在本例中，是一个 ImageView（android.widget.ImageView）对象：

```
ImageView flagImageView = (ImageView)findViewById(R.id.ImageView01);
flagImageView.setImageResource(R.drawable.flag);
```

类似的，如果你想要直接访问 BitmapDrawable(android.graphics.drawable.BitmapDrawable) 对象，你可以使用 getDrawable() 方法直接获取资源，如下所示：

```
BitmapDrawable bitmapFlag = (BitmapDrawable)
    getResources().getDrawable(R.drawable.flag);
int iBitmapHeightInPixels = bitmapFlag.getIntrinsicHeight();
int iBitmapWidthInPixels = bitmapFlag.getIntrinsicWidth();
```

最后，如果你使用 9Patch 图形，调用 getDrawable() 方法可以返回一个 NinePatchDrawable(android.graphics.drawable.NinePatch-Drawable) 对象，而不是 BitmapDrawable 对象：

```
NinePatchDrawable stretchy = (NinePatchDrawable)
    getResources().getDrawable(R.drawable.pyramid);
int iStretchyHeightInPixels = stretchy.getIntrinsicHeight();
int iStretchyWidthInPixels = stretchy.getIntrinsicWidth();
```

6.3.11 使用颜色状态列表

一个特殊的资源类型名为 <selector>，可以用来定义基于控件的状态而显示不同的颜色或者图像。例如，你可以定义一个 Button 控件的颜色状态列表，当 Button 被禁用时，显示为灰色，当 Button 被启用时，显示为绿色，当 Button 被按下时，显示为黄色。同样，你可以定义基于 ImageButton 控件的状态的不同图像。

<selector> 元素可以拥有一个或者多个 <item> 子元素，每一个定义了不同状态的颜色。你可以定义 <item> 元素的一些属性，你也可以定义一个或者多个 <item> 元素来支持 View 对象的不同状态。表 6.8 显示了你可以定义 <item> 元素的一些属性。

表 6.8 颜色状态列表 <item> 元素属性

属性	值
color	指定下列格式之一的一个十六进制颜色必需属性：#RGB，#ARGB，#RRGGBB，或 #AARRGGBB，其中 A 是 Alpha 通道，R 为红色，G 为绿色，B 为蓝色
state_enabled	布尔类型，决定该对象是否能接收触碰或点击事件，值为 true 或者 false
state_checked	布尔类型，决定该对象是否选中，值为 true 或者 false
state_checkable	布尔类型，决定该对象是否可以选中，值为 true 或者 false
state_selected	布尔类型，决定该对象是否选择，值为 true 或者 false
state_focused	布尔类型，决定该对象是否能获取焦点，值为 true 或者 false
state_pressed	布尔类型，决定该对象是否按下，值为 true 或者 false

定义颜色状态列表资源

首先，你必须创建一个资源文件，用于定义你想应用的 View 对象的不同状态。要做到这一点，你需要定义一个颜色资源，包含 <selector> 元素以及多个 <item>，以及你想要应用的属性。下面是 res/color/text_color.xml 内的名为 text_color.xml 的例子：

```
<selector xmlns:android=" http://schemas.android.com/apk/res/android" >
    <item
        android:state_disabled=" true"
        android:color=" #C0C0C0" />
    <item
        android:state_enabled=" true"
        android:color=" #00FF00" />
    <item
        android:state_pressed=" true"
        android:color=" #FFFF00" />
    <item
        android:color=" #000000" />
</selector>
```

我们在该文件中定义了四种不同的状态：禁用、启用、按下以及一个只包含 color 属性的 <item> 元素的默认值。

定义一个 Button 用于应用状态列表资源

现在，我们拥有了一个颜色状态列表的资源，我们可以将其应用到我们的一个 View 对象。这里，我们定义了一个 Button，并将其 textColor 属性设置为我们前面定义的状态列表资源文件 text_color.xml：

```
<Button
    android:layout_width=" match_parent"
    android:layout_height=" wrap_content"
    android:text=" @string/text"
    android:textColor=" @color/text_color" />
```

当用户和 Button 视图进行交互时，禁用状态是灰色的，启用状态是绿色的，按下状态是黄色的，默认状态是黑色的。

6.3.12 使用动画

Android 提供了两种类型的动画。第一类是属性动画，允许你设置对象的属性动画；第二类是视图动画。有两种视图动画：帧序列动画和补间动画。

帧序列动画涉及将一系列的图像快速连续的显示。补间动画则涉及标准的图像变换，例如图片的旋转和淡入淡出。

Android SDK 提供了一些辅助工具，用于加载和使用动画资源。这些工具可以在 android.view.animation.AnimationUtils 类中找到。让我们来看看如何根据资源定义不同的视图动画。

定义和使用帧序列动画资源

帧序列动画通常用于内容的改变。这种类型的动画，可以用于复杂的框架过渡——就像一个孩子翻页。

要定义帧序列动画，请使用下面的步骤：

1. 将每一帧图像作为独立的可绘制资源。将你的图像按它们显示的次序来命名是有帮助的，例如 frame1.png， frame2.png 等。
2. 在 /res/drawable/ 目录下，将动画序列定义在 XML 文件中。
3. 代码中加载，启动和停止动画。

下面是一个名为 /res/drawable/juggle.xml 的简单的帧序列动画资源文件，它定义了一个简单的三帧动画，需要 1.5 秒来完成循环的例子：

```
<?xml version=" 1.0" encoding=" utf-8" ?>
<animation-list
    xmlns:android=http://schemas.android.com/apk/res/android
    android:oneshot=" false" >
    <item
        android:drawable=" @drawable/splash1"
        android:duration=" 500" />
    <item
        android:drawable=" @drawable/splash2"
        android:duration=" 500" />
    <item
        android:drawable=" @drawable/splash3"
```

```
        android:duration=" 500" />
</animation-list>
```

你可以通过 <animation-list> 定义帧序列动画集合资源，代表了 Drawable 的子类 AnimationDrawable。下面的代码获取了名为 juggle 的 AnimationDrawable 资源：

```
AnimationDrawable jugglerAnimation = (AnimationDrawable)getResources().
    getDrawable(R.drawable.juggle);
```

当你拥有一个有效的 AnimationDrawable(android.graphics.drawable.Animation Drawable) 后，你可以将其分配到 View 控件，并开始和停止动画。

定义和使用补间动画资源

补间动画功能包括缩放、淡入淡出、旋转和平移。这些动作可以同时执行或者按先后顺序执行，并且可以使用不同的参数。

补间动画序列并不依赖于特定的图像文件，因此你可以写一个序列，然后将其应用到不同的图像。例如，你可以让月亮、星星和钻石图形，使用缩放序列产生脉冲效果，或者使用旋转序列产生自旋效果。

在 XML 文件中定义补间动画序列资源

图像动画序列可以存储在 /res/anim 下的 XML 文件中，并在构建时编译进应用程序包。

这里是一个名为 /res/anim/spin.xml 的简单动画资源文件，它定义了一个简单的旋转操作——将目标图形逆时针原地旋转四次，需要用 10 秒来完成该动画：

```
<?xml version=" 1.0" encoding=" utf-8" ?>
<set xmlns:android=" http://schemas.android.com/apk/res/android"
    android:shareInterpolator=" false" >
    <rotate
        android:fromDegrees=" 0"
        android:toDegrees=" -1440"
        android:pivotX=" 50%"
```

```
        android:pivotY=" 50%"
        android:duration=" 10000" />
</set>
```

代码中使用补间动画序列资源

如果我们回到先前的 BitmapDrawable 的例子，我们现在可以简单添加下面的代码来加载动画资源文件 spin.Xml，并设置动画的运动：

```
ImageView flagImageView = (ImageView)findViewById(R.id.ImageView01);
flagImageView.setImageResource(R.drawable.flag);
...
Animation an =AnimationUtils.loadAnimation(this, R.anim.spin);
flagImageView.startAnimation(an);
```

现在，你的图像旋转了。请注意，我们使用基类 Animation 的对象来加载动画。你也可以使用匹配的子类来提取特定的动画类型，如 RotateAnimation、ScaleAnimation、TranslateAnimation 以及 AlphaAnimation（可以在 android.view.animation 包中找到）。

你可以在你的补间动画序列使用许多不同的参数。

6.3.13 使用菜单

你可以在你的项目文件中使用菜单资源。类似于动画资源，菜单资源并不依赖于特定的控件，但可以在任何菜单控件中被重用。

在 XML 文件中定义菜单资源

每个菜单资源（一组独立的菜单项）被存储在 /res/menu 下的 XML 文件中，并在构建时编译进应用程序包。

下面是一个名为 /res/menu/speed.xml 的简单菜单资源文件，它定义了一个包含四项的菜单序列：

```
<menu xmlns:android=" http://schemas.android.com/apk/res/android" >
    <item
        android:id=" @+id/start"
        android:title=" Start!"
        android:orderInCategory=" 1" >
```

```
    </item>
    <item
        android:id=" @+id/stop"
        android:title=" Stop!"
        android:orderInCategory=" 4" >
    </item>
    <item
        android:id=" @+id/accel"
        android:title=" Vroom! Accelerate!"
        android:orderInCategory=" 2" >
    </item>
    <item
        android:id=" @+id/decel"
        android:title=" Decelerate!"
        android:orderInCategory=" 3" >
    </item>
</menu>
```

你可以使用 Android IDE 来创建菜单，可以每个菜单项配置各种属性。在先前的例子中，我们为每个菜单项设置标题（label），以及该菜单的显示顺序。现在，你可以使用字符串资源，而不是直接输入字符串。例如：

```
<menu xmlns:android= "http://schemas.android.com/apk/res/android" >
    <item
        android:id=" @+id/start"
        android:title=" @string/start"
        android:orderInCategory=" 1" >
    </item>
    <item
        android:id=" @+id/stop"
        android:title=" @string/stop"
        android:orderInCategory=" 2" >
    </item>
</menu>
```

代码中使用菜单资源

要访问先前的名为 `/res/menu/speed.xml` 的菜单资源，只需要简单地在 `Activity` 类中重写 `onCreateOptionsMenu()` 方法，返回 `true` 就可以显示

菜单：

```
public boolean onCreateOptionsMenu(Menu menu) {
    getMenuInflater().inflate(R.menu.speed, menu);
    return true;
}
```

就这么简单。现在,如果你运行你的应用,并按下菜单按钮,你就会看到菜单。菜单项可以设置许多其他的 XML 属性，要了解这些属性的完整列表，可以参阅 Android SDK 中关于菜单资源的参考，*http://d.android.com/guide/topics/resources/menu-resource.html*。你将在第 7 章“探索用户界面构建模块”中学习很多有关菜单和菜单事件处理的内容。

6.3.14 使用 XML 文件

你可以在项目中包含任意的 XML 资源文件，你应该存储这些 XML 文件到 /res/xml 目录下，它们会在构建时编译进应用程序包。

Android SDK 拥有许多 XML 操作的包和类。你将会在第 12 章“使用文件和目录”中了解更多关于 XML 处理的内容。现在，我们创建一个 XML 资源文件，并通过代码访问它。

定义原始 XML 资源文件

首先，在 /res/xml 目录中创建一个简单的 XML 文件。在本例中，创建 my_pets.xml 文件，并包含以下的内容：

```
<?xml version="1.0" encoding="utf-8" ?>
<pets>
    <pet name="Bit" type="Bunny" />
    <pet name="Nibble" type="Bunny" />
    <pet name="Stack" type="Bunny" />
    <pet name="Queue" type="Bunny" />
    <pet name="Heap" type="Bunny" />
    <pet name="Null" type="Bunny" />
    <pet name="Nigiri" type="Fish" />
    <pet name="Sashimi II" type="Fish" />
```

```
    <pet name=" Kiwi" type=" Lovebird" />
</pets>
```

代码中使用 XML 文件

现在，你可以使用以下的方法来访问该 XML 资源文件：

```
XmlResourceParser myPets = getResources().getXml(R.xml.my_pets);
```

你可以选择使用解析器来解析 XML。我们将会在第 12 章“使用文件和目录”中讨论文件，这也包括 XML 文件。

6.3.15　使用原始文件

你的应用程序还可以包括原始文件作为资源的一部分。例如，你的应用程序可能使用原始文件，例如音频文件、视频文件，以及其他 Android 资产打包工具（aapt）所不支持的格式。

小窍门

有关 Android 支持的媒体格式的完整列表，你可以查看以下的 Android 文档：*http://d.android.com/guide/appendix/media-formats.html*。

定义原始文件资源

所有的原始资源文件都被包含在 /res/raw 目录下，它们将被直接添加到你的包中而不进行进一步处理。

警告

所有的资源的文件名必须是由小写字母和简单的（字母、数字和下划线）组成的。这也适用于原始文件的文件名，哪怕这些工具并不处理这些文件，只是将其包含在你的应用程序包中。

资源的文件名在目录下必须是唯一的和具有描述性的，因为该文件名（不包含扩展名）将会成为访问该资源的名称。

程序中使用原始文件

你可以从 /res/raw 资源目录,以及任何 /res/drawable 目录(位图文件,任何没有使用 <resource> 定义的方法）访问原始文件资源。下面是打开一个名为 the_help.txt 的方法：

```
InputStream iFile = getResources().openRawResource(R.raw.the_help);
```

6.3.16 引用资源

你可以引用资源，而不是复制它们。例如，你的应用程序可能需要在多个字符串数组中引用单个字符串资源。

最常见的使用资源引用是布局 XML 文件，布局可以引用任意数量的资源来指定布局的颜色，尺寸，字符串和图形。另一个常见的用途是样式和主题资源。

可以通过使用以下格式来对资源的引用：

```
@resource_type/variable_name
```

回想之前我们定义的有 Soup 的字符串数组。如果我们想要本地化 Soup 列表，更好地创建数组的方法是为每一个 Soup 创建独立的创建字符串，然后将其引用存储在字符串数组中（而不是文本）。

要做到这一点，我们在 /res/strings.xml 文件中定义字符串资源：

```
<?xml version=" 1.0" encoding=" utf-8" ?>
<resources>
    <string name=" app_name" >Application Name</string>
    <string name=" chicken_soup" >Organic chicken noodle</string>
    <string name=" minestrone_soup" >Veggie minestrone</string>
    <string name=" chowder_soup" >New England clam chowder</string>
</resources>
```

然后，我们在 /res/arrays.xml 文件中定义一个本地化的字符串数组，引用字符串资源：

```
<?xml version=" 1.0" encoding=" utf-8" ?>
<resources>
    <string-array name=" soups" >
```

```
        <item>@string/minestrone_soup</item>
        <item>@string/chowder_soup</item>
        <item>@string/chicken_soup</item>
    </string-array>
</resources>
```

小窍门

你需要先保存 strings.xml，从而保证字符串资源（被 aapt 使用，并在 R.java 类中包含）在保存 arrays.xml 文件前先被定义（arrays.xml 引用了这些特定的字符串资源）。否则，你可能得到下面的信息：

Error: No resource found that matches the given name（错误：没有找到符合给定名称的资源）。

你还可以使用引用为其他资源起别名。例如，你可以通过在你的 strings.xml 资源文件中为 OK 字符串的系统资源起别名：

```
<?xml version=" 1.0" encoding=" utf-8" ?>
<resources>
    <string id=" app_ok" >@android:string/ok</string>
</resources>
```

你可以在本章的后面了解更多可用的系统资源。

小窍门

就像字符串数组和整型数组，你可以使用 <array> 标签和 <item> 标签来创建类型化数组资源，在数组中为每一个资源定义一个项目。然后你可以使用 Resources 类中的 obtainTyped Array() 方法来加载各种各样的资源。该类型化数组资源通常用于在一次调用后分组和加载一系列可绘制的资源。欲了解更多的信息，请参阅 Android SDK 文档中的类型化数组。

6.3.17 使用布局

就像 Web 设计人员使用 HTML，用户界面设计人员可以使用 XML 来定义

Android 应用的屏幕元素和布局。一个布局 XML 资源将许多不同的资源整合到一起，形成一个 Android 应用屏幕。布局资源文件在 /res/layout/ 目录下，它们会在构建时编译进应用程序包。布局文件可能包含许多用户界面的控件，并定义了整个屏幕的布局或者描述了在其他布局中使用的自定义控件。

下面是布局文件示例（/res/layout/activity_simple_resource_view.xml），它设置了屏幕的背景颜色，并显示屏幕文件中间的文字（见图 6.3）。

图 6.3 在模拟器中的 activity_simple_resource_view.xml 布局文件显示

屏幕中的 activity_simple_resource_view.xml 布局文件引用了一些其他资源，包括颜色、字符串和尺寸值，所有这些都在 strings.xml、styles.xml、colors.xml 和 dimens.xml 资源文件中定义。屏幕背景颜色的颜色资源，TextView 控件的颜色、字符串和文件大小为如下所定义：

```
<?xml version=" 1.0" encoding=" utf-8" ?>
<LinearLayout xmlns:android=http://schemas.android.com/apk/res/android
    android:orientation=" vertical"
    android:layout_width=" match_parent"
    android:layout_height=" match_parent"
    android:background=" @color/background_color" >
    <TextView
        android:id=" @+id/TextView01"
        android:layout_width=" match_parent"
        android:layout_height=" match_parent"
        android:text=" @string/test_string"
        android:textColor=" @color/text_color"
        android:gravity=" center"
        android:textSize=" @dimen/text_size" />
</LinearLayout>
```

上述的布局描述了屏幕上的所有视觉元素。在这个例子中，LinearLayout 控件作为容器，包含了其他的用户界面控件。本例中，一个 TextView 控件显示了一行文本。

小窍门

你可以将常用的布局定义封装在 XML 文件中，然后使用 <include> 标签来包含这些布局。例如，你可以在 activity_resource_roundup.xml 布局定义中使用 <include> 标签来包含一个名为 /res/layout/mygreenrect.xml 的布局文件：

```
<include layout=" @layout/mygreenrect" />
```

在 Android IDE 中设计布局

你可以在 Android IDE 中使用资源编辑器的功能来设计和预览布局（见图

6.4）。如果你点击 /res/layout/activity_simple_resource_view.xml 文件，你可以看到 Layout 选项卡，它显示了图形化布局的预览图，以及 activity_simple_resource_view.xml 选项卡，它显示了布局文件的原始 XML 文件。

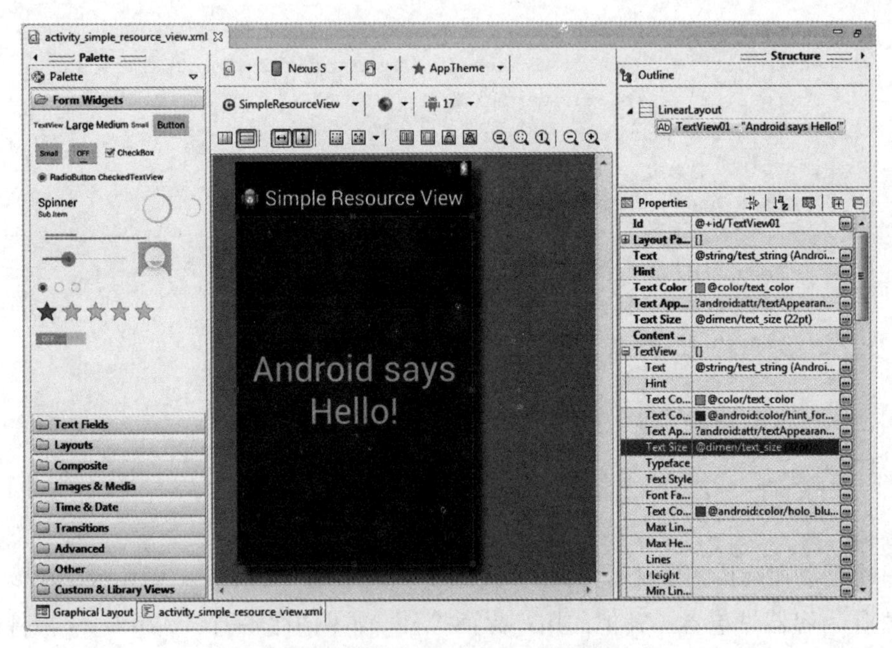

图 6.4　使用 Android IDE 设计布局文件

与大多数用户界面编辑器类似，Android IDE 能很好地满足你基本的布局需求。它可以允许你简单地创建用户界面控件，例如 TextView 和 Button 控件，并在属性窗格设置控件的属性。

小窍门

你可以移动属性窗格到 Android IDE 工作区的最右边，从而在设计布局时更容易浏览和设置控件属性。

现在是时候了解布局资源编辑器了。它也被称为布局设计器。尝试着创建一个名为 ParisView 的 Android 项目（可以作为一个示例项目）。导航到 /res/

layout/activity_paris_view.xml 布局文件，双击它以在编辑器中打开它。默认情况下它很简单，只有一个黑色（空的）矩形，以及一个文件字符串。

在 Android IDE 的资源窗格下面，你会注意到 Outline 选项卡，它是该布局文件的 XML 的层次大纲。默认情况下，你可以看到一个 LinearLayout。如果你展开它，你可以看到其包含了一个 TextView 控件。点击 TextView 控件，你可以在 Android IDE 的属性窗格看到该对象的所有可设置属性。如果你向下滚动到一个名为 text 的属性，你可以看到它被设置为 @string/hello_world 的字符串资源。

小窍门

你可以通过点击在布局设计器内的预览区域的控件来选择特定的控件。当前选中的控件以红色高亮显示。我们推荐使用 Outline 视图，它可以保证我们点击的就是我们想要的控件。

你可以使用布局设计器来设置和预览布局控件的属性。例如，你可以修改 TextView 内的 textSize 属性值为 18pt（尺寸值）。你可以马上在预览区域看到你修改的结果。

花点时间切换到 activity_paris_view.xml 选项卡。你可以注意到你设置的属性出现在 XML 中了。如果你保存文件，并在模拟器中运行该项目，你可以看到和在设计器预览界面类似的结果。

现在，在 Palette 中选择 Images & Media。将 ImageView 对象拖入到预览编辑器中。现在，你的布局中有了一个新的控件。

拖入两个 PNG（或者 JPG）图像文件到 /res/drawable 目录，并命名它们为 flag.png 和 background.png。现在切换到 Outline 视图，浏览 ImageView 控件的属性，并将其 src 属性手动设置为 @drawable/flag。

现在，你可以在预览界面看到这些图像。然后，选择 LinearLayout 对象，将它的 background 属性设置为你刚才增加的背景图像。

如果你保存布局文件，并在模拟器中或者在手机上运行应用（如图 6.5 所示），你将会看到和资源设计器预览窗格一样的结果。

图 6.5　在 Android 模拟器中包含 LinearLayout、TextView 和 ImageView 的布局

程序中使用布局文件

布局中的对象，不论是 Button 或者 ImageView 控件，都是从 View 类派生的。下面是如何获取名为 TextView01 的 TextView 对象（在 Activity 类中调用 setContentView() 方法后）。

```
TextView txt = (TextView)findViewById(R.id.TextView01);
```

你也可以像访问任何 XML 文件一样访问布局资源的 XML 文件。下面的代码获取了 main.xml 布局文件用于 XML 解析：

```
XmlResourceParser myMainXml =
    getResources().getLayout(R.layout.activity_paris_view);
```

开发这还可以使用独特的属性来自定义布局。我们将在第 8 章“设计布局”中讨论更多关于布局文件和设计 Android 用户界面。

警告

你项目的 Java 代码常常不会注意是哪个版本的资源被加载——不论是默认版本还是一些替代版本。当提供可替代的布局资源时，你要特别小心。布局文件越来越复杂，子控件往往通过名字在代码中被引用。因此，如果你开始创建替代的布局资源，请确保代码中引用的每个命名的子控件都存在于每个替代布局中。例如，如果你有一个带 Button 控件的用户界面，请确保 Button 控件的标识符（android:id）在横屏，竖屏以及其他替代布局资源文件中是一致的。你可能会在不同的布局文件中包括不同的控件和属性值，并按照你的想法来重新排列，但这些被程序引用和交互的控件应该存在于所有的布局中，这样无论你的代码读取哪个布局，都能顺利的运行。如果你不这么做，你需要在代码中设置条件判断，甚至你可能需要考虑因为屏幕的不同而使用不同的 Activity 类来表示。

6.3.18 引用系统资源

除了包含在你项目中的资源，你还可以使用 Android SDK 中的通用资源。你可以访问系统资源，就像你自己的资源一样。Android 包包含了各种资源，你可以浏览 android.R 子类来浏览它们。这里，你可以找到的系统资源：

- 淡入淡出的动画序列。
- 电子邮件 / 电话类型（家庭、工作等）的数组。
- 标准的系统颜色。
- 应用程序缩略图和图标的尺寸。
- 许多常用的可绘制图形和布局类型。
- 错误字符串和标准按钮文本。
- 系统样式和主题。

你可以通过在资源前制定 @android 包名来引用系统资源中的其他资源（例如布局）。例如，为了设置背景颜色为系统的暗灰色，你可以设置背景 color 属性为 @android:color/darker_gray。

你可以通过 android.R 类以编程方式访问系统资源。回到先前的动画例子，我们可以使用系统动画而不是我们自定义的。这里是一个相同的动画示例，除了它使用的是系统的动画淡入效果：

```
ImageView flagImageView = (ImageView)findViewById(R.id.ImageView01);
flagImageView.setImageResource(R.drawable.flag);
Animation an = AnimationUtils.loadAnimation(this, android.R.anim.fade_
    in);
flagImageView.startAnimation(an);
```

警告

虽然引用系统资源可以让你的应用程序看上去和该设备的其他用户界面更为一致（用户会更喜欢），你这么做的时候仍然需要谨慎。如果特定的设备上的系统资源显著的不同，或者并不包含你的应用程序依赖的特定资源，你

> 的应用可能显示不正常或者如预期般工作。一个可安装的应用程序，称为 rs:ResEnum (*https://play.google.com/store/apps/details?id=com.risesoftware.rsresourceenumerator*) 可以用来在给定的设备上枚举和显示不同的可用系统资源。因此，你可以在目标设备上快速验证系统资源的可用性。

6.4 总结

Android 应用程序依赖于不同类型的资源，包括字符串、字符串数组、颜色、尺寸、可绘制对象、图形、动画序列、布局等。资源文件也可以是原始文件。这些资源很多都被定义在 XML 文件中，并被组织在项目的特定目录下。默认资源和替代资源都可以使用这种层次结构定义资源。

资源可以通过使用`R.java`类文件来编译和访问。当应用程序资源被保存时，Android IDE 会自动生成`R.java`文件，并允许开发者通过编程的方式访问资源。

6.5 小测验

1. 判断题：所有的图形都存储在`/res/graphics`目录下
2. Android SDK 支持哪些资源类型？
3. 你可以使用`Resource`内的什么方法来获取字符串资源？
4. 你可以使用`Resource`内的什么方法来获取字符串数组资源？
5. Android SDK 支持哪些图片格式？
6. 引用资源是什么格式的？

6.6 练习题

1. 使用 Android 文档，创建一个包含不同类型可绘制资源的列表。

2. 使用 Android 文档，创建一个包含带数量的字符串列表（`<plurals>`），其中每个`<item>`元素包含可用的数量属性值。

3. 提供在 XML 文件中定义`TypedArray`的例子。

6.7 参考资料和更多信息

Android API 指南："应用程序资源"

http://d.android.com/guide/topics/resources/index.html

Android API 指南："资源类型"

http://d.android.com/guide/topics/resources/available-resources.html

III

Android 用户界面设计要点

第 7 章 探索用户界面构建模块

大多数 Android 应用程序不可避免地需要某些形式的用户界面。在本章中，我们讨论 Android SDK 中提供的用户界面元素。其中的一些元素为用户显示信息，而另一些输入控件，可用于从用户那里收集信息。在本章中，你将学习如何使用各种常见的用户控件来构建不同类型的屏幕。

7.1 Android 的视图和布局介绍

在我们继续之前，我们需要完整介绍前定义一些术语，让你能更好地了解 Android SDK 中提供的特定功能。首先，让我们谈谈 `View`，以及它在 Android SDK 的功能。

7.1.1 Android 视图

Android SDK 中有一个名为 `android.view` 的 Java 包。该包包含了一些有关屏幕绘制的接口和类。然而，当我们谈论 `View` 对象时，我们实际上指的是这个包中的一个类：`android.view.View` 类。

`View` 类是 Android 中基本的用户界面构建模块。它代表了屏幕中的矩形部分。`View` 类几乎是 Android SDK 中所有的用户界面控件和布局的基类。

7.1.2 Android 控件

Android SDK 包含了一个名为 `android.widget` 的 Java 包。当我们提到控件，我们通常指的是该包内的类。Android SDK 包含了绘制常用对象的类，包括 `ImageView`、`FrameLayout`、`EditText` 以及 `Button` 类。正如前面所提到的，所有的控件都派生自 View 类。

本章主要讨论显示和从用户方面收集数据的控件。我们将会详细介绍这些基本控件。

你的布局资源文件是由不同的用户界面控件组成的。有些是静态的，你不需要在代码中和它们交互。其他的控件则需要你在 Java 代码中访问和修改。每一个需要在代码中访问的控件都必须拥有一个唯一的标识符——android:id 属性。你可以在你的 Activity 类中通过 findViewById() 方法来使用该标识符访问控件。大多数时候，你需要将返回的 View 值转换为相应的控件类型。例如，下面的代码显示了如何使用标识符访问 TextView 控件：

```
TextView tv = (TextView)findViewById(R.id.TextView01);
```

友情提示

不要和 android.widget 包中应用程序小工具的用户界面控件相混淆。一个 AppWidget(android.appwidget) 是一个应用程序扩展，它通常显示在 Android 的主屏幕上。

7.1.3 Android 布局

在 android.widget 包中有一类特殊类型的控件称为布局。布局控件仍然是一个 View 对象，但它实际上并不在屏幕上绘制出具体的东西。相反，它是一个父容器，用于组织其他控件（子控件）。布局控件决定了子控件在屏幕上如何显示，以及在哪里显示。每种类型的布局控件使用特定的规则来排布它的子控件。例如，LinearLayout 布局控件会将它的子控件排列成单个水平行或者单个垂直类。类似的，TableLayout 布局控件将它的子控件按照表格格式排列（在特定行和列中的单元格）。

在第 8 章“布局设计”中，我们将会使用布局和其他容器来组织各种控件。这些特别的 View 控件，都是从 android.view.ViewGroup 类派生的，当你了解了这些容器可以容纳的显示控件后，它们会非常有用。在本章中，根据需要，我们使用了一些布局视图对象来说明如何使用前面提到的控件。但是，在下一章前，我们并不会具体详述 Android SDK 中的各种布局类型。

友情提示

本章中提供的代码示例来自于 ViewSamples 应用程序。本书的网站提供 ViewSamples 应用的源代码下载。

7.2　使用 TextView 来显示文本给用户

Android SDK 中的一个最基本的用户界面元素，或者说控件，就是 TextView 控件。你可以使用它在屏幕上绘制文本。你主要使用它来显示固定的字符串或标签。

通常情况下，TextView 控件是其他屏幕元素和控件的子控件。和大多数用户界面元素一样，它也来自 android.widget，并继承自 View。因为它是一个 View，所有的标准属性，如宽度、高度、填充和可见性都可应用于对象。然后，因为它是一个文本显示的控件，你可以应用其他的 TextView 属性来控制行为，以及在不同情况下文本将如何显示。

首先，让我们看看如何将文字快速显示在屏幕上。可以使用 <TextView> XML 布局文件标记在屏幕上显示文本。你可以设置 TextView 的 android:text 属性，设置为布局文件内的原始文本字符串，或者引用字符串资源。

下面是你设置 TextView 的 android:text 属性的两种方式。第一种方法是设置文本属性为原始字符串。第二种方法则使用了名为 sample_text 的字符串资源，它必须在 string.xml 资源文件中定义。

```
<TextView
    android:id="@+id/TextView01"
    android:layout_width="wrap_content"
    android:layout_height="wrap_content"
    android:text="Some sample text here" />
<TextView
    android:id="@+id/TextView02"
    android:layout_width="wrap_content"
    android:layout_height="wrap_content"
    android:text="@string/sample_text" />
```

要在屏幕上显示该 TextView，你的 Activity 需要调用 setContentView() 方法，该方法需要传入你先前定义在 XML 文件里的布局资源标识符。你可以调用 TextView 对象的 setText() 方法来显示文本，通过调用 getText() 方法来获取文本。

现在，让我们谈谈一些 TextView 对象的常见属性。

7.2.1 配置布局和大小

TextView 控件有一些控制文本的绘制排列方式的特殊属性。例如，你可以设置 TextView 为一个单行的高度和固定的宽度。但是，如果一个文本的字符串太长而放不下，文本将会被截断。幸运的是，有些属性可以解决这个问题。

小窍门

当你查看 TextView 对象的属性时，你能看到 TextView 类包含了所有可编辑控件需要的功能。这意味着许多输入字段的属性主要由它的子类 EditText 使用。例如，autoText 属性，可以帮助用户修改常见的拼写错误，最适合用在可编辑的文本字段上（EditText）。当你只需要显示文本时，通常没有必要使用这项属性。

TextView 的宽度可以使用 em 方式，而不是像素。Em 是印刷中的术语，根据特定字体的磅值大小来定义的。（例如，在 12 磅字体下 1 个 em 就是 12 点）。这种测量方式提供了更好的显示控制，无论字体大小是如何的。通过 ems 属性，你可以设置 TextView 的宽度。此外，你还可以使用 maxEms 和 minEms 属性来分别设置 TextView 基于 em 的最大最小宽度。

一个 TextView 的高度可以根据文本的行数而不是像素来定义。类似的，这可以控制显示多少文本，无论字体大小是如何的。Lines 属性设置了 TextView 可以显示的行数。你还可以使用 maxLines 和 minLines 属性来分别设置 TextView 的最大最小高度。

下面是一个结合了这两种类型大小属性的例子。这个 TextView 有两行高，12em 宽。布局的宽度和高度用来指定 TextView 的大小，它们是在 XML 中必 f

需的属性。

```
<TextView
    android:id=" @+id/TextView04"
    android:layout_width=" wrap_content"
    android:layout_height=" wrap_content"
    android:lines=" 2"
    android:ems=" 12"
    android:text=" @string/autolink_test" />
```

在先前的例子中，我们可以启用 ellipsize 属性，这样文本超出时并不会被截断，而是替换最后的几个字符为省略号(…)，这样用户就知道并不是所有的文本都被显示。

7.2.2　在文本中创建上下文链接

如果你的文本内包含了电子邮件地址、网页、电话号码，甚至是街道地址的引用，你可能需要考虑使用 autoLink 属性（见图 7.1）。你可以使用 autoLink 属性下的六个值。启用时，这些 autoLink 属性值可以创建标准的 Web 样式的链接，并可以在应用中使用该数据类型。例如，可以将该值设置为 web，将会自动寻找并链接网页的 URL。

你的文字可以为 autoLink 属性包含以下的值。

- note：禁用所有链接。
- web：允许 Web 网页的 URL 链接。
- email：允许电子邮件地址链接，并在邮件客户端填写收件人。
- phone：允许电话号码链接，可以在拨号器应用中填写电话号码来拨打。
- map：允许街道地址的链接，可以在地图应用中显示位置。
- all：允许所有类型的链接。

开启 autoLink 功能依赖于 Android SDK 中的各种类型的检测。在某些情况下，链接可能不正确，或者可能产生误导。

下面是链接到电子邮件和网页的例子，在我们看来，是最可靠和最可预测的例子。

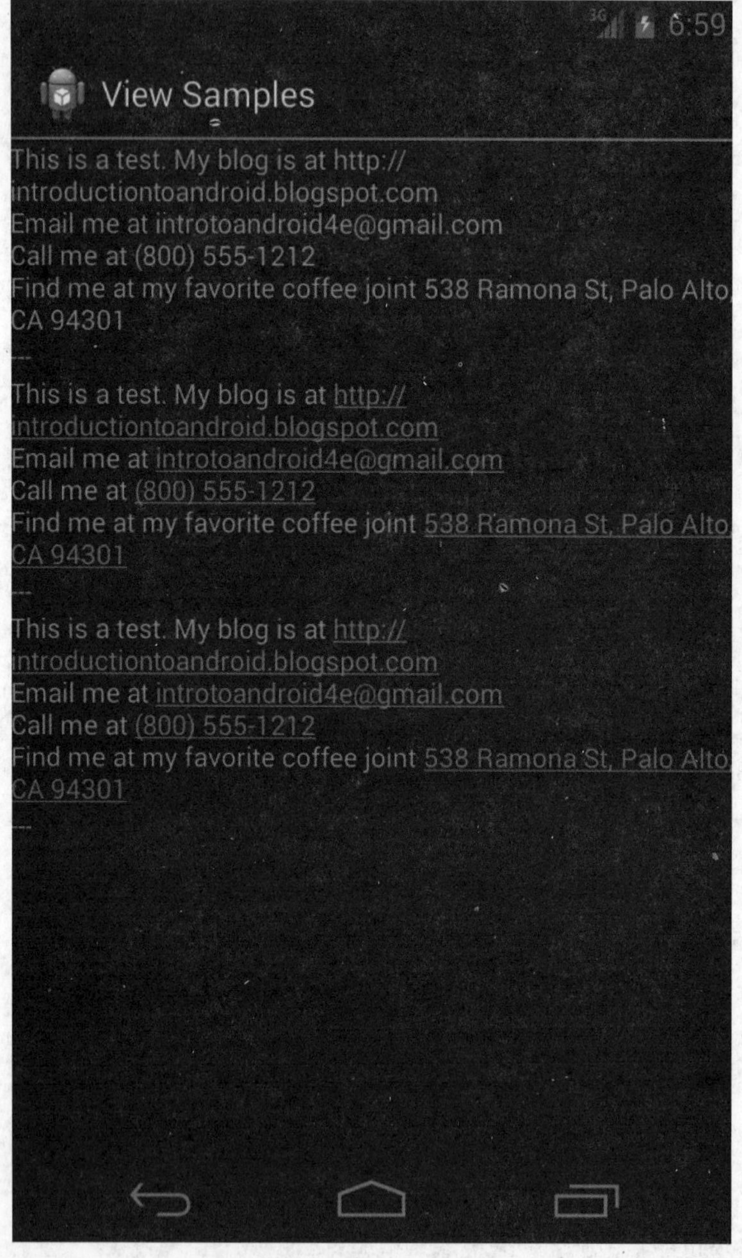

图 7.1　三种 **TextView** 类型：**Simple**, **autoLink all**（不能点击），以及 **autoLink all**（可以点击）

```
<TextView
    android:id="@+id/TextView02"
    android:layout_width="wrap_content"
    android:layout_height="wrap_content"
    android:text="@string/autolink_test"
    android:autoLink="web|email" />
```

该属性还有两个值可以设置。你可以设置为 none，以确保没有数据类型被链接。你也可以设置为 all，确保所有已知类型的链接。图 7.2 显示了当你点击这些链接会发生什么。TextView 默认并不链接任何类型。如果你希望用户看到一些高亮的数据类型，但你不希望用户点击它们，你可以设置 linksClickable 属性为 false。

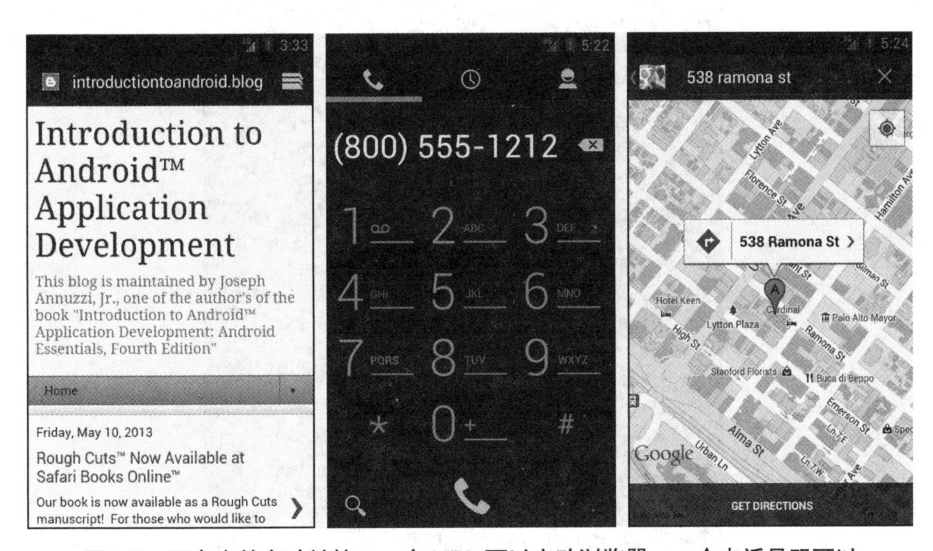

图 7.2 可点击的自动链接：一个 URL 可以启动浏览器，一个电话号码可以启动拨号器，一个街道地址可以启动 Google 地图

7.3 使用文本字段从用户获取数据

Android SDK 提供了一些控件，可以从用户那里获取数据。应用中最常见的从用户那里收集数据的方法之一就是文本。一个经常使用的用以处理这种类型来工作的文本控件就是 EditText 控件。

7.3.1 使用 EditText 控件获取输入文本

Android SDK 提供了名为 EditText 的控件来方便处理来自用户的文本输入。EditText 类派生自 TextView。事实上，它的大部分功能都包含在 TextView 中，但当它是 EditText 时才能被使用。EditText 对象有一些默认启用的实用功能，许多功能列在图 7.3 中。

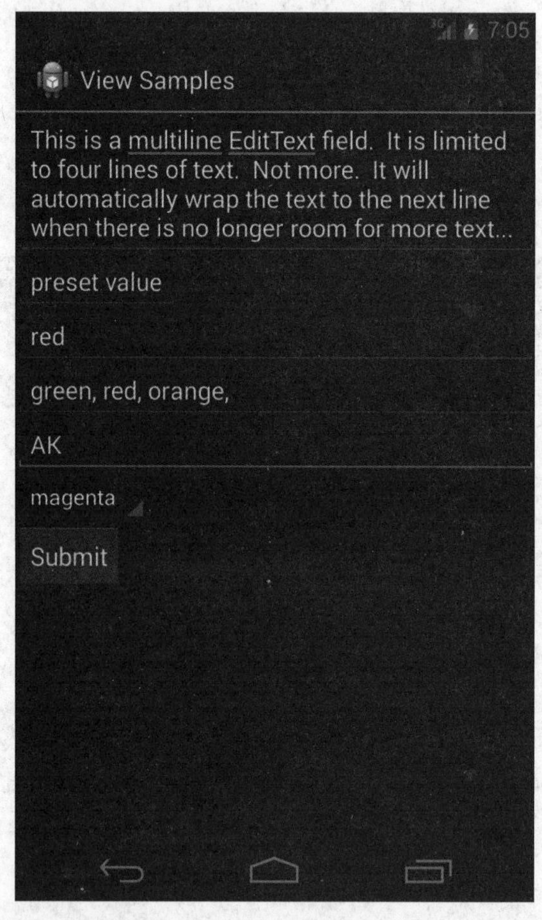

图 7.3 各种风格的 **EditText**, **Spinner** 和 **Button** 控件

首先，让我们来看看如何在 XML 布局文件中定义一个 EditText 控件。

```
<EditText
    android:id="@+id/EditText01"
```

```
android:layout_height="wrap_content"
android:hint="type here"
android:lines="4"
android:layout_width="match_parent" />
```

这段布局代码显示了一个基本的 EditText 元素。有几个有趣的地方需要注意。首先，hint 属性在编辑框中显示，当用户开始输入文本时，将会消失（运行示例代码来看 hint 属性的效果）。本质上说，它提示用户此处的内容。接着是 lines 属性，它定义了输入框的行数。如果该属性没有设置，输入框将会随着用户输入文本而增长。但是，可以通过设置一个数值允许用户在一个固定大小的框来滚动编辑文本。这也适用于宽度属性。

默认情况下，用户可以通过长按来弹出上下文菜单。它提供了一些基本的复制、剪切和粘贴操作，以及改变输入法，将单词添加到用户常用词字典的功能（如图 7.4 所示）。你并不需要增加额外的代码来使用这些造福用户的功能。你也可以从代码中高亮显示一部分文本。setSelection() 方法可以做到这点，另外 selectAll() 方法可以高亮整个文本输入字段。

EditText 对象本质上是一个可编辑的 TextView。这意味着，你可以用 TextView 的方法，getText() 方法来获取文本内容。你也可以使用 setText() 方法来设置文本区域的初始文字。

7.3.2　使用输入过滤器限制用户的输入

有时候，你并不希望用户可以输入任何东西。当用户输入后，验证输入的正确性是一种方法。然而，一个更好的避免浪费用户时间的方法是过滤输入。EditText 控件提供了设置 InputFilter 的方法来做到这点。

Android SDK 提供一些 InputFilter 对象来使用。InputFilter 对象可以执行一些规则，例如只允许大写文本，或者限制输入文本的长度。你可以实现 InputFilter 接口来创建自定义的过滤器。InputFilter 接口包含了一个 filter() 的方法。这里是两个内置过滤器的 EditText 控件，可以适用于两个字符的州名缩写的例子：

```
final EditText text_filtered = (EditText) findViewById(R.id.input_filtered);
```

```
text_filtered.setFilters(new InputFilter[] {
    new InputFilter.AllCaps(),
    new InputFilter.LengthFilter(2)
});
```

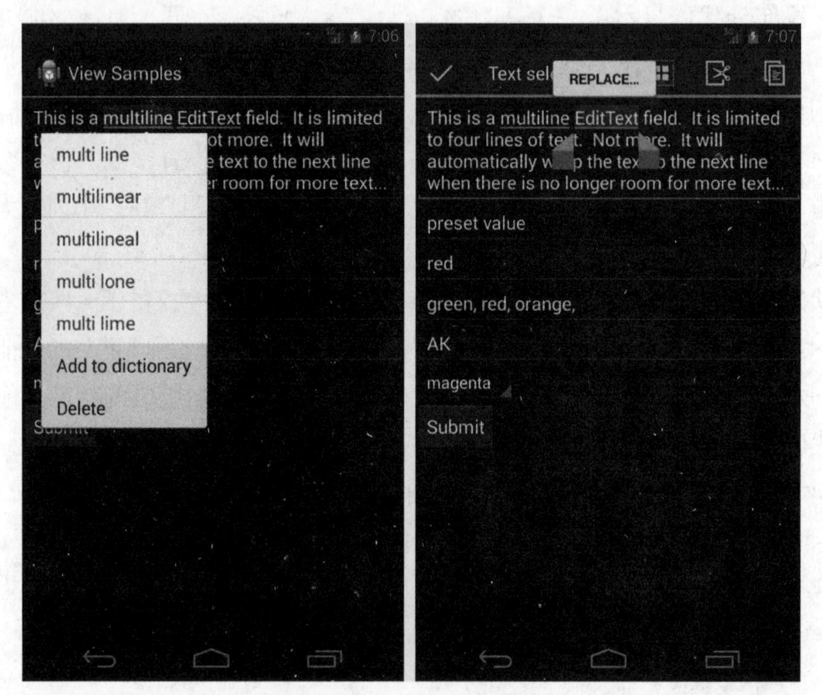

图 7.4 长按 **EditText** 控件时，通常会启动包含选择，剪切和复制的上下文菜单（当你有复制的文本时，粘贴选项将会出现）

setFilters() 方法的参数是 InputFilter 对象的数组。这对于组合多个过滤器是非常有用的，如图所示。在本例中，我们将转换所有的输入变为大写。此外，我们设置文本的最大长度为两个字符。EditText 控件看起来和其他的一样，但如果你尝试着键入小写字母，文本将会转换为大写字符，并且该字符串被限制为两个字符。虽然这并不意味所有可能的输入都是有效的，但它确实可以帮助用户不会输入太长的字符，也不用注意输入的大小写。这也保证了该输入控件的文本是两个字符的长度，对于你的应用程序有帮助（它并不限制用户输入一个字符）。

7.3.3　使用自动完成功能帮助用户

EditText 控件除了提供基本的文本编辑功能外，Android SDK 还提供了一个方法帮助用户输入常用的用户数据格式。此方法通过自动完成功能提供。

有两种形式的自动完成功能。一个是基于用户输入的内容来填写整个文本的标准方式。当用户开始输入的字符串匹配开发者提供的列表，用户可以用过点按来选择完成单词。这是通过 AutoCompleteTextView 控件来实现的（见图 7.5 左图）。另一种方法允许用户输入字符串列表，每一个都具有自动完成功能（见图 7.5 右图）。这些字符串都需要以某种方式分隔，提供给 MultiAutoCompleteTextView 对象的 Tokenizer 来处理。一个常见的 Tokenizer 的实现方式是提供由逗号分隔的列表，从而由 MultiAutoCompleteTextView.CommaTokenizer 对象使用。这对于指定通用标签等的列表有所帮助。

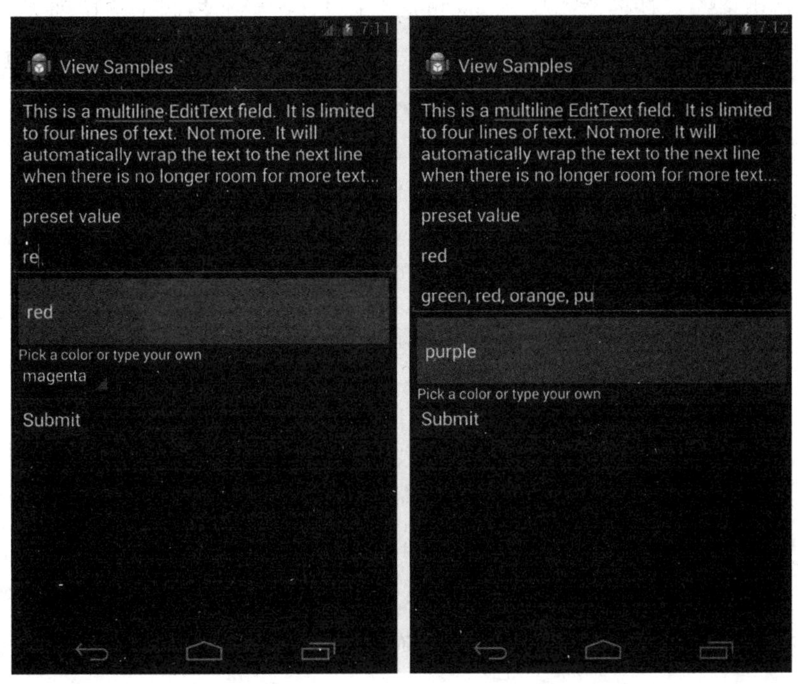

图 7.5　使用 **AutoCompleteTextView**（左）和 **MultiAutoCompleteTextView**（右）

这两种自动完成的文本编辑框都使用了 Adapter 得到提供给用户的文本列表。下面的例子说明如何使用 AutoComplete TextView 来帮助用户输入一些从代码中数组得到的基本颜色：

```
final String[] COLORS = {
    "red", "green", "orange", "blue", "purple",
    "black", "yellow", "cyan", "magenta" };
ArrayAdapter<String> adapter =
    new ArrayAdapter<String>(this,
        android.R.layout.simple_dropdown_item_1line,COLORS);
AutoCompleteTextView text = (AutoCompleteTextView)
findViewById(R.id.AutoCompleteTextView01);
text.setAdapter(adapter);
```

在这个例子中，当用户开始输入，如果他开始输入 COLORS 数组的首字母，一个下拉列表将会显示所有可用的单词。注意，这并不限制用户的输入。用户依然可以自由地输入任何文本（例如“puce”）。Adapter 控制了下拉列表的外观。在本例中，我们使用一个内置的布局来定义外观。下面是该 AutoComplete-TextView 控件的布局资源的定义：

```
<AutoCompleteTextView
    android:id="@+id/AutoCompleteTextView01"
    android:layout_width="match_parent"
    android:layout_height="wrap_content"
    android:completionHint="Pick a color or type your own"
    android:completionThreshold="1" />
```

这里有一些需要注意的地方。首先，你可以设置 completionThreshold 属性值，用于设置当用户填入几个字符时显示自动完成下拉列表。在本例中，我们设置为 1 个字符，所以当有匹配结果时就马上显示。默认值为需要 2 个字符来显示自动完成选项。其次，你可以为 completionHint 属性设置文本。这将在下拉列表的底部显示来提示用户。最后，自动完成下拉列表相对于 TextView 的大小。这意味着，它应该足够宽，能显示自动完成和 completionHint 属性的文本。

MultiAutoCompleteTextView 本质上和正常的自动完成类似，除了你必须指定一个 Tokenizer，用来让控件知道自动完成什么时候开始。下面是使用和前述 Adapter 一样的例子，但它包含了一个用户颜色反馈列表的 Tokenizer，每一个都由逗号分隔。

```
MultiAutoCompleteTextView mtext =
    (MultiAutoCompleteTextView) findViewById(
        R.id.MultiAutoCompleteTextView01);
mtext.setAdapter(adapter);
mtext.setTokenizer(new MultiAutoCompleteTextView.CommaTokenizer());
```

正如你所看到的，两者的唯一区别就是设置的 Tokenizer。这里，我们使用了 Android SDK 提供的内置逗号 Tokenizer。在本例中，每当用户从列表中选择一个颜色，颜色的名称将被自动完成，并且逗号被自动添加，使得用户可以马上输入下一个颜色。和前面一样，这并不限制用户可以输入的内容。如果用户输入"maroon"后放一个逗号，自动完成将会重新启动，让用户可以输入其他颜色，虽然它并不能帮助用户输入"maroon"。你可以实现 MultiAutoCompleteTextView.Tokenizer 接口来创建你自己的 Tokenizer。如果你喜欢用分号或者其他复杂的分隔符的话，你可以自己创建。

7.4　使用 Spinner 控件让用户选择

有时你可能想限制用户能输入的选择。例如，如果用户准备输入州的名称，你可能希望限制只能输入有效的名字，因为这是一个已知的集合。虽然你可以让用户输入，然后阻止无效的名字，你也可以使用 Spinner 控件提供类似的功能。和自动完成方法类似，spinner 的可用选择可以来自一个 Adapter。你使用数组资源的 entries 属性来设置可使用的选择（指定一个字符串数组，通过类似 @array/state-list 的方法引用）。Spinner 控件不是 EditText，虽然它们通常以类似的方式使用。这里是一个 XML 布局中定义的 Spinner 控件，用以选择颜色：

```
<Spinner
    android:id="@+id/Spinner01"
    android:layout_width="wrap_content"
    android:layout_height="wrap_content"
```

```
    android:entries="@array/colors"
    android:prompt="@string/spin_prompt" />
```

这将在屏幕上显示一个 Spinner 控件。一个封闭的 Spinner 控件如图 7.5 所示，只显示第一个选择项：红色。一个开放的 Spinner 控件如图 7.6 所示，显示所有可选的颜色。当用户选择该控件，一个弹出框显示提示文本和可选列表。该可选列表一次只运行一个选项，当某一个被选择，弹出框就会消失。

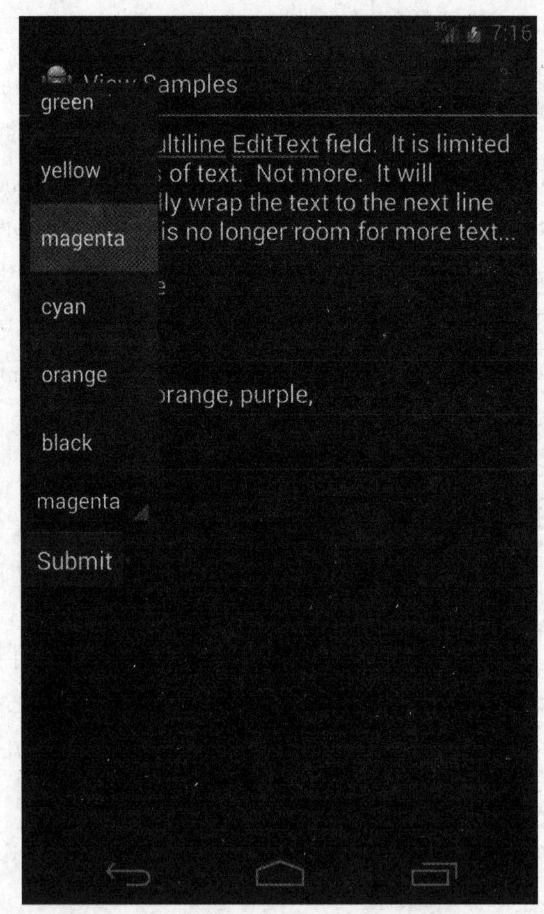

图 7.6 通过 **Spinner** 控件过滤可选项

这里有几件事情需要注意。首先，需要设置一个字符串数组资源，这里是 @array/colors。其次，prompt 属性被定义为字符串资源。不像一些其他字符串属性，该属性必须是一个字符串资源。当 Spinner 控件打开，所有的选项都显示时，该 prompt 也会显示。该 prompt 可以用来告诉用户可以选择什么类型的值。

因为 Spinner 控件不是 TextView，而是 TextView 对象的列表。你不能直接从中选取文字。相反，你需要获取选择的选项（每一个都是 TextView 控件），并直接从中提取文本：

```
final Spinner spin = (Spinner) findViewById(R.id.Spinner01);
TextView text_sel = (TextView)spin.getSelectedView();
String selected_text = text_sel.getText().toString();
```

此外，我们可以调用 getSelectedItem() 或者 getSelectedItemId() 方法来处理其他形式的选择。

7.5　使用 Button 和 Switch 允许用户进行简单的选择

其他常见的用户界面元素是按钮和开关。在本节中，你将了解 Android SDK 中提供的不同种类的按钮和开关。这些包括了基本的 Button、CheckBox、ToggleButton 及 RadioButton。

- 基本的 Button 通常同于执行某种操作，例如提交表单或者确认选项。一个基本的 Button 控件可以包含文本和图片。
- CheckBox 是一个包含两种状态的按钮——选中和非选中。你通常使用 CheckBox 控件来打开或者关闭某项功能，或者从列表中选择多个项目。
- ToggleButton 类似于 CheckBox，但你可以用它直观的现实状态。它的默认行为类似于电源的开关按钮。
- Switch 类似于 CheckBox，是有两种状态的控件。控件的默认行为类似于一个滑动开关，可以在“开”和“关”之间移动。该控件在 API 级别 14（Andoird 4.0）中被引入。
- RadioButton 提供了项目的选择。将多个 RadioButton 控件组合在一起，RadioGroup 可以使开发者确保一次只有一个 RadioButton 被选中。

你可以在图 7.7 找到每种类型的控件示例。

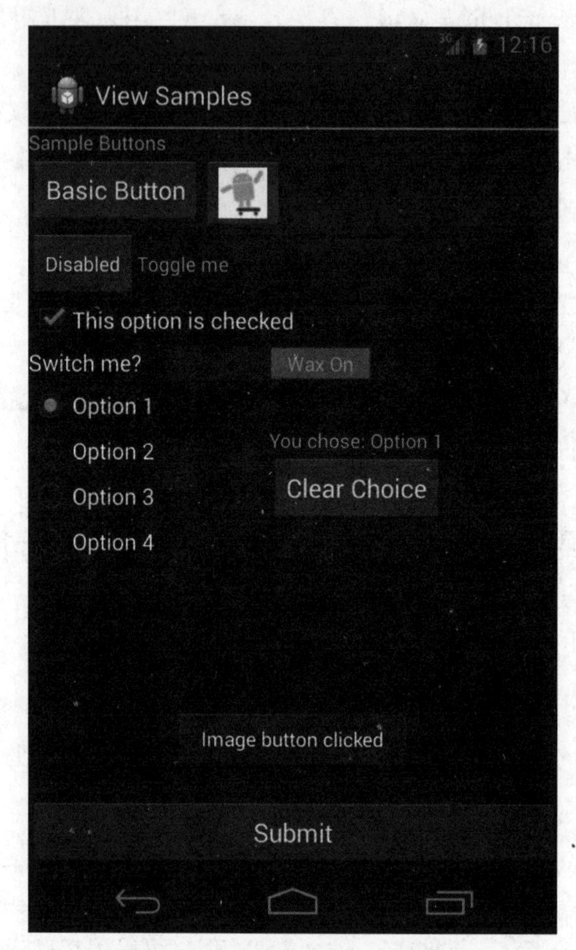

图 7.7　不同类型的 **Button** 控件

7.5.1　使用基本 Button

Android SDK 中 `android.widget.Button` 类提供了基本的 `Button` 的实现。在 XML 布局资源中，按钮使用 `Button` 元素来指定。`Button` 最重要的属性是文本字段。这是在按钮中间显示标签。你通常用 `Button` 控件来制作有文字的按钮，例如“确定”、“取消”或者“提交”等。

小窍门

你可以在 Android 系统资源字符串中找到许多通用的应用程序字符串，可以在 android.R.string 中找到。这些通用按钮文字的字符串包括“是”、“否”、“确定”、“取消”和“复制”。有关系统资源的更多信息，参见第 6 章，“管理应用程序资源”。

下面的 XML 布局资源文件显示了一个典型的 Button 控件的定义：

```
<Button
    android:id="@+id/basic_button"
    android:layout_width="wrap_content"
    android:layout_height="wrap_content"
    android:text="Basic Button" />
```

小窍门

一个流行的按钮风格是使用无边框的按钮。为了创建一个没有边框的按钮，你需要做的是在你的布局文件设置 Button 的 style 属性 "?android:attr/borderlessButtonStyle"。要了解更多关于按钮的风格，请参阅 *http://d.android.com/guide/topics/ui/controls/button.html#Style*。

Button 控件不像动画，如果没有代码来处理点击事件，将不会做任何事情。下面的代码片段的作用是，当点击 Button 时，将在屏幕上显示一个 Toast 消息：

```
setContentView(R.layout.buttons);
final Button basic_button = (Button) findViewById(R.id.basic_button);
basic_button.setOnClickListener(new View.OnClickListener() {
    public void onClick(View v) {
        Toast.makeText(ButtonsActivity.this,
            "Button clicked", Toast.LENGTH_SHORT).show();
    }
});
```

小窍门

Toast(android.widget.Toast) 是一个简单地类似对话框的消息，将会显示一秒左右，然后消失。Toast 消息能给用户提供非必须的确认消息。它们对调试也非常有用。图 7.7 显示了 Toast 消息的示例，显示文本 "Image button clicked."。

当 Button 控件被按下后，要处理点击事件，我们首先要通过 Button 的资源标识符得到它的引用。接着，setOnClickListener() 方法被调用，它需要一个 View.OnClickListener 类的实例。一个简单的方法是在该方法调用的使用提供一个匿名实例。这需要实现 onClick() 方法。在 onClick() 方法中，你可以自由的实现你想要的操作。这里，我们简单地显示一条消息给用户，告诉他们按钮被点击了。

一个和 Button 类似，主要显示图片的控件是 ImageButton。ImageButton 在大部分情况下，几乎完全是一个基本的 Button。处理点击的方法也相同。两者主要的区别是你可以为 src 属性设置一个图片。这里是一个 XML 布局文件中定义 ImageButton 的例子：

```
<ImageButton
    android:layout_width="wrap_content"
    android:layout_height="wrap_content"
    android:id="@+id/image_button"
    android:src="@drawable/droid"
    android:contentDescription="@string/droidSkater" />
```

在本例中，一个小的可绘制资源被引用。图 7.7 中可以查看“Android”按钮的样子。（在基本 Button 的右边。）

小窍门

你也使用 XML 中的 onClick 属性来设置你的 Activity 中处理点击的方法，并在此方法中实现功能。使用 android:onClick="myMethod" 的方法可以简单地指定 Activity 类中处理点击事件的方法，然后定义一个 public void，需要一个 View 参数的方法，通过该方法来实现点击处理。

7.5.2 使用 CheckBox 和 ToggleButton 控件

CheckBox 通常用于项目列表中，用户可以选择多个选项。Android 的 CheckBox 在复选框旁边包含一个本文属性。因为 CheckBox 类是从 TextView 和 Button 类派生的，大多数的属性和方法行为都是类似的。

下面是一个 XML 布局资源中定义的 CheckBox 控件，并显示了一些默认文本：

```
<CheckBox
    android:id="@+id/checkbox"
    android:layout_width="wrap_content"
    android:layout_height="wrap_content"
    android:text="Check me?" />
```

下面的例子显示了如何通过编程方式获取按钮的状态，以及切换状态时如何改变文本：

```
final CheckBox check_button = (CheckBox) findViewById(R.id.checkbox);
check_button.setOnClickListener(new View.OnClickListener() {
    public void onClick (View v) {
        CheckBox cb = (CheckBox)findViewById(R.id.checkbox);
        cb.setText(check_button.isChecked() ?
            "This option is checked" : "This option is not checked" );
    }
});
```

这和基本的 Button 控件类似。一个 CheckBox 控件会自动显示选中或未选中状态。这允许我们处理应用程序中的行为，而不用关心 Button 本身的行为。布局文件在开始时显示文本的初始内容，而当用户点击按钮后，文本将会根据选中状态改变内容。如图 7.7（中间）所示，你可以看到当 CheckBox 被点击后（文本内容已更新）的显示。

ToggleButton 的行为类似于 CheckBox，但它通常用来显示或者切换“开”和“关”的状态。类似于 CheckBox，它有一个状态（选中与否）。同样类似于 CheckBox，ToggleButton 切换状态时的显示也自动处理。不同于 CheckBox，它不会在旁边显示文字。相反，它有两个文本域。第一个属性是 textOn，是状态为开时 ToggleButton 显示的文字。第二个属性是 textOff，是状态为关时 ToggleButton 显示的问题。默认的文字分别是“ON”和“OFF”。

下面的布局代码定义了 ToggleButton 控件，它会根据按钮的状态显示“Enabled”或“Disabled”：

```
<ToggleButton
    android:id="@+id/toggle_button"
    android:layout_width="wrap_content"
    android:layout_height="wrap_content"
    android:text="Toggle"
    android:textOff="Disabled"
    android:textOn="Enabled" />
```

这种类型的按钮实际上并没有显示 text 属性的值，虽然它是一个有效的属性。这里，它设置的原因是用来证明它实际上是不会显示的。你可以在图 7.7（“Enabled”）看到 ToggleButton 是如何显示的。

Switch 控件（android.widget.Switch），是在 API 级别 14 中引入的，它提供了类似 ToggleButton 控件的两种状态，只是更像一个滑动条来切换控件的状态。下面的布局代码显示了一个包含提示（“Switch Me?”）和两种状态（“Wax On”和“Wax Off”）的 Switch 控件：

```
<Switch
    android:id="@+id/switch1"
    android:layout_width="wrap_content"
    android:layout_height="wrap_content"
    android:text="Switch me?"
    android:textOn="Wax On"
    android:textOff="Wax Off" />
```

7.5.3 使用 **RadioGroup** 和 **RadioButton**

当用户只能在一组的选项中选择一个选项时，你通常会使用 Radio 按钮。例如，一个询问性别的问题可以提供三个选项：男、女和未定义。同一时刻只能选择一个选项。RadioButton 对象类似于 CheckBox 对象。它在旁边有一个文本标签，可以设置它的 text 属性，它有一个状态（选中或未选中）。但是，你可以在 RadioGroup 中将多个 RadioButton 对象组合，从而处理它们的组合状态，确保同一时刻只有一个 RadioButton 可以被选中。如果用户选择了一个已经选中的 RadioButton，它不会变成未选中状态。但是，你可以为用户提供一种操作，来清除所有 RadioGroup 中对象的状态，使得所有的按钮都是未选中的。

这里，我们在 XML 布局资源文件中定义了 RadioGroup，它包含了 4 个 RadioButton 对象（如图 7.7 所示，在屏幕底部）。RadioButton 对象有文字标签："Option 1"、"Option 2" 等。XML 布局资源的定义如下所示：

```
<RadioGroup
    android:id=" @+id/RadioGroup01"
    android:layout_width=" wrap_content"
    android:layout_height=" wrap_content" >
<RadioButton
    android:id=" @+id/RadioButton01"
    android:layout_width=" wrap_content"
    android:layout_height=" wrap_content"
    android:text=" Option 1" />
<RadioButton
    android:id=" @+id/RadioButton02"
    android:layout_width=" wrap_content"
    android:layout_height=" wrap_content"
    android:text=" Option 2" />
<RadioButton
    android:id=" @+id/RadioButton03"
    android:layout_width=" wrap_content"
    android:layout_height=" wrap_content"
    android:text=" Option 3" />
<RadioButton
    android:id=" @+id/RadioButton04"
    android:layout_width=" wrap_content"
    android:layout_height=" wrap_content"
    android:text=" Option 4" />
</RadioGroup>
```

你可以通过 RadioGroup 对象中的 RadioButton 对象来处理它们的动作。下面的代码显示了如何为 RadioButton 的点击注册函数，并设置名为 TextView01 的 TextView 文本，TextView01 则定义在布局文件的其他地方：

```
final RadioGroup group = (RadioGroup)findViewById(R.id.RadioGroup01);
final TextView tv = (TextView)findViewById(R.id.TextView01);
group.setOnCheckedChangeListener(new
    RadioGroup.OnCheckedChangeListener() {
        public void onCheckedChanged(RadioGroup group, int checkedId) {
            if (checkedId != -1) {
                RadioButton rb = (RadioButton) findViewById(checkedId);
                if (rb != null) {
                    tv.setText("You chose: " + rb.getText());
                }
            } else {
                tv.setText("Choose 1");
            }
        }
    });
```

如该布局示例所演示的，你不需要做额外的什么事情来让 RadioGroup 对象以及内部的 RadioButton 对象正常工作。先前的代码演示了如何注册并接收当 RadioButton 选择更改的通知。

该代码演示了包含了定义在布局资源文件中的用户选择特定 RadioButton 后的资源标识符的通知。为了要做到这一点，你需要提供资源标识符（或者文本标签）以及相应的代码功能直接的映射。在这个例子中，我们查询所选择的按钮，获取它的文本，并将其文本复制给屏幕上的另一个 TextView 控件。

如前面所提到的，这个 RadioGroup 可以被清空，使得没有 RadioButton 对象被选中。下面的例子演示了如何通过在 RadioGroup 外的按钮的点击响应来做到这一点。

```
final Button clear_choice = (Button) findViewById(R.id.Button01);
clear_choice.setOnClickListener(new View.OnClickListener() {
    public void onClick(View v) {
        RadioGroup group = (RadioGroup)findViewById(R.id.RadioGroup01);
        if (group != null) {
            group.clearCheck();
        }
    }
}
```

调用 clearCheck() 方法将会触发 onCheckedChangedListener() 的回调方法。这就是为什么我们必须确保接收到的资源标识符必须是有效的。调用 clearCheck() 方法后，标识符就变为未有效的标识符，设置为 -1，用来指示没有 RadioButton 被选中。

小窍门

你也可以为 RadioGroup 中的每一个 RadioButton 使用自定义的处理代码来处理 RadioButton 的点击事件。这种实现方式反映了 RadioButton 也是一个标准 Button 控件。

7.6 使用 Pickers 来获取用户的数据、时间和数字

Android SDK 提供了一些控件来获取用户输入的日期，时间和数字。首先是 DatePicker 控件（见图 7.8 的上面）。它用于获取用户输入的月、日和年。

基本的 XML 布局资源定义的 DatePicker 如下所示：

```
<DatePicker
    android:id=" @+id/DatePicker01"
    android:layout_width=" wrap_content"
    android:layout_height=" wrap_content"
    android:calendarViewShown=" false"
    android:spinnersShown=" true" />
```

小窍门

如果你想控制用户可以在 DatePicker 选择的最小或最大的日期，你可以在你的布局文件中设置 android:minDate 或者 android:maxDate 的值，你也可以在代码中使用 setMinDate() 或 setMaxDate() 方法来设置。

正如前面的例子你所看到的，一些属性可以用来控制 picker 的外观。当使用 API 11 及以上的级别时，可以设置 calenderViewShown 属性为 true，这将显示一个完整的日历，还包括星期几，但这可能会占用更多的空间。尝试着在示

例代码中使用它，看看是什么样子的。和其他控件类似，你的代码可以注册日期更改时的接收方法。你可以通过实现 onDateChanged() 方法来做到这一点。

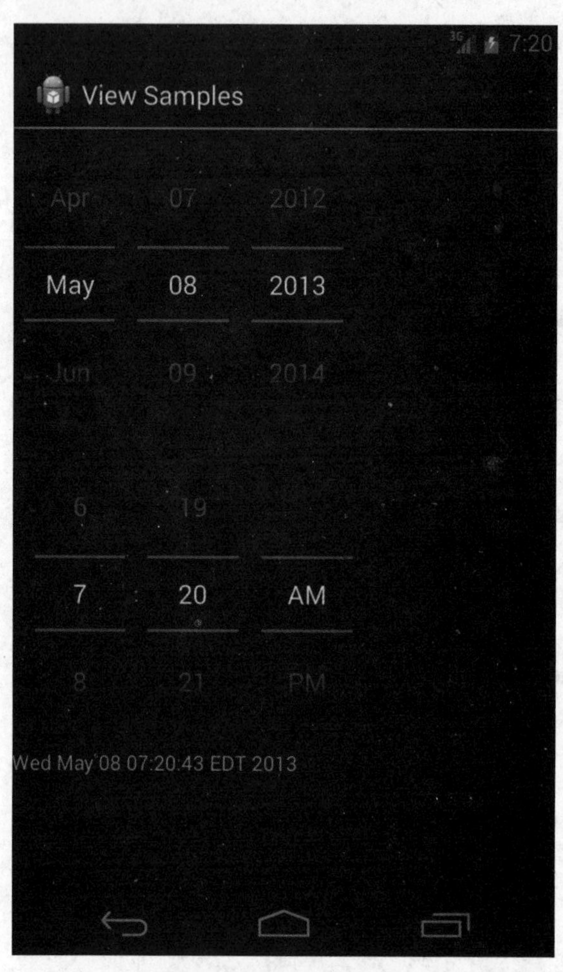

图 7.8　日期和时间控件

```
final DatePicker date = (DatePicker)findViewById(R.id.DatePicker01);
date.init(2013, 4, 8,new DatePicker.OnDateChangedListener() {
    public void onDateChanged(DatePicker view, int year,
        int monthOfYear, int dayOfMonth) {
        Calendar calendar = Calendar.getInstance();
        calendar.set(year,
```

```
                monthOfYear,
                dayOfMonth,
                time.getCurrentHour(),
                time.getCurrentMinute());
            text.setText(calendar.getTime().toString());
        }
    });
```

前面的代码在 DatePicker.init() 方法中设置 DatePicker.OnDateChangedListener。DatePicker 控件被初始化为一个特定的日期（请注意，月份的字段是从 0 开始的，因此 5 月的值为 4，而不是 5）。在我们的例子中，一个 TextView 用来显示用户输入 DatePicker 控件的日期值。

一个 TimePicker 控件（图 7.8，底部）和 DatePicker 控件类似。它并没有任何特别的属性。但是，注册时间更改时的接收方法，你可以通过调用传统的 TimePicker.setOnTimeChangedListener() 方法来注册。如下面所示：

```
    time.setOnTimeChangedListener(new TimePicker.OnTimeChangedListener() {
        public void onTimeChanged(TimePicker view,int hourOfDay, int minute)
{
            Calendar calendar = Calendar.getInstance();
            calendar.set(calendar.get(Calendar.YEAR),
            calendar.get(Calendar.MONTH),
            calendar.get(Calendar.DAY_OF_MONTH), hourOfDay, minute);
            text.setText(calendar.getTime().toString());
        }
    });
```

和前面的例子一样，这段代码还设置了一个 TextView 用于显示用户输入时间值的字符串。当你同时使用 DatePicker 控件和 TimePicker 控件时，用户可以同时设置日期和时间。

Android 也提供了 NumberPicker 小部件，它和 TimePicker 小部件非常类似。你可以使用 NumberPicker 来展现给用户一个选择机制，让用户从预定义的范围内选择一个数字。有两种不同类型的 NumberPicker 可以展示，这两种类型都完全基于你应用程序所使用的主题。要了解更多关于 NumberPicker 的信息，请参考：*http://d.android.com/ reference/android/widget/NumberPicker.html*。

7.7 使用指示控件来给用户显示进度和活动

Android SDK 提供了多种控件，用于给用户在视觉上显示某种形式的信息。这些指示的控件包括 ProgressBar、activity bars、activity circles、clocks 以及其他类似的控件。

7.7.1 使用 ProgressBar 指示进度

应用程序常常会执行需要一定时间的处理。在这段时间中，一个好的做法是向用户显示某种类型的进度指示器，以显示应用程序“正在做一些事情”。应用程序还可以通过一些操作，显示给用户还有多久，例如播放歌曲或者观看视频的时间。Android SDK 提供了几种类型的 ProgressBar。

标准的 ProgressBar 是一个圆形的指示器，并且只有动画，它并不显示这个操作完成了多少。但是，它可以显示正在处理中。当一个操作的长度是不确定的时候，它是十分有用的。有三种这种类型的进度指示器（见图 7.9）

第二种类型是水平的 ProgressBar，它显示了动作的完成度（例如，你可以看到文件下载了多少）。这种水平的 ProgressBar 也可以有它的第二个辅助进度指示器。举个例子，它可以用来一边显示媒体文件下载百分比，一边用来播放。

下面是一个 XML 布局资源中定义的基本的不确定进度的 ProgressBar：

```
<ProgressBar
    android:id="@+id/progress_bar"
    android:layout_width="wrap_content"
    android:layout_height="wrap_content" />
```

默认样式是中等大小的圆形进度指示器，而不是一个“长条”。另外两种不确定的 ProgressBar 样式是 progressBarStyleLarge 以及 progressBarStyleSmall。这种样式有自动动画。下面的例子显示了布局定义的水平进度指示器。

```
<ProgressBar
    android:id="@+id/progress_bar"
    style="?android:attr/progressBarStyleHorizontal"
    android:layout_width="match_parent"
    android:layout_height="wrap_content"
```

```
android:max="100" />
```

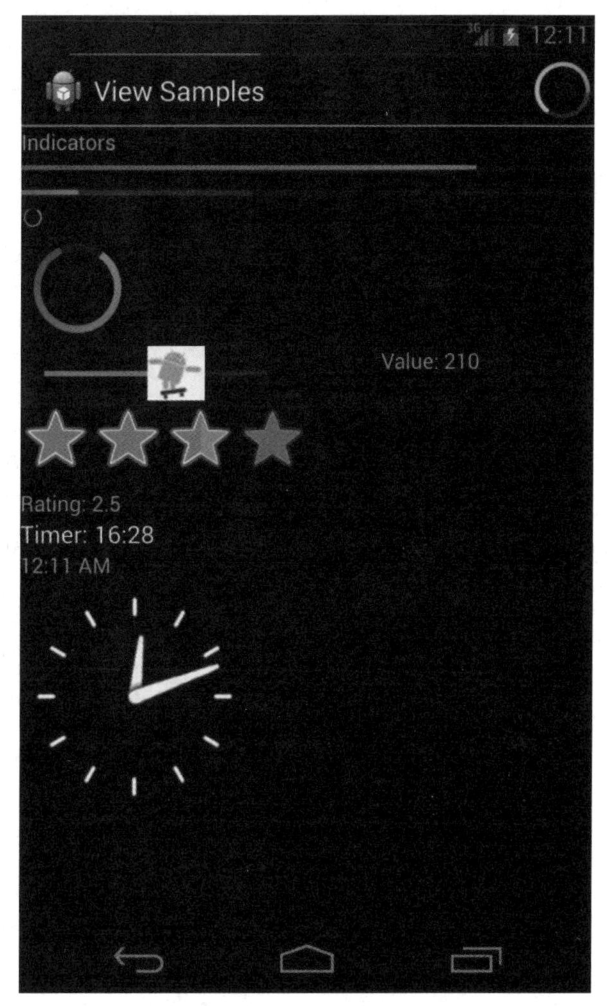

图 7.9　不同类型的进度指示器和评分指示器

在这个例子中，我们设置 max 属性值为 100，这样就模仿出一个百分比 ProgressBar，也就是说，当设置进度为 75 时，将会显示 75% 完成的指示器。

我们可以通过编程方式设定指示器的状态，如下所示：

```
mProgress = (ProgressBar) findViewById(R.id.progress_bar);
mProgress.setProgress(75);
```

你也可以把一个 ProgressBar 放在你的应用程序的标题栏（如图 7.9 所示）。这样可以节省屏幕空间，也可以容易地开启和关闭一个不确定的进度指示器而不改变屏幕的外观。不确定进度指示器通常用于显示加载页面（在页面可以绘制前加载所需的项目）。这经常使用在 Web 浏览器的屏幕上。下面的代码演示了如何在你的 Activity 屏幕上放置这种不确定的进度指示器。

```
requestWindowFeature(Window.FEATURE_INDETERMINATE_PROGRESS);
requestWindowFeature(Window.FEATURE_PROGRESS);
setContentView(R.layout.indicators);
setProgressBarIndeterminateVisibility(true);
setProgressBarVisibility(true);
setProgress(5000);
```

当你需要在你的 Activity 对象的标题栏使用不确定进度指示器，你需要请求 Window.FEATURE_INDETERMINATE_PROGRESS 的功能，如前所示。这将会在标题栏的右侧显示一个小型圆形指示器。对于在标题栏后面显示的水平 ProgressBar 样式，你需要启用 Window.FEATURE_PROGRESS。这些功能必须在你应用调用 setContentView() 方法前就启用，如前面的示例代码所示。

你需要了解一些重要的默认行为。首先，指示器默认可见。调用前面例子中的可见性的方法可以设置是否可见。其次，水平 ProgressBar 默认最大的进度值为 10000. 在前面的例子中，我们设置它为 5000，这相当于 50%。当该值达到最大值后，指示器会消失而不可见。两种指示器都是这样。

7.7.2　使用 Activity Bars 和 Activity Circles 来指示 Activity

当不知道操作需要多长时间才能完成，但你需要用一种方法来指示用户操作正在进行，你应该使用 activity bar 或者 activity circle。你可以类似于定义 ProgressBar 的方式定义 activity bar 或者 activity circle，除了一个小的区别：你需要告诉 Android 系统该操作需要继续运行一段不确定的时间，你可以通过设置 android:indeterminate 属性，或者在代码中使用 setProgressBarIndeterminateVisibility() 方法来设置 ProgressBar 的可见性为不确定。

小窍门

当使用 Activity Circle 时，没有必要显示任何文本告知用户操作正在进行。单独的 Activity Circle 已经足够让用户明白正在进行的操作。要了解更多关于 activity bar 和 activity circle 的信息，请参阅：http://d.android.com/design/building-blocks/progress.html#activity。

7.8　使用 SeekBar 调整进度

你已经看到了如何为用户显示进度。但是，如果你想允许用户可以移动指示器，例如，在播放媒体文件时设置当前位置，或者调整音量属性。你可以使用 Android SDK 中的 SeekBar 控件来做到这点。它类似于常规的水平 ProgressBar，但它包含了一个 thumb 或者选择器，能够让用户拖动。默认情况下有 thumb 选择器，但你也可以使用任何可绘制的项目作为 thumb。在图 7.9（中间）所示，我们使用一个小的 Android 图形替换了默认的 thumb。

这里，我们有一个 XML 布局资源定义的简单 SeekBar 的例子：

```
<SeekBar
    android:id=" @+id/seekbar1"
    android:layout_height=" wrap_content"
    android:layout_width=" 240dp"
    android:max=" 500"
    android:thumb=" @drawable/droidsk1" />
```

在这个 SeekBar 示例中，用户可以拖动名为 droidsk1 的 thumb，在 0-500 范围内移动。虽然可以从视觉上显示，显示用户选择的精确值是有用的。要做到这一点，你可以实现 onProgressChanged() 方法，如下面所示：

```
SeekBar seek = (SeekBar) findViewById(R.id.seekbar1);
seek.setOnSeekBarChangeListener(
    new SeekBar.OnSeekBarChangeListener() {
        public void onProgressChanged(
            SeekBar seekBar, int progress,boolean fromTouch) {
        ((TextView)findViewById(R.id.seek_text)).setText( "Value:
            "+progress);
        seekBar.setSecondaryProgress((progress+seekBar.getMax())/2);
```

```
    }
});
```

在这个例子中有两个有趣的地方。首先，fromTouch 参数告诉代码，该变化是来自用户的输入还是来自程序控制的常规 ProgressBar 控件的变化。另一个是 SeekBar 也允许你设置二级进度值。在这个例子中，我们设置二级进度值的数值为用户的选择值和 ProgressBar 最大值的中点。你可以使用该功能显示视频的播放进度和缓冲流的进度。

友情提示

如果你想创建自己的活动指示器，你可以自定义指示器。在大多数情况下，Android 提供的默认指示器应该足够了。如果你需要显示自定义指示器，你应该了解更多关于如何做到的内容：*http://d.android .com/design/building-blocks/progress.html#custom-indicators*。

7.9 其他有价值的用户界面控件

Android 有一些其他即用的用户界面控件可用于你的应用。本节主要介绍 RatingBar 和一些时间控件，例如 Chronometer、DigitalClock、TextClock 以及 AnalogClock。

7.9.1 使用 RatingBar 显示评价数据

虽然 SeekBar 可以允许用户设定一个数值（例如音量），但 RatingBar 可以有更特定的目的：显示评分或者从用户中得到评价。默认情况下，这种 ProgressBar 使用星型模式，默认为五颗星。用户可以水平拖动来设置评分。应用程序也可以设置评分。但是，二级指示器并不能使用，因为它被控件内部使用了。

下面是 XML 布局资源定义的 RatingBar 示例，它包含了四颗星。

```
<RatingBar
    android:id="@+id/ratebar1"
    android:layout_width="wrap_content"
```

```
    android:layout_height=" wrap_content"
    android:numStars=" 4"
    android:stepSize=" 0.25" />
```

布局中定义 RatingBar 演示了我们可以设置多少颗星，以及评分值之间的增减。图 7.9（中间）显示了 RatingBar 的行为。在该布局定义中，用户可以选择从 0-4.0 中的评分值，以 0.25 作为增量（stepSize 值）。例如，用户可以设置 2.25 的值。这将会显示给用户，默认情况下，星星被部分填充。

虽然该数值可以在视觉上让用户了解，你可能还需要显示其数值的表示。你可以通过实现 RatingBar.OnRatingBarChangeListener 的 onRatingChanged() 方法来做到这一点，如下所示：

```
RatingBar rate = (RatingBar) findViewById(R.id.ratebar1);
rate.setOnRatingBarChangeListener(newRatingBar.OnRatingBarChangeListener() {
    public void onRatingChanged(RatingBar ratingBar,
        float rating, boolean fromTouch) {
        ((TextView)findViewById(R.id.rating_text)).setText("Rating: "+
            rating);
    }
});
```

前面的示例显示了如何注册该监听器。当用户使用该控件评分，一个 TextView 将会显示用户的评分。有一个有趣的事情需要注意，和 SeekBar 不同，onRatingChange() 方法的调用会在改变完成之后被调用（通常是用户抬起手指）。也就是说，当用户在星星间拖动评分时，该方法不会被调用。当用户停止按下该控件时才会被调用。

7.9.2　使用 Chronometer 显示时间的流逝

有时你想要显示时间的流逝而不是增加的进度条。在这种情况下，你可以使用 Chronometer 作为定时器（见图 7.9，底部附近）。如果用户需要做一些耗时的工作或者玩游戏是一些动作需要计时的时候，它可能是有用的。Chronometer 可以通过文字格式化，如下面的 XML 布局资源定义的：

```
<Chronometer
```

```
    android:id=" @+id/Chronometer01"
    android:layout_width=" wrap_content"
    android:layout_height=" wrap_content"
    android:format=" Timer: %s" />
```

你可以使用 Chronometer 对象的格式属性来设置显示时间的文本格式。只有 start() 方法被调用后，Chronometer 才会显示流逝的时间，如果要停止它，可以简单地调用 stop() 方法。最后，你可以改变定时器计数的起始时间，也就是说，你可以设置一个过去的特定时间，而不是从它开始的时间来计算。你可以调用 setBase() 方法来做到这一点。

小窍门

Chronometer 使用 elapsedRealtime() 方法来获取起始时间，将 android.os.SystemClock.elapsedRealtime() 作为 setBase() 方法的参数，可以将 Chronometer 控件以 0 时刻开始计时。

下面的代码示例中，我们从资源标识符获取计时器。接着，我们检查它的基值，并将其设置为 0。最后，我们从那个时刻开始计时。

```
final Chronometer timer = (Chronometer)findViewById(R.id.Chronometer01);
long base = timer.getBase();
Log.d(ViewsMenu.debugTag, "base = "+ base);
timer.setBase(0);
timer.start();
```

小窍门

你可以通过实现 Chronometer.OnChronometerTickListener 接口来监听 Chronometer 的变化。

7.9.3 显示时间

在应用程序中显示时间通常是不必要的，因为 Android 设备有一个状态栏来显示当前时间。但是，有两个时钟控件可以用来显示时间信息：DigitalClock

和 AnalogClock 控件。

使用 DigitalClock

DigitalClock 控件（图 7.9 底部）是一个根据用户设置的标准格式的显示当前时间的紧凑文本。它是一个 TextView，因此，所有你可以在 TextView 上面操作的事情也可用在该控件上，除了改变它的文字。例如，你可以更改文字的颜色和样式。

默认情况下，DigitalClock 控件显示秒数，并且会每秒自动更新一次。这里是一个 XML 布局资源文件定义的 DigitalClock 控件：

```
<DigitalClock
    android:id="@+id/DigitalClock01"
    android:layout_width="wrap_content"
    android:layout_height="wrap_content" />
```

使用 TextClock

TextClock 控件在最近的 API 级别 17 中被引入，其目的是为了取代 DigitalClock（它已经在 API 级别 17 中被定义为过时）。TextClock 比 DigitalClock 增加了更多的功能，它允许你格式化日期和时间的显示，TextClock 允许你显示 12 小时模式或者 24 小时模式的时间，甚至允许你设置时区。

默认情况下，TextClock 控件并不显示秒数。这里是一个 XML 布局资源定义 TextClock 控件的例子：

```
<TextClock
    android:id="@+id/TextClock01"
    android:layout_width="wrap_content"
    android:layout_height="wrap_content" />
```

使用 AnalogClock

AnalogClock 控件（图 7.9 底部）是一个有钟面和两个指针的时钟。它会在每分钟自动更新。它根据 View 的大小来适当地缩放时钟的大小。

这里是一个 XML 布局资源定义 AnalogClock 控件的例子：

```
<AnalogClock
```

```
android:id="@+id/AnalogClock01"
android:layout_width="wrap_content"
android:layout_height="wrap_content" />
```

AnalogClock 控件的钟面是简单的。但是，你可以设置它的时针和分针。你也可以为钟面设置特定的可绘制资源，如果你像让它有爵士风格的话。这些时钟控件不能接受不同的时间或者一个静止的时间。它们只能显示设备上当前时区的当前时间，因此，它们不是特别有用。

7.10 总结

Android SDK 提供了许多有用的用户界面组件，帮助开发者使用它们来创建引人注目和易于使用的应用。本章节向你介绍了许多最有用的控件，并讨论了它们的行为，它们的样式，以及如何处理用户的输入事件。

你学会了如何将控件和用户的输入结合起来。重要的窗体控件包括 EditText、Spinner 以及各种 Button 控件。你也了解了可以显示进度或者时间的控件。我们在本章中讨论了许多常见的用户界面控件，但是，还有许多其他的控件。在下一章节中，你将会学习如何使用各种布局和容器控件来轻松和准确地组织屏幕上的各种控件。

7.11 小测验

1. 如何使用 Activity 的方法来获取 TextView 对象？
2. 如何使用 TextView 的方法来获取特定对象的文本？
3. 哪种用户界面控件是用来获取用户的文字输入的？
4. 有哪两种不同类型的自动完成控件？
5. 判断题：一个 Switch 控件有三个或者更多的状态。
6. 判断题：DateView 控件是用于从用户方面获取日期。

7.12 练习

1. 创建一个简单的应用，使用 EditText 对象接受用户的文本输入，当用户点击更新按钮时，在 TextView 控件中显示文本。

2. 创建一个简单的应用，它拥有一个整数资源文件定义的整数，当应用程序启动时，在 `TextView` 控件显示整数。

3. 创建一个简单的应用，它拥有一个颜色资源文件定义的红色值。在布局文件中定义一个有默认蓝色 `textColor` 的 `Button` 控件。当应用程序启动时，默认蓝色 `textColor` 值更改为你在颜色资源文件定义的红色。

7.13 参考资料和更多信息

Android 设计

http://d.android.com/design/index.html

Android 设计："构建区块"

http://d.android.com/design/building-blocks/index.html

Android SDK 中 `View` 类的参考阅读

http://d.android.com/reference/android/view/View.html

Android SDK 中 `TextView` 类的参考阅读

http://d.android.com/reference/android/widget/TextView.html

Android SDK 中 `EditText` 类的参考阅读

http://d.android.com/reference/android/widget/EditText.html

Android SDK 中 `Button` 类的参考阅读

http://d.android.com/reference/android/widget/Button.html

Android SDK 中 `CheckBox` 类的参考阅读

http://d.android.com/reference/android/widget/CheckBox.html

Android SDK 中 `Switch` 类的参考阅读

http://d.android.com/reference/android/widget/Switch.html

Android SDK 中 `RadioGroup` 类的参考阅读

http://d.android.com/reference/android/widget/RadioGroup.html

Android API 指南："用户界面"

http://d.android.com/guide/topics/ui/index.html

第8章 布局设计

在本章中，我们将讨论如何设计 Android 应用程序的用户界面。这里，我们专注于各种布局控件，你可以通过不同方式来组织屏幕元素。我们也包括一些称之为容器视图的更为复杂的 `View` 控件。它们是 `View` 控件，还可以包含其他的 `View` 控件。

8.1 在 Android 中创建用户界面

应用程序用户界面可以是简单的或者是复杂的，包含多个不同的屏幕或者只包含几个。布局和用户界面控件可以在应用程序资源中定义，也可以在程序运行时创建。

虽然有点混乱，但在 Android 用户界面设计中，术语“布局”用于两个不同但相关的目的。

在资源方面，`/res/layout` 目录下包含了 XML 资源的定义，我们称之为资源文件。这些 XML 文件提供了如何在屏幕上绘制控件的模板。布局资源文件可以包含任意数量的控件。

该术语也用于指代 `ViewGroup` 类的集合，例如 `LinearLayout`，`FrameLayout`，`TableLayout`，`RelativeLayout` 以及 `GridLayout`。这些控件用于组织其他的 `View` 控件。我们将在本章的后半部分更多地讨论这些类。

8.1.1 使用 XML 资源文件创建布局

正如前面章节讨论的，Android 提供了一个简单的方法在 XML 中创建布局资源文件。这些资源都存储在 `/res/layout` 的目录结构中。这是构建 Android

用户界面的最常见和最方便的方法，它对于在编译时就可以定义的屏幕元素和默认控件属性非常有用。这些布局资源很像模板，它们将会按照默认属性值来加载，你在运行时可以通过代码来修改。

你可以使用 XML 布局资源文件配置几乎所有的 ViewGroup 或者 View（以及 View 的子类）的属性。这种方法极大的简化了用户界面设计过程，将大部分用户界面控件的静态创建和布局，以及控件基本属性的定义，从杂乱的代码部分移动到了 XML 文件中。开发者保留了以编程方式改变这些布局的能力，但他们应该尽可能的将其设置在 XML 模板中。

你可以看到下面是一个简单的布局文件，包含了一个 LinearLayout 布局和一个简单的 TextView 控件。这里是 Android IDE 中新建 Android 项目提供的默认布局文件，/res/layout/activity_main.xml：

```
<?xml version=" 1.0" encoding=" utf-8" ?>
<LinearLayout xmlns:android=" http://schemas.android.com/apk/res/android"
    android:orientation=" vertical"
    android:layout_width=" match_parent"
    android:layout_height=" match_parent" >
    <TextView
        android:layout_width=" match_parent"
        android:layout_height=" wrap_content"
        android:text=" @string/hello" />
</LinearLayout>
```

这部分 XML 代码显示了一个包含单个 TextView 的基本布局。第一行，你可以在大部分 XML 文件中找到，用来指定 android 布局的命名空间。因为它在所有的文件中都通用，我们在其他的例子中将不再显示。

接下来，我们有一个 LinearLayout 元素。LinearLayout 是一个 ViewGroup，它将它的子 View 按照一列或者一行的方式排列。当它应用到整个屏幕的话，意味着：如果方向设置为垂直的话，每个子 View 将会显示在前一个 View 的下方；如果方向设置为水平的话，每个子 View 将会显示在前一个 View 的右方。

最后，还有一个子 View，本例中，是一个 TextView。TextView 是一个控件，同时它也是一个 View。TextView 在屏幕上绘制文本。在本例中，它将绘制在“@string/hello”字符串资源中定义的文本。

如果只创建一个 XML 文件，实际上并不会在屏幕上绘制任何东西。一个特定的布局通常和一个特定的 Activity 联系在一起。在你默认的 Android 项目中，只有一个 Activity，它在默认情况下设置为 activity_main.xml 的布局。要将 activity_main.xml 布局和 Activity 联系在一起，使用 setContentView() 方法，并传入 activity_main.xml 布局的标识符。布局的标识符是 XML 的文件名（不带扩展名）。在本例中，来自于 activity_main.xml 文件，所以该布局的标识符就是简单的 activity_main：

```
setContentView(R.layout.activity_main);
```

警告

Android 工具团队已经尽最大的努力来使 Android IDE 中的图形化布局设计器的功能完整，这个工具对于设计和预览在各种不同的设备上的布局资源看上去什么样非常有帮助。但是，预览功能并不能精确地复制给最终用户的布局显示。因此，你必须在一个正确配置的模拟器上测试你的应用，更重要的是，在你的目标设备上测试。

8.1.2 使用编程方式创建布局

你在运行时通过编程方式创建用户界面组件，例如布局等。但对于代码组织和可维护性来说，最好将它认为是特殊情况而不是通常的。最主要的原因是，代码创建布局是繁重的，而且难于维护，而 XML 资源方式则可视化的，并且组织得更好，可以由一个独立的没有 Java 技能的设计者来使用。

小窍门

本节中提供的示例代码来自于 SameLayout 应用程序，SameLayout 应用的源代码可以在本书的网站上下载。

下面的示例演示了如何通过编程的方式在一个 Activity 中实例化一个

LinearLayout，并在其中放置两个 TextView 作为其子控件。两个字符串资源用于设置控件的内容，这些操作都是在运行时完成的。

```
public void onCreate(Bundle savedInstanceState) {
    super.onCreate(savedInstanceState);
    TextView text1 = new TextView(this);
    text1.setText(R.string.string1);
    TextView text2 = new TextView(this);
    text2.setText(R.string.string2);
    text2.setTextSize(TypedValue.COMPLEX_UNIT_SP, 60);
    LinearLayout ll = new LinearLayout(this);
    ll.setOrientation(LinearLayout.VERTICAL);
    ll.addView(text1);
    ll.addView(text2);
    setContentView(ll);
}
```

当 Activity 被创建时，onCreate() 方法将会被调用。该方法所做的第一件事是通过调用其基类的构造函数完成正常的初始化。

接着，两个 TextView 控件被实例化。每个 TextView 的 Text 属性都是通过使用 setText() 方法来设置的。所有的 TextView 属性，例如 TextSize，都可以通过 TextView 控件的方法来设置。这些设置 Text 属性和 TextSize 属性的操作，和使用 Android IDE 布局资源设计器来设置是一样的，除了这些属性是在运行时设置的，而不是在布局文件中定义并编译到你的应用程序包中。

小窍门

对于相同的控件属性，使用 XML 属性名和通过编程方式调用获取/设置函数名是类似的。例如，android:visibility 对应着 setVisibility() 和 getVisibility() 方法。在前面的 TextView 的例子中，获取和设置 TextSize 属性的方法名为 getTextSize() 和 setTextSize()。

为了能恰当地显示 TextView 控件，我们需要通过某种容器（布局）的方式包含它们。这本例中，我们使用了一个 orientation 设置为 VERTICAL 的

LinearLayout 布局。因此，第二个 TextView 将位于第一个的下方，它们都对齐到了屏幕的左侧。这两个 TextView 被添加到了 LinearLayout 布局中，以我们希望显示的顺序排列。

最后，我们调用 Activity 类中的 setContentView() 方法，将 LinearLayout 布局和它的内容显示在屏幕上。

正如你看到的，当你添加更多的 View 控件，你的代码量将会迅速增加，你需要为每一个 View 设置设置更多地属性。这里是一个同样的布局，在 XML 布局文件中：

```
<?xml version="1.0" encoding="utf-8" ?>
<LinearLayout
    xmlns:android=http://schemas.android.com/apk/res/android
    android:orientation="vertical"
    android:layout_width="match_parent"
    android:layout_height="match_parent" >
    <TextView
        android:id="@+id/TextView1"
        android:layout_width="match_parent"
        android:layout_height="wrap_content"
        android:text="@string/string1" />
    <TextView
        android:id="@+id/TextView2"
        android:layout_width="match_parent"
        android:layout_height="wrap_content"
        android:textSize="60sp"
        android:text="@string/string2" />
</LinearLayout>
```

你可能会注意到，这并不是前节代码示例的简单翻译，虽然它们的输出结果是相同的，如图 8.1 所示。

首先，在 XML 布局文件中，layout_width 和 layout_height 是必须存在的属性。接着，你可以看到每个 TextView 控件都被分配到一个唯一的 id 属性，这样可以在运行时通过编程的方式访问它。最后，textSize 属性需要有单位来定义，XML 属性使用了 dimension 类型。

最终的结果和从编程方式得到的略有不同。然而，它更易于阅读和维护。现在，你只需要一行代码来显示这个布局视图。同样，布局资源被储存在 /res/layout/resource_based_ layout.xml 文件中：

```
setContentView(R.layout.resource_based_layout);
```

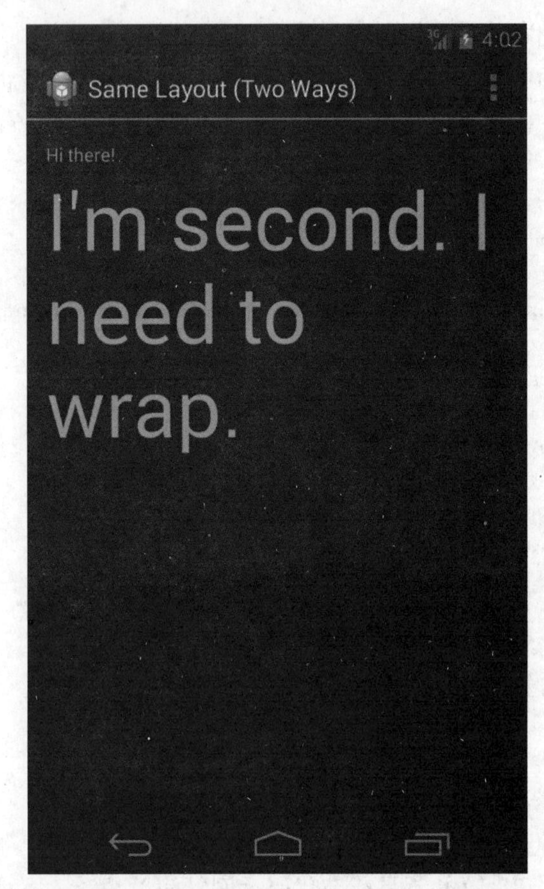

图 8.1　两种不同的创建屏幕的方法得到了相同的结果

8.2　组织你的用户界面

在第 7 章，“探索用户界面构建模块”中，我们讨论了 View 类是如何作为 Android 用户界面构建模块的。所有的用户界面控件，例如 Button、Spinner 和 EditText，都是从 View 类派生的。

现在，我们讨论一种特殊的 View，称之为 ViewGroup。从 ViewGroup 派生的类允许开发者以一种有组织的方式在屏幕上显示 View 控件，例如 TextView 和 Button 控件。

了解 View 和 ViewGroup 之间的区别是很重要的。类似于其他的 View 控件，包括前一章讨论的控件，ViewGroup 控件表示了一个屏幕空间的矩形。ViewGroup 和典型控件的区别是 ViewGroup 对象包含其他 View 控件。一个包含其他 View 控件的 View 称之为父视图。父视图包含的 View 控件称之为子视图。

你可以在代码中使用 addView() 方法为 ViewGroup 增加子视图。在 XML 中，你可以通过定义子视图作为 ViewGroup（例如我们前面使用多次的 LinearLayout ViewGroup）的子节点来将其添加到 ViewGroup 中。

ViewGroup 的子类可以分为两类

- 布局类。
- View 容器控件。

8.2.1 使用 ViewGroup 子类来设计布局

用于屏幕设计的许多重要 ViewGroup 子类都是以“Layout”结尾的。例如，最常见的布局类有 LinearLayout、Relative Layout、TableLayout、FrameLayout 以及 GridLayout。你可以使用这些类，它们以不同的方式在屏幕上放置其他的 View 控件。例如，我们已经使用 LinearLayout 来将 TextView 和 EditText 控件垂直排列在屏幕上。用户一般不和布局直接交互。相反，它们与包含的 View 控件交互。

8.2.2 使用 ViewGroup 子类作为 View 容器

第二类 ViewGroup 的子类是间接的“子类”——一些正式的，一些非正式的。这些特殊的 View 控件作为 View 容器，和 Layout 对象功能类似，但它们也提供了某些功能，使得用户能够像其他控件一样和它们交互。不幸的是，这些类没有好用的名字，相反，它们根据提供的功能来命名。

一些属于这种类型的子类包括 GridView、ImageSwitcher、ScrollView

以及 ListView。将这些对象认为是不同类型的 View 浏览器，或者容器类是很有帮助的。一个 ListView 将每个 View 控件作为列表项，用户可以通过垂直滚动的方式浏览各个控件。

8.3 使用内置的布局类

我们已经讨论了很多关于 LinearLayout 布局，但还有其他几种布局类型。每种布局类型有各自不同的目的，它的子视图在屏幕显示的顺序不同。布局派生自 android.view.ViewGroup 类。

Android SDK 框架内置的布局包括：

- LinearLayout。
- RelativeLayout。
- FrameLayout。
- TableLayout。
- GridLayout。

小窍门

本节中提供的许多代码示例来自于 SimpleLayout 应用。SimpleLayout 应用的源代码可以在本书的网站上下载。

所有的布局，无论它们是什么类型，都有基本的布局属性。布局属性会应用到该布局内的所有子 View 控件。你可以在运行时通过编程方式设置布局属性，但是你最好使用下面的方式在 XML 中设置它们：

```
android:layout_attribute_name="value"
```

有些布局属性是所有 ViewGroup 对象都共享的。它们包括 size 属性和 margin 属性。你可以在 ViewGroup.LayoutParams 类中找到基本的布局属性。margin 属性允许布局中的子视图距离布局的每条边框都有距离。你可以在 ViewGroup.MarginLayoutParams 类中找到这些属性。也有一些用于处理子 View 绘制边界和动画设置的 ViewGroup 属性。

一些被所有 ViewGroup 子类共享的重要属性如表 8.1 所示。

表 8.1 重要的 ViewGroup 属性

属性名称（都以 **android**：开始）	应用到	描述	取值
layout_height	父 View/子 View	View 的高度，布局中子 View 控件的属性。在一些布局中为必须的属性，其他的一些布局为可选的	尺寸大小，或者 match_parent/wrap_content
layout_width	父 View/子 View	View 的宽度，布局中子 View 控件的属性。在一些布局中为必须的属性，其他的一些布局为可选的	尺寸大小，或者 match_parent/wrap_content
layout_margin	父 View/子 View	View 四周的额外空间	尺寸大小。如果需要的话，使用更为具体的 margin 属性控制单独的边距

下面是一个布局资源 XML 的例子，它包含了一个设置为屏幕大小的 LinearLayout，布局内有一个设置为 LinearLayout 宽度和高度的 TextView（因此它会占用整个屏幕）。

```
<LinearLayout xmlns:android=
    "http://schemas.android.com/apk/res/android"
    android:layout_width=" match_parent"
    android:layout_height=" match_parent" >
    <TextView
        android:id=" @+id/TextView01"
        android:layout_height=" match_parent"
        android:layout_width=" match_parent" />
</LinearLayout>
```

下面是一个 XML 设置的带有一些空白边界的 Button 对象的布局资源文件：

```
<Button
    android:id=" @+id/Button01"
    android:layout_width=" wrap_content"
    android:layout_height=" wrap_content"
    android:text=" Press Me"
```

```
    android:layout_marginRight="20dp"
    android:layout_marginTop="60dp" />
```

请记住，一个布局元素可以覆盖屏幕上的任意矩形空间，它并不需要填满整个屏幕。布局可以嵌套在另一个布局中。这为开发者组织屏幕元素提供了很大的灵活性。开始使用 FrameLayout 或者 LinearLayout 布局作为整个屏幕的父布局是常见的做法，然后在父布局中组织独立的屏幕元素，它们可以使用最合适的布局类型。

现在，让我们谈谈几种常见的布局类型，以及它们之间的区别。

8.3.1　使用 LinearLayout

LinearLayout 视图将其子 View 控件组织成一行，如图 8.2 所示，或者一列，这取决于 orientation 属性是水平还是垂直。这是创建表单便捷的布局方法。

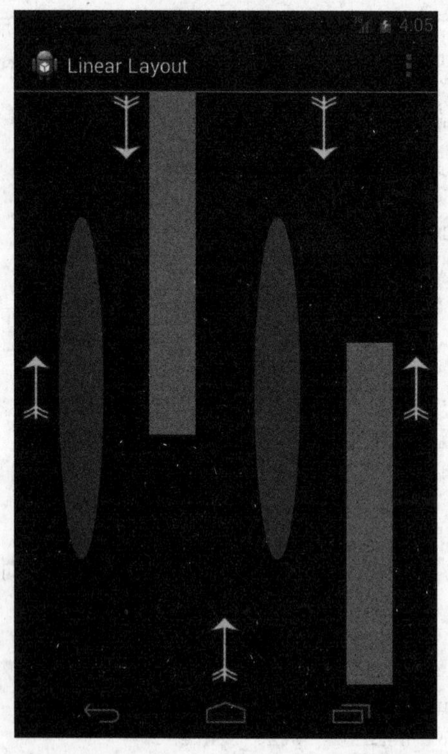

图 8.2　LinearLayout 的例子（水平方向）

你可以在 android.widget.LinearLayout.LayoutParams 找到 LinearLayout 的布局属性，用于控制子 View 控件的属性。表 8.2 描述了一些 LinearLayout 视图的重要特定属性。

表 8.2　重要的 LinearLayout 视图属性

属性名称（都以 **android:** 开始）	应用到	描述	取值
orientation	父 View	布局是以单行（水平）或者单列（垂直）排列控件	horizontal 或者 vertical
gravity	父 View	布局中子控件的重力方向	以下一个或者多个常量（以"|"分割）：top，bottom，left，right，center_vertical，fill_vertical，center_ horizontal，fill_horizontal，center，fill，clip_vertical，clip_horizontal，start 以及 end
weightSum	父 View	所有子控件的权重之和	所有子控件的权重之和的数值，默认为 1
layout_gravity	子 View	特定子 View 的重力方向，用于放置视图	以下一个或者多个常量（以"|"分割）：top，bottom，left，right，center_vertical，fill_vertical，center_horizontal，fill_horizontal，center，fill，clip_vertical，clip_horizontal，start 以及 end
layout_weight	子 View	特定子 View 的权重，基于父控件，提供屏幕空间的占比	所有父 View 内的子 View 的数值之和必须等于父 LinearLayout 控件的 weightSum 属性。例如，一个字控件的值为 .3，另一个为 .7

友情提示

要了解更多有关 LinearLayout 的信息，请参阅 Android API 指南：*http://d.android.com/guide/topics/ui/layout/linear.html*。

8.3.2 使用 RelativeLayout

RelativeLayout 视图允许你指定子 View 控件之间的相互关系。例如，你可以通过引用唯一标识符的方式，设置一个子 View 在另一个 View 的“上边”、“下边”、“左边”或者“右边”。你可以基于其他控件或者父布局边界来排列子 View 控件。结合 RelativeLayout 的属性，可以简化创建用户界面，而不需要依赖多个布局组来达到预期的效果，图 8.3 显示了基于对方来排列的 Button 控件。

你可以在 android.widget.RelativeLayout.LayoutParams 找到 RelativeLayout 的布局属性，用于控制子 View 控件的属性。表 8.3 描述了一些 RelativeLayout 视图的重要特定属性。

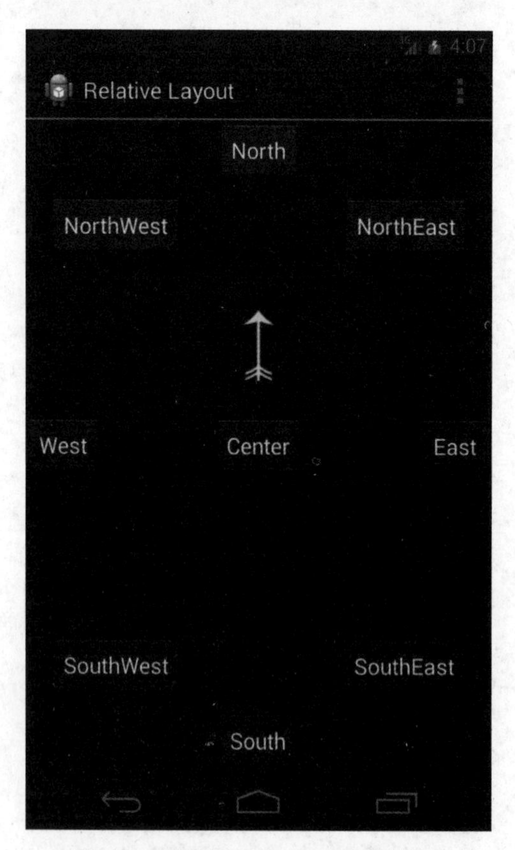

图 8.3 使用 RelativeLayout 的例子

表 8.3 重要的 RelativeLayout 视图属性

属性名称（都以 **android**：开始）	应用到	描述	取值
gravity	父 View	布局是以单行（水平）或者单列（垂直）排列控件	以下一个或者多个常量（以"|"分割）：top, bottom, left, right, center_vertical, fill_vertical, center_horizontal, fill_horizontal, center, fill, clip_vertical, clip_horizontal, start 以及 end
layout_centerInParent	子 View	子 View 在父 View 水平方向和垂直方向居中	true/false
layout_centerHorizontal	子 View	子 View 在父 View 水平方向居中	true/false
layout_centerVertical	子 View	子 View 在父 View 垂直方向居中	true/false
layout_alignParentTop	子 View	子 View 排列在父 View 上方对齐	true/false
layout_alignParentBottom	子 View	子 View 排列在父 View 下方对齐	true/false
layout_alignParentLeft	子 View	子 View 排列在父 View 左方对齐	true/false
layout_alignParentRight	子 View	子 View 排列在父 View 右方对齐	true/false
layout_alignRight	子 View	子 View 排列在另一个特定 ID 的子 View 右方对齐	View ID; 例如：@id/Button1
layout_alignLeft	子 View	子 View 排列在另一个特定 ID 的子 View 左方对齐	View ID; 例如：@id/Button2

续表

属性名称（都以 **android**：开始）	应用到	描述	取值
layout_alignTop	子 View	子 View 排列在另一个特定 ID 的子 View 上方对齐	View ID; 例如：@id/Button3
layout_alignBottom	子 View	子 View 排列在另一个特定 ID 的子 View 下方对齐	View ID; 例如：@id/Button4
layout_above	子 View	子 View 位于另一个特定 ID 的子 View 上方	View ID; 例如：@id/Button5
layout_below	子 View	子 View 位于另一个特定 ID 的子 View 下方	View ID; 例如：@id/Button6
layout_toLeftOf	子 View	子 View 位于另一个特定 ID 的子 View 左方	View ID; 例如：@id/Button7
layout_toRightOf	子 View	子 View 位于另一个特定 ID 的子 View 右方	View ID; 例如：@id/Button8

下面是一个 XML 布局资源文件，包含了一个 RelativeLayout 和两个子 View 控件——一个相对于它的父控件对齐 Button 对象，以及一个相对于 Button（和其父控件）对齐和放置 ImageView。

```
<?xml version="1.0" encoding="utf-8"?>
<RelativeLayout xmlns:android="http://schemas.android.com/apk/res/android"
    android:id="@+id/RelativeLayout01"
    android:layout_height="match_parent"
    android:layout_width="match_parent">
    <Button
```

```
        android:id=" @+id/ButtonCenter"
        android:text=" Center"
        android:layout_width=" wrap_content"
        android:layout_height=" wrap_content"
        android:layout_centerInParent=" true" />
    <ImageView
        android:id=" @+id/ImageView01"
        android:layout_width=" wrap_content"
        android:layout_height=" wrap_content"
        android:layout_above=" @id/ButtonCenter"
        android:layout_centerHorizontal=" true"
        android:src=" @drawable/arrow" />
</RelativeLayout>
```

友情提示

要了解更多关于 RelativeLayout 的信息，请参阅 Android API 指南：*http:// d.android.com/guide/topics/ui/layout/relative.html*。

8.3.3 使用 FrameLayout

FrameLayout 视图设计用来显示按堆叠方式排列的子 View 项目。你可以在此布局中添加多个视图，但每个视图都是从左上角绘制。你可以使用该布局在同一区域显示多个图像，如图 8.4 所示，布局的大小是由堆叠的最大子 View 的大小来决定的。

你可以在 android.widget.FrameLayout.LayoutParams 找到 FrameLayout 的布局属性，用于控制子 View 控件的属性。表 8.4 描述了一些 FrameLayout 视图的重要特定属性。

表 8.4 重要的 FrameLayout 视图属性

属性名称（都以 **android**：开始）	应用到	描述	取值
foreground	父 View	内容最上层的可绘制图形	可绘制图形

续表

属性名称（都以 **android**：开始）	应用到	描述	取值
foreground-Gravity	父 View	内容最上层的可绘制图形的重力方向	以下一个或者多个常量（以"|"分割）：top, bottom, left, right, center_vertical, fill_vertical, center_ horizontal, fill_horizontal, center, fill, clip_vertical, clip_horizontal
measureAll-Children	父 View	限制大小为所有子 View 的大小，还是设置为 VISIBLE 子 View 的大小	true/false
layout_gravity	子 View	父 View 中子 View 的重力常数	以下一个或者多个常量（以"|"分割）：top, bottom, left, right, center_vertical, fill_vertical, center_ horizontal, fill_horizontal, center, fill, clip_vertical, clip_horizontal, start 以及 end

下面是一个 XML 布局资源文件，包含了一个 FrameLayout 和两个子 View 控件——它们都是 ImageView 控件。绿色的矩形首先被绘制，红色的椭圆形则绘制在它的上面。绿色矩形较大，所有它定义了 FrameLayout 的边界：

```
<FrameLayout xmlns:android="http://schemas.android.com/apk/res/android"
    android:id="@+id/FrameLayout01"
    android:layout_width="wrap_content"
    android:layout_height="wrap_content"
    android:layout_gravity="center">
    <ImageView
        android:id="@+id/ImageView01"
        android:layout_width="wrap_content"
```

```
        android:layout_height=" wrap_content"
        android:src=" @drawable/green_rect"
        android:contentDescription=" @string/green_rect"
        android:minHeight=" 200dp"
        android:minWidth=" 200dp" />
    <ImageView
        android:id=" @+id/ImageView02"
        android:layout_width=" wrap_content"
        android:layout_height=" wrap_content"
        android:src=" @drawable/red_oval"
        android:contentDescription=" @string/red_oval"
        android:minHeight=" 100dp"
        android:minWidth=" 100dp"
        android:layout_gravity=" center" />
</FrameLayout>
```

图 8.4　**FrameLayout** 使用示例

8.3.4 使用 TableLayout

TableLayout 视图将子视图组织成多行，如图 8.5 所示。你可以使用 TableRow 布局的 View（一个水平方向的 LinearLayout），将每个 View 控件添加到表格每一行中。TableRow 的每一列都可以包含一个 View（或者是包含 View 控件的布局）。你可以将 View 项目添加到 TableRow 的列中，按照它们添加的顺序排列。你可以指定列数（从 0 开始计数）来跳过一些列（图 8.5 的最后一行演示了这点）。否则，View 控件将会放在下一列的右面。列的宽度会缩放到该列最大子 View 的大小。你也可以包含普通 View 控件而不是 TableRow 元素，如果你希望该 View 占用整行的话。

图 8.5　**TableLayout** 使用示例

你可以在 android.widget.TableLayout.LayoutParams 找到 Table-Layout 的布局属性，用于控制子 View 控件的属性。你可以在 android.widget.TableRow.LayoutParams 找到 TableRow 的布局属性，用于控制子 View 控件的属性。表 8.5 描述了一些 TableLayout 视图的重要特定属性。

表 8.5　重要的 TableLayout 和 TableRow 视图属性

属性名称（都以 android：开始）	应用到	描述	取值
collapseColu-mns	TableLayout	以逗号分割的列序号列表，用于隐藏列（从 0 开始）	字符串或者字符串资源；例如："0，1，3，5"
shrinkColumns	TableLayout	以逗号分割的列序号列表，用于收缩列（从 0 开始）	字符串或者字符串资源；例如："0，1，3，5"
stretchColumns	TableLayout	以逗号分割的列序号列表，用于拉伸列（从 0 开始）	字符串或者字符串资源；例如："0，1，3，5"
layout_column	TableRow 子 View	该子 View 应该显示在的列位置（从 0 开始）	整数或者整型资源；例如："1"
layout_span	TableRow 子 View	该子 View 跨越的列数	整数或者整型资源，大于等于 1；例如："3"

下面是一个 XML 布局资源文件，包含了一个 TableLayout，它有两行（两个 TableTow 子对象）。TableLayout 设置为拉伸列到屏幕的宽度。第一个 TableRow 有三列，每个单元都是一个 Button 对象。第二个 TableRow 则明确声明将一个 Button 控件放置到第二列中。

```
<TableLayout xmlns:android= "http://schemas.android.com/apk/res/android"
    android:id=" @+id/TableLayout01"
    android:layout_width=" match_parent"
    android:layout_height=" match_parent"
    android:stretchColumns=" *" >
    <TableRow android:id=" @+id/TableRow01" >
```

```
            <Button
                android:id="@+id/ButtonLeft"
                android:text="Left Door" />
            <Button
                android:id="@+id/ButtonMiddle"
                android:text="Middle Door" />
            <Button
                android:id="@+id/ButtonRight"
                android:text="Right Door" />
        </TableRow>
        <TableRow android:id="@+id/TableRow02" >
        <Button
            android:id="@+id/ButtonBack"
            android:text="Go Back"
            android:layout_column="1" />
        </TableRow>
    </TableLayout>
```

8.3.5 使用 GridLayout

在 Android 4.0（API 级别 14）中引入的 GridLayout 将它的子视图组织在网格里。但不要将它和 GridView 混淆。这种布局网格是动态创建的。不同于 TableLayout，GridLayout 里的子 View 控件可以跨行和列，在布局呈现中更为平顺和效率。事实上，GridLayout 的子 View 控件告诉布局它们应该放在哪里。图 8.6 显示了一个包含五个子控件的 GridLayout 的例子。

你可以在 android.widget.GridLayout.LayoutParams 找到 GridLayout 的布局属性，用于控制子 View 控件的属性。表 8.6 描述了一些 GridLayout 视图的重要特定属性。

下面是一个 XML 布局资源文件，包含了一个四行四列的 GridLayout。每一个子控件都占用了一定数量的行和列。因为默认的跨度属性值为 1，我们只需要在占用多行或多列的使用指定即可。例如，第一个 TextView 为一行高，三列宽。每个 View 控件的高度和宽度都需要指定来控件外观。否则，GridLayout 控件将会自动分配大小。

表 8.6　重要的 **GridLayout** 视图属性

属性名称（都以 **android**：开始）	应用到	描述	取值
columnCount	GridLayout	网格的列数	整数；例如：4
rowCount	GridLayout	网格的行数	整数；例如：3
orientation	GridLayout	当子 View 没有指定行/列，用于确定下一个子 View 的位置	可以是 vertical（下一行），或者是 horizontal（下一列）
layout_column	GridLayout 子 View	子 View 应该显示在的列位置（从 0 开始）	整数或者整型资源；例如："1"
layout_columnSpan	GridLayout 子 View	子 View 跨越的列数	整数或者整型资源，大于等于 1；例如："3"
layout_row	GridLayout 子 View	子 View 应该显示在的行位置（从 0 开始）	整数或者整型资源；例如："1"
layout_rowSpan	GridLayout 子 View	子 View 跨越的行数	整数或者整型资源，大于等于 1；例如："3"
layout_gravity	GridLayout 子 View	指定子 View 以哪种"方向"占据网格	以下一个或者多个常量（以"|"分割）：top, bottom, left, right, center_vertical, fill_vertical, center_horizontal, fill_horizontal, center, fill, clip_vertical, clip_horizontal, start 以及 end。默认是 LEFT|BASELINE

```
<?xml version=" 1.0" encoding=" utf-8" ?>
<GridLayout xmlns:android=" http://schemas.android.com/apk/res/android"
    android:id=" @+id/gridLayout1"
    android:layout_width=" match_parent"
    android:layout_height=" match_parent"
    android:columnCount=" 4"
    android:rowCount=" 4" >
```

```
<TextView
    android:layout_width=" 150dp"
    android:layout_height=" 50dp"
    android:layout_column=" 0"
    android:layout_columnSpan=" 3"
    android:layout_row=" 0"
    android:background=" #ff0000"
    android:gravity=" center"
    android:text=" one" />
<TextView
    android:layout_width=" 100dp"
    android:layout_height=" 100dp"
    android:layout_column=" 1"
    android:layout_columnSpan=" 2"
    android:layout_row=" 1"
    android:layout_rowSpan=" 2"
    android:background=" #ff7700"
    android:gravity=" center"
    android:text=" two" />
<TextView
    android:layout_width=" 50dp"
    android:layout_height=" 50dp"
    android:layout_column=" 2"
    android:layout_row=" 3"
    android:background=" #00ff00"
    android:gravity=" center"
    android:text=" three" />
<TextView
    android:layout_width=" 50dp"
    android:layout_height=" 50dp"
    android:layout_column=" 0"
    android:layout_row=" 1"
    android:background=" #0000ff"
    android:gravity=" center"
    android:text=" four" />
<TextView
    android:layout_width=" 50dp"
    android:layout_height=" 200dp"
    android:layout_column=" 3"
```

```
        android:layout_row=" 0"
        android:layout_rowSpan=" 4"
        android:background=" #0077ff"
        android:gravity=" center"
        android:text=" five" />
</GridLayout>
```

图 8.6　**GridLayout** 使用示例

小窍门

你可以使用 v7 支持库（修订版本 13+）将 GridLayout 布局添加到古老的 Android 2.1（API 级别 7）的应用中。要了解更多关于该布局的支持版本，请参阅：*http://d.android.com/reference/android/support/v7/widget/GridLayout.html*。

8.3.6　在屏幕上使用多个布局

在一个屏幕上组合不同的布局方式可以创造复杂的布局。请记住，因为布局可以包含 View 控件，而布局本身是一个 View 控件，所以它可以包含其他布局。

小窍门

想要在 View 控件之间创建一定数量的空间而不使用嵌套的布局？请查阅 Space 视图（android.widget.Space）。

图 8.7 展示了多个布局视图的组合，用以创建更为复杂和有趣的屏幕。

图 8.7　使用多个布局的例子

警告

请记住，移动应用的各个屏幕应该保持顺滑和相对简单。这不仅仅是因为这种设计可以带来更好的用户体验，将你的屏幕填满复杂（和多层）的视图层次结构可能会导致性能问题。使用层次结构查看器来检查你应用程序的布局。你还可以使用 lint 工具来优化你的布局，并找到不必要的组件。你还可以在布局中使用 <merge> 和 <include> 标签，从而创建一组通用并可重用的组件，而不是复制它们。ViewStub 可以用来在你的布局中添加更复杂的运行时需要的视图，而不是直接将它们加入你的布局。

8.4 使用容器控件类

布局不只是可以包含其他 View 控件的控件。虽然布局对于将其他 View 控件定位到屏幕上是有用的，它们并不能交互。现在，我们来谈谈其他类型的 ViewGroup——容器。这些 View 控件封装了其他简单的 View 控件，并给用户以标准交互方式浏览子 View 控件的能力。类似于布局，每个控件都有一个特殊的，明确的目的。

Android SDK 框架内置的 ViewGroup 容器类型包括：

- 列表和网格。
- 支持滚动的 ScrollView 和 HorizontalScrollView。
- 支持切换的 ViewFlipper, ImageSwitcher 和 TextSwitcher。

小窍门

本节中提供的示例代码来自于 AdvancedLayouts 应用程序，Advanced-Layouts 应用的源代码可以在本书的网站上下载。

8.4.1 使用数据驱动的容器

有些 View 容器控件被设计用来以特定方式显示重复的 View 控件。这种类型的 View 容器控件包括 ListView 和 GridView。

- ListView：包含一个可以垂直方向滚动，在水平方向填充 View 控件的列表，通常每个包含一行数据。用户可以选择一个项目来执行某些操作。

- GridView：包含一个特定列数的 View 控件的网格。该容器通常于和图像图标一起使用。用户可以选择一个项目来执行某些操作。

这些容器都是 AdapterView 控件的类型。一个 AdapterView 控件包含了一组子 View 控件，用于从一些数据源中显示数据。一个 Adapter 用于从数据源生成这些子 View 控件。因为 Adapter 对象是所有这些容器控件的重要组成部分，我们将首先讨论 Adapter 对象。

在本节中，你将学习如何使用 Adapter 对象将数据绑定到 View 控件。在 Android SDK 中，一个 Adapter 从数据源读取数据，基于一些规则生成一个 View 控件的数据，这取决于所使用的 Adapter 类型。该 View 用来填充一个特定 AdapterView 的子 View 控件。

最常见的 Adapter 类有 CursorAdapter 和 ArrayAdapter。CursorAdapter 从 Cursor 中收集数据，而 ArrayAdapter 从数组中收集数据。当使用数据库中的数据时，CursorAdapter 是一个不错的选择。当只有一列的数据，或者数据来自于一个资源数组时，ArrayAdapter 是一个很好的选择。

你应该要知道一些 Adapter 对象的通用元素。当你创建一个 Adapter，你需要提供一个布局标识符。该布局是用于填充每一行数据的模板。你创建的模板包含了带有标识符的控件，用于 Adapter 分配数据。一个简单的布局可以只包含一个 TextView 控件。当创建一个 Adapter 时，需要引用布局资源和 TextView 控件的标识符。Android SDK 提供了一些常见的布局资源可供你的应用使用。

使用 ArrayAdapter

ArrayAdapter 将数组中的每个元素绑定到布局资源中定义的简单 View 控件。下面是创建 ArrayAdapter 的例子：

```
private String[] items = { "Item 1", "Item 2", "Item 3" };
ArrayAdapter adapt = new ArrayAdapter<String>(this, R.layout.textview,
    items);
```

在这个例子中，我们有一个字符串数组称为 items。它是 ArrayAdapter 中作为数据源的数组。我们还使用了一个布局资源，定义了数组中每个元素重复的 View。它的定义如下：

```
<TextView xmlns:android="http://schemas.android.com/apk/res/android"
    android:layout_width="match_parent"
    android:layout_height="wrap_content"
    android:textSize="20sp" />
```

这个布局资源只包含了单一的 TextView。但是，你也可以使用一个更为复杂的布局，它的构造中包含了名为 TextView 布局的资源标识符。每一个 AdapterView 包含的子 View 都使用该 Adapter 来得到一个 TextView 实例，并包含字符串数组的一个字符串。

如果你已经定义了一个数组资源，你可以直接设置 AdapterView 的 entries 属性为该数组的资源标识符，用以自动提供 ArrayAdapter。

使用 CursorAdapter

一个 CursorAdapter 将一列或多列的数据绑定到了一个或多个布局资源文件提供的 View 控件。这里我们提供一个例子。我们将在第 13 章，“提供内容提供者”中讨论 Cursor 对象，并提供更深入的关于内容提供者的讨论。

下面的示例演示了通过查询 Contacts 内容提供者来创建 CursorAdapter。CursorAdapter 需要使用 Cursor。

```
CursorLoader loader = new CursorLoader(this,
    ContactsContract.CommonDataKinds.Phone.CONTENT_URI,
    null, null, null, null);
Cursor contacts = loader.loadInBackground();
ListAdapter adapter = new SimpleCursorAdapter(
    this, R.layout.scratch_layout, contacts, new String[] {
        ContactsContract.CommonDataKinds.Phone.DISPLAY_NAME,
        ContactsContract.CommonDataKinds.Phone.NUMBER
    }, new int[] {
        R.id.scratch_text1,
        R.id.scratch_text2
    }, 0);
```

在这个例子中，我们引入了一些新的概念。首先，你需要知道 Cursor 必须包含一个名为 _id 的字段。在本例中，我们知道 ContactsContract 作为内容提供者确实提供该字段。该字段用于以后用户选择特定项目时的处理。

友情提示

CursorLoader 类在 Android 3.0（API 级别 11）中被引入。如果你需要支持早于 Android 3.0 的应用，你可以使用 Android 支持库为应用添加 CursorLoader 类（android.support.v4.content.CursorLoader）。我们将在第 14 章，“设计兼容的应用程序”，讨论 Android 支持库。

我们实例化一个新的 CursorLoader 得到 Cursor。然后，我们实例化一个 SimpleCursorAdapter 作为一个 ListAdapter。我们的布局文件，R.layout.scratch_layout 包含了两个 TextView 控件，它们用于最后一个参数。SimpleCursorAdapter 允许我们将数据库中的条目和布局中的特定控件匹配起来。从查询返回的每一行，我们能得到 AdapterView 布局中的一个示例。

将数据绑定到 AdapterView

现在，你有了一个 Adapter 对象，你可以将其应用到一个 AdapterView 控件上。前述的任何一个都可以工作。下面将其应用到 ListView 的示例，先前示例代码的继续：

```
((ListView)findViewById(R.id.scratch_adapter_view)).setAdapter(adapter);
```

然后调用 AdapterView 中的 setAdapter() 方法，也就是本例中的 ListView。它应该在你调用 setContentView() 方法后调用。这就是所有将数据绑定到你的 AdapterView 时你需要做的。图 8.8 显示了在 GridView 和 ListView 中的相同数据。

处理选择事件

你通常使用 AdapterView 控件来显示用户可以选择的数据。我们讨论的 ListView 和 GridView 控件，都允许你的应用以同样的方式监听点击事件。你需要在你的 AdapterView 中调用 setOnItemClickListener() 方法，并传递一个 AdapterView.OnItemClick Listener 的实现。下面是一个该类的实现示例：

```
av.setOnItemClickListener(new AdapterView.OnItemClickListener() {
    @Override
    public void onItemClick(
        AdapterView<?> parent, View view, int position, long id) {
        Toast.makeText(Scratch.this, "Clicked _id=" +id,
        Toast.LENGTH_SHORT).show();
    }
});
```

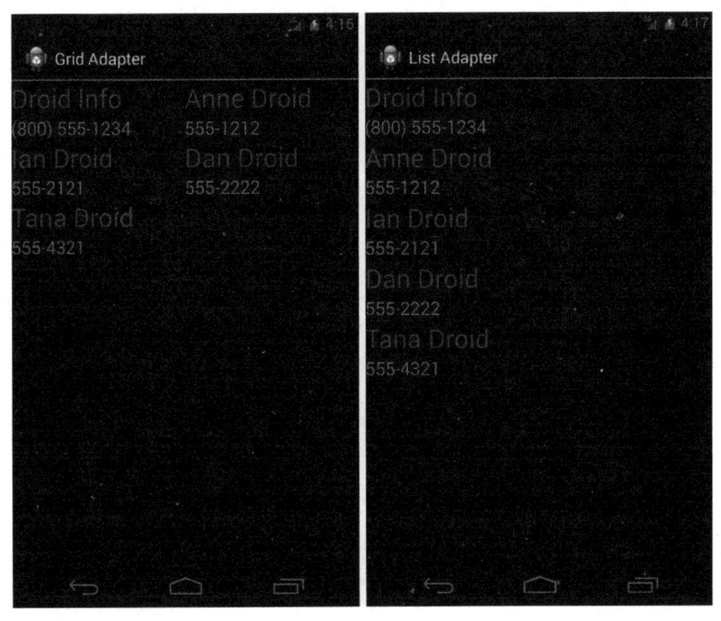

图 8.8 **GridView 和 ListView：同样的数据，同样的列表项，不同的布局视图**

在前面的例子中，av 是我们的 AdapterView。而 onItemClick() 方法的实现则是有趣的。它的 parent 参数是被点击项目的 AdapterView，当你的屏幕有多个 AdapterView 时非常有用。它的 View 参数是被点击项目的特定 View。Position 则是用户选择的项目在列表中的位置（从零开始计数）。最后，id 参数是用户选择的特定项目的 _id 栏。这对于查询特定项目数据行的进一步信息非常有用。

你的应用程序还可以监听特定项目的长按事件。此外，你的应用程序可以监听选定的项目。虽然它们的参数是一样的，但你的应用在高亮项目改变时会收到通知。这可以用来响应用户使用箭头按滚动但没有选择项目。

使用 ListActivity

ListActivity 控件通常用于全屏供用户选择项目的菜单或者列表。因此，你可能考虑使用 ListActivity 作为该屏幕的基类。使用 ListActivity 可以简化这些类型的屏幕。

首先，你需要在你的 ListActivity 提供实现方法来处理选项事件。例如，onListItemClickListener 方法相当于在你的 ListActivity 中实现 onListItemClick() 方法。

接着，你需要调用 setListAdapter() 方法来分配一个 Adapter。你应该在调用 setContentView() 方法后调用该方法。但是，这也显示了一些使用 ListActivity 的局限性。

要使用 ListActivity，通过 setContentView() 方法设置的布局文件必须包含一个标识符为 android:list 的 ListView，这不能改变。其次，你也可以有一个包含标识符为 android:empty 的 View，用来显示没有数据从 Adapter 返回的 View。最后，这只适用于 ListView 的控件，因此它使用有限。但是，当它适用于你的程序时，可以节省一些代码。

小窍门

你可以使用 ListView.FixedViewInfo 和 ListView 内的 addHeaderView() 和 addFooterView() 方法来创建 ListView 的页眉和页脚。

如果你需要一个二级列表，你应该使用 ExpandableListActivity。然后，你使用 ExpandableListView 来显示你的 View 数据。ExpandableListActivity 允许你的列表项目展开并显示项目的子列表。要创建项目的子列表，你需要创建一个和 ExpandableListView 关联的 ExpandableListAdapter。

8.4.2 添加滚动支持

为屏幕提供垂直滚动支持的最简单的方法是使用 ScrollView（垂直滚

动）和 HorizontalScrollView（水平滚动）控件。它们用作包装容器，使其所有子 View 控件都有一个连续的滚动条。ScrollView 和 HorizontalScrollView 只能包含单个子元素，因此，通常这个子元素为一个布局，例如 Linear Layout，然后该布局包含了所有“真实”的子控件，并可以滚动。

小窍门

本节中提供的示例代码来自于 SimpleScrolling 应用程序，SimpleScrolling 应用的源代码可以在本书的网站上下载。

图 8.9 显示了使用和不使用 ScrollView 控件的屏幕。

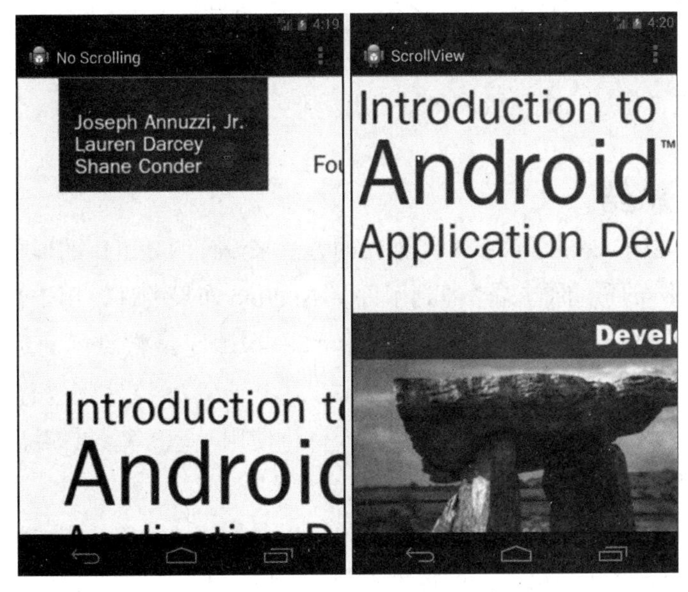

图 8.9　不使用 **ScrollView** 控件（左）和使用 **ScrollView**（右）控件的屏幕

8.4.3　探索其他 View 容器

在 Android SDK 中还有许多其他的用户界面控件。一些控件列在这里。

- Switch：一个 ViewSwitcher 控件只包含两个子 View 控件，并且同一时刻只有一个显示。它在两者之间切换，并显示动画。通常会使用

ImageSwitcher 对象和 TextSwitcher 对象。它们都提供了设置子 View 的方法——可绘制资源或者是文本字符串，然后将从当前显示状态以动画形式切换到新的内容。

- ViewPager：ViewPager 是一个很有用的 View 容器，当你的应用拥有许多不同的数据页面，你需要支持左右滑屏来切换时。要使用 ViewPager，你必须创建一个 PagerAdapter 用来提供 ViewPager 的数据。Fragment 通常用于将数据分页面显示。我们将在第 9 章，“使用 Fragment 来分割用户界面”中讨论 Fragment。
- DrawerLayout：Android 团队包含的新的布局模式是 DrawerLayout。该布局可以提供一个隐藏的导航列表。当用户从左边或者右边滑动时显示，或者是用户从操作栏按了 Home 按钮显示（DrawerLayout 驻留在左边时）。DrawerLayout 应该只在导航时使用，并且只在你的应用程序包含超过三个顶级视图时使用。

8.5 总结

Android SDK 提供了许多功能强大的方法来设计漂亮可用的屏幕。本章节向你介绍了许多布局。你首先学习到了许多 Android 布局控件，用于管理屏幕上控件的位置。LinearLayout 和 RelativeLayout 是最常见的两种控件，但其他的 FrameLayout、GridLayout 和 TableLayout 控件则为你的布局提供了极大的灵活性。在很多情况下，这些允许你使用一套屏幕设计并满足大多数的屏幕尺寸和纵横比。

接着，你了解了其他包含视图的对象，以及如何以特定的方式将它们组合在屏幕上。这里包含了许多不同的控件，用于在屏幕上放置可读可浏览的数据。此外，你还学习了如何使用 ListView 和 GridView 作为数据驱动的容器显示重复的内容。现在你拥有了开发可用和令人兴奋的用户界面的所有工具了。

8.6 小测验

1. 判断题：LinearLayout、FrameLayout、TableLayout、RelativeLayout 和 GridLayout 是指一组 ViewControl 类。

2. 判断题：LinearLayout 用于显示一行或者一列的子视图。

3. 将 XML 布局资源文件和 Activity 关联的方法名称是什么?

4. 判断题：创建 Android 用户界面的唯一方法是定义一个布局资源 XML 文件。

5. 布局资源 XML 文件赋值其属性的语法是什么?

6. 判断题：FrameLayout 用于在相框中包装多张图像。

7. 判断题：API 级别 17 中添加了 android.widget.SlidingDrawer。

8. 增加了水平和垂直滚动的控件名称是什么?

8.7 练习

1. 使用 Android 文档，确定 Cursor Adapter 和 SimpleCursorAdapter 之间的区别，并解释这些区别。

2. 使用 Android 文档，确定 GridView 和 GridLayout 之间的区别，并解释这些区别。

3. 创建一个简单的 Android 应用程序，演示如何使用 ViewSwitcher 控件。在 ViewSwitcher 中，定义两个布局。第一个是 GridLayout 布局，里面有一个 Login 按钮的登陆表单，当点击 Login 按钮时，切换到显示欢迎信息的 LinearLayout。第二个布局包含一个 Logout 按钮，当点击 Logout 按钮时，切换到 GridLayout。

8.8 参考资料和更多信息

Android SDK 中 ViewGroup 类的参考阅读

http://d.android.com/reference/android/view/ViewGroup.html

Android SDK 中 LinearLayout 类的参考阅读

http://d.android.com/reference/android/widget/LinearLayout.html

Android SDK 中 RelativeLayout 类的参考阅读

http://d.android.com/reference/android/widget/RelativeLayout.html

Android SDK 中 FrameLayout 类的参考阅读

http://d.android.com/reference/android/widget/FrameLayout.html

Android SDK 中 TableLayout 类的参考阅读

http://d.android.com/reference/android/widget/TableLayout.html

Android SDK 中 GridLayout 类的参考阅读

http://d.android.com/reference/android/widget/GridLayout.html

Android SDK 中 ListView 类的参考阅读

http://d.android.com/reference/android/widget/ListView.html

Android SDK 中 ListActivity 类的参考阅读

http://d.android.com/reference/android/app/ListActivity.html

Android SDK 中 ExpandableListActivity 类的参考阅读

http://d.android.com/reference/android/app/ExpandableListActivity.html

Android SDK 中 ExpandableListView 类的参考阅读

http://d.android.com/reference/android/widget/ExpandableListView.html

Android SDK 中 ExpandableListAdapter 类的参考阅读

http://d.android.com/reference/android/widget/ExpandableListAdapter.html

Android SDK 中 GridView 类的参考阅读

http://d.android.com/reference/android/widget/GridView.html

Android SDK 中 ViewPager 类的参考阅读

http://d.android.com/reference/android/support/v4/view/ViewPager.html

Android SDK 中 PagerAdapter 类的参考阅读

http://d.android.com/reference/android/support/v4/view/PagerAdapter.html

Android SDK 中 DrawerLayout 类的参考阅读

http://d.android.com/reference/android/support/v4/widget/DrawerLayout.html

Android 设计 : “导航抽屉”

http://d.android.com/design/patterns/navigation-drawer.html

Android 学习 : “创建导航抽屉”

http://d.android.com/training/implementing-navigation/nav-drawer.html

Android API 指南 : “布局”

http://d.android.com/guide/topics/ui/declaring-layout.html

第 9 章
用 Fragment 分割用户界面

传统方式下，一个 Android 应用的每个屏幕都被绑定到了一个特定的 Activity 类。但是，在 Android 3.0（Honeycomb）时引入了称为 Fragment 的用户界面组件的概念。接着，Fragment 在 Android 支持库 Android 1.6（API 级别 4+）被引入。Fragment 将用户界面的行为从特定的 Activity 生命周期中解耦。在未来的 Android 设备中，Activity 可以混合和匹配用户界面元素来创建更为灵活的用户界面。本章中我们将解释 Fragment 是什么，以及如何使用它们。我们也会介绍嵌套的 Fragment，它们在 Android 4.2 中被加入。

9.1 理解 Fragment

Fragment 被引入 Android SDK 的时机正是大量的 Android 设备进入消费市场的时刻。我们现在看到的不只是智能手机，还有其他大屏幕的设备，如平板电脑和电视机都运行 Android 平台。这些更大的设备配置了更大的屏幕资源以供开发者利用。传统的流线型和优雅的智能手机的界面在平板上往往显得过于简单。通过将 Fragment 组件集成到你的用户界面设计，你可以只写一个应用，支持这些不同的屏幕特性和方向，而不是写多个应用来支持不同种类的设备。这极大提高了代码的重用性，简化了应用程序的测试，并减少了发布和管理应用程序包的麻烦。

正如我们在简介中提及的，开发 Android 应用曾经的基本规则是为应用的每一个屏幕提供一个 Activity。这将 Activity 类的基本“任务”功能直接绑定到了用户界面。但是，随着更大屏幕的设备出现时，这种技术面临着一些问题。当你在单独的屏幕上有更多的空间显示时，你必须实现独立的 Activity 类，它们具有相似的功能，用来提供特定屏幕上的更多功能。Fragment 有助于解决该问题，通过将屏幕功能封装到可重用的组件，从而可以在 Activity 中被混合和匹配。

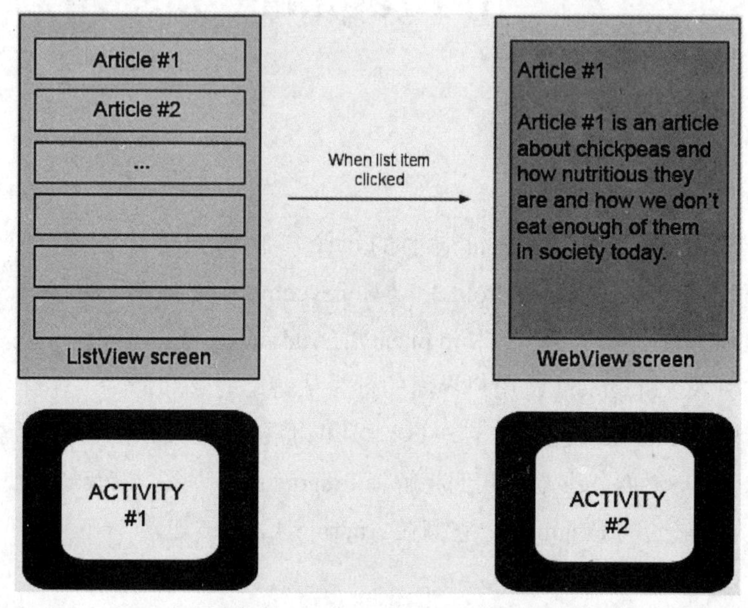

图 9.1 传统屏幕的工作流程（没有 Fragment）

让我们来看一个设想的例子。譬如，你有一个传统的智能手机应用，包含两个屏幕。可能它就是一个在线新闻杂志应用。第一个屏幕有一个包含了 ListView 控件的 ListActivity。ListView 中的每一个项目代表了你可能想要阅读的杂志文章。当你点击一个特定的文章，因为它是一个在线新闻杂志应用，你将其发送到一个新的屏幕，有一个 WebView 控件显示文章内容。这种传统的屏幕工作流程如图 9.1 所示。

这种工作流方式在小屏幕的智能手机上正常工作，但它在平板或者电视上会浪费大量的空间。这里，你可能希望能够在同一屏幕上查看文章列表，以及预览或阅读整个文章。如果我们能将 ListView 和 WebView 屏幕组织成两个独立的 Fragment 组件，我们可以简单地创建一个布局，当屏幕空间允许时，将它们同时显示在屏幕上，如图 9.2 所示。

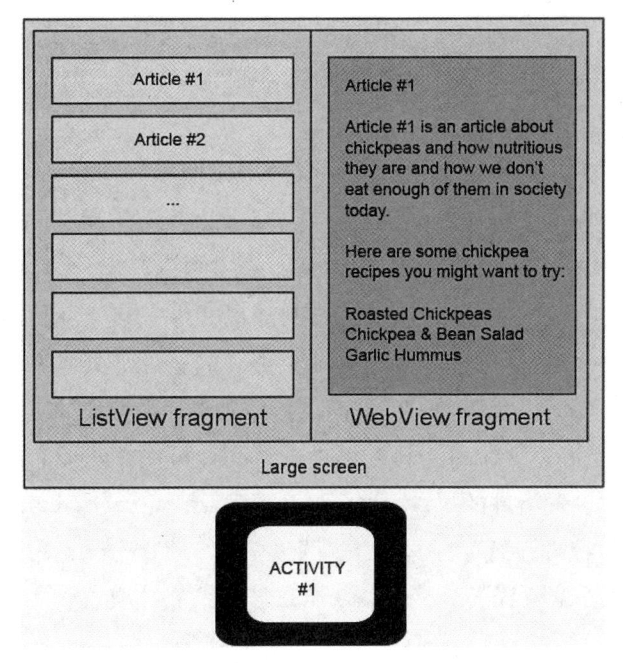

图 9.2　增强使用 Fragment 的工作流程

9.1.1　了解 Fragment 的生命周期

我们在第 4 章“了解 Android 应用结构”中讨论了 Activity 的生命周期。现在，我们来看看 Fragment 是如何融入的。首先，Fragment 必须基于一个 Activity 类。它有自己的生命周期，但它不是一个独立在 Activity 上下文之外的组件。

当整个的用户界面状态被转移到独立的 Fragment 内后，Activity 类的管理职责被极大简化。拥有 Fragment 的 Activity 类不再需要花费大量时间来保存和恢复其状态，因为 Activity 对象现在自动跟踪当前正附加的 Fragment。Fragment 组件使用它们自己的生命周期来跟踪自己的状态。通常情况下，你可以在 Activity 类中直接混合 Fragment 和 View 控件。Activity 类依然负责管理 View 控件。

相反，Activity 必须负责管理 Fragment 类。在 Activity 和它的 Fragment 组件之间的合作是通过 FragmentManager (android.app.FragmentManager）来协调的。可以通过 getFragmentManager() 方法来获取 FragmentManager，该方法在 Activity 和 Fragment 类中都存在。

定义 Fragment

Fragment 和应用中的普通的类一样，可以使用 <fragment>XML 标记来加入到你的布局资源文件中，然后可以在 Activity 的 onCreate() 方法中使用标准的 setContentView() 方法将其加载到你的 Activity 中。

当你引用一个定义在应用包中的 XML 布局文件中的 Fragment 类时，你可以使用 <fragment> 标记。该标记有几个重要的属性。具体来说，你需要设置 fragment 的 android:name 属性为完整限定的 Fragment 的类名。你还需要给它设置唯一的标识符 android:id 属性，从而你可以在需要时从程序中访问该组件。你还需要设置组件的 layout_width 和 layout_height 属性，就像你为布局中的其他控件设置的一样。下面是一个 <fragment> 布局的参考，包含了一个名为 FieldNoteListFragment 的类，它被定义在包中 .java 类中：

```
<fragment
    android:name="com.introtoandroid.simplefragments.FieldNoteListFragment"
    android:id=" @+id/list"
    android:layout_width=" match_parent"
    android:layout_height=" match_parent" />
```

管理 Fragment 修改

正如你所看到的，当你在一个屏幕（一个 Activity）上有多个 Frag-ment 组件时，用户和一个 Fragment 交互（例如我们的新闻 ListView Fragment）往往会导致 Activity 更新另一个 Fragment（例如我们的文章 WebView Fragment）。Fragment 的更新或者修改是通过 FragmentTransaction (android.app.FragmentTransaction) 来完成的。使用 FragmentTransaction 操作可以将许多不同的动作应用于 Fragment，如下所示：

- Fragment 可以连接或者重新连接到它的父 Activity
- Fragment 可以从视图中隐藏和取消隐藏

也许这时候你会想知道 Back 按钮是如何适应基于 Fragment 的用户界面设计的。现在，父 Activity 类拥有它自己的返回堆栈。作为开发者，你可以决定哪些 FragmentTransaction 操作值得保存在返回堆栈，哪些不使用 FragmentTransaction 对象的 addToBackStack() 方法。例如，在我们的新闻应用中，我们可能希望在 WebView Fragment 中显示的文章添加到父 Activity 类的返回堆栈中，这样如果用户点击 Back 按钮时，他可以在整个退出 Activity 前返回到之前阅读的文章。

Activity 中附加和断开 Fragment

接着，当你有一个 Fragment 希望添加到你的 Activity 类中时，Fragment 的生命周期就需要发挥作用了。下面的回调方法对于管理 Fragment 的生命周期是非常重要的，因为它被创建，然后不再使用时被销毁。大部分生命周期的事件和在 Activity 生命周期中的类似：

- 当 Fragment 首先被连接到一个特定的 Activity 类时，onAttach() 回调方法被调用。
- 当 Fragment 首先被创建时，onCreate() 回调方法被调用。
- 当和 Fragment 相关的用户界面布局，或者 View 层次被创建时，onCreateView() 回调方法被调用。
- 当父 Activity 类的 onCreate() 方法调用完成时，onActivity-Created() 回调方法将会通知 Fragment。
- Fragment 的用户界面变为可见，但还没有激活时，onStart() 回调方法被调用。
- 当父 Activity 继续或者使用 FragmentTransaction 更新 Frag-ment 后，onResume() 回调方法将会让 Fragment 的用户界面激活。
- 当父 Activity 暂停或者 FragmentTransaction 正在更新 Frag-ment 时，onPause() 回调方法被调用。它表示 Fragment 不再活动或者在前台。
- 当父 Activity 停止或者 FragmentTransaction 正在更新 Frag-ment 时，onStop() 回调方法被调用。它表示 Fragment 不再可见。
- 当清理和 Fragment 相关的任何用户界面布局或者 View 层次资源时，onDestroy() 回调方法被调用。

- 当清理和 Fragment 相关的任何其他资源时，onDestroyView() 回调方法被调用。
- 当 Fragment 从 Activity 类断开连接之前，onDetach() 回调方法被调用。

9.1.2 使用特殊类型的 Fragment

回想第 8 章“布局设计”，有一些特别的 Activity 类用于管理某些常见的用户界面类型。例如，ListActivity 简化了创建用于管理 ListView 控件的 Activity 的过程。类似的，PreferenceActivity 简化了创建用于管理首选项的 Activity 的过程。正如在我们的新闻阅读器例子中所看到的，我们往往希望使用用户界面控件，例如 ListView 和 WebView，作为我们的 Fragment 组件。

因为 Fragment 是将用户界面功能和 Activity 类分离，你将会发现等价 Fragment 的子类执行了相同的功能。一些你可能要熟悉的特别的 Fragment 类包括如下内容。

- ListFragment(android.app.ListFragment)：就像 ListActivity，该 Fragment 类包含了一个 ListView 控件。
- PreferenceFragment(android.preference.PreferenceFragment)：就像 PreferenceActivity，该 Fragment 类允许你轻松管理首选项。
- WebViewFragment(android.webkit.WebViewFragment)：该种 Fragment 包含了一个 WebView 控件，用来轻松地呈现 Web 内容。你的应用程序仍然需要 android.permission.INTERNET 权限来访问 Internet。
- DialogFragment(android.app.DialogFragment)：将用户界面功能从 Activity 中解耦，这意味着你并不希望通过 Activity 来管理你的对话框。相反，你使用该类作为 Fragment 来放置和管理 Dialog 控件。对话框可以是传统的弹出式或者是内嵌的窗口。我们将在第 10 章“显示对话框”中详细讨论对话框。

友情提示

你可能注意到了 TabActivity，TabHost 控件的辅助类，并没有列在 Fragment 类中。如果你只是简单的使用 TabHost 而不使用 TabActivity 辅助类，你可以容易地切换到 Fragment 中。但是，如果你使用了 TabActivity，当你切换到一个基于 Fragment 的应用设计，你将会想要看看 Action bar 是如何工作的，它可以允许你添加标签页。要了解更多地信息，请参阅 Android SDK 文档中的 TabActivity(android.app.TabActivity)、ActionBar(android.app.ActionBar) 和 ActionBar.Tab(android.app.ActionBar.Tab) 类。

9.1.3 设计基于 Fragment 的应用

截止到现在，基于 Fragment 的应用的最好的学习方法是学习示例。因此，让我们通过一个简单的例子来帮助了解许多我们讨论至今的概念。为了简单起见，我们将针对特定的 Android 平台版本：Android 4.3。但是，你很快就可以发现，你可以使用 Android 支持包为任何设备创建基于 Fragment 的应用。

小窍门

许多在本节中提供的示例代码来自于 SimpleFragments 应用程序，SimpleFragments 应用的源代码可以在本书的网站上下载。

Shane 和 Lauren（两位作者）是旅行者。当他们去非洲旅行时，拍摄了大量图片，并在他们的博客上撰写了在野外看到的不同动物的信息。他们将其称为"非洲实地笔记"(*http://www.perlgurl.org/archives/photography/special_assignments/african_field_notes/*)。让我们创建一个简单的包含野生动物 ListView 的应用。点击 ListView 项目将会加载一个 WebView 控件，并显示和该动物相关的特定博客文章。为简单起见，我们将存储我们的动物列表和博客 URL 列表存储在字符串数组资源中（请参阅完整的实现代码）。

那么，如何让我们的 Fragment 正常工作？我们将会使用一个 ListFragment 显示动物列表，以及一个 WebViewFragment 显示每篇博客文章。在竖屏模式下，我们将会在每个屏幕显示一个 Fragment，它需要两个 `Activity` 类，如图 9.3 所示：

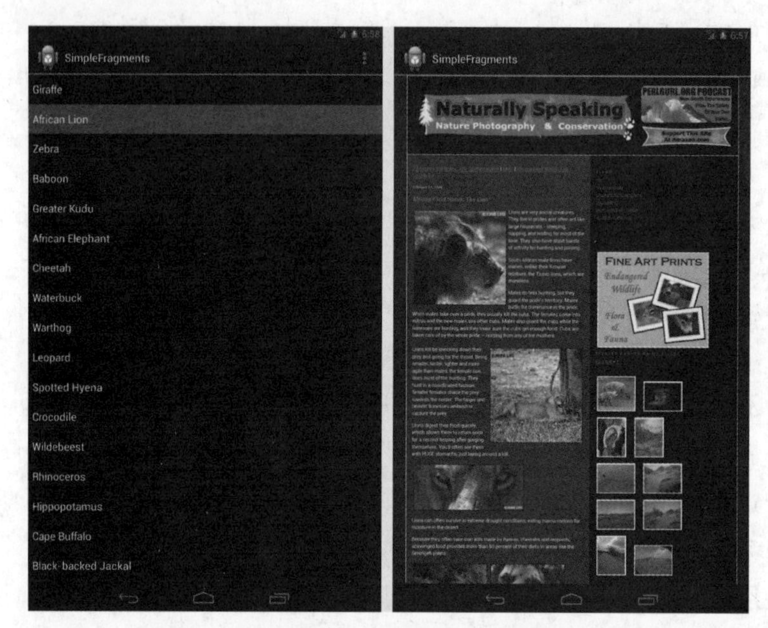

图 9.3　每个屏幕 **`Activity`**/ 中的 Fragment

在横屏模式下，我们将会在同样的屏幕上显示两个 fragment，它使用了同样的 `Activity` 类，如图 9.4 所示：

图 9.4　在一个 Activity/ 屏幕上显示两个 Fragment

ListFragment 的实现

让我们首先定义一个名为 FieldNoteListFragment 的 ListFragment 来放置我们的野生动物名字。该类将会决定第二个 Fragment，FieldNote-WebViewFragment，是否应该加载，或者当 ListView 点击时，启动 Field-NoteViewActivity 类：

```
public class FieldNoteListFragment extends ListFragment implements
    FragmentManager.OnBackStackChangedListener {
    private static final String DEBUG_TAG = "FieldNoteListFragment" ;
    int mCurPosition = -1;
    boolean mShowTwoFragments;

    @Override
    public void onActivityCreated(Bundle savedInstanceState) {
        super.onActivityCreated(savedInstanceState);
        getListView().setChoiceMode(ListView.CHOICE_MODE_SINGLE);
        String[] fieldNotes = getResources().getStringArray(
            R.array.fieldnotes_array);
        setListAdapter(new ArrayAdapter<String>(getActivity(),
            android.R.layout.simple_list_item_activated_1, fieldNotes));
        View detailsFrame = getActivity().findViewById(R.id.fieldentry);
        mShowTwoFragments = detailsFrame != null
            && detailsFrame.getVisibility() == View.VISIBLE;
        if (savedInstanceState != null) {
            mCurPosition = savedInstanceState.getInt( "curChoice" , 0);
        }
        if (mShowTwoFragments == true || mCurPosition != -1){
            viewAnimalInfo(mCurPosition);
        }
        getFragmentManager().addOnBackStackChangedListener(this);
    }

    @Override
    public void onBackStackChanged() {
        FieldNoteWebViewFragment details =
            (FieldNoteWebViewFragment) getFragmentManager()
            .findFragmentById(R.id.fieldentry);
        if (details != null) {
            mCurPosition = details.getShownIndex();
            getListView().setItemChecked(mCurPosition, true);
            if (!mShowTwoFragments) {
```

```
                viewAnimalInfo(mCurPosition);
            }
        }
    }
    @Override
    public void onSaveInstanceState(Bundle outState) {
        super.onSaveInstanceState(outState);
        outState.putInt("curChoice", mCurPosition);
    }
    @Override
    public void onListItemClick(ListView l, View v, int position, long id) {
        viewAnimalInfo(position);
    }
    void viewAnimalInfo(int index) {
        mCurPosition = index;
        if (mShowTwoFragments == true) {
            // Check what fragment is currently shown, replace if needed.
            FieldNoteWebViewFragment details =
                (FieldNoteWebViewFragment) getFragmentManager()
                .findFragmentById(R.id.fieldentry);
            if (details == null || details.getShownIndex() != index) {
                FieldNoteWebViewFragment newDetails =
                    FieldNoteWebViewFragment .newInstance(index);
                FragmentManager fm = getFragmentManager();
                FragmentTransaction ft = fm.beginTransaction();
                ft.replace(R.id.fieldentry, newDetails);
                if (index != -1) {
                    String[] fieldNotes =getResources().getStringArray(
                        R.array.fieldnotes_array);
                    String strBackStackTagName = fieldNotes[index];
                    ft.addToBackStack(strBackStackTagName);
                }
                ft.setTransition(FragmentTransaction.
                    TRANSIT_FRAGMENT_FADE);
                ft.commit();
            }
        } else {
            Intent intent = new Intent();
            intent.setClass(getActivity(), FieldNoteViewActivity.class);
            intent.putExtra("index", index); startActivity(intent);
        }
    }
}
```

大部分 Fragment 控件的初始化发生在 onActivityCreated() 回调方法中，这样我们可以只初始化 ListView 一次。接着，我们检查需要的显示模式，以确定我们的第二个组件是否定义在布局中。最后，我们通过辅助方法 viewAnimalInfo() 来显示详细信息，该方法也是 ListView 控件的项目被点击时调用的方法。

viewAnimalInfo() 方法的逻辑考虑到了两种显示模式。如果设备是在竖屏模式下，将通过 Intent 来启动 FieldNoteViewActivity。然而，如果设备是在横屏模式下，我们将有一些 Fragment 设置要做。

具体来说，FragmentManager 用于通过唯一标识符（定义在布局资源文件的 R.id.fieldentry）来查找现有的 FieldNoteWebView Fragment。然后，一个新的 FieldNoteWebViewFragment 实例被创建，用于请求新的动物博客文章。接着，当 FragmentTransaction 启动时，现有的 FieldNoteWebViewFragment 将被新的所取代。我们将旧的放置到返回堆栈中，这样 Back 按钮将可以很好地工作，在博客条目之间设置过渡淡出动画，并提交事务，从而使屏幕异步更新。

最后，我们可以通过调用 addOnBackStack ChangedListener() 方法来监视返回堆栈。而 onBackStackChanged() 方法更新当前选定的条目的列表。这提供了一种可靠的方法来保持 ListView 的选择项目和当前显示的 Fragment 的同步，如添加一个新的 Fragment 到返回堆栈和从返回堆栈中删除一个 Fragment（例如当用户按下 Button 按钮时）。

WebViewFragment 的实现

接着，我们创建一个名为 FieldNoteWebViewFragment 的 WebView-Fragment 类来放置和每个野生动物相关的博客文章。该 Fragment 类决定了需要加载哪个博客文章 URL，并将它加载到 WebView 控件中。

```
public class FieldNoteWebViewFragment extends WebViewFragment {
    private static final String DEBUG_TAG = "FieldNoteWebViewFragment";
    public static FieldNoteWebViewFragment newInstance(int index) {
        Log.v(DEBUG_TAG, "Creating new instance: " + index);
        FieldNoteWebViewFragment fragment =
```

```
            new FieldNoteWebViewFragment();
        Bundle args = new Bundle();
        args.putInt("index", index);
        fragment.setArguments(args);
        return fragment;
    }
    public int getShownIndex() {
        int index = -1;
        Bundle args = getArguments();
        if (args != null) {
            index = args.getInt("index", -1);
        }
        if (index == -1) {
            Log.e(DEBUG_TAG, "Not an array index.");
        }
        return index;
    }
    @Override
    public void onActivityCreated(Bundle savedInstanceState) {
        super.onActivityCreated(savedInstanceState);
        String[] fieldNoteUrls =getResources().getStringArray(
            R.array.fieldnoteurls_array);
        int fieldNoteUrlIndex = getShownIndex();
        WebView webview = getWebView();
        webview.setPadding(0, 0, 0, 0);
        webview.getSettings().setLoadWithOverviewMode(true);
        webview.getSettings().setUseWideViewPort(true);
        if (fieldNoteUrlIndex != -1) {
            String fieldNoteUrl = fieldNoteUrls[fieldNoteUrlIndex];
            webview.loadUrl(fieldNoteUrl);
        } else {
            String fieldNoteUrl = "http://www.perlgurl.org/archives/" +
                "photography/special_assignments/" +
                "african_field_notes/"; webview.loadUrl(fieldNoteUrl);
        }
    }
}
```

大部分的 Fragment 控件的初始化发生在 onActivityCreated() 回调方法中，从而确保我们只初始化 WebView 一次。默认的 WebView 控件的配置看上去并不漂亮，因此我们进行了一些配置更改。删除了控件周围的填充，并设置了一些参数，使浏览器更好地适应所在的屏幕区域。如果我们接收到了特定动物的加载请求，我们查看 URL 并加载。否则的话，我们加载博客的“默认”首页。

定义布局文件

现在你已经实现了你的 Fragment 类，你可以将它们放置在合适的布局资源文件中。你将需要创建两个布局文件。在横屏模式下，你希望有一个单一的 simple_fragments_layout.xml 布局文件来承载两个 Fragment 组件。在竖屏模式下，你希望有一个相似的布局文件，但只承载一个你实现的 ListFragment 组件。你实现的 WebViewFragment 的用户界面将会在运行时生成。

让我们从横屏模式的布局资源开始，该文件名为 /res/layout-land/simple_fragments_layout.xml。需要注意的是，我们存储该 simple_fragments_layout.xml 资源文件在特殊的横屏模式的资源目录。我们将在第 14 章“设计兼容的应用程序”讨论如何存储替代资源。现在，只需知道该布局文件将会在设备为横屏模式时自动加载。

```
<?xml version=" 1.0" encoding=" utf-8" ?>
<LinearLayout
    xmlns:android=http://schemas.android.com/apk/res/android
    android:orientation=" horizontal"
    android:layout_width=" match_parent"
    android:layout_height=" match_parent" >
    <fragment
        android:name=" com.introtoandroid.simplefragments.FieldNoteList-
            Fragment"
        android:id=" @+id/list"
        android:layout_weight=" 1"
        android:layout_width=" 0dp"
        android:layout_height=" match_parent" />
    <FrameLayout
        android:id=" @+id/fieldentry"
        android:layout_weight=" 4"
        android:layout_width=" 0dp"
        android:layout_height=" match_parent" />
</LinearLayout>
```

这里，我们有一个简单的 LinearLayout 控件和两个子控件。其中一个是静态的 Fragment 组件，引用你实现的 ListFragment 类。对于第二个我们想要放置 WebViewFragment 的区域，我们包含了 FrameLayout。这样我们将会在运行时通过代码将其替换为我们定义的 FieldNoteWebView Fragment 实例。

小窍门

当处理需要通过增加或者替换（动态）的方式更新 Fragment 组件时，不要将它们和通过布局（静态）实例化的 Fragment 组件混合。相反，使用一个占位元素，例如示例中的 FrameLayout，动态的 Fragment 组件和布局中使用 <fragment> 定义的静态的 Fragment 组件并不能很好混合，碎片事务管理器或者返回堆栈将不能很好地工作。

存储在正常布局目录中的资源将会在设备为非横屏模式下使用（换句话说，竖屏模式）。这里，我们需要定义两个布局文件。首先，让我们在 /res/layout/simple_fragments_layout.xml 文件中定义我们的静态 ListFragment。它看起来很像以前的版本，除了没有第二个 FrameLayout 控件：

```
<?xml version=" 1.0" encoding=" utf-8" ?>
<LinearLayout
    xmlns:android=http://schemas.android.com/apk/res/android
    android:orientation=" horizontal"
    android:layout_width=" match_parent"
    android:layout_height=" match_parent" >
    <fragment
        android:name=" com.introtoandroid.simplefragments.FieldNoteList-
            Fragment"
        android:id=" @+id/list"
        android:layout_weight=" 1"
        android:layout_width=" 0dp"
        android:layout_height=" match_parent" />
</LinearLayout>
```

定义 Activity 类

你已经快完成了。现在你需要定义你的 Activity 类来承载你的 Fragment 组件。你需要两个 Activity 类：一个主要的类和一个次要的（只有在竖屏模式显示 FieldNoteWebViewFragment）。让我们把主要的 Activity 类命名为 SimpleFragmentsActivity，将次要的 Activity 类定义为 FieldNoteViewActivity。

正如前面所提到的，将你的所有用户界面逻辑移动到 Fragment 组件将会极大简化你的 Activity 类的实现。例如，下面是完整的 SimpleFragmentsActivity 类的实现：

```
public class SimpleFragmentsActivity extends Activity {
    @Override
    public void onCreate(Bundle savedInstanceState) {
        super.onCreate(savedInstanceState);
        setContentView(R.layout.simple_fragments_layout);
    }
}
```

是的，就是这些。FieldNoteViewActivity 类稍微有趣一些：

```
public class FieldNoteViewActivity extends Activity {
    @Override
    public void onCreate(Bundle savedInstanceState) {
        super.onCreate(savedInstanceState);
        if (getResources().getConfiguration().orientation ==
            Configuration.ORIENTATION_LANDSCAPE) {
            finish();
            return;
        }
        if (savedInstanceState == null) {
            FieldNoteWebViewFragment details =
                new FieldNoteWebViewFragment();
            details.setArguments(getIntent().getExtras());
            FragmentManager fm = getFragmentManager();
            FragmentTransaction ft = fm.beginTransaction();
            ft.add(android.R.id.content, details);
            ft.commit();
        }
    }
}
```

这里，我们在使用该 Activity 前检查我们的确是在合适的屏幕方向。然后，我们创建了 FieldNoteWebViewFragment 实例，并通过代码将其添加到 Activity 中。通过添加到 android.R.id.content 视图（任何 Activity 类的根视图）的方式在运行时生成用户界面。这就是通过 Fragment 组件实现简单示例应用所需要做的。

9.2 使用 Android 支持包

Fragment 对于将来的 Android 平台是如此的重要，以至于 Android 团队提供了兼容库，这样开发者可以选择为 Android 1.6 以后的旧程序更新应用。这个库最早被称为兼容性包，现在被称为 Android 支持包。

9.2.1 为以前的应用添加 Fragment 支持

是否更新旧的应用程序是开发团队的个人选择。非 Fragment 的应用在可预见的未来可以继续工作而不会发生错误，这主要是因为 Android 团队在新平台版本发布时，会尽量继续支持旧程序。下面是对于考虑是否修改现有旧程序代码的开发者的一些注意事项：

- 保持你的旧应用原样，后果不是灾难性的。你的应用将不会使用 Android 平台提供的最新和最好的功能（用户会注意到这点），但它应该能继续运行，就像你没有做额外工作的一样。如果你没有计划来更新或者升级你的旧应用，这可能是一个合理的选择。潜在的低效屏幕空间利用率可能会有问题，但不应该创建新的错误。
- 如果你的应用程序拥有大量的市场，当 Android 平台成熟时，你会继续更新，你就很有可能想要考虑 Android 支持包。你的用户可能需要它。你当然可以继续支持你的旧程序，并创建一个新的改进的版本，并使用新平台的特性，但这意味着组织和管理不同的源代码分支和不同的应用程序包，它将会使应用的发布和报告变得复杂，更不用说维护了。更好的办法是使用 Android 支持包来修改你的现存应用，并尽力将你的单一代码可管理。你组织的规模和资源可能在这里起决定性作用。

- 在你的应用中开始使用 Android 支持包并不意味着你需要马上实现每一个新功能（Fragment、Loader 等）。你可以简单地选择最适合你应用的功能，并随着时间的推移，当你的团队有足够的资源和倾向时再添加其他功能。
- 选择不更新你的代码到新的控件可能会让你的旧程序和其他应用相比显得过时。如果你的应用已经完全自定义，并不使用最新的控件——通常是游戏或者其他高度图形化的应用，它可能并不需要更新。但是，如果需要符合最新的系统控件、外观和感觉，你的应用拥有一个最新的外观是非常重要的。

9.2.2　在新应用中使用 Fragment 针对于旧平台

如果你刚开始开发一个新的应用，并计划针对一些旧的平台版本，将 Fragment 结合到你的设计是一个很容易的决定。如果你刚刚开始一个项目，几乎没有理由不使用它们，因为：

- 无论你现在的目标设备是什么样的设备和平台，将来总会有新的你不能预见的设备。Fragment 可以让你灵活方便地调整用户屏幕的工作流程而不需要重写或者重新测试你的程序代码。
- 较早的将 Android 支持包结合到你的应用，意味着如果其他重要的平台功能被增加，你就能轻松的更新库，并开始使用它们。
- 通过使用 Android 支持包，你的应用将不会很快过时，因为你将会添加平台的新功能，并在旧平台上提供给用户。

9.2.3　将 Android 支持包链接到你的项目

Android 支持包就是一组静态支持库（作为 `.jar` 文件），你可以链接到你的 Android 应用并使用。你可以使用 Android SDK 管理器下载 Android 支持包，然后将其添加到你选择的项目。它是一个可选包，默认并不链接。Android 支持包和其他项目一样进行版本控制，它们会不定时更新，添加新的功能，更重要的是修补 bug。

小窍门

你可以在 Android 开发者网站找到更多关于最新版本包 :*http://d.android.com/tools/extras/support-library.html*。

实际上有三个 Android 支持包：v4、v7 和 v13。v4 包提供了 Honeycomb 加入的新类，并支持 API 级别 4（Android 1.6）以后的平台版本。需要支持你的旧应用时，这是你想要使用的包。v7 包提供了在 v4 包中没有的额外 API，并支持 API 级别 7（Android 2.1）以后的平台版本。v13 包提供了一些项目更有效的实现方式，例如 `FragmentPagerAdapter`。它可以运行在 API 级别 13 及以上。如果你的目标 API 级别是 13 或以上，可以使用这个包来代替。请注意，部分包的内容是平台的一部分，因此不在此包中，它们是不需要的。

要在你的应用中使用 Android 支持包，请执行下面的步骤：

1. 使用 Android SDK 管理器下载 Android 的支持包。
2. 在 `Package Explorer` 或 `Project Explorer` 中找到你的项目。
3. 右击该项目，然后选择 `Android Tools, Add Compatibility Library…`。最新的库将会被下载，你的项目设置将会被修改为最新的库。
4. 开始使用作为 Android 支持包的一部分的可用 API。例如，要创建一个类继承自 `FragmentActivity`，你需要导入 `android .support.v4.app.FragmentActivity`。

友情提示

在 Android 支持包中的 API 和在更高版本 Android SDK 中的 API 存在一些不同。但是，也有一些类被重命名来避免名称冲突，并不是所有的类和功能现在都被纳入到 Android 支持包。

9.3　探索嵌套的 Fragment

最新的 Android 4.2（API 级别 17）添加了 Fragment 嵌套 Fragment 的功能。嵌套的 Fragment 也被添加到了 Android 支持库，从而在 Android 1.6（API 级

别4）以后都能使用该API。为了在一个 Fragment 中添加另一个 Fragment，你必须调用 Fragment 的 getChildFragmentManager() 方法，该方法会返回一个 FragmentManager。当你有了 FragmentManager 后，你可以调用 beginTransaction() 来开始一个 FragmentTransaction，然后调用它的 add() 方法，该方法需要一个 Fragment 参数和它的布局，然后调用 commit() 方法。你甚至可以调用子 Fragment 的 getParentFragment() 方法来得到父 Fragment，以供使用。

这为创建动态、可重用的组件提供了很多可能性。一些可用的例子包括：标签式 Fragment 包含标签式 Fragment，使用 ViewPager 将一个 Fragment 项目/Fragment 具体信息屏幕和另一个 Fragment 项目/Fragment 具体信息屏幕分页，使用 ViewPager 和标签式 Fragment 来分页 Fragment，以及许多其他用例。

9.4 总结

Fragment 被引入到 Android SDK 用以帮助解决不同类型的屏幕设备，应用程序开发者需要针对现在和未来的屏幕。Fragment 是一个简单的有用户接口的自包含块，拥有它自己的生命周期，可以独立于特定的 Activity 类。Fragment 必须放置在 Activity 类中，但它们给开发者提供了更多的灵活性，将屏幕的工作流分割成组件，从而可以根据设备屏幕的实际可用大小以不同的方式来混合和匹配。Fragment 在 Android 3.0 中被引入，但如果使用 Android 支持包，允许针对 API 级别 4（Android 1.6）及更高版本的旧应用使用 SDK 最新添加的功能。此外，嵌套的 Fragment API 为创建可重用组件提供了更大的灵活性。

9.5 小测验

1. 哪个类用于处理 Activity 和它的 Fragment 组件之间的协调?
2. 接1，可以通过什么方法来获取该类?
3. <fragment> XML 标记下的 android:name 应该设置为什么值?
4. 判断题：当一个 Fragment 第一次连接到特定的 Activity 类时，onActivity-Attach() 回调方法将会被调用。
5. Fragment(android.app.Fragment) 的子类是什么?

6. ListFragment(android.app.ListFragment) 内可以放置什么类型的控件？

7. Fragment 在 API 级别 11（Android 3.0）中被引入。如何为你的应用添加 Fragment 的支持，以支持运行在 Android 版本低于 API 级别 11 的设备？

9.6　练习

1. 使用 Android 文档，查看如何将 Fragment 添加到返回堆栈。创建一个简单的应用,包含一个 Fragment 用于插入数字（第一个 Fragment 从 1 开始），它下面有一个按钮。当点击该按钮，用第二个 Fragment 替换第一个，并在该片段插入数字 2。继续这样直到数字 10，当这样做了以后，将每个 Fragment 添加到返回堆栈以支持后退导航。

2. 使用 Android IDE，创建一个新的 Android 应用程序项目，并在 Create Activity 页面，选择 Master/Detail Flow 选项，然后选择 Finish。在手机和平板大小的屏幕上启动该应用，观察它如何运行，然后分析该代码来了解 Fragment 是如何被使用的。

3. 创建一个双 Fragment 的布局，两个 Fragment 都是在运行时通过程序来产生和插入到布局中的。为每一个 Fragment 占据 50% 的屏幕空间，并为每个 Fragment 使用不同的颜色。

9.7　参考资料和更多信息

Android SDK 中 Fragment 类的参考阅读

http://d.android.com/reference/android/app/Fragment.html

Android SDK 中 ListFragment 类的参考阅读

http://d.android.com/reference/android/app/ListFragment.html

Android SDK 中 PreferenceFragment 类的参考阅读

http://d.android.com/reference/android/preference/PreferenceFragment.html

Android SDK 中 WebViewFragment 类的参考阅读

http://d.android.com/reference/android/webkit/WebViewFragment.html

Android SDK 中 DialogFragment 类的参考阅读

http://d.android.com/reference/android/app/DialogFragment.html

Android API 指南："Fragments"

http://d.android.com/guide/components/fragments.html

Android Developers 博客："Android 3.0 Fragments API"

http://android-developers.blogspot.com/2011/02/android-30-fragments-api.html

第 10 章 显示对话框

Android 应用程序的用户界面需要优雅易用。开发者可以使用的一个重要技术是实现对话框，它用于通知用户或者允许用户执行编辑操作而无需重绘主屏幕。在本章中，我们将讨论如何将对话框应用到程序中。

10.1 选择你的 Dialog 实现方式

Android 平台在快速成长和演化。Android SDK 的新版本频繁发布。这意味着开发者总是需要努力跟上最新 Android 提供的功能。Android 平台已经经历了一段从传统智能手机平台向“智能设备”的转变，并支持更为广泛的设备，例如平板电脑，电视和烤面包机等。因此，Fragment 的概念的引入是该平台上的一个重要。我们在上一章详细讨论了 Fragment，它在 Android 应用程序用户界面设计有着广泛的影响。在这段过渡时间内，应用设计全面修改的一个领域是对话框实现的方式。

有两种将对话框加入到应用程序中的方式——传统方式以及推荐开发者使用的新方式。

- 使用传统方式，它是从第一个 Android SDK 版本发布就存在的方式。一个 `Activity` 类在它的对话框池中管理它的对话框。使用 `Activity` 类回调方法来创建、初始化、更新以及销毁对话框。对话框并不能在 Activity 中共享。这种类型对话框的实现方式能在所有版本的 Android 平台上运行；但是，这种解决方案的许多方法已经在 API 级别 13（Android 3.2）中被废弃。Android API 指南不再讨论使用这种传统方法来添加对话框。并不推荐继续使用弃用的 `Activity` 对话框方法，它也不会在本书中讨论。

- 使用基于 `Fragment` 的方法，它在 API 级别 11（Android 3.0）中被引入，使用 `FragmentManager` 类 (`android.app.FragmentManager`) 来管理对话框。一个 `Dialog` 成为一种特殊类型的 `Fragment`，它仍然必须在一个 `Activity` 类的范围内使用，但它的生命周期类似于其他的 `Fragment`。这种类型的 `Dialog` 的实现使用了 Android 平台的最新版本，并向后兼容旧的设备（只要你将最新的 Android 支持包添加到你的应用并允许在旧 Android SDK 中访问新类）。基于 `Fragment` 的对话框对于最新的 Android 平台是推荐的选择。

友情提示

不像一些其他平台，在几个版本以后就删除弃用的方法。在 Android SDK 中，废弃的方法可在预见的未来安全地使用。换句话说，开发人员应该了解使用弃用方法和技术带来的后果，其中可能包括难以更新和使用最新 SDK 的功能，降低运行性能，新的功能会提高效率而旧的不能，从而可能使应用“显示它的古老”。弃用的方法也不太可能获得任何形式的修复或更新。

我们将在本章覆盖基于 `Fragment` 的方法。如果你正在开发新的应用，或者更新现有的应用并使用最新 Android SDK 提供的技术，我们强烈建议实现基于 `Fragment` 的方法，并使用 Android 支持包来支持旧版本的 Android 平台。

10.2 探索不同类型的 Dialog

无论实现使用的是哪种方式，都可以在 Android SDK 中找到一些 `Dialog` 类型。每种类型都有一个多数用户熟悉的特别功能。Dialog 类型作为 Android SDK 的一部分，包括如下内容。

- `Dialog`：所有 `Dialog` 类型的基类。一个基本的 `Dialog`（`android.app.Dialog`）显示在图 10.1 的左上角。
- `AlertDialog`：有一个、两个或者三个 `Button` 控件的对话框。一个 `AlertDialog(android.app.AlertDialog)` 显示在图 10.1 的上方

中间。

- CharacterPickerDialog：可以用来选择一个基本字符相关的重音字符的对话框。一个 CharacterPickerDialog(android.text.method.CharacterPicker-Dialog) 显示在图 10.1 的右上角。
- DatePickerDialog：包含一个 DatePicker 控件的对话框。一个 DatePickerDidlog(android.app.DatePickerDialog) 显示在图 10.1 的左下角。
- ProgressDialog：包含一个确定或不确定进度的 ProgressBar 控件的对话框。一个不确定进度的 ProgressDialog(android.app.ProgressDialog) 显示在图 10.1 的下方中间。
- TimePickerDialog：包含一个 TimePicker 控件的对话框。一个 TimePickerDialog(android.app.TimePickerDialog) 显示在图 10.1 的右下角。
- Presentation：在 Android API 级别 17 中被加入，一个 Presentation(android.app.Presentation) 是一种用来在第二个显示屏显示内容的对话框。

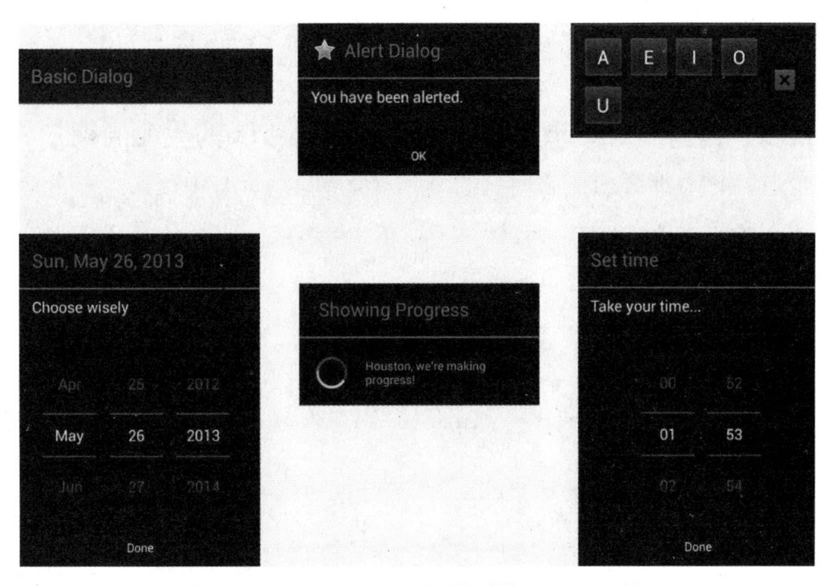

图 10.1　Android 中不同类型的 Dialog 示例

如果现有的 Dialog 类型都不满足需求，你可以创建自定义 Dialog 窗口，满足你特定的布局需求。

10.3 使用 Dialog 和 Dialog Fragment

一个 Activity 可以使用对话框来组织信息，并响应用户驱动的事件。例如，一个 Activity 可以显示一个对话框，告诉用户问题或者要求用户确认操作，如删除一个数据记录。使用对话框完成简单的任务有助于保持应用 Activity 的数量管理。

展望未来，大部分 Activity 类都应该是与“Fragment 相关”的。在大多数情况下，对话框应该伴随着特定 Fragment 以及用户驱动事件。有一个特殊的 Fragment 子类名为 DialogFragment(android.app.DialogFragment) 可用于该目的。

DialogFragment 是在你应用中定义和管理对话框的最佳方式。

小窍门

许多在本节中提供的示例代码来自于 SimpleFragDialogs 应用程序，SimpleFragDialogs 应用的源代码可以在本书的网站上下载。

10.3.1 跟踪 Dialog 和 DialogFragment 的生命周期

每个 Dialog 都必须在调用它的 DialogFragment 中定义。一个 Dialog 可以显示一次或者多次显示。了解 DialogFragment 如何管理 Dialog 生命周期对于正确实现 Dialog 是非常重要的。

Android SDK 管理 DialogFragment 的方式和管理一般 Fragment 的方式一致。我们可以确定的是 DialogFragment 遵循着和 Fragment 几乎相同的生命周期。让我们来看看 DialogFragment 用于管理 Dialog 的关键方法：

- show() 方法用于显示 Dialog
- dismiss() 方法用于停止显示 Dialog

在 Activity 中添加包含 Dialog 的 DialogFragment 涉及以下几个步骤：

1. 定义一个 DialogFragment 的派生类。你可以在 Activity 中定义该类，但如果你希望在其他 Activity 中重复使用 DialogFragment，请将该类定义在一个独立的文件中。该类必须定义一个新的 DialogFragment 方法，用于实例化该类并返回一个自己的新实例。

2. 在 DialogFragment 中定义一个 Dialog。重写 onCreateDialog() 方法，并在这里定义你的 Dialog。简单的从该方法返回 Dialog。你可以为你的 Dialog 定义各种 Dialog 属性（使用 setTitle()，setMessage()，setIcon()）。

3. 在你的 Activity 类中，实例化一个新的 DialogFragment 实例。一旦你有了 DialogFragment 的实例，使用 show() 方法显示 Dialog。

定义 DialogFragment

DialogFragment 类可以在 Activity 或者 Fragment 中定义。在 DialogFragment 中，你要创建的 Dialog 类型将会决定你必须向 Dialog 提供的数据类型。

设置 Dialog 属性

没有设置上下文元素的 Dialog 并不十分有用。一种设置的方式是定义 Dialog 类的一个或者多个属性。Dialog 基类和所有 Dialog 子类都定义了 setTitle() 方法。设置标题通常可以帮助用户确定 Dialog 的用途。你要实现的 Dialog 类型决定了你要设置不同 Dialog 属性的不同方法。此外，设置属性对于辅助功能也非常重要，例如，将文本翻译成语音。

显示 Dialog

你可以在 Activity 中使用有效 DialogFragment 对象的 show() 方法来显示任何的 Dialog。

隐藏 Dialog

大多数类型的对话框都具有自动消失的条件。但是，如果你想强制 Dialog 消失，简单调用 Dialog 对象的 dismiss() 方法即可。

下面是一个名为 SimpleFragDialogActivity 的简单示例类，说明如何实现一个包含 Dialog 控件的简单 DialogFragment，当一个名为 Button_

AlertDialog（定义在布局资源中）的 Button 被点击时，Dialog 将会被显示。

```
public class SimpleFragDialogActivity extends Activity {
    @Override
    public void onCreate(Bundle savedInstanceState){
        super.onCreate(savedInstanceState);
        setContentView(R.layout.main);
        // Handle Alert Dialog Button
        Button launchAlertDialog =
            (Button) findViewById( R.id.Button_AlertDialog);
        launchAlertDialog.setOnClickListener(new View.OnClickListener() {
            @Override
            public void onClick(View v) {
                DialogFragment newFragment =
                    AlertDialogFragment.newInstance();
                showDialogFragment(newFragment);
            }
        });
    }
    public static class AlertDialogFragment extends DialogFragment {
        public static AlertDialogFragment newInstance() {
            AlertDialogFragment newInstance = new AlertDialogFragment();
            return newInstance;
        }
        @Override
        public Dialog onCreateDialog(Bundle savedInstanceState) {
            AlertDialog.Builder alertDialog =
                new AlertDialog.Builder(getActivity());
            alertDialog.setTitle( "Alert Dialog" );
            alertDialog.setMessage( "You have been alerted." );
            alertDialog.setIcon(android.R.drawable.btn_star);
            alertDialog.setPositiveButton(android.R.string.ok,
                new DialogInterface.OnClickListener() {
                @Override
                public void onClick(DialogInterface dialog, int which){
                    Toast.makeText(getActivity(),
                        "Clicked OK!" , Toast.LENGTH_SHORT).show();
                    return;
                }
            });
            return alertDialog.create();
        }
    }
```

```
    void showDialogFragment(DialogFragment newFragment){
        newFragment.show(getFragmentManager(), null);
    }
}
```

该 AlertDialog 的完整实现，和其他类型的对话框一样，可以在本书网站的示例代码中找到。

10.3.2　使用自定义 Dialog

当 Dialog 的类型并不能完全满足你的需求，你可以创建一个自定义 Dialog。一个简单的创建自定义 Dialog 的方法是从 AlertDialog 开始，并在 AlertDialog.Builder 类中重写其默认布局。通过该方法创建一个自定义 Dialog，你必须执行下面的步骤。

1. 在 AlertDialog 中设计一个自定义布局资源。
2. 在 Activity 或者 Fragment 中定义自定义 Dialog 标识符。
3. 使用 LayoutInflater 来为 Dialog 设置自定义布局资源。
4. 使用 show() 方法来启动 Dialog。

图 10.2 显示了一个自定义 Dialog 的实现。它由两个 EditText 控件接收输入，当 OK 被点击时，会显示两个输入值是否相等。

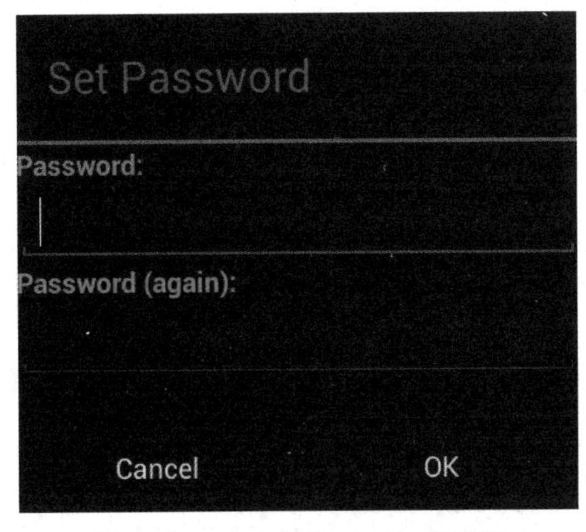

图 10.2　一个自定义 Dialog 的实现

10.4 使用支持包中的 Dialog Fragment

前面的例子都只能运行在 Android 3.0（API 级别 11）或者更新的设备上。如果你希望你的 DialogFragment 能在较早版本的 Android 上实现运行，你必须为你的代码做一些小修改。这将使你能够将 DialogFragment 工作在 Android 1.6（API 级别 4）以后的设备上。

小窍门

许多在本节中提供的示例代码来自于 SupportFragDialog 应用程序，SupportFragDialog 应用的源代码可以在本书的网站上下载。

让我们来看看如何实现一个简单的 AlertDialog 的例子。为了能显示使用基于 Fragment 的 Dialog 的技术优势，我们在一个 Activity 中传递一些数据给 Dialog，用以演示运行多个 DialogFragment 类的实例。

首先，导入支持库中的 DialogFragment(android.support.v4.app.DialogFragm-ent) 类的支持版本。然后，就像前面一样，你需要实现自己的 DialogFragment 类。该类需要能返回配置好的对象实例，实现 onCreate-Dialog 方法来返回配制好的 AlertDialog，和使用旧方法一致。下面的代码是 DialogFragment 的完整实现，它管理了一个 AlertDialog。

```
public class MyAlertDialogFragment extends DialogFragment {
    public static MyAlertDialogFragment
        newInstance(String fragmentNumber) {
        MyAlertDialogFragment newInstance = new MyAlertDialogFragment();
        Bundle args = new Bundle();
        args.putString( "fragnum" , fragmentNumber);
        newInstance.setArguments(args);
        return newInstance;
    }
    @Override
    public Dialog onCreateDialog(Bundle savedInstanceState) {
        final String fragNum = getArguments().getString( "fragnum" );
        AlertDialog.Builder alertDialog =
                new AlertDialog.Builder( getActivity());
```

```
        alertDialog.setTitle( "Alert Dialog" );
        alertDialog.setMessage("This alert brought to you by "+ fragNum );
        alertDialog.setIcon(android.R.drawable.btn_star);
        alertDialog.setPositiveButton(android.R.string.ok,
            newDialogInterface.OnClickListener() {
            @Override
            public void onClick(DialogInterface dialog, int which) {
                ((SimpleFragDialogActivity) getActivity())
                    .doPositiveClick(fragNum);
                return;
            }
        });
        return alertDialog.create();
    }
}
```

现在，你已经定义了 DialogFragment，你可以在你的 Activity 中使用它，就像 Fragment 一样。但此时，你必须使用 FragmentManager 的支持版本，也就是通过调用 getSupportFragmentManager() 方法来获得的 FragmentManager。

在你的 Activity 中，你需要导入两个支持类保证它能正常工作：android.support.v4.app.DialogFragment 以及 android.support.v4.app.FragmentActivity。请确保你的 Activity 继承自 FragmentActivity 类，而不是先前例子中的 Activity，否则你的代码将不能工作。FragmentActivity 是一个特殊的类，用以支持支持包中 Fragment。

下面的 FragmentActivity 类，称为 SupportFragDialogActivity，有一个包含两个 Button 控件的布局资源，每个按钮将会触发一个新的 MyAlertDialogFragment 实例的生成和显示。DialogFragment 的 show() 方法用于显示 Dialog，添加 Fragment 到 FragmentManager 的支持版本，并将传递一些配置信息，用来配置 DialogFragment 的实例和它的内部 AlertDialog 类。

```
public class SupportFragDialogActivity extends FragmentActivity {
    @Override
```

```
    public void onCreate(Bundle savedInstanceState) {
        super.onCreate(savedInstanceState);
        setContentView(R.layout.main);
        // Handle Alert Dialog Button
        Button launchAlertDialog = (Button) findViewById(
            R.id.Button_AlertDialog);
        launchAlertDialog.setOnClickListener(new View.OnClickListener() {
            public void onClick(View v) {
                String strFragmentNumber = "Fragment Instance One" ;
                DialogFragment newFragment = MyAlertDialogFragment
                    .newInstance(strFragmentNumber);
                showDialogFragment(newFragment, strFragmentNumber);
            }
        });
        // Handle Alert Dialog 2 Button
        Button launchAlertDialog2 = (Button) findViewById(
            R.id.Button_AlertDialog2);
        launchAlertDialog2.setOnClickListener(new View.OnClickListener() {
            public void onClick(View v) {
                String strFragmentNumber = "Fragment Instance Two" ;
                DialogFragment newFragment = MyAlertDialogFragment
                    .newInstance(strFragmentNumber);
                showDialogFragment(newFragment, strFragmentNumber);
            }
        });
    }
    void showDialogFragment(DialogFragment newFragment,
        String strFragmentNumber) {
        newFragment.show(getSupportFragmentManager(), strFragmentNumber);
    }
    public void doPositiveClick(String strFragmentNumber){
        Toast.makeText(getApplicationContext(),
            "Clicked OK! ( " + strFragmentNumber + ")" ,
            Toast.LENGTH_SHORT).show();
    }
}
```

图 10.3 显示了一个 FragmentActivity 示例，使用了支持包中的 DialogFragm-ent 来为用户显示 Dialog。

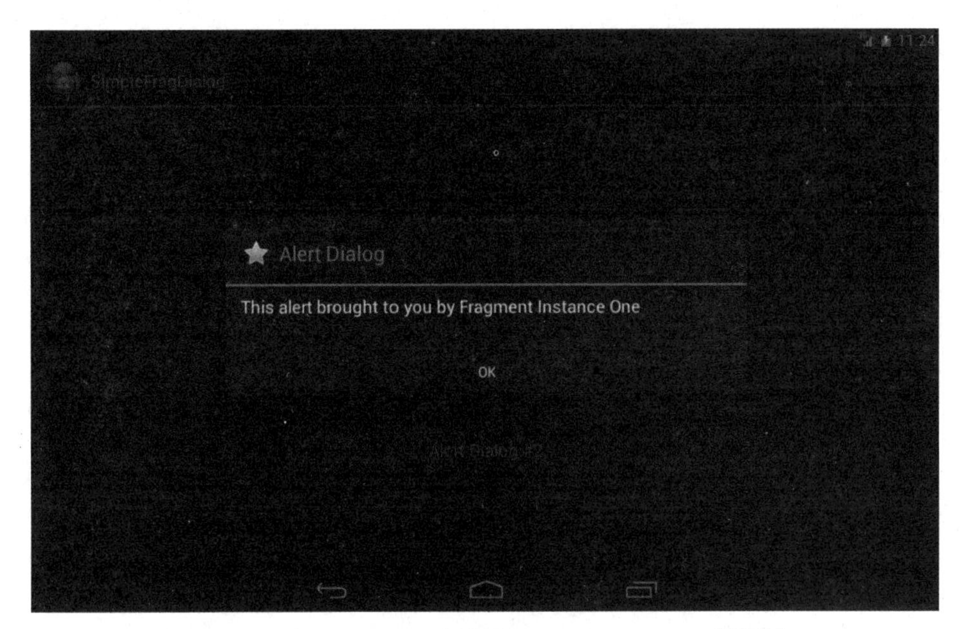

图 10.3 在 **Activity** 中使用 **DialogFragment** 的示例

DialogFragment 实例可以是传统的弹出式窗口（如示例中所示），它们也可以被嵌入到其他 Fragment 中。为什么你可能需要嵌入到 Dialog 中？考虑下面的例子：你创建了一个图片库应用，并实现了一个自定义 Dialog，当你点击缩略图时，它将显示较大的图像。在小屏幕的设备上，你可能希望它是一个弹出式窗口，但在平板或者电视上，你在缩略图的右方或者下方的屏幕空间内显示较大的图像。这是一个很好的机会，你可以利用代码复用的优势，简单地将其嵌入到你的 Dialog。

10.5 总结

Dialog 是保持你 Android 应用程序用户界面干净友好的控件。Android SDK 中定义了许多类型的 Dialog 控件，如果这些控件并不能满足你的需求，你可以创建自定义对话框控件。

开发者应该需要知道，应用程序中有两种不同但相似的方法来实现 DialogFragment 组件。第一种方法并不向后兼容，但它在 Honeycomb 以及以后的版本中运行良好。第二种方法使用了特殊类型的 DialogFragment 和

FragmentActivity。该方法向后兼容，并提供了可能需要维护旧程序的 Dialog Fragment 类。

10.6　小测验

1．Android SDK 中有哪些不同类型的 Dialog？

2．判断题：当使用 DialogFragment 时，你需要在 Activity 的 onCreate-Dialog() 方法中定义 Dialog。

3．用什么方法来停止显示 Dialog？

4．当你创建一个自定义 Dialog 时，你应该使用哪种类型的 Dialog？

5．判断题：为了显示一个向后兼容的 DialogFragment，你的 Activity 类必须继承自支持包中的 FragmentActivity 类。

6．当使用支持包时，你可以用什么方法来获取 FragmentManager？

10.7　练习

1．使用 Android 文档，确定 DialogFragment 类实现了哪些接口？

2．创建一个应用，能显示一个 AlertDialog，并实现 DialogInte-rface.OnCancelListener 方法用于显示被取消信息（通过 setCancel-Message 设置）。当用户取消该 Dialog 时，显示 Dialog 被取消。

3．创建一个应用，在小型设备上有一个窗格，而在大型设备上则有两个窗格。实现一个简单的 DialogFragment 用于显示文本：在小型设备上显示为 Dialog，而在大型设备上则将 Fragment 嵌入到右侧窗格中。

10.8　参考资料和更多信息

Android SDK 中 Dialog 类的参考阅读

http://d.android.com/reference/android/app/Dialog.html

Android SDK 中 AlertDialog 类的参考阅读

http://d.android.com/reference/android/app/AlertDialog.html

Android SDK 中 DatePickerDialog 类的参考阅读

http://d.android.com/reference/android/app/DatePickerDialog.html

Android SDK 中 `TimePickerDialog` 类的参考阅读

http://d.android.com/reference/android/app/TimePickerDialog.html

Android SDK 中 `ProgressDialog` 类的参考阅读

http://d.android.com/reference/android/app/ProgressDialog.html

Android SDK 中 `CharacterPickerDialog` 类的参考阅读

http://d.android.com/reference/android/text/method/CharacterPickerDialog.html

Android SDK 中 `DialogFragment` 类的参考阅读

http://d.android.com/reference/android/app/DialogFragment.html

Android API 指南："对话框"

http://d.android.com/guide/topics/ui/dialogs.html

Android DialogFragment 参考："在对话框和嵌入式中选择"

http://d.android.com/reference/android/app/DialogFragment.html#DialogOrEmbed

IV

Android 应用设计要点

第 11 章
使用 Android 首选项

应用程序是由功能和数据组成的。在本章中，我们将探讨通过使用最简单的 Android 应用的共享首选项，来存储、管理和共享应用程序持久化的数据。Android SDK 中包含了许多有用的 API 用于以不同的方式存储和获取应用程序首选项。首选项被存储为键 / 值对，并被应用程序使用。共享首选项最适合以持久化的方式存储简单类型的数据，如应用程序状态和用户设置。

11.1 使用应用首选项

许多应用需要一个名为共享首选项（偏好设置）的轻量级数据存储机制来存储应用程序状态，简单的用户信息，配置选项和其他信息。Android SDK 在 Activity 级别提供了简单的存储原始数据的首选项系统，该首选项可以在应用中的所有 `Activity` 中共享访问。

小窍门

许多在本节中提供的示例代码来自于 `SimplePreferences` 应用程序，`SimplePreferences` 应用的源代码可以在本书的网站上下载。

11.1.1 确定首选项是否合适

应用程序首选项是一组被永久存储的数据，这意味着首选项数据横跨整个应用程序生命周期。换句话说，应用或者设备的启动 / 停止，打开 / 关闭，并不会导致丢失数据。

许多简单的数据值可以被存储为应用程序首选项。例如，你的应用程序可能需要存储应用程序使用者的用户名。应用程序可以使用单个首选项来存储这些信息。

- 首选项的数据类型是 String。
- 存储数据的键类型是一个名为“UserName”的 String。
- 数据的值为用户名“HarperLee1926”。

11.1.2 存储不同类型的首选项值

首选项被存储为不同组的键 / 值对。以下是首选项设置支持的数据类型。

- Boolean 值。
- Float 值。
- Integer 值。
- Long 值。
- String 值。

包含多个 String 值的 Set（API 级别 11 中加入）。

首选项功能可以在 android.content 包的 SharedPreferences 接口中找到。为你的应用添加首选项支持，你需要以下的步骤。

1. 获取一个 SharedPreferences 对象的实例。
2. 创建一个 SharedPreferences.Editor 用于修改首选项内容。
3. 使用 Editor 修改首选项。
4. 提交更改。

11.1.3 创建一个 **Activity** 私有的首选项设置

单独的 Activity 可以拥有它们私有的首选项设置，虽然它们仍然由 SharedPreferences 表示。这些首选项设置只和特定的 Activity 相关，并不和应用中其他的 Activity 共享。Activity 只得到一组私有首选项设置，它们只是简单地根据 Activity 名字来命名。下面的代码获取了一个 Activity 类中的私有首选项设置，从 Activity 中调用：

```
import android.content.SharedPreferences;
...
SharedPreferences settingsActivity = getPreferences(MODE_PRIVATE);
```

现在，你已经得到了该特定 Activity 类的私有首选项。因为它的名字是基于 Activity 类的，因此，Activity 类的任何改变都将改变读到的首选项。

11.1.4　创建多个 Activity 共享的首选项设置

创建共享的首选项设置是类似的。只有两个不同之处：我们必须为我们的首选项设置命名，并使用不同的方法来调用首选项实例：

```
import android.content.SharedPreferences;
...
SharedPreferences settings =
    getSharedPreferences("MyCustomSharedPreferences", MODE_PRIVATE);
```

现在，你已经获取了应用的共享首选项。你可以从应用中的任何一个 Activity 通过名字访问这些共享首选项设置。你可以创建的不同共享首选项的数量并没有限制。例如，你可以设置一些共享首选项名为"UserNetworkPreferences"，另一些设置为"AppDisplayPreferences"，至于如何组织共享首选项的设置取决于你。但是，你应该声明你首选项的名称是一个变量，这样你可以在多个 Activity 中重用该名字并保持一致。下面是一个例子：

```
public static final String PREFERENCE_FILENAME = "AppPrefs";
```

11.1.5　搜索和读取首选项设置

读取首选项设置是非常简单的。你只需要简单地获取你想要读取的 SharedPreferences 实例。你可以根据名称检查首选项设置，获取强类型的首选项，并为首选项的修改注册侦听器。表 11.1 描述了一些 SharedPreferences 接口中有用的方法。

表 11.1　**android.content.SharedPreferences** 中重要的方法

方法	目的
SharedPreferences.contains()	查看特定名称的首选项是否存在
SharedPreferences.edit()	获取 Editor 用于修改首选项
SharedPreferences.getAll()	获取所有首选项键 / 值对
SharedPreferences.getBoolean()	获取特定名称的 Boolean 类型的首选项
SharedPreferences.getFloat()	获取特定名称的 Float 类型的首选项
SharedPreferences.getInt()	获取特定名称的 Int 类型的首选项
SharedPreferences.getLong()	获取特定名称的 Long 类型的首选项
SharedPreferences.getString()	获取特定名称的 String 类型的首选项
SharedPreferences.getStringSet()	获取特定名称的 String 集合类型的首选项

11.1.6　添加、更新和删除首选项设置

要更改首选项，你需要打开首选项 Editor，进行更改，然后提交。表 11.2 描述了一些 SharedPreferences.Editor 接口中有用的方法。

表 11.2　**android.content.SharedPreferences.Editor** 中重要的方法

方法	目的
SharedPreferences.Editor.clear()	删除所有首选项。无论编辑会话何时调用，该操作都会在任何操作前发生。然后，所有其他的修改被提交更改
SharedPreferences.Editor.remove()	删除特定名称的首选项。无论编辑会话何时调用，该操作都会在任何操作前发生。然后，所有其他的修改被提交更改
SharedPreferences.Editor.putBoolean()	设置特定名称的 Boolean 类型的首选项
SharedPreferences.Editor.putFloat()	设置特定名称的 Float 类型的首选项
SharedPreferences.Editor.putInt()	设置特定名称的 Int 类型的首选项

续表

方法	目的
SharedPreferences.Editor.putLong()	设置特定名称的 Long 类型的首选项
SharedPreferences.Editor.putString()	设置特定名称的 String 类型的首选项
SharedPreferences.Editor.putStringSet()	设置特定名称的 String 集合类型的首选项（该方法在 API 级别 11 中被加入）
SharedPreferences.Editor.commit()	提交该编辑会话的所有修改
SharedPreferences.Editor.apply()	和 commit() 方法类似，该方法提交编辑会话的所有修改。但是，该方法会马上提交到内存中的 SharedPreferences，并在应用的生命周期内异步提交到磁盘（该方法在 API 级别 9 中被加入）

下面的代码块获取了一个 Activity 类的私有首选项设置，打开首选项 Editor，添加了一个 Long 类型的名为 SomeLong 的设置，并保存更改。

```
import android.content.SharedPreferences;
...
SharedPreferences settingsActivity = getPreferences(MODE_PRIVATE);
SharedPreferences.Editor prefEditor = settingsActivity.edit();
prefEditor.putLong( "SomeLong" , java.lang.Long.MIN_VALUE);
prefEditor.commit();
```

小窍门

如果你应用的目标是 API 级别 9 以上（Android 2.3 或更高）的设备，你可以使用 apply() 方法而不是前面代码中得 commit() 方法。但是，如果你需要支持 Android 的旧版本，你将会继续使用 commit() 方法，或者在运行时检查，然后调用合适的方法。即使你写了一个短的首选项设置，使用 apply() 方法可以更流畅，因为任何调用文件系统都可能会导致一个明显（不可接受）的时间堵塞。

11.1.7 首选项修改时的反应

你的应用可以侦听并对共享首选项的修改作出反应。你可以实现一个监听器，并使用 registerOnSharedPreferenceChangeListener() 和 unregisterOnSharedPreference ChangeListener() 方法注册到特定的 SharedPreferences 对象。该接口类只有一个回调方法，它传递给你的代码哪个首选项设置改变了，以及改变的具体首选项键值名称。

11.2 在 Android 文件系统中查找首选项数据

应用程序首选项在内部被存储为 XML 文件。你可以用 Dalvik Debug Monitor Server(DDMS) 的 File Explorer 来访问首选项文件。你可以在以下的目录中找到 Android 文件系统内的这些文件：

```
/data/data/<package name>/shared_prefs/<preferences filename>.xml
```

首选项设置的文件名是 Activity 类名（私有首选项设置）或者是你指定的名字（共享首选项设置）。下面是 XML 首选项设置文件的例子，包含了一些简单的值。

```
<?xml version=" 1.0" encoding=" utf-8" standalone=" yes" ?>
<map>
    <string name=" String_Pref" >Test String</string>
    <int name=" Int_Pref" value=" -2147483648" />
    <float name=" Float_Pref" value=" -Infinity" />
    <long name=" Long_Pref" value=" 9223372036854775807" />
    <boolean name=" Boolean_Pref" value=" false" />
</map>
```

了解应用程序首选项文件的格式对于测试是有帮助的。你可以使用 DDMS 复制或者修改首选项设置。因为共享首选项设置只是一个文件，使用的是普通的文件权限。当你创建文件时，你指定了该文件的模式（权限）。这决定了该文件是否能被现有包外的程序读取。

友情提示

要了解更多关于使用 DDMS 和 File Explorer 的信息，请参阅附录 C“快速入门指南：Android DDMS”。

11.3　创建可管理的用户首选项

现在你已了解如何通过程序存储和获取共享首选项。这可以很好地保持应用程序状态。但是如果你有一组用户设置，希望创建一组简单、一致以及符合平台标准的设置，并且用户可以修改它们？好消息！你可以简单地使用 PreferenceActivity(android.preference.PreferenceActivity) 类来实现该目标。

小窍门

许多在本节中提供的示例代码来自于 SimpleUserPrefs 应用程序，SimpleUserPrefs 应用的源代码可以在本书的网站上下载。

实现基于 PreferenceActivity 的解决方案需要执行以下的步骤。

1. 在首选项资源文件中定义首选项集合。

2. 实现 PreferenceFragment 类，并将其绑定到首选项资源文件上。需要注意的是，PreferenceFragment 只能在 Android 3.0 以上系统中工作。为了支持以前的版本，可以使用 PreferenceActivity（不包含 PreferenceFragment）支持旧版本。

3. 实现 PreferenceActivity 类，并添加你刚创建的 PreferenceFragment。

4. 像正常情况一样实现 Activity。例如，在清单文件中注册它，正常地启动 Activity，等等。

现在，让我们具体看看这些步骤。

11.3.1　创建一个首选项资源文件

首先，你创建一个 XML 资源文件用于定义用户允许编辑的首选项设置。一个首选项资源文件包含了根级别的 <PreferenceScreen> 标签，以及各种首选项类型。这些首选项类型基于 Preference 类 (android.preference.Preference)，以及它的子类，例如 CheckBoxPreference、EditText-

Preference、ListPreference、MultiSelectListPreference 等。一些首选项设置，从 Android SDK 首次发布开始就已出现，而其他的，例如 MultiSelectListPreference，则在 Android API 级别 11 中引入，并不向后兼容旧的设备。

每个首选项都应该有一些元数据，例如标题和将显示给用户的摘要文本。你也可以指定默认值，对于那些启动对话框的首选项设置，你可以设置对话框提示。对于给定首选项类型相关的特定元数据，可以参阅 Andoird SDK 文档中的子类属性。下面是一些常见的大部分首选项设置应该设置的 Preference 属性。

- android:key 属性用于指定共享首选项的键名。
- android:title 属性用于指定首选项的友好名称，在编辑屏幕显示。
- android:summary 属性用于给定首选项的详细信息，在编辑屏幕显示。
- android:defaultValue 属性用于指定首选项的默认值。

和其他的资源文件一样，首选项资源文件也可以使用原始字符串或者引用字符串资源。下面的首选项资源文件示例使用了两种方法（字符串数组资源定义在 strings.xml 资源文件中）：

```
<?xml version="1.0" encoding="utf-8" ?>
<PreferenceScreen
    xmlns:android="http://schemas.android.com/apk/res/android" >
    <EditTextPreference
        android:key="username"
        android:title="Username"
        android:summary="This is your ACME Service username"
        android:defaultValue=""
        android:dialogTitle="Enter your ACME Service username:" />
    <EditTextPreference
        android:key="email"
        android:title="Configure Email"
        android:summary="Enter your email address"
        android:defaultValue="your@email.com" />
    <PreferenceCategory android:title="Game Settings" >
        <CheckBoxPreference
            android:key="bSoundOn"
```

```
            android:title=" Enable Sound"
            android:summary=" Turn sound on and off in the game"
            android:defaultValue=" true" />
        <CheckBoxPreference
            android:key=" bAllowCheats"
            android:title=" Enable Cheating"
            android:summary=" Turn the ability to cheat on and off in
                the game"
            android:defaultValue=" false" />
    </PreferenceCategory>
    <PreferenceCategoryandroid:title=" Game Character Settings" >
        <ListPreference
            android:key=" gender"
            android:title=" Game Character Gender"
            android:summary=" This is the gender of your game character"
            android:entries=" @array/char_gender_types"
            android:entryValues=" @array/char_genders"
            android:dialogTitle=" Choose a gender for your character:" />
        <ListPreference
            android:key=" race"
            android:title=" Game Character Race"
            android:summary=" This is the race of your game character"
            android:entries=" @array/char_race_types"
            android:entryValues=" @array/char_races"
            android:dialogTitle=" Choose a race for your character:" />
    </PreferenceCategory>
</PreferenceScreen>
```

该 XML 首选项文件被组织成两类，并定义了一些字段来存放信息，包括用户名（String），声音设置（boolean），作弊设置（boolean），角色性别（固定的 String），以及角色种族（固定的 String）。

例子中使用 CheckBoxPreference 类型来管理 boolean 类型的共享首选项值，譬如，游戏设置里的是否开启声音或者开启作弊。Boolean 类型的开启和关闭可以直接从屏幕上查看。例子中使用 EditTextPreference 类型来管理用户名，使用 ListPreference 类型允许用户从选项列表中进行选择，最后，使用 <PreferenceCategory> 标签将设置组织成多个类型。

接下来，你需要连接你的 PreferenceActivity 和你的首选项资源文件。

11.3.2 使用 PreferenceActivity 类

PreferenceActivity 类（android.preference.PreferenceActivity）是一个辅助类，它能够显示 PreferenceFragment。该 PreferenceFragment 加载你的 XML 首选项资源文件，并把它转换成标准的设定界面，就像你在 Android 设备设置中看到的那样。图 11.1 显示了上一节所讨论的首选项资源文件加载到 PreferenceActivity 后所显示的。

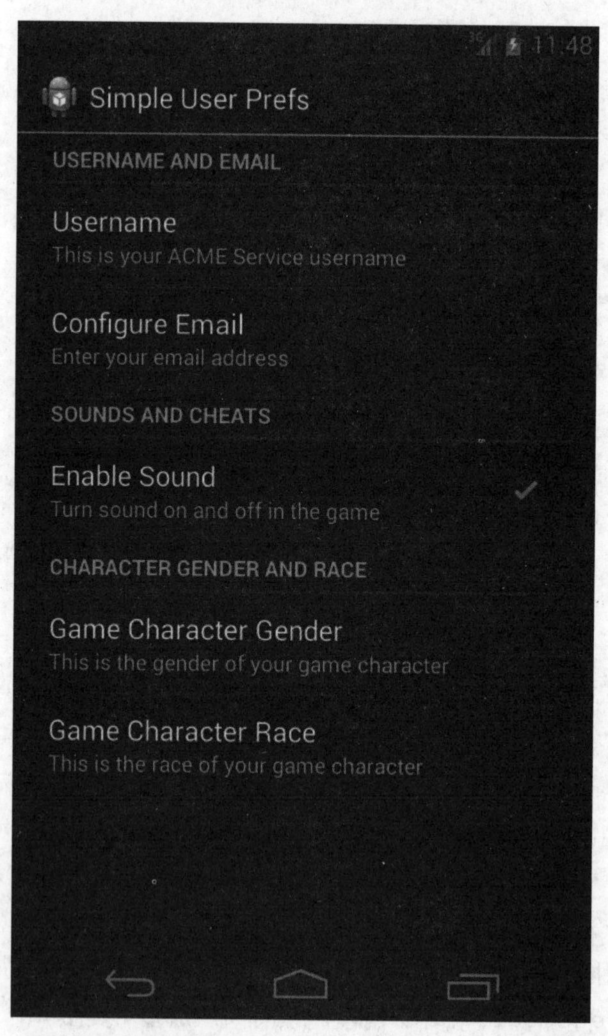

图 11.1 使用 PreferenceActivity 管理游戏设置

要连接你新的首选项资源文件，创建一个新的继承自 PreferenceActivity 的类。接着，重写类中的 onCreate() 方法。获取 Activity 的 FragmentManager，启动 FragmentTransaction，将你的 PreferenceFragment 添加到 Activity，然后调用 commit() 方法。使用 addPreferencesFromResource() 方法将首选项资源文件绑定到 PreferenceFragment 类。如果你使用的名称不是默认的话，你也要获取 PreferenceManager(android.preference.PreferenceManager) 的一个实例，并在应用程序的其他部分设置这些首选项名称。下面是完整的 SimpleUserPrefsActivity 类的实现，它封装了这些步骤：

```
public class SimpleUserPrefsActivity extends PreferenceActivity {
    @Override
    public void onCreate(Bundle savedInstanceState) {
        super.onCreate(savedInstanceState);
        FragmentManager manager = getFragmentManager();
        FragmentTransaction transaction = manager.beginTransaction();
        transaction.replace(android.R.id.content, new
              SimpleUserPrefsFragment());
        transaction.commit();
    }
    public static class SimpleUserPrefsFragment extends
            PreferenceFragment {
        @Override
        public void onCreate(Bundle savedInstanceState) {
            super.onCreate(savedInstanceState);
            PreferenceManager manager = getPreferenceManager();
            manager.setSharedPreferencesName( "user_prefs" );
            addPreferencesFromResource(R.xml.userprefs);
        }
    }
}
```

现在，你可以和通常一样简单地连接 Activity。不要忘了在应用的清单文件中注册它。当你运行应用，并启动 UserPrefsActivity 后，你应该会看到一个类似于图 11.1 的画面。尝试着编辑所有其他首选项设置，将会启动相应提示的对话框（EditText 或 Spinner），如图 11.2 和图 11.3 所示。

使用 EditTextPreference 类型来管理共享首选项中的 String 值，如用户名，如图 11.2 所示。

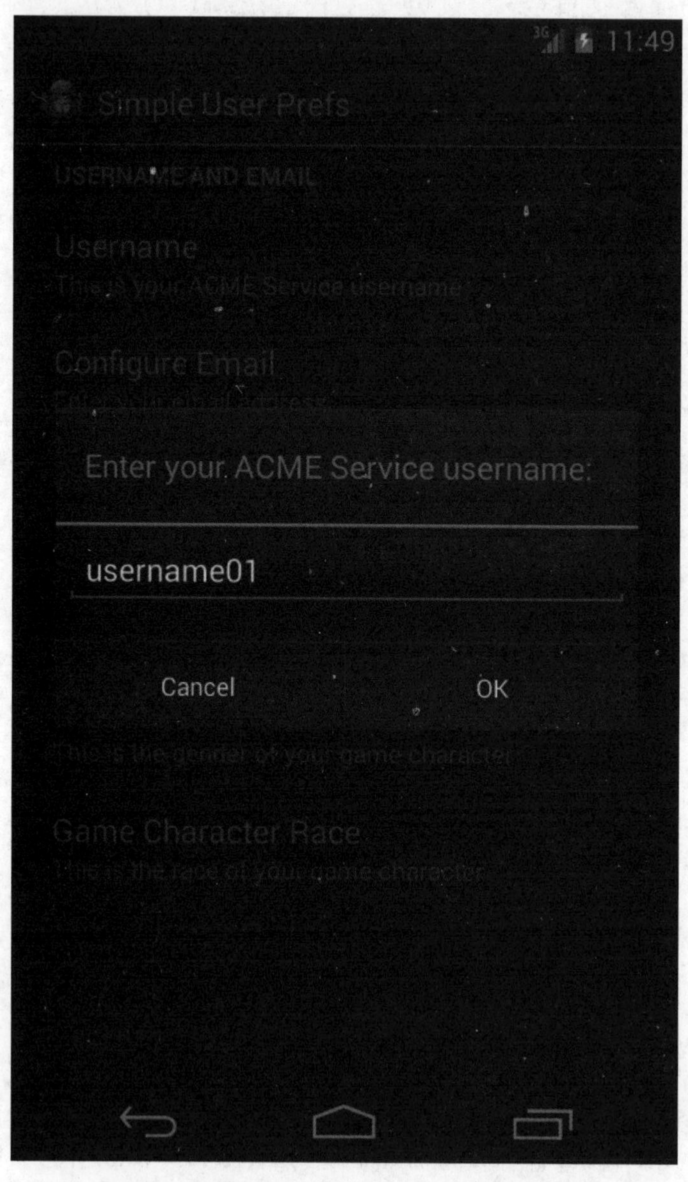

图 11.2　编辑 **EditText(String)** 首选项设置

使用 ListPreference 类型强制用户从选项列表中进行选择，如图 11.3 所示。

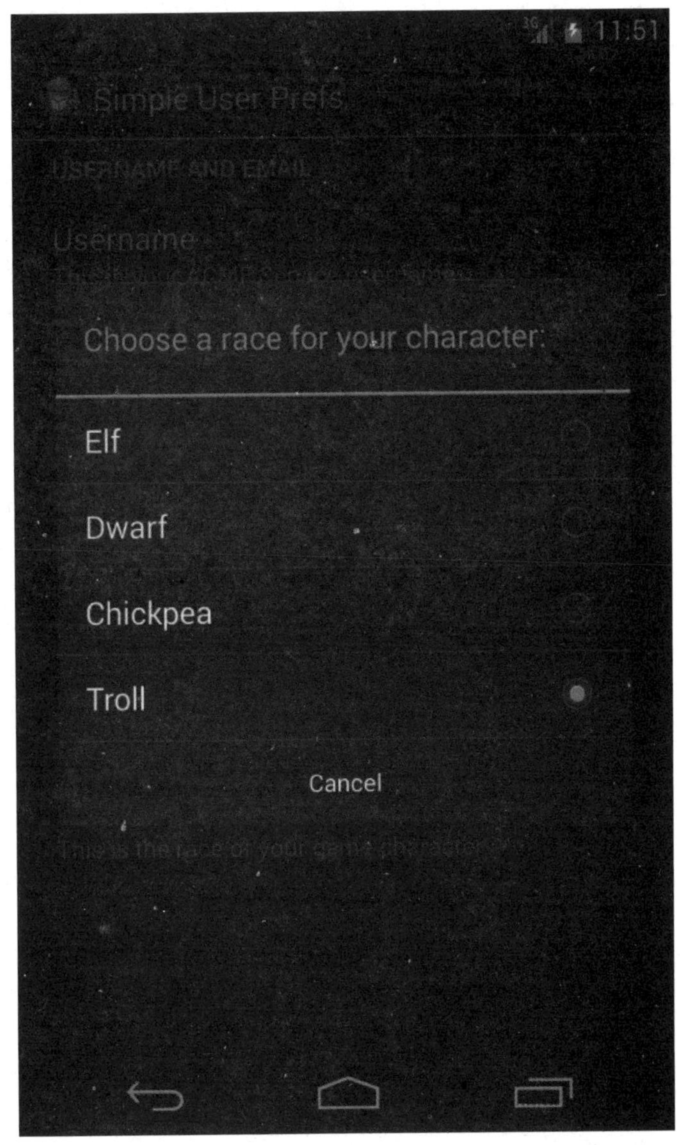

图 11.3　编辑 **ListPreference**（**String** 数组）首选项设置

11.3.3 组织首选项设置的标头

首选项设置标头的概念是在 Android 3.0（API 级别 11）中添加的。标头的功能允许你的应用展示选项列表，用于导航到设置子屏幕。一个非常好的使用标头功能的系统应用是 Android 系统设置应用。在大屏幕设备上，左窗格显示设置列表项，根据选中的项目，确定哪些设置选项将显示在右窗格中。下面的几个设定步骤，可以让你的应用程序添加首选项设置标头功能：

1. 为每个设置集合创建单独的 `PreferenceFragment` 类。
2. 在新的 XML 文件中使用 `<preference-headers>` 标签定义标头列表。
3. 创建一个新的 `PreferenceActivity` 类，并调用 `onBuildHeaders` 方法加载标头资源文件。

小窍门

许多在本节中提供的示例程序来自于 UserPrefsHeaders 应用程序，UserPrefsHeaders 应用的源代码可以在本书的网站上下载。

下面是一个标头文件的例子，将设置分组为独立的项目：

```
<preference-headers xmlns:android=" http://schemas.android.com/apk/res/
    android" >
  <header
      android:fragment=
         "com.introtoandroid.userprefs.UserPrefsActivity$UserNameFrag"
      android:title=" Personal Settings"
      android:summary=" Configure your personal settings" />
  <header
      android:fragment=
         "com.introtoandroid.userprefs.UserPrefsActivity$GameSettingsFrag"
      android:title=" Game Settings"
      android:summary=" Configure your game settings" />
  <header
      android:fragment=
         "com.introtoandroid.userprefs.UserPrefsActivity$CharSettingsFrag"
      android:title=" Character Settings"
```

```
    android:summary=" Configure your character settings" />
</preference-headers>
```

这里，我们在 <preference-headers> 节点中定义了一些 <header> 条目。每个 <header> 只定义了三个属性 android:fragment、android:title 以及 android:summary。下面是我们新的 UserPrefsActivity 类的样子：

```
public class UserPrefsActivity extends PreferenceActivity {
    /** 当Activity第一次被创建时调用 */
    @Override
    public void onCreate(Bundle savedInstanceState) {
        super.onCreate(savedInstanceState);
    }
    @Override
    public void onBuildHeaders(List<Header> target) {
        loadHeadersFromResource(R.xml.preference_headers, target);
    }
    public static class UserNameFrag extends PreferenceFragment {
        @Override
        public void onCreate(Bundle savedInstanceState) {
            super.onCreate(savedInstanceState);
            PreferenceManager manager = getPreferenceManager();
            manager.setSharedPreferencesName( "user_prefs" );
            addPreferencesFromResource(R.xml.personal_settings);
        }
    }
    public static class GameSettingsFrag extends PreferenceFragment {
        @Override
        public void onCreate(Bundle savedInstanceState) {
            super.onCreate(savedInstanceState);
            PreferenceManager manager = getPreferenceManager();
            manager.setSharedPreferencesName( "user_prefs" );
            addPreferencesFromResource(R.xml.game_settings);
        }
    }
    public static class CharSettingsFrag extends PreferenceFragment {
        @Override
        public void onCreate(Bundle savedInstanceState) {
```

```
                super.onCreate(savedInstanceState);
                PreferenceManager manager = getPreferenceManager();
                manager.setSharedPreferencesName("user_prefs");
                addPreferencesFromResource(R.xml.character_settings);
            }
        }
}
```

为了清楚起见，我们将只显示 <PreferenceScreen> 文件：

```
<PreferenceScreen xmlns:android="http://schemas.android.com/apk/res/
    android">
    <PreferenceCategory android:title="Username and Email">
        <EditTextPreference
            android:key="username"
            android:title="Username"
            android:summary="This is your ACME Service username"
            android:defaultValue="username01"
            android:dialogTitle="Enter your ACME Service username:" />
        <EditTextPreference
            android:key="email"
            android:title="Configure Email"
            android:summary="Enter your email address"
            android:defaultValue="your@email.com" />
    </PreferenceCategory>
</PreferenceScreen>
```

现在，我们已经实现了我们的应用，我们可以看到在单窗格和双窗格会显示的不同设置，如图 11.4 和图 11.5 所示。

小窍门

标头列表在小屏幕的单窗格模式下的导航可能会比较麻烦。相反，对于小屏幕设备，直接显示设置页面是更好的做法，而不是显示标头列表和独立的 PreferenceScreen 项目。

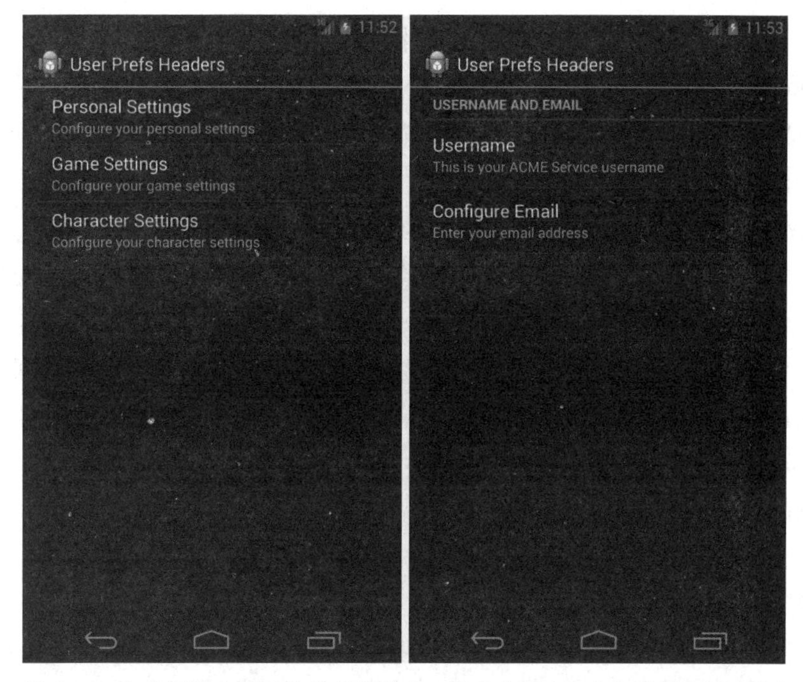

图 11.4　在小屏幕上显示的单窗格模式：标头布局（左）和设置布局（右）

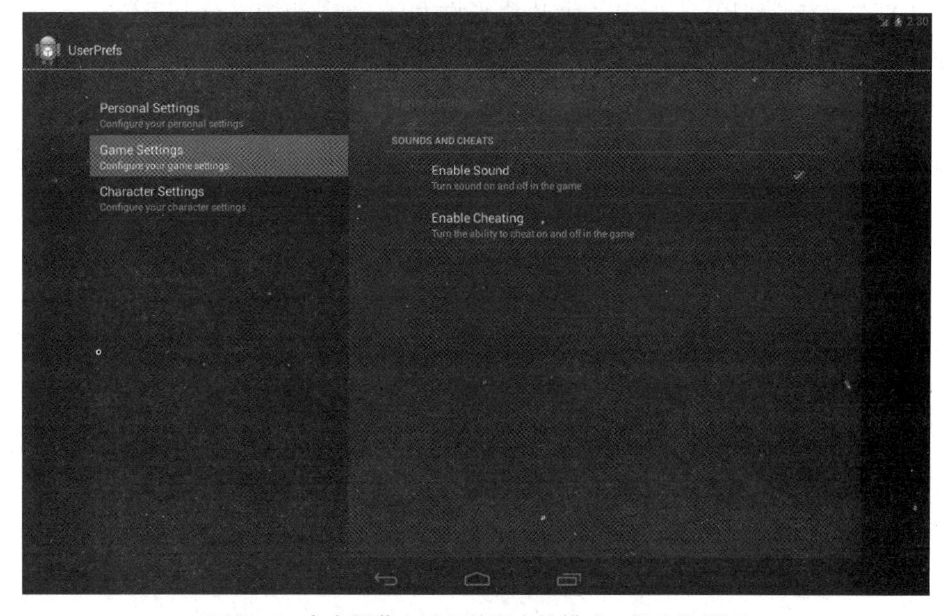

图 11.5　在大屏幕上显示的双窗格模式：标头和设置

11.4 了解 Android 应用的云存储

Google Play 游戏服务现在包括了一个称为 Cloud Save 的功能。该服务允许你轻松地保存应用程序状态的信息到云端，就像一组首选项设置。区别就是数据可以在用户的不同设备上保持。例如，一个游戏应用可能会使用用户的游戏等级，并在用户的设备间同步游戏等级，这样他 / 她在不同设备上使用同一应用时，不需要从头开始游戏。当用户丢失了设备，或者因为某些原因需要重新安装游戏时，一些信息可以很容易恢复而不会丢失数据。你可以将 Cloud Save 认为是一组远程首选项设置。应用程序开发者可以为他们的用户存储合理数量的数据（目前为 128KB）到 Cloud Save。需要清楚的是，该服务并不意味着取代后端数据存储机制。要了解更多关于 Cloud Save 服务的信息，请参阅 *https://developers.google.com/games/services/android/cloudsave*。

11.5 总结

在本章中，你了解了 Android 平台上的几种不同的存储和管理应用数据的方法。你使用的方法取决于你想要存储数据的类型。有了这些技能，你可以以自己的方式充分使用 Android 强大和独特的功能。使用共享首选项设置来持久化存储简单的应用程序数据，例如字符串和数字。你也可以使用 `PreferenceActivity` 或者 `PreferenceFragment` 类来简化创建用户首选项设置画面，它使用标准外观和你应用程序运行平台的风格。你学会了如何使用首选项标头在单窗格或双窗格中显示你的应用首选项。此外，你也了解了可以使用 Cloud Save 存储和同步用户的信息，如首选项设置。

11.6 小测验

1. 首选项设置支持哪些类型的数据类型？
2. 判断题：你可以使用 `getPreferences()` 获取特定 `Activity` 的私有首选项设置。
3. Android 文件系统中存储应用首选项设置的 XML 文件的目录是什么？
4. 大部分首选项设置应该设置的通用 `Preference` 属性有哪些？
5. 你可以调用什么方法从 `PreferenceFragment` 中访问首选项资源文件？

11.7　练习

1. 使用 Android 文档信息，编写一个简单的代码片段，用以演示你将如何配置首选项项目用以启动 `Activity`，而不是设置界面。

2. 使用 Android 文档信息，确定 `SharedPreferences` 中监听首选项改变的方法。

3. 利用 `SimpleUserPrefs` 和 `UserPrefsHeaders` 应用，修改它的代码，使其只在大屏幕的双窗格模式下显示 `<preference-headers>` 列表。

11.8　参考资料和更多信息

Android SDK 中 `SharedPreferences` 类的参考阅读

http://d.android.com/reference/android/content/SharedPreferences.html

Android SDK 中 `SharedPreferences.Editor` 类的参考阅读

http://d.android.com/reference/android/content/SharedPreferences.Editor.html

Android SDK 中 `PreferenceActivity` 类的参考阅读

http://d.android.com/reference/android/preference/PreferenceActivity.html

Android SDK 中 `PreferenceScreen` 类的参考阅读

http://d.android.com/reference/android/preference/PreferenceScreen.html

Android SDK 中 `PreferenceCategory` 类的参考阅读

http://d.android.com/reference/android/preference/PreferenceCategory.html

Android SDK 中 `Preference` 类的参考阅读

http://d.android.com/reference/android/preference/Preference.html

Android SDK 中 `CheckBoxPreference` 类的参考阅读

http://d.android.com/reference/android/preference/CheckBoxPreference.html

Android SDK 中 `EditTextPreference` 类的参考阅读

http://d.android.com/reference/android/preference/EditTextPreference.html

Android SDK 中 `ListPreference` 类的参考阅读

http://d.android.com/reference/android/preference/ListPreference.html

第 12 章 使用文件和目录

Android 应用可以使用不同方法来存储原始数据。Android SDK 包含了许多有用的 API 用于存取私有应用和缓存文件，以及访问可移动存储设备的外部文件，例如 SD 卡。需要安全和持久化存储信息的开发者将会发现可用的文件管理 API 十分熟悉并易于使用。在本章中，我们将阐述如何使用 Android 文件系统来读取、写入和删除应用程序数据。

12.1 使用设备的应用程序数据

正如在前一章所讨论的，共享首选项设置提供了简单的持久存储应用程序数据的机制。但是，许多应用程序需要一个更强大的解决方案，允许持久性的存储和访问任何类型的数据。应用程序可能要存储的数据类型包括如下几点。

- **多媒体内容，例如图像、声音、视频以及其他复杂的信息：**这些类型的数据结构并不支持作为共享首选项。但是，你可以存储共享首选项，存储媒体文件的文件路径或者 URI，并且将多媒体文件存储在设备文件系统或者在需要的时候下载。
- **从网络下载的内容：**作为移动设备，Android 设备并不能保证有持续的网络连接。理想情况下，应用将会从网络下载内容一次并持续的保留它。有时，数据应该永久地保存下去，而其他情况下数据只需要在一定时间内被缓存即可。
- **由应用程序生成的复杂内容：**Android 设备与桌面计算机和服务器相比，运行时有着严格的内存和存储限制。因此，如果应用已经采取了很长的时间来处理数据，并得到了结果，这个结果应该存储下来用于再利用，而不是在需要的时候重新创建它。

Android 应用可以使用不同的方式创建和使用目录 / 文件来存储数据。最常见的方法包括：

- 在应用程序目录下存储私有数据。
- 在应用程序缓存目录下缓存数据。
- 在外部存储设备或者共享设备目录区存储共享应用数据。

友情提示

你可以使用 Dalvik Debug Monitor Service(DDMS) 将文件复制到设备或者从设备复制。要了解更多关于使用 DDMS 和 File Explorer 的信息，请参阅附录 C，“快速入门指南：Android DDMS”。

12.2 实现良好的文件管理

当你使用 Android 文件系统上的文件时，你应该遵循一些最佳实践。下面是最重要的几个。

- 任何时候你读取或者写入数据到磁盘，你都需要执行大量的阻塞操作并使用宝贵的设备资源。因此，在大多数情况下，应用程序的文件操作功能不应该在应用的主 UI 线程上执行。相反，这些操作应该进行异步处理，可以使用线程，AsyncTask 对象或者其他异步方法。即使是小的文件也会由于底层的文件系统和硬件的原因而降低 UI 线程的速度。
- Android 设备只有有限的存储容量。因此，只有当你需要存储时存储，当旧数据不再需要时，清理并释放设备控件。适当地使用外部存储可以给用户更多的灵活性。
- 做一个好公民：请确保检查资源的可用性，例如在造成错误或崩溃之前检查磁盘空间和外部存储的可用性。另外，不要忘记为新文件设置合适的文件权限。当你不再使用它们的时候释放资源（换句话说，如果你打开了，就得关闭它们，等等）。

- 实现高效的文件访问算法，用于读取，写入和解析文件内容。使用 Android SDK 中的分析工具来确定和提高代码性能。一个良好的开始是使用 StrictMode API（android.os.StrictMode）。
- 如果应用程序的数据存储是结构化的，你可以考虑使用 SQLite 数据库来存储应用数据。
- 在真实设备上测试应用。不同的设备有着不同的处理器速度。不要认为因为你的应用在模拟器上流畅运行，它也可以在真实设备上流畅运行。如果你正使用外部存储，请测试当外部存储不可用的情况。

让我们来探索 Android 平台上文件管理是如何实现的。

12.3 了解 Android 系统的文件权限

还记得第一章“Android 简介”中，每一个 Android 应用程序都是底层的 Linux 操作系统上的用户吗？它拥有自己的应用程序目录和文件。在应用程序目录中创建的文件默认是该应用私有的。

在 Android 文件系统上文件可以以不同的权限来创建。这些权限指定了文件如何被访问。权限模式在创建文件时最为常用。这些权限模式被定义在 Context 类（android.content.Context）中：

- MODE_PRIVATE（默认）用于创建只能由“所有者”应用本身才可以访问的文件。从 Linux 的角度来看，这意味着指定用户的标识符。MODE_PRIVATE 的常数值为 0，所以你可能在遗留代码中见到这种用法。
- MODE_APPEND 用于将数据追加到现有文件的最后。MODE_APPEND 的常数值为 32768。

警告

MODE_WORLD_READABLE 和 MODE_WORLD_WRITEABLE 常数可以作为向其他应用展示数据的选项，一直到 API 级别 17。但是现在已经被弃用了。在你的应用中使用这些常数向其他应用公开数据可能会存在安全漏洞。现在不推荐使用这两个文件权限设置以免暴露你的应用程序数据。新的和推荐的

> 方法是使用专门为应用程序展现数据给其他应用读写设计的 API 组件，包括了使用 Service、ContentProvider 以及 BroadcastReceiver API。

应用程序不需要任何特殊的 Android 清单文件权限来访问自己的私有文件系统区。但是，为了你的应用能访问外部存储器，需要注册 WRITE_EXTERNAL_STORAGE 权限。

12.4 使用文件和目录

在 Android SDK 中，你还可以找到用于处理不同类型文件的各种标准 Java 文件工具类（例如 java.io），如文本文件、二进制文件、XML 文件等。在第 6 章“管理应用资源”中，你了解了 Android 应用也可以将原始数据和 XML 文件作为资源。获取资源文件的文件句柄和访问设备文件系统上的文件有着些许不同，但你一旦有了文件句柄，任何一种方法都允许你执行相同方式的读取操作。毕竟，文件就是文件。

显然，Android 应用程序文件资源是应用程序包的一部分，因此只能访问应用程序本身。对于文件系统的文件呢？Android 应用文件存储在 Android 文件系统的标准目录层次结构中。

通常来说，应用程序使用 Context 类（android.content.Context）的方法访问 Android 设备文件系统。应用程序，或者任何 Activity 类，可以使用应用程序上下文来访问它的私有应用文件目录和缓存目录。在那里你可以添加、删除和访问应用程序相关的文件。默认情况下，这些文件对于应用来说是私有的，并不能被其他应用或者用户访问。

> **小窍门**
>
> 许多在本节中提供的示例程序来自于 SimpleFiles 和 FileStreamOfConsciousness 应用程序。SimpleFiles 应用演示了基本的文件和目录操作，它没有用户界面（只是在 LogCat 中输出）。FileStreamOfConsciousness 应用演示了作为聊天流，如何将字符串记录到文件中，该应用是多线程的。这些应用的源代码可以在本书的网站上下载。

12.4.1　探索 Android 应用程序目录

Android 应用程序数据存储在 Android 文件系统的顶层目录：

```
/data/data/<package name>/
```

有几个默认的子目录会被创建，用于存储数据库，首选项设置和必要的文件。这些目录的实际位置因不同设备而异。如果需要的话，你也可以创建其他的自定义目录。所有的文件操作都从与应用程序上下文对象交互开始。表 12.1 列出了一些应用程序文件管理的重要方法。你可以使用标准的 `java.io` 工具包来操作 `FileStream` 对象。

表 12.1　android.content.Context 文件管理器中重要的方法

方法	目的
`Context.deleteFile()`	根据名称删除私有应用文件。注意：你也可以使用 `File` 类方法
`Context.fileList()`	得到 /files 子目录下所有文件列表
`Context.getCacheDir()`	获取应用 /cache 子目录
`Context.getDir()`	根据名称创建或者获取应用程序子目录
`Context.getExternalCacheDir()`	在外部文件系统上获取 /cache 子目录（API 级别 8）
`Context.getExternalFilesDir()`	在外部文件系统上获取 /files 子目录（API 级别 8）
`Context.getFilesDir()`	获取应用程序 /files 子目录
`Context.getFileStreamPath()`	获取应用程序 /files 子目录的绝对路径
`Context.openFileInput()`	打开一个私有应用程序文件用于读取
`Context.openFileOutput()`	打开一个私有应用程序文件用于写入

创建和写入默认应用程序目录内的文件

需要创建文件的 Android 应用程序应该使用 `Context` 类中的 `openFileOutput()` 方法。使用该方法在应用程序数据目录下的默认位置创建文件：

```
/data/data/<package name>/files/
```

例如，下面的代码片段创建并打开了名为 Filename.txt 的文件。我们在文件中写入一行文本，然后关闭文件：

```
import java.io.FileOutputStream;
...
FileOutputStream fos;
String strFileContents = "Some text to write to the file." ;
fos = openFileOutput( "Filename.txt" , MODE_PRIVATE);
fos.write(strFileContents.getBytes());
fos.close();
```

我们可以通过设置打开模式为 MODE_APPEND，将数据追加到文件中：

```
import java.io.FileOutputStream;
...
FileOutputStream fos;
String strFileContents = "More text to write to the file." ;
fos = openFileOutput( "Filename.txt" , MODE_APPEND);
fos.write(strFileContents.getBytes());
fos.close();
```

我们创建的文件在 Android 文件系统上的路径为：

```
/data/data/<package name>/files/Filename.txt
```

图 12.1 显示了 Activity 从用户那里获取文本内容，当 Send 被点击时，将信息写入到一个文本的屏幕截图。

读取默认应用程序目录内的文件

同样的，我们有了一个用于读取存储在默认 /files 子目录文件的短路径。下面的代码片段打开了名为 Filename.txt 的文件，并进行读操作：

```
import java.io.FileInputStream;
...
String strFileName = "Filename.txt" ;
FileInputStream fis = openFileInput(strFileName);
```

图 12.2 显示了启动 Activity 时从文本文件读取信息的 `Activity` 的屏幕截图。

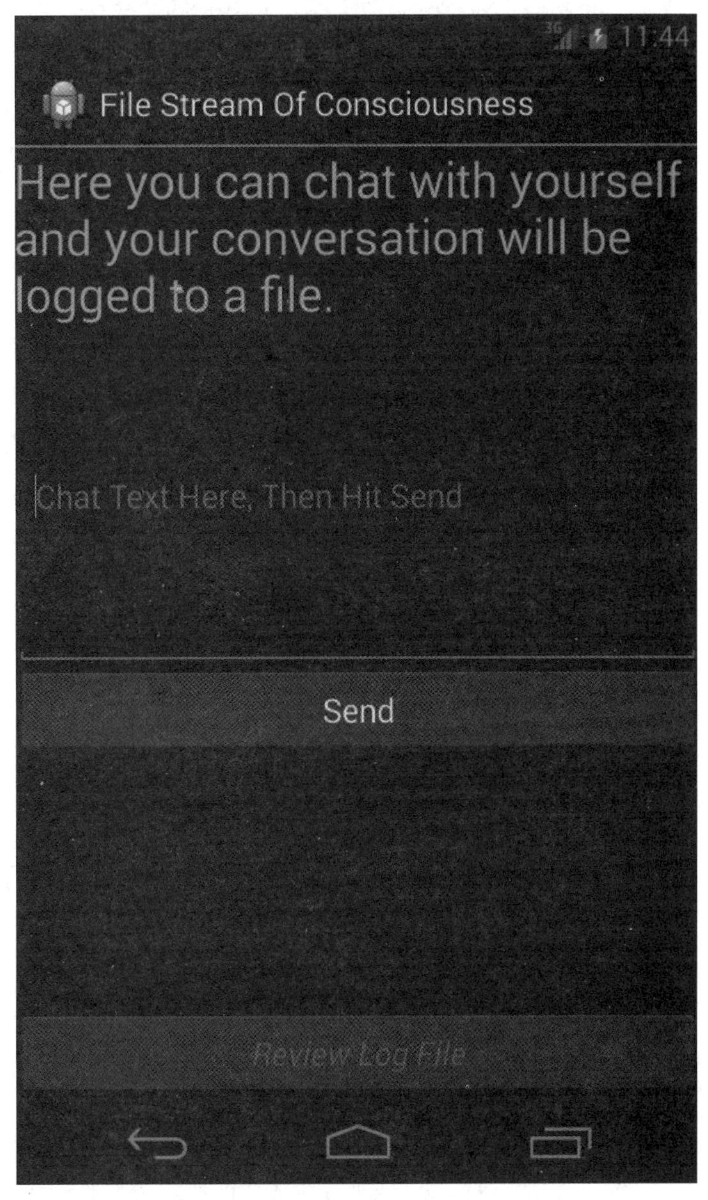

图 12.1　能够写入文本文件的 **Activity** 的屏幕截图

图 12.2　从文本文件读取和显示内容的 **Activity** 的屏幕截图

逐字节读取原始文件

你可以使用标准 Java 的方法来处理文件的读和写。`java.io.InputStreamReader` 和 `java.io.BufferedReader` 用于从不同类型的原始文件读取字节和字符。下面显示了如何逐行读取文本文件，并将其存储在一个

StringBuffer 的简单例子：

```
FileInputStream fis = openFileInput(filename);
StringBuffer sBuffer = new StringBuffer();
BufferedReader dataIO = new BufferedReader (new InputStreamReader(fis));
String strLine = null;
while ((strLine = dataIO.readLine()) != null) {
    sBuffer.append(strLine + "\n" );
}
dataIO.close();
fis.close();
```

读取 XML 文件

Android SDK 包含了几个处理 XML 文件的实用程序，包括 SAX，XML 解析器，以及有限的 DOM（级别 2 的核心支持）。表 12.2 列出了 Android 平台上有助于 XML 解析的包。

表 12.2　重要的 XML 工具

包 / 类	目的
android.sax.*	用于写入标准 SAX 句柄的框架
android.util.Xml	XML 工具，包括 XMLPullParser 创建器
org.xml.sax.*	核心 SAX 工具（项目：*http://www.saxproject.org*）
javax.xml.*	SAX 和有限的 DOM，级别 2 核心支持
org.w3c.dom	DOM 接口，级别 2 核心
org.xmlpull.*	XmlPullParser 以及 XMLSerializer 接口，以及 SAX2 驱动类（项目：*http://xmlpull.org*）

你的 XML 解析的实现取决于你选择使用哪个解析器。回顾第 6 章“管理应用程序资源”，我们讨论了在应用包中加入原始 XML 资源文件。下面是一个如何加载 XML 资源文件，并使用 XmlPullParser 解析的简单例子。

XML 资源文件内容，在 /res/xml/my_pets.xml 文件中定义，如下所示：

```
<?xml version=" 1.0" encoding=" UTF-8" ?>
<!-- Our pet list -→
```

```
<pets>
    <pet type=" Bunny" name=" Bit" />
    <pet type=" Bunny" name=" Nibble" />
    <pet type=" Bunny" name=" Stack" />
    <pet type=" Bunny" name=" Queue" />
    <pet type=" Bunny" name=" Heap" />
    <pet type=" Bunny" name=" Null" />
    <pet type=" Fish" name=" Nigiri" />
    <pet type=" Fish" name=" Sashimi II" />
    <pet type=" Lovebird" name=" Kiwi" />
</pets>
```

下面的代码演示了如何使用为 XML 资源文件设计的特殊 XML 解析器解析先前的 XML 文件：

```
XmlResourceParser myPets = getResources().getXml(R.xml.my_pets);
int eventType = -1;
while (eventType != XmlResourceParser.END_DOCUMENT) {
    if(eventType == XmlResourceParser.START_DOCUMENT) {
        Log.d(DEBUG_TAG, "Document Start" );
    } else if(eventType == XmlResourceParser.START_TAG) {
        String strName = myPets.getName();
        if(strName.equals( "pet" )) {
            Log.d(DEBUG_TAG, "Found a PET" );
            Log.d(DEBUG_TAG," Name: "+
                myPets.getAttributeValue(null, "name" ));
            Log.d(DEBUG_TAG," Species: "+myPets.
                getAttributeValue(null, "type" ));
        }
    }
    eventType = myPets.next();
}
Log.d(DEBUG_TAG, "Document End" );
```

小窍门

你可以在第 6 章代码目录中的 ResourceRoundup 项目中查看该解析器的完整实现。

12.4.2 使用 Android 文件系统上的其他目录和文件

使用 Context.openFileOutput() 和 Context.openFileInput() 方法是非常重要的，如果你有一些文件，并希望将它们存储在应用的私有 /files 子目录下。但是如果你有更复杂的文件管理需求，你需要设置你自己的目录结构。要做到这一点，你必须使用标准的 java.io.File 类中的方法和 Android 文件系统交互。

下面的代码获取了应用程序 /files 子目录下的 File 对象，并获取该目录下的所有文件名的列表：

```
import java.io.File;
...
File pathForAppFiles = getFilesDir();
String[] fileList = pathForAppFiles.list();
```

这里有一种更通用的在文件系统上创建文件的方法。该方法适用于 Android 文件系统上程序有权访问的任何位置，而不仅仅是 /files 子目录：

```
import java.io.File;
import java.io.FileOutputStream;
...
File fileDir = getFilesDir();
String strNewFileName = "myFile.dat" ;
String strFileContents = "Some data for our file" ;
File newFile = new File(fileDir, strNewFileName);
newFile.createNewFile();
FileOutputStream fo = new FileOutputStream(newFile.getAbsolutePath());
fo.write(strFileContents.getBytes());
fo.close();
```

你可以使用 File 对象管理所需目录下的文件，以及创建子目录。例如，你可以希望在“album”目录下存储“track”文件。或者你想在非默认目录下创建文件。假如你想缓存一些数据用于加快应用程序的性能，减少访问网络的频率。在这种情况下，你可能需要创建一个缓存文件。有一个特殊的应用程序目录用于存储缓存文件。缓存文件可以存储在下面 Android 文件系统内的位置，可以通过调用 getCacheDir() 方法获取：

```
/data/data/<package name>/cache/
```

外部的缓存目录，可以通过调用 getExternalCacheDir() 方法获取，不同的是，它们将不会自动删除。

警告

应用程序负责管理它们自己的缓存目录，并保持在一个合理的大小（通常推荐值为 1MB）。系统并不限制缓存目录下文件的数量。当内部存储空间不足时，或者用户卸载该应用时，Android 文件系统会从内部的缓存目录（getCacheDir()）删除缓存文件。

下面的代码获取了程序 /cache 子目录下面的 File 对象，在该目录下创建一个新文件，写入数据，关闭文件，然后将其删除：

```
File pathCacheDir = getCacheDir();
String strCacheFileName = "myCacheFile.cache" ;
String strFileContents = "Some data for our file" ;
File newCacheFile = new File(pathCacheDir, strCacheFileName);
newCacheFile.createNewFile();
FileOutputStream foCache = new FileOutputStream(newCacheFile.
    getAbsolutePath());
foCache.write(strFileContents.getBytes());
foCache.close();
newCacheFile.delete();
```

创建和写入文件到外部存储

应用程序应该存储大规模的数据到外部存储（使用 SD 卡），而不是使用有限的内部存储。你可以通过你的应用访问外部存储，例如 SD 卡。这比使用应用程序目录稍微麻烦一些，因为 SD 卡是可移除的，因此你在使用之前需要检查外部存储是否加载。

小窍门

你可以使用 FileObserver 类（android.os.FileObserver）监视 Android 文件系统的文件和目录活动状态。你可以使用 StatFs 类（android.os.StatFs）监视存储容量。

你可以使用 Environment 类（android.os.Environment）访问设备上的外部存储。首先使用 getExternalStorageState() 方法来检查外部存储的安装状态。你可以在外部存储上存储应用程序私有文件，你也可以存储公共共享文件，例如多媒体文件等。如果你想要存储应用程序私有文件，使用 Context 类的 getExternalFilesDir() 方法，因为如果应用程序将来卸载了，这些文件将被清理。外部缓存可以使用类似的 getExternalCacheDir() 方法访问。但是，如果你想要在外部存储中存储共享文件，例如图片、影片、音乐、铃声或者播客，你可以使用 Environment 类的 getExternalStoragePublicDirectory() 方法来获取用于存储特定文件类型的顶级目录。

小窍门

使用外部存储的应用程序最好使用真实硬件进行测试，而不是模拟器。要确保你完整地测试了各种外部存储状态，包括加载、未加载和只读模式。每个设备具有不同的物理路径，因此目录名称不应该是硬编码的。

12.5　总结

在 Android 平台上，有不同的方法用于存储和管理应用程序数据。你使用的方法取决于所需要存储的数据类型。应用程序可以访问底层的 Android 文件系统，它们可以存储自己的私有文件，并在整个文件系统上进行有限的访问。遵循最佳实践是非常重要的，例如以异步方式操作 Android 文件系统，因为移动设备只有有限的存储和计算能力。

12.6　小测验

1. Android 文件权限模式 MODE_PRIVATE 和 MODE_APPEND 的常数值是

多少？

2．判断题：使用 MODE_WORLD_READABLE 和 MODE_WORLD_WRITEABLE 文件权限模式存储文件是将你应用程序的数据暴露给其他应用的推荐方式。

3．Android 文件系统上存储 Android 应用数据的顶层目录是什么？

4．调用 Context 类中的什么方法可以在应用程序数据目录下创建文件？

5．调用 Context 类中的什么方法可以获取外部缓存目录？

6．判断题：android.os.Environment.getExternalStorageMountStatus() 方法用于确定设备外部存储的加载状态。

12.7　练习

1．使用 Android 文档，描述如何将媒体文件隐藏到一个公共的外部文件目录，以防止 Android 媒体扫描器包含其他应用的媒体文件。

2．创建一个应用，它能够在访问外部存储系统前显示 SD 卡是否可用。

3．创建一个应用，它能存储图像文件到外部存储的 Pictures/ 目录下。

12.8　参考资料和更多信息

Android SDK 中 java.io 包的参考阅读

http://d.android.com/reference/java/io/package-summary.html

Android SDK 中 Context 接口的参考阅读

http://d.android.com/reference/android/content/Context.html

Android SDK 中 File 类的参考阅读

http://d.android.com/reference/java/io/File.html

Android SDK 中 Environment 类的参考阅读

http://d.android.com/reference/android/os/Environment.html

Android API 指南："使用内部存储"

http://d.android.com/guide/topics/data/data-storage.html#filesInternal

Android API 指南："使用外部存储"

http://d.android.com/guide/topics/data/data-storage.html#filesExternal

第 13 章 使用内容提供者

应用程序可以通过内容提供者的接口访问其他应用程序的数据，并可成为内容提供者将内部程序数据暴露给其他应用程序。内容提供者是一种可以访问用户信息的方法，包括了设备上的联系人数据，图像，音频和视频等信息。在本章中，我们将看一些在 Android 平台上的内容提供者，以及了解如何使用它们。

警告

请在测试设备上运行内容提供者的代码，而不是你的个人设备。因为很容易不小心擦除所有的联系人数据库，你的浏览器书签，或者设备上的其他类型数据。请考虑这个警告，因为本章我们将讨论的操作，例如如何查询（通常是安全的）和修改（并不安全）各种类型的设备数据。

13.1 探索 Android 的内容提供者

Android 设备附带了一些内置应用，其中许多作为内容提供者暴露它们的数据。你的应用程序可以通过不同的源来访问内容提供者的数据。你可以在 Android 的 android.provider 包中找到内容提供者。表 13.1 列出了该包中一些有用的内容提供者。

现在，让我们来具体看看最为流行和官方的内容提供者。

小窍门

本章提供的示例程序使用了 CursorLoader 类用于在后台线程（使用 loadInBackground() 方法）执行游标查询。这种方法可以在执行游标查

> 询时防止你的应用堵塞 UI 线程。这种方法取代了 Activity 类的 managedQuery() 方法来执行游标查询（会堵塞 UI 线程），后者已被正式弃用。如果你的目标设备早于 Honeycomb 版本，你需要从 Android 支持包中导入 CursorLoader 类，使用 android.support.v4.content.CursorLoader 而不是导入 android.content.CursorLoader。

表 13.1 有用的内置内容提供者

提供者	目的
AlarmClock	使用闹钟应用设置闹铃（API 级别 9）
Browser	浏览记录和书签
CalendarContract	日历和任务信息（API 级别 14）
CallLog	发送和接收电话
ContactsContract	手机联系人数据库或者电话簿（API 级别 5）
MediaStore	手机和外置存储器上的音频 / 视频数据
SearchRecentSuggestions	适合应用的搜索建议
Settings	系统的设备设置和首选项
UserDictionary	用户定义的字典用于预测文本输入（API 级别 3）
VoicemailContract	统一用户管理不同来源的语音邮件内容（API 级别 14）

13.1.1 使用 MediaStore 内容提供者

你可以使用 MediaStore 内容提供者访问手机和外部存储设备上的媒体文件。你可以访问的主要媒体包括：音频，图像和视频。你可以通过它们各自的内容提供者类（android.provider.MediaStore 下）访问这些不同类型的媒体。

大多数 MediaStore 类允许与数据进行充分互动。你可以获取，添加和删除设备中的媒体文件。也有一些有用的辅助类用于定义可以获取的最常见数据列。表 13.2 列出了一些常用类，你可以在 android.provider.MediaStore 下找到。

表 13.2　常用的 MediaStore 类

类	目的
Audio.Albums	根据专辑组织音频文件
Audio.Artists	根据艺术家组织音频文件
Audio.Genres	根据类型管理音频文件
Audio.Media	管理设备上的音频文件
Audio.Playlists	根据特定播放列表管理音频文件
Files	列出所有媒体文件（API 级别 11）
Images.Media	管理设备上图片文
Images.Thumbnails	获取图片文件的缩略图
Video.Media	管理设备上的视频文件
Video.Thumbnails	获取视频文件的缩略图

小窍门

许多在本节中提供的示例程序来自于 SimpleContentProvider 应用程序，SimpleContentProvider 应用的源代码可以在本书的网站上下载。

下面的代码演示了如何从内容提供者请求数据。MediaStore 查询并获取 SD 卡上的所有音频文件的标题和各自的持续时间。该代码要求你在模拟器中导入一些音频文件到虚拟 SD 卡。

```
String[] requestedColumns = {
    MediaStore.Audio.Media.TITLE,
    MediaStore.Audio.Media.DURATION
};
CursorLoader loader = new CursorLoader(this,
    MediaStore.Audio.Media.EXTERNAL_CONTENT_URI,
    requestedColumns, null, null, null);
Cursor cur = loader.loadInBackground();
```

```
Log.d(DEBUG_TAG, "Audio files: " + cur.getCount());
Log.d(DEBUG_TAG, "Columns: " + cur.getColumnCount());
int name = cur.getColumnIndex(MediaStore.Audio.Media.TITLE);
int length = cur.getColumnIndex(MediaStore.Audio.Media.DURATION);
cur.moveToFirst();
while (!cur.isAfterLast()) {
    Log.d(DEBUG_TAG, "Title" + cur.getString(name));
    Log.d(DEBUG_TAG, "Length: " +
        cur.getInt(length) / 1000 + " seconds" );
    cur.moveToNext();
}
```

MediaStore.Audio.Media 类已经预先定义了作为内容提供者暴露的每个数组字段（或者说列）的字符串。你可以定义一个要求列名的字符串数组作为查询的一部分，从而限制音频文件数据字段的结果。在这个例子中，我们将结果限制为每个音频文件的曲目标题和持续时间。

接着，我们使用 CursorLoader 和 loadInBackground() 方法访问游标。CursorLoader 的第一个参数是应用程序上下文。第二个参数是你要查询的内容提供者的预定义 URI。第三个参数是返回列的列表（音频文件标题和持续时间）。第四个参数和第五个参数控制了选择过滤参数，第六个参数提供了返回结果的排序方法。我们将这些参数设置为 null，因为我们想要该位置的所有音频文件。使用 loadInBackground() 方法，我们得到了一个 Cursor 作为结果。然后，我们检查 Cursor 来获取结果。

13.1.2 使用 CallLog 内容提供者

Android 提供了通过 android.provider.CallLog 类访问手机的通话记录的内容提供者。乍一看，CallLog 对于开发者来说，看上去并不是一个有用的内容提供者，但它有一些漂亮的功能。你可以使用 CallLog 来过滤最近的已拨电话，已接来电和未接来电。每个通话的日期和持续时间都被记录下来，并绑定到了联系人应用用于来电识别的目的。

CallLog 对于客户关系管理（CRM）应用来说是一个有用的内容提供者。用户可以在 Contacts 应用中使用自定义标签标记特定的电话号码。

为了演示 CallLog 内容提供者是如何工作的，让我们来看一个虚拟的情形，我们想要产生一份包含自定义标签 HourlyClient123 的电话报告。Android 允许为这些电话号码使用自定义标签，如下面例子所使用的：

```
String[] requestedColumns = {
    CallLog.Calls.CACHED_NUMBER_LABEL,
    CallLog.Calls.DURATION
};
CursorLoader loader = new CursorLoader(this,
    CallLog.Calls.CONTENT_URI,
    requestedColumns,
    CallLog.Calls.CACHED_NUMBER_LABEL + " = ?" ,
    new String[] { "HourlyClient123" },
    null);
Cursor calls = loader.loadInBackground();
Log.d(DEBUG_TAG, "Call count: " + calls.getCount());
int durIdx = calls.getColumnIndex(CallLog.Calls.DURATION);
int totalDuration = 0;
calls.moveToFirst();
while (!calls.isAfterLast()) {
    Log.d(DEBUG_TAG, "Duration: " + calls.getInt(durIdx));
    totalDuration += calls.getInt(durIdx);
    calls.moveToNext();
}
Log.d(DEBUG_TAG,"HourlyClient123 Total Call Duration:" +totalDuration);
```

这段代码类似MediaStore音频文件的代码。同样,我们从列出请求列开始:电话标签和通话时间。然而这一次，我们并想要得到所有的通话记录，只需要那些具有 HourlyClient123 标签的通话记录。为了使用该特定标签过滤查询结果，需要指定 CursorLoader 的第四和第五个参数。总之，这两个参数相当于数据库中得 WHERE 语句。第四个参数指定了 WHERE 语句的格式，它使用列名+选择参数（显示为?）。第五个参数，为 String 数组，提供了每个选择参数（?）的替换值，就像你使用简单 SQLite 数据库进行查询一样。

我们使用同样地方法来遍历 Cursor 的记录，并添加所有的通话时间。

访问需要权限的内容提供者

你的应用程序需要一个特殊的权限来访问 CallLog 内容提供者提供的信息。你可以使用 Android IDE 向导声明 <uses-permission> 标签，也可以添加下面的内容到你的 AndroidManifest.xml 文件中：

```
<uses-permission
    android:name=" android.permission.READ_CONTACTS" >
</uses-permission>
```

虽然这里有点混乱，并没有要求 CallLog 提供者的许可。相反，应用程序需要使用 READ_CONTACTS 权限来访问 CallLog。虽然该内容提供者的值是被缓存的，但该数据和你在内容提供者中找到的类似。

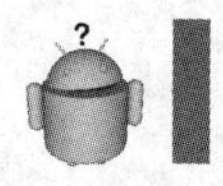

小窍门

你可以在 android.Manifest.permission 类中找到所有可用的权限。

13.1.3 使用浏览器内容提供者

另一个有用的内置内容提供者是 Brower。浏览器内容提供者暴露了用户的浏览网站历史和书签。你可以通过 android.provider.Browser 类访问该内容提供者。和 CallLog 类类似，你可以使用 Browser 内容提供者生成统计数据并提供跨应用的功能信息。你可以使用 Browser 内容提供者来添加你应用支持网站的书签。

在这个例子中，我们查询 Browser 内容提供者，并找到最经常访问的五大书签网站。

```
String[] requestedColumns = {
    Browser.BookmarkColumns.TITLE,
    Browser.BookmarkColumns.VISITS,
    Browser.BookmarkColumns.BOOKMARK
};
CursorLoader loader = new CursorLoader(this,
    Browser.BOOKMARKS_URI,
    requestedColumns,
```

```
        Browser.BookmarkColumns.BOOKMARK + "=1" ,
        null,
        Browser.BookmarkColumns.VISITS + " DESC limit 5" );
    Cursor faves = loader.loadInBackground();
    Log.d(DEBUG_TAG, "Bookmarks count: " + faves.getCount());
    int titleIdx = faves.getColumnIndex(Browser.BookmarkColumns.TITLE);
    int visitsIdx = faves.getColumnIndex(Browser.BookmarkColumns.VISITS);
    int bmIdx = faves.getColumnIndex(Browser.BookmarkColumns.BOOKMARK);
    faves.moveToFirst();
    while (!faves.isAfterLast()) {
        Log.d( "SimpleBookmarks" , faves.getString(titleIdx) + " visited "
            + faves.getInt(visitsIdx) + " times : "
            + (faves.getInt(bmIdx) != 0 ? "true" : "false" ));
        faves.moveToNext();
    }
```

同样地，定义请求列，生成查询，使用 Cursor 遍历整个结果。

需要注意的是，CursorLoader 变得更为复杂。让我们来看看该方法参数的更多细节。第二个参数，Browser.BOOKMARKS_URI 是浏览器所有历史记录 URI，而不只是书签的项目。第三个参数定义了查询结果的请求列。第四个参数指定书签属性必须为 true。该参数是必需的，用于过滤查询。现在的结果是在书签中的浏览器历史记录条目。第五个参数，选择参数，用于替换使用的值，这里并没有使用，因此该值设置为 null。最后，第六个参数指定了结果的顺序（按照访问量最多的降序排列）。获取浏览器历史信息需要设置 READ_HISTORY_BOOKMARKS 权限。

小窍门

请注意，我们在 CursorLoader 的第六个参数添加了 LIMIT 语句。虽然并没有特定的文档记载，我们发现通过这种方式限制查询结果可以很好地工作，甚至在某些情况下（查询结果很长时）可能改善程序性能。请记住，如果内容提供者的内部实现验证最后的参数只是一个有效的 ORDER BY 语句，它可能不能正常工作。我们也利用了大多数内容提供者都支持 SQLite 的优点。这并不是必需的。

13.1.4　使用 CalendarContract 内容提供者

CalendarContract 内容提供者在 Android 4.0（API 级别 14）正式引入，它允许你管理和交互设备上的用户日历数据。你可以在用户的日历中使用该内容提供者创建一次性的和重复性的事件，设置提醒，以及更多的功能。只要用户已经正确配置日历账户（例如，Microsoft Exchange）。除了功能齐全的内容提供者，你还可以使用 Intent，快速触发一个新的事件加入到用户日历中，如下面所示：

```
Intent calIntent = new Intent(Intent.ACTION_INSERT);
calIntent.setData(CalendarContract.Events.CONTENT_URI);
calIntent.putExtra(CalendarContract.Events.TITLE,
    "My Winter Holiday Party" );
calIntent.putExtra(CalendarContract.Events.EVENT_LOCATION,
    "My Ski Cabin at Tahoe" );
calIntent.putExtra(CalendarContract.Events.DESCRIPTION,
    "Hot chocolate, eggnog and sledding." );
startActivity(calIntent);
```

这里，我们使用合适的 IntentExtras 来设置事件的名称，位置和描述。这些字段将被设置为表单，显示给用户需要在 Calendar 应用中确认的事件。要了解更多关于 Calendar 内容提供者的信息，请参阅 *http://d.android.com/guide/topics/providers/calendar-provider.html* 和 *http://d.android.com/reference/android/provider/CalendarContract.html*。

13.1.5　使用 UserDictionary 内容提供者

另一个有用的内容提供者是 UserDictionary 提供者。你可以使用该内容提供者预测文本区域的文本输入和其他用户的输入。独立的单词存储在字典中，根据频率加权并按语言区域组织。你可以使用 UserDictionary.Words 类的 addWord() 方法将单词添加到自定义用户字典。

13.1.6　使用 VoicemailContract 内容提供者

VoicemailContract 内容提供者在 API 级别 14 中被引入。你可以使用该内容提供者添加新的语音邮件内容到共享提供者，这样所有的语音邮件内容可以在同一个地方访问。要访问该提供者，应用程序需要 ADD_VOICEMAIL 权限。

要了解更多信息，请参阅 Android SDK 文档中关于 VoicemailContract 类：*http:// d.android.com/reference/android/provider/VoicemailContract.html* 的信息。

13.1.7　使用 Settings 内容提供者

另一个有用的内容提供者是 Setttings 提供者。你可以使用该内容提供者访问设备的设置和用户首选项。设置的组织方式和它们在 Settings 应用中的方式一样——使用类别。你可以在 android.provider.Settings 类中找到关于 Settings 内容提供者的信息，如果你的应用需要修改系统设置，你需要在你的应用的 Android 清单文件注册 WRITE_SETTINGS 或者 WRITE_SECURE_SETTINGS 权限。

13.1.8　ContactsContract 内容提供者的介绍

联系人数据库是 Android 设备上最常用的应用之一。用户总是想要方便地得到联系人信息（朋友、家人、同事和客户）。此外，大部分设备显示的联系人身份基于 Contacts 应用，包括昵称、照片或者图标。

Android 提供了内置的联系人应用，可以使用内容提供者接口将联系人数据提供给其他 Android 应用。作为一个应用开发者，这意味着你可以在应用中使用用户的联系人信息，从而拥有更为强大的用户体验。

访问用户联系人的内容提供者最初称之为 Contants。Android2.0（API 级别 5）引入了增强的联系人管理内容提供者类用于管理用户的联系人数据。该内容提供者称为 ContactsContract，包括了称为 ContactsContract.Contacts 的子类。这是今后首选的联系人内容提供者。

你的应用需要特殊的权限来访问 ContactsContract 内容提供者提供的私人用户信息。你必须在 <uses-permission> 标签中使用 READ_CONTACTS 权限来读取信息。如果你的应用会修改联系人数据库，你还需要 WRITE_CONTACTS 权限。

小窍门

许多在本节中提供的示例代码来自于 SimpleContacts 应用程序，SimpleContacts 应用的源代码可以在本书的网站上下载。

使用 ContactsContract 内容提供者

作为最新的联系人内容提供者，ContactsContract.Contacts 在 API 级别 5（Android 2.0）中被引入。它提供了强大的联系人内容提供者，适合随着 Android 平台发展的更为强大的 Contacts 应用。

小窍门

ContactsContract 内容提供者在 Android 4.0（Ice Cream Sandwich, API 级别 14）中被进一步加强，加入了实质性的社交网络功能。一些新的功能包括管理设备的用户身份，与特定联系人首选的交流方法，以及一个新的 INVITE_CONTACT 的 Intent 类型用于联系人连接。设备上用户的个人配置文件可以通过 ContactsContract.Profile 类访问（需要 READ_PROFILE 的应用程序权限）。设备用户与特定联系人首选的交流方法可以通过新的 ContactsContract.DataUsageFeedback 类访问。要了解更多信息，请参阅 Android SDK 文档中关于 android.provider.ContactsContract 的部分。

下面的代码使用了 ContactsContract 提供者：

```
String[] requestedColumns = {
    ContactsContract.Contacts.DISPLAY_NAME,
    ContactsContract.CommonDataKinds.Phone.NUMBER,
};
CursorLoader loader = new CursorLoader(this,
ContactsContract.Data.CONTENT_URI,
    requestedColumns, null, null, "display_name desc limit 1" );
Cursor contacts = loader.loadInBackground();
int recordCount = contacts.getCount();
Log.d(DEBUG_TAG, "Contacts count: " + recordCount);
if (recordCount > 0) {
    int nameIdx = contacts
        .getColumnIndex(ContactsContract.Contacts.DISPLAY_NAME);
    int phoneIdx = contacts
        .getColumnIndex(ContactsContract.CommonDataKinds.Phone.NUMBER);
    contacts.moveToFirst();
```

```
    Log.d(DEBUG_TAG, "Name: " + contacts.getString(nameIdx));
    Log.d(DEBUG_TAG, "Phone: " + contacts.getString(phoneIdx));
}
```

这里，我们可以看到代码使用的查询 URI 来自于 ContactsContract.Data.CONTENT_URI 的 ContactsContract 提供者。接着，你的请求需要不同的列名。ContactsContract 提供者的列名组织更为彻底，允许更为动态的联系人配置。这点可以使你的查询变得稍微复杂一些。幸运的是，ContactsContract.CommonDataKinds 类有一些常用的预定义的列。表 13.3 列出了一些常用的类帮助你使用 ContactsContract 内容提供者。

表 13.3　常用的 ContactsContract 数据列类

类	目的
ContactsContract.CommonDataKinds	定义了一些常用联系人列，例如：电子邮件、昵称、电话和照片
ContactsContract.Contacts	定义了与联系人相关的整合数据。可以执行聚集
ContactsContract.Data	定义了单一联系人相关的原始数据
ContactsContract.PhoneLookup	定义了电话列，可用于快速查找电话号码，来电识别的目的
ContactsContract.StatusUpdates	定义了社交网络的列，可用于检查联系人的即时信息状态

小窍门

在 Android 4.3 中为 ContactsContract 内容提供者添加了新的功能，提供了查询联系人数据变化的能力。你现在可以使用 ContactsContract.DeletedContacts 来获取确定最近删除联系人的能力。这是一个非常有用的功能，因为在此之前，应用程序没有标准的方式来确定哪些联系人被更改或者删除。

要了解更多关于 ContactsContract 提供者的信息，请参阅 Android SDK

文档：*http://d.android.com/reference/android/provider/ContactsContract.html*。

13.2 修改内容提供者数据

内容提供者不仅是静态数据来源。它们也可以添加、更新和删除数据，如果内容提供者应用实现了该功能。你的应用程序必须具有相应的权限（也就是说，和 READ_CONTACTS 相对应的 WRITE_CONTACTS）来执行这些操作。让我们使用 ContactsContract 内容提供者，并给出一些如何修改联系人数据库的例子。

13.2.1 添加记录

使用 ContactsContract 内容提供者，我们可以通过编程将一个新记录添加到联系人数据库。下面的代码添加了一个新的联系人，名为 Ian Droid，号码为 6505551212，如下面所示：

```
ArrayList<ContentProviderOperation> ops =
    new ArrayList<ContentProviderOperation>();
int contactIdx = ops.size();
ContentProviderOperation.Builder op =
    ContentProviderOperation.newInsert(
        ContactsContract.RawContacts.CONTENT_URI);
op.withValue(ContactsContract.RawContacts.ACCOUNT_NAME, null);
op.withValue(ContactsContract.RawContacts.ACCOUNT_TYPE, null);
ops.add(op.build());
op = ContentProviderOperation.newInsert(ContactsContract.Data.CONTENT_
     URI);
op.withValue(ContactsContract.Data.MIMETYPE,
ContactsContract.CommonDataKinds.StructuredName.CONTENT_ITEM_TYPE);
op.withValue(ContactsContract.CommonDataKinds.StructuredName.DISPLAY_
     NAME,
     "Ian Droid" );
op.withValueBackReference(ContactsContract.Data.RAW_CONTACT_ID,
    contactIdx);
ops.add(op.build());
op = ContentProviderOperation.newInsert(ContactsContract.Data.CONTENT_
     URI);
op.withValue(ContactsContract.CommonDataKinds.Phone.NUMBER,
```

```
        "6505551212" );
    op.withValue(ContactsContract.CommonDataKinds.Phone.TYPE,
        ContactsContract.CommonDataKinds.Phone.TYPE_WORK);
    op.withValue(ContactsContract.CommonDataKinds.Phone.MIMETYPE,
        ContactsContract.CommonDataKinds.Phone.CONTENT_ITEM_TYPE);
    op.withValueBackReference(ContactsContract.Data.RAW_CONTACT_ID,
        contactIdx);
    ops.add(op.build());
    getContentResolver().applyBatch(ContactsContract.AUTHORITY, ops);
```

这里，我们使用 ContentProviderOperation 类来创建操作数组，用于将记录添加到设备上的联系人数据库。我们使用 newInsert() 添加的第一条记录是联系人的 ACCOUNT_NAME 和 ACCOUNT_TYPE。我们使用 newInsert() 添加的第二条记录是 ContactsContract.CommonDataKinds.StructuredName.DISPLAY_NAME 列的名称。我们在分配信息（例如电话号码）前需要创建联系人的名称。可以把这看成是在表格中创建一行，为电话号码表格提供了一对多的映射。我们使用 newInsert() 添加的第三条记录是我们将要添加到联系人数据库的联系人的电话号码。

我们将数据添加到数据库的 ContactsContract.Data.CONTENT_URI 路径下。我们使用 Activity 相对应的 ContentResolver 的 getContentResolver().applyBatch() 方法一次性应用所有的三条内容提供者操作。

小窍门

此时，你可能想知道是如何确定数据结构的。最好的方法是深入研究要整合到你应用中的内容提供者的相关文档。

13.2.2　更新记录

添加数据并不是你唯一可以做的修改。你也可以更新一行或者多行。下面的代码块显示了如何更新内容提供者中的数据。在这个例子中，我们更新电话号码字段为特定的联系方式。

```
String selection = ContactsContract.Data.DISPLAY_NAME + " = ? AND " +
    ContactsContract.Data.MIMETYPE + " = ? AND " +
```

```
        String.valueOf(ContactsContract.CommonDataKinds.Phone.TYPE) + " = ? ";
    String[] selectionArgs = new String[] {
        "Ian Droid",
        ContactsContract.CommonDataKinds.Phone.CONTENT_ITEM_TYPE,
        String.valueOf(ContactsContract.CommonDataKinds.Phone.TYPE_WORK)
    };
    ArrayList<ContentProviderOperation> ops = new
        ArrayList<ContentProviderOperation>();
    ContentProviderOperation.Builder op =
        ContentProviderOperation.newUpdate(ContactsContract.Data.CONTENT_URI);
    op.withSelection(selection, selectionArgs);
    op.withValue(ContactsContract.CommonDataKinds.Phone.NUMBER, "6501234567");
    ops.add(op.build());
    getContentResolver().applyBatch(ContactsContract.AUTHORITY, ops);
```

同样，我们使用 ContentProviderOperation 类来创建操作数组，用于更新设备上的联系人数据库。在本例中，给定的电话号码字段使用了 TYPE_WORK 属性。这将替换所有存储在联系人中当前存储在 NUMBER 字段为 TYPE_WORK 属性的电话号码。我们使用 newUpdate() 方法添加 ContentProviderOperation，并再次使用 ContentResolver 的 applyBatch() 方法来完成我们的修改。然后，我们可以确认只有一行被更新。

13.2.3 删除记录

现在，你已经使用示例将用户数据添加到了你的联系人应用，你可能想要删除其中的一部分。删除数据其实相当简单。另一个提醒，你应该只在测试设备上使用这些示例，这样你不会一不小心从你的设备上删除你所有的联系人信息。

删除所有的记录

下面的代码会删除给定 URI 的所有记录。请确定你非常小心地执行这样的操作。

```
ArrayList<ContentProviderOperation> ops =
    new ArrayList<ContentProviderOperation>();
ContentProviderOperation.Builder op =
    ContentProviderOperation.newDelete(
```

```
        ContactsContract.RawContacts.CONTENT_URI);
ops.add(op.build());
getContentResolver().applyBatch(ContactsContract.AUTHORITY, ops);
```

newDelete() 方法会删除给定 URI 的所有行，在本例中是 RawContacts.CONTENT_URI 位置的所有行（也就是所有的联系人条目）。

删除特定的记录

通常你会通过添加选择过滤器来删除模式匹配的特定行。

例如，下面的 newDelete() 操作会匹配所有联系人名称为 Ian Droid 的记录，它是我们在前面创建的联系人并使用的。

```
String selection = ContactsContract.Data.DISPLAY_NAME + " = ? ";
String[] selectionArgs = new String[] { "Ian Droid" };
ArrayList<ContentProviderOperation> ops =
    new ArrayList<ContentProviderOperation>();
ContentProviderOperation.Builder op =
    ContentProviderOperation.newDelete(
        ContactsContract.RawContacts.CONTENT_URI);
op.withSelection(selection, selectionArgs);
ops.add(op.build());
getContentResolver().applyBatch(ContactsContract.AUTHORITY, ops);
```

13.3　使用第三方的内容提供者

任何应用程序都可以实现内容提供者接口，从而可以安全地和设备上的其他应用共享信息。一些应用程序只在内部使用内容提供者共享信息——譬如只与他们的自有品牌应用。其他应用则公开他们提供的信息的规则，以便其他应用可以与他们进行整合。

如果你浏览 Android 的源代码，或者运行你想要使用的内容提供者，你需要考虑：Android 平台上有许多其他的内容提供者可以使用，特别是那些使用 Google 应用（日历，邮件，等等）的内容提供者。要注意的是，如果使用未文档化的内容提供者，只是因为你恰好知道它们是如何运行的，或者是通过逆向工程了解的，但这通常不是一个好主意。使用未文档化和非公开的内容提供者可能让你的应用程序不稳定。这篇 Android 开发者博客的文章解释了为什么在商业应用中这种类型的破解方式是不鼓励的：*http://android-developers.blogspot.com/2010/05/be-careful-with-content-providers.html*。

13.4　总结

你的应用可以利用其他 Android 应用程序的数据，如果它们公开其数据作为内容提供者。内容提供者如 MediaStore、Browser、CallLog 和 ContactsContract 可以被其他 Android 应用使用，从而为用户提供了强大的更好的用户体验。应用程序还可以通过称为内容提供者共享彼此的数据。成为内容提供者涉及到了一系列方法用于管理如何为其他应用暴露数据以及暴露哪些数据。

13.5　小测验

1．哪一种内容提供者可以用来访问手机和外部存储设备上的多媒体文件？

2．判断题：MediaStore.Images.Thumbnails 类用于获取图像文件的缩略图

3．访问 CallLog 内容提供者提供的信息需要什么样的权限？

4．判断题：访问 Browser 内容提供者的浏览器历史记录信息需要 READ_HISTORY 权限。

5．添加单词到 UserDictionary 内容提供者的用户自定义字典需要调用什么方法？

6．判断题：Contacts 内容提供者是在 API 级别 5 中被加入的。

13.6　练习

1．使用 Android 文档，确定 ContactsContract 内容提供者相关联的所有表。

2．创建一个应用程序，它能够将用户在 EditText 中输入的单词添加到 UserDictionary 的内容提供者中。

3. 创建一个应用程序，它能够使用 `ContactsContract` 内容提供者添加联系人的电子邮件地址。正如我们之前所说的，请在测试设备上运行，而不是在你的个人设备上运行该代码。

13.7　参考资料和更多信息

Android SDK 中 `android.provider` 包的参考阅读

http://d.android.com/reference/android/provider/package-summary.html

Android SDK 中 `AlarmClock` 内容提供者的参考阅读

http://d.android.com/reference/android/provider/AlarmClock.html

Android SDK 中 `Browser` 内容提供者的参考阅读

http://d.android.com/reference/android/provider/Browser.html

Android SDK 中 `CallLog` 内容提供者的参考阅读

http://d.android.com/reference/android/provider/CallLog.html

Android SDK 中 `Contacts` 内容提供者的参考阅读

http://d.android.com/reference/android/provider/Contacts.html

Android SDK 中 `ContactsContract` 内容提供者的参考阅读

http://d.android.com/reference/android/provider/ContactsContract.html

Android SDK 中 `MediaStore` 内容提供者的参考阅读

http://d.android.com/reference/android/provider/MediaStore.html

Android SDK 中 `Settings` 内容提供者的参考阅读

http://d.android.com/reference/android/provider/Settings.html

Android SDK 中 `SearchRecentSuggestions` 内容提供者的参考阅读

http://d.android.com/reference/android/provider/SearchRecentSuggestions.html

Android SDK 中 `UserDictionary` 的参考阅读

http://d.android.com/reference/android/provider/UserDictionary.html

Android API 指南：“内容提供者”

http://d.android.com/guide/topics/providers/content-providers.html

第 14 章 设计兼容的应用

如今全球市场有着数百种不同的 Android 设备——从智能手机到平板电脑和电视。在本章中，你将会学习如何设计和开发兼容多种设备的 Android 应用程序，即使这些设备在屏幕尺寸、硬件或者平台版本上都不尽相同。我们提供了大量的技巧，用于设计和开发兼容许多不同设备的应用。最后，你将学习到如何为国外市场国际化你的应用。

14.1 最大程度提供应用程序兼容性

数十家制造厂商开发 Android 设备，我们已经看到了不同型号设备的开发——每一个都有各自差异化和独特的特点。用户现在有着很多选择，但这些选择是有代价的。这种设备的激增带给了开发者称之为碎片化，一般人称之为兼容性的问题。我们把术语放在一边，用于开发和支持多种设备的 Android 应用程序现在已经成为一个具有挑战性的任务。开发者必须和不同版本平台的设备作斗争（见图 14.1），硬件配置（包括可选的硬件功能），如 OpenGL 版本（见图 14.2），以及不同的屏幕尺寸和密度（见图 14.3）。设备的区别列表很长，并随着新设备而继续增长。

虽然碎片化使得 Android 应用开发者的工作变得更为复杂，但仍然可以开发和支持各种设备——甚至所有的设备，使用唯一的应用程序。当涉及最大化兼容性的问题，你总是希望使用以下的策略：

- 只要有可能，选择支持最广泛设备的开发选项。在很多情况下，你可以在运行时检测设备的差异，并提供不同的代码路径以支持不同的配置。

只要确保你告知 QA（质量保证）团队应用逻辑，它就可以被全面理解和测试。

- 每当一个开发决策限制了应用程序的兼容性（例如，使用较高 API 级别才加入的 API，或者引入需求硬件，如摄像头），评估风险并文档化该限制。确定你是否要为不支持该需求的设备提供替代解决方案。

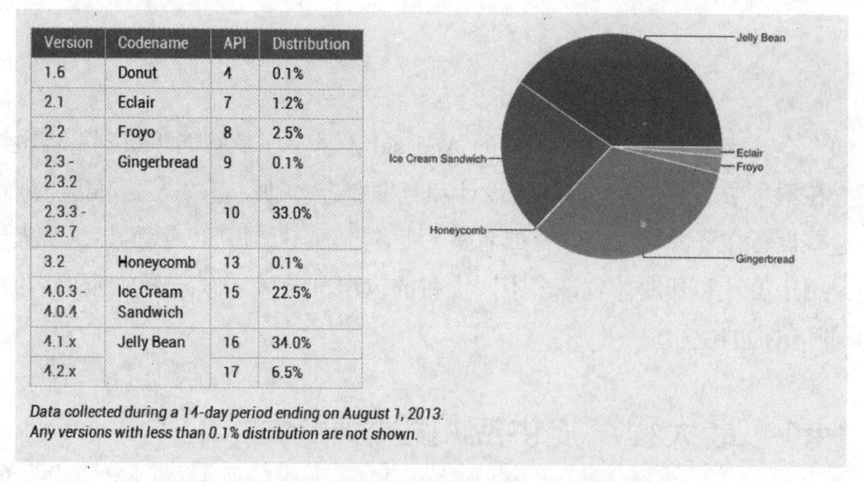

Version	Codename	API	Distribution
1.6	Donut	4	0.1%
2.1	Eclair	7	1.2%
2.2	Froyo	8	2.5%
2.3 - 2.3.2	Gingerbread	9	0.1%
2.3.3 - 2.3.7		10	33.0%
3.2	Honeycomb	13	0.1%
4.0.3 - 4.0.4	Ice Cream Sandwich	15	22.5%
4.1.x	Jelly Bean	16	34.0%
4.2.x		17	6.5%

图 14.1 Android 设备数据统计，基于平台版本

（来源：*http://d.android.com/about/dashboards/index.html#Platform*）

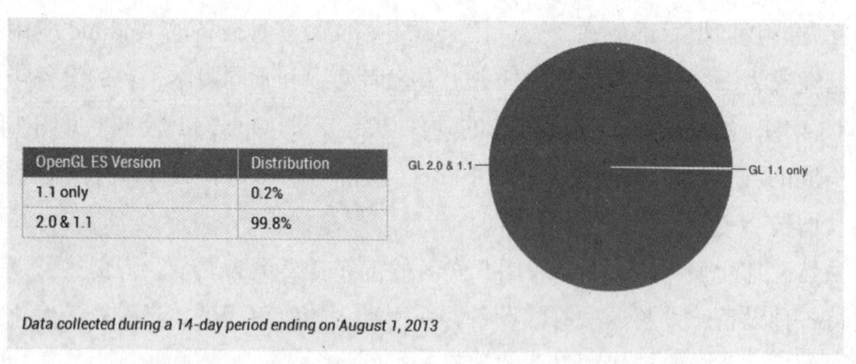

OpenGL ES Version	Distribution
1.1 only	0.2%
2.0 & 1.1	99.8%

图 14.2 Android 设备数据统计，基于 OpenGL 版本

（来源：*http://d.android.com/about/dashboards/index.html#OpenGL*）

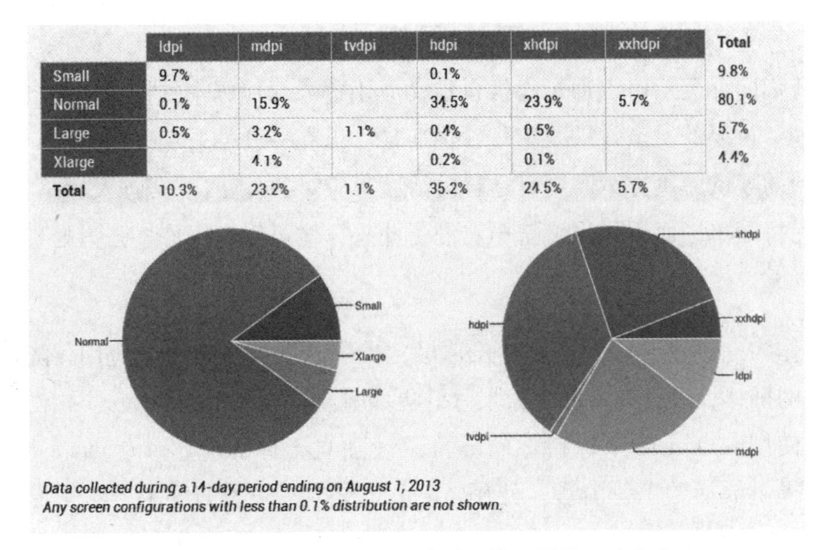

	ldpi	mdpi	tvdpi	hdpi	xhdpi	xxhdpi	Total
Small	9.7%			0.1%			9.8%
Normal	0.1%	15.9%		34.5%	23.9%	5.7%	80.1%
Large	0.5%	3.2%	1.1%	0.4%	0.5%		5.7%
Xlarge		4.1%		0.2%	0.1%		4.4%
Total	10.3%	23.2%	1.1%	35.2%	24.5%	5.7%	

图 14.3　Android 设备数据统计，基于屏幕尺寸和密度

（来源：*http://d.android.com/about/dashboards/index.html#Screens*）

- 在设计应用程序用户界面时，请考虑屏幕大小和密度的差异性。可以为设备设计非常灵活的布局，从而在纵向屏幕和横向屏幕模式，不同的屏幕分辨率和大小下看上去都很合理。但是，如果你不在早期考虑这些因素，你可能不得不在将来作出修改（有时是痛苦的）来适应这些差异。
- 在开发过程的早期就对各种设备进行测试，以避免在中后期发生不愉快的意外。确保这些设备具有不同的硬件和软件，包括不同版本的 Android 平台，不同的屏幕尺寸和不同的硬件功能。
- 如果可能，提供替代资源，以帮助减少不同设备特性之间的差异（我们将在本章后面具体讨论替代资源）。
- 如果你在应用中引入软件和硬件需求，请确保在 Android 清单文件中使用合适的标记来注册该信息。Android 平台和第三方（如 Google Play）中使用的标记，有助于确保你的应用程序只能在满足其需求的设备上安装。

现在让我们来看看一些你可以用于针对不同设备配置和语言的策略。

14.2 设计兼容的用户界面

在我们向你展示可以通过提供自定义应用资源和代码来支持特定设备配置的方法之前，重要的一点你需要记住，你通常可以在一开始避免使用它们。关键是设计开始的默认解决方案需要有足够灵活性来应对各种变化。当涉及用户界面时，让它们保持简单，而不是过度挤压它们。此外，你可以利用许多强大处理工具的优势。

- 作为一个经验法则，设计正常尺寸屏幕和中等分辨率的应用。随着时间的推移，设备有着向更大尺寸、更大分辨率发展的趋势。
- 使用 Fragment 来保持你的屏幕设计独立于你的应用 Activity 类，并提供灵活的工作流程。使用 Android 支持库来为旧的平台版本提供更新的支持库。
- 对于 View 和 Layout 控件的 width 和 height 属性，使用 match_parent（也就是弃用的 fill_parent）和 wrap_content，这样可以为不同屏幕尺寸和方向变化控制大小，而不是使用固定的像素尺寸。
- 对于尺寸，使用灵活的单位，如 dp 和 sp，而不是使用固定的单位，例如 px、mm 和 in。
- 避免使用 AbsoluteLayout 布局和其他像素固定的设置和属性。
- 使用灵活的布局控件，如 RelativeLayout、LinearLayout、TableLayout 和 FrameLayout 来设计屏幕，从而在纵向和横向模式，不同的屏幕尺寸和分辨率下显示良好。尝试着使用“分块工作”原则来组织屏幕内容，我们将会在某个时刻讨论这个问题。
- 将屏幕内容包装在可扩展的容器控件内，如 ScrollView 和 ListView。通常来说，你应该只在一个方向上缩放和伸展屏幕（垂直或者水平），而不是两者。
- 不要为屏幕元素、大小和尺寸提供确切的位置数值，相反，使用相对位置，权重和重力方向。在前期花时间保证正确性可以在将来节约时间。
- 提供合理的高质量应用的图形，并始终保持原始（较大）的尺寸，以保证将来你可以为不同的分辨率使用不同版本的图形。图形质量和文件大小之间总是所有取舍的。找到一个合适的点，能保证在不同屏幕特性下合理的缩放图形，而不会大大占用你的应用或者需要很长时间来加载显示。只要可能，使用可拉伸的图形，例如 Nine-Patch 图形，它允许图形根据显示区域的大小来改变尺寸。

小窍门

寻找屏幕尺寸的信息？检查 DisplayMetrics utility 类，和 WindowManager 一起使用，可以在运行时确定设备显示特性的各种信息。

```
DisplayMetrics currentMetrics = new DisplayMetrics();
WindowManager wm = getWindowManager();
wm.getDefaultDisplay().getMetrics(currentMetrics);
```

14.2.1 使用 Fragment

我们在第 9 章“使用 Fragment 分割用户界面”中详细地讨论了 Fragment，但在这里设计兼容的应用程序的时候，它们需要被再次提及。所有的应用程序都可受益于基于 Fragment 设计的屏幕工作流的灵活性。将屏幕功能从特定的 Activity 中解耦，你可以以不同方式来组合它们，根据屏幕尺寸、方向以及其他硬件配置选项。随着新类型的 Android 设备进入市场，如果你之前做了面向未来的用户界面，你的应用将会很好地支持它们。

小窍门

几乎没有不使用 Fragment 的道理，即使你支持的旧版本 Android 从 Android 1.6 开始（占有 99% 的市场份额）。你只需要在 Android IDE 中右击，使用 Android 支持库并在你的旧代码中加入这些功能。大多数未基于 Fragment 的 API 都已废弃。这显然是平台设计者引导开发者的路径。

14.2.2 使用 Android 支持库

Fragment 和其他几个 Android SDK 的新功能（例如 loader）对于未来设备的兼容性是如此的重要，以至于 Android 支持库将这些 API 带给了旧设备平台的版本，最早可以支持到 Android 1.6。要在应用中使用 Android 支持库，请执行以下步骤：

1. 使用 Android SDK 管理器下载 Android 支持库。

2. 在 `Package Explorer` 或者 `Project Explorer` 中找到你的项目。

3. 右击该项目，然后从弹出的快捷菜单中选择 `Android Tools, Add Support Library…` 最新版本的库文件将被下载，你的项目设置将被修改为使用最新的库。

4. 作为 Android 支持库的一部分，开始使用可用的 API。例如，要创建一个继承自 `FragmentActivity` 的类，你需要导入 `android.support.v4.app.Fragment-Activity`。

14.2.3　支持特定的屏幕类型

虽然通常你想要开发的应用是屏幕无关的（支持所有类型的屏幕，小型和大型，高密度和低密度）。你可以在 Android 清单文件中显式指定你应用支持的屏幕类型。下面是一些你应用中支持的屏幕类型：

- 在 Android 清单文件中使用 `<supports-screens>` 标记显式声明你应用支持的屏幕尺寸。要了解该 Android 清单标记，请参阅 *http://d.android.com/guide/topics/manifest/supports-screens-element.html*。
- 设计能在不同尺寸工作的灵活布局。
- 提供最灵活的默认资源，并添加合适的支持不同屏幕尺寸、密度、纵横比以及方向的替代布局和可绘制资源。
- 测试，测试，再测试！请确保检查你的应用在不同屏幕尺寸、密度、纵横比和方向的设备上的表现，并作为质量保证测试周期的一部分。

小窍门

有关如何支持不同类型屏幕的具体讨论，从最小的智能手机到最大的平板和电视，请参阅 Android 开发者网站：*http://d.android.com/guide/practices/screens_support.html*。

了解旧应用是如何使用屏幕兼容模式，在更大和更新的设备自动放大是有帮助的。根据应用初始的目标 Android SDK 版本,新平台版本的行为可能稍有不同。这种模式是默认的，但可以在应用中被禁用。要了解更多屏幕兼容模式，请访问 Android 开发者网站：*http://d.android.com/guide/practices/screen-compat-mode.html*。

14.2.4　使用 Nine-Patch 可缩放图形

手机屏幕有不同的尺寸。使用可缩放图形可以使一张单一的图片在不同屏幕尺寸和方向或不同的文本长度下适当缩放，节省你的时间。为达成这一目的，Android 支持 Nine-Patch 可缩放图形。Nine-Patch 可缩放图形支持具有补丁（或者图像区域，用于定义合适的缩放，而不是将整个图像进行缩放）的简单 PNG 图片。我们将在附录 A“掌握 Android 开发工具”中讨论如何创建可缩放的图形。

14.2.5　使用“工作区块”原则

另一种为不同屏幕方向的设计方式是尽量保持一个“工作区块”，它是应用程序的绝大多数活动区域（用户可看可点击的屏幕）。当屏幕旋转时，这个区域保持不变（或者在旋转时有微小变化）。只有在“工作区块”外的功能会在屏幕旋转时有大幅变化（见图 14.4）。

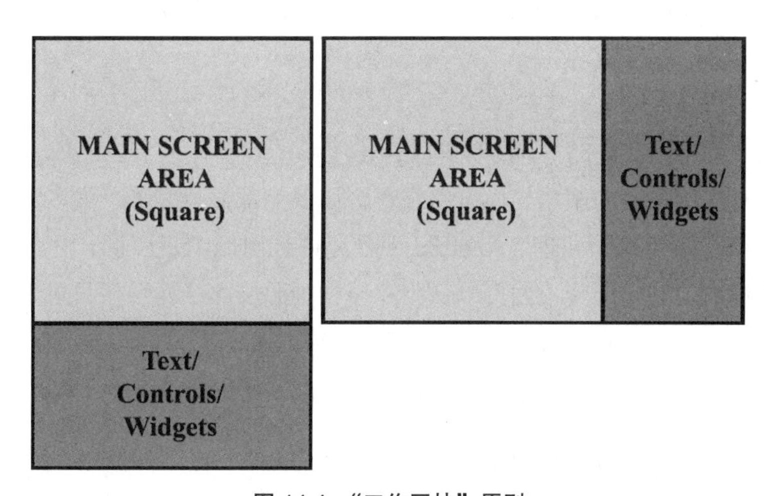

图 14.4　“工作区块”原则

一个“工作区块”的例子是 Nexus 4 中的摄像头应用。在竖屏模式，相机的控制器位于取景器底部（见图 14.5，左），当设备被顺时针旋转至横屏模式时，相机的控制器留在同样的地方，但现在它们位于取景器的右方（见图 14.5，右）。

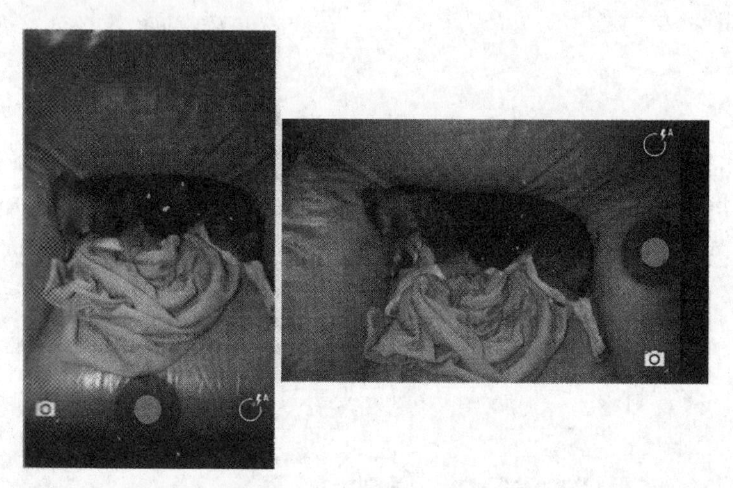

图 14.5　Nexus　4 摄像头应用使用“工作区块”原则的一种形式

取景器区可以认为是“工作区块”——保持整齐的区域。控件都保持在该区域之外，因此用户可以组合自己的照片和视频。

当你正在使用应用程序时，转动看上去没什么效果。控件从取景器的下方移动到了右侧。取景器恰好保留在了屏幕上的同一位置。这就是“工作区块”原则优雅的部分。

14.3　提供替代应用程序资源

很少有应用程序的用户界面可以在每台设备上都显示完美。大多数需要一些调整和一些特殊情况的处理。Android 平台允许你组织项目资源，让你可以基于特定设备标准定制应用。我们可以认为存储在资源层次结构顶层目录的命名方案是默认资源，这些资源的特定版本作为替代资源。

下面是你可能希望在应用中包含替代资源的一些原因：

- 支持不同的用户语言和区域。
- 支持不同屏幕大小、密度、尺寸、方向和纵横比。

- 支持不同设备的排布方式。
- 支持不同设备的输入方式。
- 基于设备的 Android 平台版本提供不同的资源。

14.3.1　了解资源是如何被解析的

下面我们将讨论它是如何工作的。每当 Android 应用需要请求资源时，Android 操作系统试图找到和该请求最为匹配的资源。在很多情况下，应用程序只提供一组资源。开发者可以包含这些相同资源的替代版本作为其应用程序包的一部分。Android 操作系统总是尝试着加载可用的最为具体的资源——开发者不必担心哪个资源会被加载，因为操作系统会处理该任务。

当创建替代资源时，要记住四个重要规则：

1. Android 平台总是加载最具体、最适当的可用资源。如果替代资源不存在，则使用默认资源。因此，了解你的目标设备，设计默认值，明智地添加替代资源以保持你项目的可管理性是非常重要的。

2. 替代资源必须和默认资源的命名完全一致，并存储在特定替代资源限定符下的合适目录名。如果在 `/res/values/strings.xml` 文件中有一个名为 `strHelpText` 的字符串，它必须在 `/res/values-fr/strings.xml`（法文）和 `/res/values-zh/strings.xml`（中文）的字符串文件中有同样的名称。这同样适用于所有其他类型的资源，如图形或者布局文件。

3. 良好的应用程序设计决定了替代资源总应该有一个默认的对应资源，这样，无论设备配置是如何的，一些版本的资源将总会被载入。你可以完全不使用默认资源的唯一情况是，你提供了各种各样的替代资源。当找到最佳匹配资源时，系统做的第一件事是消除和当前配置矛盾的资源。例如，在竖屏模式下，系统甚至不会尝试加载横屏资源，即使这是唯一可用的资源。请记住，新的替代资源限定符会随着时间推移而增加，因此，虽然你可能认为现在你的应用已经提供了所有完整的替代资源，但在未来可能不是这样。

4. 不要过度创建替代资源，因为这会增加应用程序包的大小，并会有性能方面的影响。相反，尝试将你的默认资源设计得具有灵活性和可缩放性。例如，一个良好的布局设计往往能同时无缝支持横屏和竖屏模式——如果你使用合适的布局，用户界面控件和可缩放资源。

14.3.2 使用限定符组织替代资源

替代资源可以基于许多不同的标准来创建，包括但不限于：屏幕特性、设备的输入方式、语言和地区差异。这些替代资源组织在 /res 资源项目下。你可以使用目录限定符（目录名后缀方式）来指定替代资源，并在特定情况下加载。

一个简单的例子有助于了解这个概念。替代资源使用的最常见的例子是，在 Android IDE 中创建一个新的 Android 项目，默认应用程序的图标资源。一个应用程序可以简单地提供单独一个应用程序图标图形资源，存储在 /res/drawable 下。但是，不同的 Android 设备具有不同屏幕密度。因此，它会被替代资源所代替：/res/drawable-hdpi/ic_launcher.png 适用于高密度屏幕，/res/drawable-ldpi/ic_launcher.png 适用于低密度屏幕，等等。请注意，在每种情况下，替代资源的命名是一致的。这点很重要。替代资源必须使用和默认资源相同的名称。这就是 Android 系统如何匹配合适的资源来加载——基于它的名称。

下面是一些关于替代资源的额外重要事实。

- 替代资源的目录限定符总是应用到默认资源目录名，例如，/res/drawable-qualifier，/res/values-qualifier，/res/layout-qualifier。
- 替代资源的目录限定符（和资源文件名）必须始终小写，除了一个例外：区域限定符。
- 给定类型的目录限定符只能创建一个，并包含到一个资源目录中。有时，这会带来不幸的后果——你必须在多个目录中包含相同的资源。例如，你不能创建一个名为 /res/drawable-ldpi-mdpi 的替代资源目录来共享相同的图标。相反，你必须创建两个目录：/res/drawable-ldpi 和 /res/drawable-mdpi。坦率地说，当你想要使用不同的限定符来共享资源，而不是提供两份相同的资源副本，你通常最好将它们设置为默认资源，并为哪些不符合 ldpi 和 mdpi（也就是 hdpi）提供替代资源。正如我们所说的，你来决定如何组织你的资源。这些只是我们保证管理资源的建议。

- 替代资源目录限定符可以合并或者传递，限定符之间通过“-”间隔。这使得开发者可以创建非常具体的目录名，也就是非常具体化的替代资源。这些限定符必须按特定顺序排列，Android 操作体统总是尝试着加载最为具体的资源（也就是最长匹配路径的资源）。例如，你可以创建一个替代资源用于法语（使用限定符 `fr`），加拿大地区（限定符 `rCA`，`CA` 是地区限定符，所以大写）的字符串资源（存储在 `values` 目录下），名为：`/res/values-fr-rCA/strings.xml`.
- 你需要创建替代资源只是为了你需要的特定资源——并不需要每个资源。如果你只需要翻译默认 `strings.xml` 中的一半字符串，你只需要提供为特定字符串提供替代资源即可。换句话说，默认的 `strings.xml` 资源文件包含字符串资源的超集，而替代字符串资源文件只是一个子集——需要翻译的字符串。常见的不需要本地化的字符串例子是公司和品牌的名称。
- 自定义目录名或者限定符是不允许的。你只可以使用 Android SDK 中定义的限定符。这些限定符列于表 14.1 中。
- 总是尽量包含默认资源——也就是那些保存在没有限定符的目录下，它们是没有特定替代资源匹配时，Android 操作系统所使用的资源。如果你不这么做，系统将会基于目录限定符使用最为匹配的资源——一个可能没用的资源。

表 14.1 重要的可替代资源限定符

目录限定符	示例值	描述
移动国家代码和移动网络代码	`mcc310`（美国） `mcc310-mnc004`（美国，Verizon 运营商）	移动国家代码（MCC），可以在后面包含设备 SIM 卡内的移动网络代码（MNC）
语言和区域代码	`en`（英国） `ja`（日本） `de`（德国） `en-rUS`（美式英语） `en-rGB`（英式英语）	语言代码（ISO 639—1 双字母语言代码），可以在后面包含地区代码（小写 `r` 加上定义在 ISO 3166-1-alpha-2 中的地区码）

续表

目录限定符	示例值	描述
布局方向	ldltr ldrtl	应用程序的布局方向，从左到右或者从右到左。资源，如布局、数值和可绘制图像都可以使用该规则。你需要在清单文件中设置应用的 supportsRtl 为 true
屏幕像素尺寸。一些限定符有特定屏幕尺寸，包括最小宽度，可用宽度和可用高度	sw<N>dp（最小宽度） w<N>dp（可用宽度） h<N>dp（可用高度） 例如： sw320dp sw480dp sw600dp sw720dp h320dp h540dp h800dp w480dp w720dp w1080dp	DP 特定屏幕值。 swXXXdp：表示该资源限定符支持的最小宽度 wYYYdp：表示最小宽度 hZZZdp：表示最小高度 数值可以是开发者想要的任何数值，以 dp 为单位 在 API 级别 13 中引入
屏幕大小	small normal large xlarge（在 API 级别 9 中引入）	通用屏幕大小 small 屏幕是低密度的 QVGA 或者高密度的 VGA 屏幕 normal 屏幕通常是中等密度的 HVGA 屏幕或类似的屏幕 large 屏幕至少是中等密度的 VGA 屏幕或者是比 HVGA 像素更多的屏幕 xlarge 屏幕只要有中等密度 HVGA 屏幕，它通常是平板尺寸或者更大 在 API 级别 4 中引入
屏幕纵横比	long notlong	设备是否为宽屏 WQVGA, WVGA, FWVGA 屏幕是宽屏 QVGA, HVGA 以及 VGA 屏幕不是宽屏 在 API 级别 4 中引入

续表

目录限定符	示例值	描述
屏幕方向	port land	当设备在竖屏模式，port 资源会被加载 当设备在横屏模式，land 资源会被加载
UI 模式	car desk appliance television	当设备为车载或者桌面模式，car/desk 资源会被加载 当设备是电视显示，television 资源会被加载 当设备没有显示屏，appliance 会被加载 在 API 级别 8 中引入
夜间模式	night notnight	根据是否是夜间模式加载资源 在 API 级别 8 中引入
屏幕像素密度	ldpi mdpi hdpi xhdpi （在 API 级别 8 中引入） xxhdpi（在 API 级 16 中引入） tvdpi （在 API 级别 13 中引入） nodpi	低密度屏幕资源（约 120dpi）应该使用 ldpi 选项 中密度屏幕资源（约 160dpi）应该使用 mdpi 选项 高密度屏幕资源（约 240dpi）应该使用 hdpi 选项 超高密度屏幕资源（约 320dpi）应该使用 xhdpi 选项 超超高密度屏幕资源（约 480dpi）应该使用 xxhdpi 选项 电视屏幕资源(约 213dpi,介于 mdpi 和 hdpi 之间)应该使用 tvdpi 选项 使用 nodpi 选项用来指定不想缩放以适应屏幕密度的资源 在 API 级别 4 中引入
触摸屏类型	notouch finger	没有触摸屏的设备资源应该使用 notouch 选项 使用手指类型的触摸屏应该使用 finger 选项
键盘类型和可用性	keysexposed keyshidden keyssoft	当键盘可用（硬键盘或软键盘）使用 keysexposed 选项 当没有硬键盘或软键盘可用，使用 keyshidden 选项 当只有软键盘可用，使用 keyssoft 选项

续表

目录限定符	示例值	描述
文本输入方式	nokeys qwerty 12key	当设备没有硬件键盘输入，使用 nokeys 选项 当设备有 QWERTY 硬件键盘输入，使用 qwerty 选项 当设备有 12 键数字键盘时，使用 12key 选项
导航键可用性	navexposed navhidden	当导航硬件按钮可用时，使用 navexposed 选项 当导航硬件按钮不可用时（例如手机外套关闭状态），使用 navhidden 选项
导航方式	nonav dpad trackball wheel	如果设备没有除了触摸屏之外的导航按钮，使用 nonav 选项 当主要导航方式是方向键时，使用 dpad 选项 当主要导航方式是轨迹球时，使用 trackball 选项 当主要导航方式是方向滚轮时，使用 wheel 选项
Android 平台	v3 (Android 1.5) v4 (Android 1.6) v7 (Android 2.1.X) v8 (Android 2.2.X) v9 (Android 2.3–2.3.2) v10 (Android 2.3.3–2.3.4) v12 (Android 3.1.X) v13 (Android 3.2.X) v14 (Android 4.0.X) v15 (Android 4.0.3) v16 (Android 4.1.2) v17 (Android 4.2.2) v18 (Android 4.3)	基于 Android 平台的版本加载资源，也就是 API 级别。该限定符将会加载特定 API 级别或更高级别的资源。注意：该限定符有一些已知的问题，请参阅 Android 文档了解更多信息

现在，你已经了解了替代资源是如何工作的，让我们来看看一些你可以使用的限定符来存储替代资源，并用于不同的目的。限定符是基于现存资源目录名并按照严格的顺序排列，在表 14.1 中以降序方式排列。

一些良好的包含限定符的替代资源目录有：

- /res/values-en-rUS-port-finger
- /res/drawables-en-rUS-land-mdpi
- /res/values-en-qwerty

一些错误的包含限定符的替代资源目录有：

- /res/values-en-rUS-rGB
- /res/values-en-rUS-port-FINGER-wheel
- /res/values-en-rUS-port-finger-custom
- /res/drawables-rUS-en

第一个错误的例子并不能工作，因为对于给定类型，你只能拥有一个限定符，同时包含 rUS 和 rGB 违反了这一规则。第二个错误的例子违反了限定符必须总是小写（除了地区）。第三个错误的例子包含了开发者定义的属性，但目前并不支持。最后一个错误的例子违反了限定符的放置顺序：语言，区域，等等。

14.3.3　为不同屏幕方向提供资源

让我们来看一个使用替代资源定制不同屏幕方向的内容的简单程序。SimpleAltResources 应用（参见本书的参考代码的完整实现）没有使用真正的代码来检查 Activity。相反，所有有趣的功能都依赖于资源文件夹限定符。这些资源如下。

- 应用默认的资源包括应用程序图标和图片，存放在 /res/drawable 目录下，布局文件存放在 /res/layout 目录下，颜色和字符串资源存放在 /res/values 目录下。当特定资源不能被加载时，这些资源会被加载。它们是基础。
- 有一个竖屏模式的替代资源图片存储在 /res/drawable-port 目录下。还有一个竖屏特定的字符串和颜色资源，存储在 /res/values-port 目录下。如果屏幕是纵向的，这些资源——竖屏模式的图片、字符串和颜色将会被加载，并在默认布局中使用。

- 有一个横屏模式的替代资源图片存储在 /res/drawable-land 目录下。还有一个横屏特定的字符串和颜色资源（相反的背景色和前景色），存储在 /res/values-land 目录下。如果屏幕是横向的，这些资源——横屏模式的图片、字符串和颜色将会被加载，并在默认布局中使用。

图 14.6 显示了应用程序如何在运行时基于设备的方向加载不同资源。此图显示了项目布局，包括资源以及不同设备方向屏幕的显示内容。

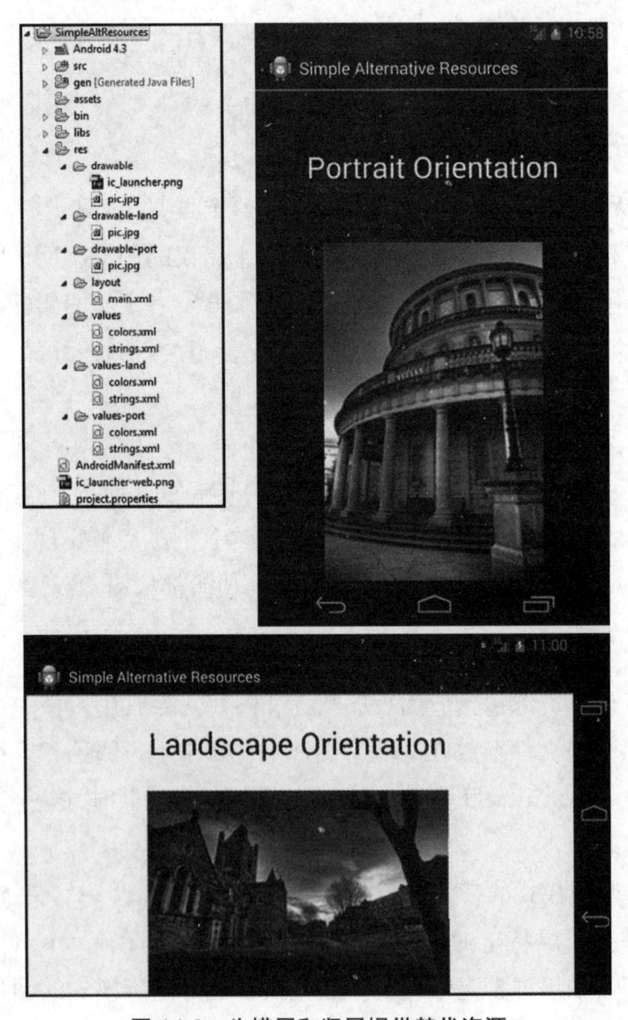

图 14.6　为横屏和竖屏提供替代资源

14.3.4 在程序中使用替代资源

目前还没有在程序代码中要求特定的配置资源的简单方法。例如，开发者不能通过编程方式要求字符串资源的法语或者英语版本。相反，Android 系统在运行时确定资源，开发者只能引用通用资源的变量名。

14.3.5 高效地组织应用程序资源

使用替代资源可以讨论很多内容。你可以为设备屏幕、语言或者输入法的不同排列组合提供自定义图形资源。但是，每次你将应用程序资源包含在项目中的时候，你的应用程序包的大小将会增加。

当交换资源过于频繁时，也会产生性能方面的问题——通常是在配置转换时发生。每次有运行时的事件发生，例如屏幕方向或者键盘状态发生变化，Android 操作系统会重新启动相应 Activity 并重新加载资源。如果你的应用程序会加载大量资源和内容，这些变化会降低应用程序性能和响应速度。

请仔细选择你的资源组织方式。通常情况下，你应该将最常用的资源作为你的默认值，然后在必要的情况下仔细添加替代资源。例如，如果你编写一个应用，显示视频或者游戏画面，你可能想让横屏模式的资源作为你的默认值，并将竖屏模式的资源作为替代资源，因为它们不太可能被使用。

配置更改时保留数据

一个 `Activity` 可以在转换过渡时保存数据，使用 `onRetain NonCo-nfiguration-Instance()` 方法来保存数据，使用 `getLastNon Configura-tionInstance()` 在转换过渡后恢复该数据。当你的 `Activity` 有许多需要设置或者预加载的事情要做时，该功能特别有用。当使用 `Fragment`，所有你需要做的就是设置一个标志，用于在变化时保留 Fragment 实例。

配置更改时的响应

某些情况下，当配置更改时，你的 `Activity` 并不需要重新加载替代资源，你可能想要使用 `Activity` 类来处理该变化以防止 `Activity` 的重启。前面提到的摄像头应用可以使用这种技术来处理方向更改，而无需初始化摄像头内部硬件，重新显示取景器窗口或者重新显示相机控件（`Button` 控件只需旋转到新的方向——非常流畅）。

为了让 Activity 类来处理配置变化，你的应用必须遵循如下做法。

- 在 Android 清单文件中更新 <activity> 标签，为特定 Activity 类包含 android:configChanges 属性。该属性必须指定 Activity 类处理的变化类型。
- 实现 Activity 类中的 onConfigurationChanged() 来处理具体的变化（基于变化类型）。

14.4 针对平板、电视和其他新设备

Android 平台支持的设备类型一直在激增。无论我们谈论平板、电视或者是烤面包机，以及每个人用的东西。这些新设备对开发者来说是令人激动的。新设备意味着新的使用该平台的人群和用户数据。这些新类型的 Android 设备，为 Android 开发者提出了一些独特的挑战。

14.4.1 针对平板设备

平板设备具有各种尺寸和默认方向，有许多不同制造商和运营商提供。幸运的是，从开发者的角度来看，平台电脑可以被认为只是另一个 Android 设备，只要你不作出任何不幸的开发假设的话。

Android 平板运行和传统智能手机相同版本的平台——没有什么特别的。大多数平板电脑运行 Android 4.0 及更高版本。下面是为平板设备设计、开发和发布 Android 应用的一些提示。

- **设计灵活的用户界面**：无论你的应用的目标设备是什么，使用灵活的布局设计。使用 RelativeLayout 来组织你的用户界面。使用相对尺寸值，如 dp，而不是具体值，如 px。使用可缩放图形，如 Nine-Patch 图片。
- **利用 Fragment 的优点**：Fragment 可以将屏幕功能从特定 Activity 中解耦，从而获得更为灵活的用户界面导航。
- **利用替代资源**：为各种设备屏幕大小和密度提供替代资源。
- **屏幕方向**：平板通常默认为横屏模式，但并非总是如此。一些平板，特

别是较小的，使用竖屏模式作为默认值。

- **输入模式的区别**：平板通常只依赖触摸屏输入。也有一些其他的型号具备物理按键，但这并不常见。因为 Honeycomb，第一个真正支持平板的平台版本，将典型的硬件按钮变成了触摸屏。
- **UI 界面导航的区别**：用户在平板上握住和点击的方式和在智能手机上的方式不同。在纵向和横向模式，平板电脑屏幕比智能手机相应的大很多。应用程序，例如基于用户手握设备作为游戏控制器的游戏可能会遇到平板上额外空间的问题。用户的拇指可以简单地到达或访问智能手机屏幕的两半区域，但在平板上却不能达到。
- **功能支持**：某些硬件和软件功能通常不适用于平板电脑。例如，电话功能并不总是可用的。这对唯一设备标识符有影响，许多基于电话标识符使用的设备可能不会出现。关键是，硬件的区别可能导致其他不容易发现的影响。

14.4.2　针对 Google 电视设备

Google 电视是另一种开发者可以针对的设备。用户可以浏览 Google Play 寻找和下载兼容的应用，和其他 Android 设备一样。

要开发 Google 电视应用，开发者必须使用 Android 以及 Google TV 插件，可以使用 Android SDK 管理器进行下载。

针对 Google 电视设备开发和智能手机 / 平板的开发存在着一些细微的差别。让我们看看一些针对 Google 电视设备开发的小技巧。

- **屏幕像素密度和分辨率**：Google 电视设备现在运行在两种分辨率下。第一种是 720p（又名“HD”和 `tvdpi`），1280 × 720 像素。第二种是 1080p（又名“Full HD”和 `xhdpi`），1920 × 1080 像素。这些对应于大屏幕尺寸。
- **屏幕方向**：Google 电视设备只需要横向屏幕的布局。
- **像素非完美**：关于 Google 电视开发需要注意的一点是，它并不依赖屏幕上像素的确切数目。电视并不总是显示每一个像素。因此，你的屏幕设计应该具有足够的灵活性，以适应当你有机会在真正的 Google 电视设备上测试你应用的微小调整。强烈建议使用 `RelativeLayout` 布局。请参阅 *https://developers.google.com/tv/android/docs/gtv_displayguide#DisplayResolution* 了解更多关于此问题的信息。

- **输入模式的局限性：**不同于平板电脑和智能手机。Google 电视设备并不用手触碰，没有触摸屏。这意味着，没有手机，没有多点触控等。Google 电视的接口使用方向键（或者 D 键）——也就是向上、向下、向左和向右键，以及选择按钮和媒体键（"播放"、"暂停"等）。一些配置也有鼠标或者键盘。
- **UI 界面导航的区别：**Google 电视设备的输入限制可能意味着你需要做出一些应用屏幕导航的改变。用户不能轻易地跳过屏幕上的焦点。例如，如果你的 UI 有一行项目，最常用的功能在最左边和最右边，如果通过拇指的点击来访问分离的项目，对于一般 Google 电视用户来说可能会不太方便。
- **Android 清单文件的设置：**一些 Android 清单文件应该对 Google 电视进行适当的设置。请参阅 Google 电视的文档查看详细信息 *https://developers.google.com/tv/android/docs/gtv_androidmanifest*。
- **Google Play 过滤器：**Google Play 使用 Android 清单文件的设置来过滤应用程序，并提供给合适的设备。某些功能，例如使用 `<uses-feature>` 标记定义的功能，可能会将应用从 Google 电视设备上排除。这方面的一个例子是，当应用程序需要例如触摸屏、摄像头和电话服务功能的情况。有关 Google 电视支持和不支持功能的完整列表，请参阅以下页面 *https://developers.google.com/ tv/android/docs/gtv_android_features*。
- **功能支持：**某些硬件和软件功能（传感器、摄像头、电话功能等）并不适用于 Google 电视设备。
- **原生开发工具包：**对于基于 Android 4.2.2 的 Google 电视设备，NDK 的支持已经添加。Android 4.2.2 之前的 Google 电视设备并不支持 NDK。
- **支持的多媒体格式：**Android 平台支持的媒体格式（*http://d.android.com/guide/appendix/ media-formats.html*）和 Google 电视平台支持的媒体格式（*https:// developers.google.com/tv/android/docs/gtv_media_formats*）有着些

许差异。

小窍门

要了解更多关于开发Google电视设备的信息，请参阅Google电视Android开发指南：*https://developers.google.com/tv/android/*。

14.5　针对Google Chromecast设备

Google Cast是最近推出的新屏幕共享功能。Chromecast是一个HDMI盒子，用户可以连接到他们的电视，并通过他们的设备，如智能手机、平板电脑或者计算机中的一个来控制。

Android 4.3 (API Level 18) 提供了`MediaRouter` API (`android.media.MediaRouter`)，因此开发者可以将屏幕共享功能整合到他们的应用中。要了解更多关于MediaRouter API的信息，请参阅*http://developer.android.com/reference/android/media/MediaRouter.html*。要学习更多关于Google Cast的知识，请参阅*https:// developers.google.com/cast/*。

14.6　总结

兼容性是一个很大的课题，我们已经给你很多思考的东西。在设计和实现过程中，要经常考虑你的选择是否会引入设备兼容性的障碍。质量保证人员应该总是尽量多的测试不同的设备——不单纯依靠模拟器的配置来覆盖测试范围。使用鼓励兼容性的最佳实践，尽力保持兼容性相关的资源、代码的精简性和可管理性。

如果你从本章中只学到两个概念。那么其中一个应该是，替代资源和Fragment可以产生很大影响。它们允许了灵活的程序，不论是屏幕差异或者国际化，都可以获得兼容性。另一个是，特定Android清单文件标记可以帮助保证你的应用只能在满足特定先决条件或者需求的设备上安装，例如某个特定OpenGL ES的版本，或者有相机硬件。

14.7　小测验

1. 判断题：为了设计用户界面的兼容性，作为一个经验法则，设备用于正常大小的屏幕和适中的分辨率。

2．目前市场上的 Android 设备中，有多少百分比支持使用 Fragment？

3．哪个配置文件标记用来明确说明你应用程序支持的屏幕大小?

4．判断题：`/res/drawables-rGB-MDPI` 是一个良好的带有限定符的替代资源目录。

5．布局方向的替代资源目录限定符的可能值有哪些?

6．判断题：你可以通过编程方式获取特定配置的资源。

7．你应该在你的 `Activity` 类中实现什么方法来处理配置的变化?

14.8　练习

1．通读 Android API 指南中的“最佳实践”专题（*http://d.android.com/guide/practices/index.html*），了解更多关于如何建立一个支持广泛设备的应用。

2．使用 Android API 指南中的“最佳实践”专题，确定小、正常、大和超大屏幕尺寸的典型大小（以 `dp` 为单位）。

3．使用 Android API 指南中的“最佳实践”专题，确定低、中等、高和超高密度屏幕应该遵循什么缩放比例。

14.9　参考资料和更多信息

Android SDK 中 `Dialog` 类的参考阅读

http://d.android.com/reference/android/app/Dialog.html

Android SDK 中 Android 支持库的参考阅读

http://d.android.com/tools/extras/support-library.html

Android API 指南：“屏幕兼容模式”

http://d.android.com/guide/practices/screen-compat-mode.html

Android API 指南：“提供替代资源”

http://d.android.com/guide/topics/resources/providing-resources.html#AlternativeResources

Android API 指南：“Android 如何找到最合适的资源”

http://d.android.com/guide/topics/resources/providing-resources.html#

BestMatch

Android API 指南："处理运行时的变化"

http://d.android.com/guide/topics/resources/runtime-changes.html

Android API 指南："Android 兼容性"

http://d.android.com/guide/practices/compatibility.html

Android API 指南："支持多种屏幕"

http://d.android.com/guide/practices/screens_support.html

ISO 639-2 语言

http://www.loc.gov/standards/iso639-2/php/code_list.php

ISO 3166 国家代码

http://www.iso.org/iso/home/standards/country_codes.htm

V

发布和部署 Android 应用程序

15. 学习 Android 软件开发流程
16. 设计和开发可靠的 Andriod 应用程序
17. 提升 Android 应用程序的用户体验
18. 测试 Android 应用程序
19. 发布你的 Android 应用程序

第 15 章
学习 Android 软件开发流程

移动端应用程序和传统桌面型应用程序的开发流程是大同小异的，除了几个显著区别——充分了解这些区别对于移动开发小组是非常关键的，将直接影响到项目的成败。不论是刚入门的新手，还是经验丰富的开发者；不论是管理人员、项目计划者，还是测试人员，深入理解移动开发流程都将会受益匪浅。通过本章内容，读者将从移动开发的各个步骤流程中学习到它的一些特性。

15.1 移动端开发流程概述

移动开发小组通常人员数量不多，相应的项目周期也比较短——整个项目的生命周期经常会被尽可能地压缩。不管是一个人还是上百人的小组，理解开发流程的每一部分都将为我们节省大量的时间和精力。一个移动开发小组将会遇到的一些典型困难包括：

- 选择合理有效的软件方法论。
- 理解目标设备是如何控制你的应用程序的。
- 开展透彻、准确并且持续不断的可行性分析。
- 减小预产设备可能带来的风险。
- 通过配置管理来追踪设备的功能。
- 在内存紧张的系统中设计一个响应度高、且稳定的应用程序。
- 为一系列设备设计具有不同用户体验的用户界面。
- 在目标设备上充分测试和验证应用程序。
- 综合考虑应用程序销售地所提的第三方需求。

- 部署和维护一个移动端应用程序。
- 处理用户反馈、宕机报告、用户评分，并及时发布软件的更新版本。

15.2　选择正确的软件方法论

大部分主流的软件方法论都可以被导入到移动端开发流程中。无论你的开发小组选择的是传统的快速程序开发方式 (RAD)，抑或是敏捷软件开发及它的变种 (例如 Scrum)，移动端应用程序的开发都有其特殊要求。

15.2.1　理解瀑布流（Waterfall）模式的危险性

因为项目周期较短，不少开发者可能会选择瀑布流开发模式。开发人员应该意识到这种方式所欠缺的灵活性。如果我们在整个移动端应用程序的开发过程中，没有考虑到可能出现的种种变化，那么结果往往是很糟糕的 (参见图 15.1)。目标设备的变更 (特别是量产前的样机——虽然某些情况下上市后的设备也会有不少软件改动)；持续不断的可行性改进；运行性能方面的担忧；以及为了保证产品质量而不得不尽早进行测试 (有时是直接在目标设备上进行的测试)，都让瀑布流模式在移动开发项目中显得“捉襟见肘”。

图 15.1　瀑布流开发模型的危险性 (出自 Amy Tam Badger)

15.2.2 理解迭代的价值

迭代式模型可以有效保证移动项目的开发进度，因而被认为是移动开发中最成功的策略。快速成形的特点使得开发和 QA 人员可以有充足的时间来评估可行性，以及移动端应用程序在目标设备中的运行性能，并针对项目中出现的不可避免的问题进行及时调整。

15.3 收集应用程序的需求

和传统的桌面型应用程序相比，移动端应用程序的功能特性是相对简单的——但后者的需求分析反而可能更加复杂。这是因为它对用户界面，以及应用程序本身的容错性提出了更高的要求。另外，它在资源紧张的环境下的表现也是一大考量因素。这就要求我们不时地调整需求以适应更多的目标设备——这些设备可能会有各式各样的用户界面和输入方式，从而导致开发过程的不可预见性。这点和 Web 开发者不无差异，因为他们也需要适配多种不同的 Web 浏览器 (以及不同的版本)。

15.3.1 明确项目需求

当项目针对的目标设备不止一种时 (这种情况在 Android 中很常见)，我们发现有一些方法对于明确项目需求是很有用的。所有这些方法都既有各自的优势，也有缺点，如下所示 :

- 最小公分母方法
- 定制化方法

使用最小公分母方法

通过最小公分母方法，你设计的应用程序可以在多种设备上轻松运行。具体而言，应用程序所选定的首要目标设备是功能配置最低的那个——换句话说，可能就是最低级的设备。只有所有设备都可以满足的那些需求，才会被导入标准中，以确保应用程序能够兼容尽可能多的设备——这些需求包括输入法、屏幕分辨率、平台版本等等。利用这个方法，开发人员通常会为程序设置一个基准的 Android API 等级，然后通过 Android manifest 文件和 Google Play 的过滤功能去做进一步的调整。

友情提示

最小公分母法有点类似于我们利用最低的系统配置来开发桌面型应用程序——Windows 2000 和 128MB 的内存——并且假设程序将前向兼容最新的 Windows 版本（及中间的其他版本）。虽然不是最完美的，但是在某些情况下还是可以让人接受的。

一些轻量级的定制，譬如资源和最终编译的二进制文件（以及版本信息），通常都可以很好地应用最小公分母方法。这个方法最主要的好处就是我们只要维护一个主版本源码树；只要在一个地方修改了 bug，那么所有设备都会受益。另外，我们不用做太多修改就可以添加新设备（前提是它们也满足最小的硬件需求）。缺点就是最终的应用程序很可能无法最大化地利用设备特有的一些功能，也没有办法应用平台的新特性。而且如果发生了与特定设备相关联的问题，又或者我们错误估计了最小公分母，到后期才发现个别机器无法满足最小需求，那么整个开发小组就会处于非常被动的状态——此时这个方法体现出来的就都是缺陷了。

小窍门

Android SDK 使得开发者只需要通过一个应用程序包就可以很容易应对多种目标平台版本。不过开发者还是应该在设计阶段尽早确认目标平台。即便如此，目标设备的平台版本也可能会发生改变（譬如厂商通过“在线升级”的方式提供新版本给用户）。所以一定要以前向兼容的思维来设计你的应用程序，并随时准备在必要的时候发布应用程序的升级版本。

当使用 SDK 新特性（譬如 fragment 或者 loader）时，支持更多设备的最简单的办法就是寻求 Android 支持包和支持库的帮助。Android 的支持库可以使你的应用程序轻松实现很多功能，譬如单方格和多方格的布局——更重要的是你的应用程序也可以在没有这些新特性 SDK 的老设备上正常工作。这就意味着开发者只需在代码中导入支持库，就可以扩大应用程序的目标市场范围，而不是非要引入标准的 SDK 库。

使用定制化方法

Google Play 提供的“多种 APK 支持”的管理功能为定制化应用程序的实现创造了基础。“多种 APK 支持”的策略允许开发者为同一个应用程序生成多个 APK，其中每一个都用于针对某些特定的设备配置，或者特定的设备。有如下所示的各种类型的配置：

- 不同的 API 级别。
- 不同的 GL Textures。
- 不同的屏幕尺寸。
- 以上因素的任意组合。

如果开发者希望充分控制应用程序所提供的功能，那么定制化方法是很好的选择——它可以让你随心所欲地控制应用程序在特定目标设备，甚至是某个设备中的运行。

Google Play 允许开发者将多个 APK 文件绑定在同一个产品名称中。这就意味着它们创建的最佳程序包可以不包含那些并不是所有设备都必需的资源。举个例子来说，“小尺寸”程序包将不考虑平板和电视机设备所需的资源。

友情提示

关于如何实现和管理“多 APK 支持”的详细说明，请参照如下网址：*http://d.android.com/training/multiple-apks/index.html* 和 *http://d.android.com/google/play/publishing/multiple-apks.html*。

这种方法适用于只针对少量目标设备的专用应用程序，但是从编译和管理的角度来看并不是最佳的。

总的来说，开发者最终会提供一个可以供所有版本应用程序使用的核心的 framework(包括 classes 和 packages)。所有版本的 client/server 应用程序都可能共享同一个服务器并以相同的方式进行通信。不过客户端的实现可以尽可能利用已有的平台特性。由此带来的最大的好处是用户可以完整体验到他们设备 (或者

API 级别）所具有的特性。缺点当然也有，譬如引起代码的分裂（产生了多个源码分支），增加了测试需求，并且添加新设备也变得没有那么容易了。

对于定制化产品，你还必须考虑到应用程序所需要支持的屏幕尺寸。应用程序可能只需要在一些小尺寸屏幕上运行（譬如智能手机），也可能需要支持平板和电视。不管是什么情况，你都应该提供与屏幕相关的布局，打包不同的图片资源文件，并在应用程序的 manifest 文件中指出所支持的屏幕类型（这是 Google Play 过滤功能的基础）。

充分利用上述两种方法的优点

事实上，移动开发小组通常会选择混合的方式，即综合利用以上两种方法的优点。我们知道，开发人员通常会从功能的角度来为 classes 定义。譬如，一个游戏程序可能会根据图形平台、屏幕分辨率、或者输入法来对设备进行分类；而一个基于位置服务（LBS）的程序可能会根据可用的内部传感器来分类；某些开发者可能会根据设备是否配备前置摄像头而提供不同的版本。这些分类方法带有随意性，目的就是让源码和测试更容易管理。这样的话，应用程序的特定细节和支持需求将起主导作用。在很多情况下，这些特性也可以在运行时（runtime）被检查到并加以处理，但是这种做法会加重代码的负担（代码路径会很多），不如提供两个或多个应用程序来得简单些。

小窍门

只有一个版本的应用程序固然比多版本应用程序容易处理些。但也不是绝对的，譬如一个游戏程序如果能充分利用平台和设备的特殊功能，那么它的销量很可能会更好。一个垂直商务的应用程序如果能保持工作和操作方式上的一致性，那么不同设备上的用户就更容易使用，这就在无形中减少了技术支持方面的花费。

15.3.2 为移动端应用程序编写用例

你首先应该考虑为应用程序编写通用的用例，然后才是特定设备需求，因为后者的测试有它们自己的限制条件。举个例子来说，一个抽象的测试用例的描述可能是“输入表格数据”，但是不同的设备很可能有不一样的输入法（譬如既有硬件键盘的方式，也有虚拟键盘等等）。依照这个方法可以让你绘制出与用户交互界面，甚至是设备、规格和平台无关的用例流程图。试想一下现今流行的应用程序都会提供 Android 和 iOS 两个版本，那么用例的平台无关性意味着可以保持程序的一致性，同时也可以在实现时体现出不同的平台区别。

小窍门

为多种目标设备开发应用程序有点类似于在不同的操作系统和输入设备中开发应用程序（譬如在 Mac 和 Windows 中处理键盘快捷键）——你必须同时考虑那些显见和隐含的区别。譬如是否配备物理键盘就很明显；而平台相关的 bug 或者软键盘使用习惯的区别就不那么显而易见了。你可以在本书的第 14 章，“设计兼容的应用程序”中去了解关于应用程序兼容性的更多信息。

15.3.3　结合第三方的需求和建议

除了内部需求分析所得出的结论外，开发小组还需要结合第三方的需求。其中第三方的来源途径有很多，如下所示：

- Android 的 SDK 认证证书的需求。
- Google Play 的需求（如果适用的话）。
- Google Cloud Messaging API 证书需求（如果适用的话）。
- 其他第三方 API 的需求（如果适用的话）。
- 其他应用程序商城的需求（如果适用的话）。
- 移动运营商的需求（如果适用的话）。
- 应用程序认证需求（如果适用的话）。
- Android 设计指导和建议（如果适用的话）。
- 其他第三方的设计指导与建议（如果适用的话）。

从项目早期就考虑并整合这些需求可以有效保证项目进度。而且和后期再来考虑相比，显然降低了风险。

15.3.4 管理设备数据库

随着你的应用程序支持的设备数量的不断增长，及时跟踪这些目标设备以及它们的信息就越来越重要了，因为这关系到应用程序所能带来的收入和后期维护。创建一个设备数据库是非常好的追踪市场和目标设备属性细节的方法。我们所说的“数据库”，是指用 Microsoft Excel 或者小型 SQL 等任何工具所存储的一切数据——重点是要让这些数据可以在整个小组中实现共享，并保持实时更新。也可以把设备按类型来分，譬如是否支持 OpenGL ES 2.0；有没有硬件摄像头等等。

小窍门

由于当前可用资源的限制，你可能没办法追踪所有目标设备。如果是这样的话，你应该尽可能追踪同类目标设备，并且记录那些通用的设备属性数据，而不是特定设备的属性。

设备数据库的维护也最好能尽早实施——理论上只要项目需求和目标设备确定下来就可以开展了。下面这个图向你展示了如何去追踪设备的信息，以及开发组中的各成员应该如何去使用它。

小窍门

有读者问我们使用个人设备作为测试用途是否安全，是否是聪明的做法？简单而言使用个人设备来做测试在大部分情况下都是安全的。因为测试不太可能导致设备出现连还原出厂设置都无法解决的致命问题。不过，保护好你的数据倒是另一个问题。举个例子来说，如果你的应用程序需要通讯录数据的支持，那么你自己的联系人数据很可能就会被 bug 或者其他编码错误破坏掉（或者产生混淆）。有时候使用个人设备来测试是很方便的，特别是对于那些没有多少硬件预算的小型开发组来说。请确认你理解这种做法所可能带来的后果。

确认需要追踪的设备

有些公司只选择追踪那些他们主动针对的目标设备，而另一些公司可能会希望追踪若干还未上市(或者低优先级)的设备。你可以在项目的需求阶段就把这些设备包含在数据库中，后期再做相应修改。同时也可以在初始版本的应用程序发布后作为后续移植项目来增加新设备。

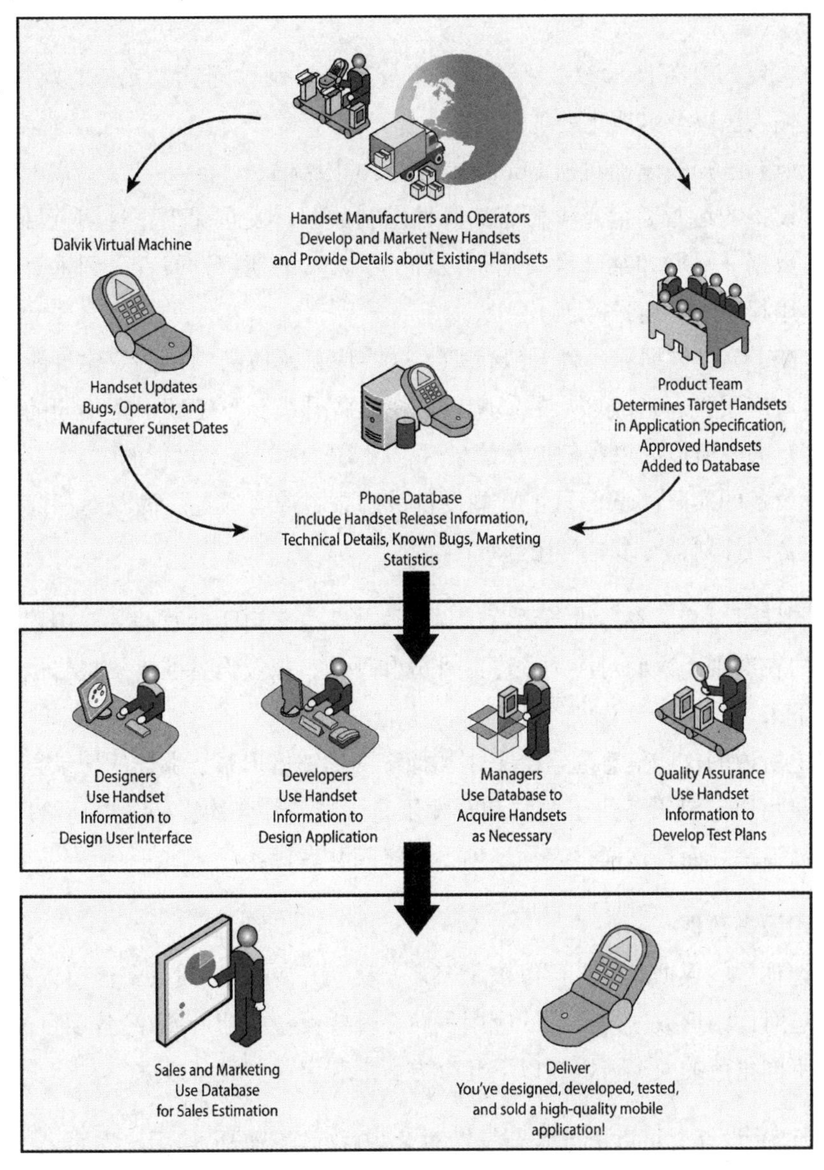

图 15.2　开发小组如何使用设备数据库

存储设备数据

我们设计的设备数据库应该包含那些有利于开发和销售的信息。这就要求有人能持续不断地从厂商那里获取信息。而且这些信息很可能会对公司中的所有移动研发项目有用，包括如下内容：

- 重要的设备技术参数细节（屏幕分辨率、硬件配置、支持的媒体格式、输入法以及本地化处理）。
- 所有已知的设备问题（bug 或者重要的限制）。
- 设备的运营商信息（所有的固件定制数据，发布和废止日期，目标用户数据——譬如某部设备是否被寄予了大卖的期望，或者受到垂直市场应用程序的欢迎，等等）。
- API 等级数据和固件升级信息（这些信息所披露的设备变化可能并不会对应用程序造成多大的影响；记住设备升级是不定期根据不同的计划进行的，所以如果我们追踪信息过于频繁的话，是不可行的）。
- 设备的实际测试信息（哪些设备被购买了或者通过厂商及运营商签订了合约计划，有多少可用数量，等等）。

你同样可以交叉参考设备运营信息。这些信息来自于运营商、应用程序商店和产品内在准则。人们对应用程序的评分和评论，以及设备的宕机报告也都应该被记录下来。

以上所说的这些信息通常会采用类似于图书馆借出系统那样的记录方式。项目组成员可以定制设备用于测试和开发用途。当一部合约机必须返还给厂商时，就很容易追踪。而且这样也有利于项目组之间共享设备。

使用设备数据

请记住这些数据库信息可以被用于多个移动开发项目。设备资源可以被共享，也能通过对比销售数据得出你的应用程序在哪些设备中销量最好。各项目成员（或项目中不同角色的人）可以在以下几个方面来利用这些设备数据：

- 产品设计者可以依此来开发针对某些目标设备的最佳用户界面。
- 媒体艺术家们可以依此生成更多更好的应用程序资源，譬如图片、视频和音频——所有这些都将针对目标设备所支持的媒体文件格式，以及分辨率。

- 项目经理利用数据库来判断项目开发和测试需要哪些设备。
- 软件开发者利用数据库来设计和开发与目标设备参数相兼容的应用程序。
- QA 人员利用数据库来设计和开发与目标设备参数相符合的测试计划，以期能更透彻地测试应用程序。
- 市场和销售人员利用数据来评估发布产品的销售数字。譬如应该特别留意当设备数量欠缺时所引发的应用程序销量的下滑。

数据库中的信息同样可以帮助我们判断未来将会流行的目标设备，从而提前做好开发和移植准备。Android 设备有内建的宕机报告提交机制。当用户报告了宕机事件后，信息会首先被发给 Google，后者又将通过 Google Play Developer Console 来告知你。追踪这类信息将有助于你改进程序的质量。

使用第三方设备数据库

我们还可以获取第三方的设备信息数据库，包括屏幕尺寸和设备的内在细节，以及销售支持情况——只不过定制这些信息的花费对于小公司来说是很难承受的。很多移动开发者会选择创建一个定制的设备数据库，来记录他们感兴趣的特定设备数据（这些通常在开放免费的数据库中是没有的）。譬如 WURFL(*http://wurfl.sourceforge.net*)，相较于应用程序开发，更适合于移动网页开发。

15.4　评估项目风险

除了软件项目会遇到的常规风险外，移动项目还必须意识到可能影响到项目进度和项目目标能否达成的外界因素。这些风险因素中包括了确认目标设备，以及持续不断地重新分析应用程序的可行性。

15.4.1　确认目标设备

就好比任何理智的软件开发人员都不会不思考将在哪些操作系统（以及版本）中运行他们所写的桌面型应用程序一样，移动开发者也必须想清楚他们的应用程序将针对哪些目标设备。每种设备都有其不同的特性，不一样的用户界面，以及某些方面的限制。

通常目标设备可以依照如下两种方法之一来确定：

- 你想重点针对某个“杀手级”的目标设备。
- 或者你想尽可能扩大目标设备的覆盖范围。

第一种情况中，你已经明确了初始目标设备(或者一类设备)。而第二种情况中，你希望尽可能多地覆盖所有已有(或者马上就会有)的合理可行的目标设备。

小窍门

在 Android 平台中，通常情况下我们不会只针对个别设备来开发，而是要针对设备特性或者一类设备(譬如那些运行特定平台版本或者有特定硬件配置的设备)。你可以通过 Android 的 manifest 标签来限制哪些设备才能安装应用程序，同时这也是 Google 市场的过滤基础。

可能会出现这样的情况，即你的应用程序只针对某些特定的“商机”，例如 Google 电视或者 Google 眼镜。此时你的应用程序可能对其他智能手机和平板来说就是无用的；换句话说，如果你的应用程序需要具有通用性，譬如是一款游戏，那么开发者必须花费一定的精力去确定你的应用程序希望运行在哪些类型的目标设备中(如智能手机、平板电话、平板电脑及电视)。

理解厂商和运营商的运作方式

同样需要重点指出的是我们已经观察过一些主流的产品线，譬如 Droid、Galaxy、One、Desire、EVO 和 Optimus 系列 Android 设备的产品线(它们分别属于多家厂商)——从中我们发现厂商通常会为出厂设备安装定制版本的软件，包括不同的用户界面皮肤，以及一系列定制的应用程序(这些程序会占用设备的不少存储空间)。厂商也可能会关闭某些特定设备的若干属性，这就很可能导致你的应用程序无法正确运行。所以你在分析应用程序的需求和能力时应该充分考虑所有这些因素——换句话说，你的应用程序的运行需求必须符合所有目标设备的共性，并在任何情况下都要正确处理好某些可选的特性。

随时了解设备的上市和下架状况

新的设备总是在不断地被研发出来，厂商会时不时地淘汰掉一些设备。不同的厂商可能会在同一时间上市同一款(或类似)产品，但是在不同的时间点把它们下架。某家厂商也可能因为各种原因而比其他厂商提早发布某款设备。

小窍门

开发者需要制定一种政策，来清楚地告诉用户当厂商停止支持某款设备后，他们对应用程序还会提供多久的技术支持。这种政策也可能因厂商而异，因为他们会有自己的强制性条款。

开发者需要理解不同的设备机器如何在全球范围内发售。有些设备只会在特定的地理区域可售(或者流行)。也就是说，虽然有时候设备会在全世界发布，但更常见的情况则是它们都具有地区性。

根据历史经验，一款设备(或者新一代的设备)通常会首先在以市场为驱动力的东亚地区(包括南韩和日本)发售，然后逐步在欧洲、北美和澳大利亚流行起来，后面这些区域的用户经常会以每年或每两年的频率更新设备，并且为应用程序付费。最后，这款设备才会在美洲中部和南美、中国以及印度发售(这些区域的服务使用者可能没有同等的收入水平)。类似于中国和印度这类市场通常会被单独区分对待——我们需要发布更多用户可承担的设备，而且采用迥异的盈利模式。因而应用程序的销量会少一些，但是盈利点则来源于庞大并持续增长的用户群基础。

15.4.2　获取目标设备

越早获取到目标设备，对你而言越有利——在条件允许的情况下这很容易实现，譬如你只要去商店购买一部新设备就可以了。

但通常情况下应用程序开发者面对的是还未上市或者暂时不对顾客开放的设备。这意味着如果你的应用程序能在用户拿到设备的第一时间就已经准备就绪，那么优势是明显的。对于预售的设备，你可以加入厂商或者运营商的开发项目。这些项目会帮助你同步了解产品的变化(即将上市的或是停产的设备)。很多这类项目还包括了预售设备的合约计划，以保证开发者可以在用户之前拿到设备。

小窍门

如果你是初次采购 Android 设备，可以考虑 Google 的体验设备，譬如 Nexus 系统手机 (Nexus 4、7 或 10)。参见 *http://www.google.com/nexus/* 来了解更多信息。

开发者如果是基于特定的预售设备编写的应用程序，那么会有一定的风险性——因为这类设备的上市时间有可能会变动，而且设备固件平台也有可能具有不稳定性和潜在 Bug。设备被延迟或者取消；设备的特性(特别是那些新的或者是有趣的特性)与开发者预想的工作方式不符，这些都是潜在的风险。让人为之兴奋的新设备(同时也是你的应用程序希望能支持的设备)总是会得到实时的通知和报导。你的项目计划在必要时应该要能灵活地应对这些市场的变化。

小窍门

有时候你并不一定需要自己获取硬件设备来做测试。不少在线的服务可以让你通过远程的方式在真实设备上进行安装和测试。这些可用的远程服务还提供了控制功能。当然这些服务需要收取一定费用，你必须和自己购买设备的情况进行权衡比较。

15.4.3 判断应用程序需求的可行性

移动开发者对于设备的限制条件是无能为力的，譬如内存、处理能力、屏幕类型和平台版本。移动开发人员不能像传统桌面型应用程序开发那样，能够奢侈地说，“我的应用程序需要更多的内存或者存储空间”。设备的这些限制是无法改变的，意味着你的应用程序要么能符合限制条件而正常运行，要么就不能用。从技术的角度讲，大多数 Android 设备还是有硬件方面的调整空间的，譬如可以使用外部的存储卡(如 SD 卡)，不过我们还是应该注意有限的资源条件。

你只能在真实的物理设备上做可行性评估，而不是在软件模拟器上。你的应用程序有可能在模拟器上完美运行，但是在真实设备上就并非如此。移动开发者在整个研发流程中都必须经常重新评估可行性，应用程序的响应性，以及运行性能。

15.4.4　理解质量保证（QA）的风险

QA 小组所面临的测试环境通常情况下并不是很理想。

尽早测试，经常测试

尽早拿到目标设备——对于预售的设备，有可能会花费数月的时间才能从厂商那里拿到设备。与销售商的合约计划项目合作并从零售渠道购买设备有时很让人沮丧，但却是必要的。不要等到最后关头才去收集测试设备。我们已经见过很多开发者的困惑，即为什么他们的应用程序在某些老设备上运行缓慢——原因就在于真机的运行情况与他们在电脑(或者新款设备)，并配备专用的网络连接的情况是完全不同的。

在设备上进行测试

我们不厌其烦地重复："在模拟器上测试是有好处的，但是在物理设备中测试才是关键"。实际情况下，应用程序能否在模拟器上运行并不重要——没有人会在真实世界里使用模拟器。

虽然你可以将设备还原成出厂设备，或者清除用户数据，但是如果想"重刷"整个设备系统或者让设备返回到最原始的状态，通常并不那么容易。所以 QA 小组需要制定并严格执行的一个测试策略是，对于设备而言什么才是最原始的状态。测试员可能需要学习如何对设备进行不同版本的"烧写"，理解不同平台版本的细微差异，以及应用程序的潜在数据是如何在设备中存储的(举个例子来说，SQLite 数据库，应用程序的私有数据，以及缓存使用)。

减小有限的真实世界测试机会的风险

在某些情况下，每个 QA 测试员都是在严格控制的环境下工作的，这点对于移动程序测试员尤其如此。他们测试所用的设备经常并没有运行在真实的网络状态下，预售的设备可能和当地情况也不相符。另外，因为测试过程通常是在实验室进行的，地点是相对固定的（包括基站塔、卫星、信号强度、数据服务的可用性、LBS 信息和本地信息等都是固定的）。这些因素的测试范围太小会带来一定风险，因而 QA 小组要予以重视。举例来说，测试当设备没有信号（或者在飞行模式和其他类似情况）时的表现是很重要的，可以确保某些情况下出现类似的状况时程序不至于宕机。有一系列的测试工具可以帮助开发者和白盒测试员来进行应用程序的研发。最有用的工具包括 Exerciser Monkey、`monkeyrunner`、`JUnit` 等等。

测试 Client/Server 和 Cloud-Friendly 应用程序

确保 QA 小组明白他们的义务。移动应用程序经常拥有网络模块，以及服务器端的功能。确保测试计划中包含了完整的服务器和服务测试——而不是只考虑在设备中运行的客户端的解决方案。这可能需要我们开发桌面型和网页应用程序来完成整个方案中的网络部分。

15.5 编写至关重要的项目文档

因为移动软件项目周期更短，组员更少，功能也更简单，所以你可能会想项目文档化也不是那么重要。不幸的是，事实上并不是这样的——正好相反。良好的文档化管理不仅可以让移动端的开发获得任何软件工程都能得到的好处外，还能有其他意外的收获。请考虑为你的项目做如下的文档管理：

- 需求分析和优先级。
- 风险评估和管理。
- 应用程序架构和设计。
- 可行性研究，包括运行性能基准测试。
- 技术文档（总的，服务器端的，以及设备相关的客户端）。
- 详细的用户界面文档（通用的，和服务相关的）。
- 测试计划，测试脚本，测试用例（通用的，设备相关的）。
- 目标变更文档。

上述的大多数文档和普通的软件开发工程没有太大区别。但是你的开发小组可能会发现节省掉某些文档化流程是可以的。在你考虑这么做之前，先要想一想成功的项目所需要完成的文档化需求。项目的某些文档可能比大型的软件工程要简单，但是其他部分就要加强——特别是用户交互和可行性研究这一部分。

15.5.1　为保证产品质量而制定测试计划

质量保证很大程度上依赖于功能说明文档和用户交互文档。物理屏幕对于小屏幕的移动设备来说是很宝贵的，用户体验对于移动项目的成功尤其重要。测试计划需要覆盖完整的应用程序用户交互，同时也要能足够灵活的定位高层抽象的用户体验问题(这些问题虽然满足了测试要求，但却不是最好的用户体验)。

明白用户交互文档的重要性

一个用户交互做得很糟糕的应用程序是不可能成为“杀手级”的应用的。经过深思熟虑的用户交互设计是在移动软件项目设计阶段最需要关注的细节之一。你必须逐步完整透彻地记录应用程序的工作流程(状态)图，详细指出关键性的使用模型的用法，以及当某些特性缺失时如何去做回退操作。你应该事先清楚地定义这些用例。

利用第三方测试工具

有些公司会选择将QA外包给第三方来完成，大部分的QA小组都要求有详细的文档，包括使用图例，这样才能确定应用程序的正确使用方法。如果你没有提供足够充足、详细和准确的文档给测试机构，那么你就无法获得深入、详细并且准确的测试结果。而一旦有详细的文档，那么你获得的测试效果就会得到很大提升——对于一些人来是说很自然的方式，对于其他人来说却未必。

15.5.2　为第三方提供需要的文档

如果你的应用程序被要求提交给软件认证机构，或者有时是移动应用程序商店来做评估的话，那么同时还需要提交的是应用程序相关的文档。譬如一些商店要求你的应用程序应该包含帮助信息或者是技术支持的联系方式。认证机构可能会要求你提供关于程序功能，用户交互流程图，和程序状态图在内的详细的说明文档。

15.5.3 为维护和移植提供文档

移动应用程序经常会被移植到其他设备和移动平台中。这种移植工作会由第三方来完成，同时也让功能和技术性的文档说明显得更为重要。

15.6 运用配置管理系统

有很多出色的源码控制系统供开发者选择，并且在传统开发工作中可以使用的系统大部分也能为移动项目服务。另一方面，版本化管理应用程序并不像你想的那样自然而然。

15.6.1 选择一个合适的源码控制系统

移动开发并没有强制要求对源码控制系统做多少更改。开发者在评估如何为移动项目做配置管理时的一些考量因素包括：

- 跟踪源码 (Java) 和代码库 (Android 库等等) 的能力。
- 通过设备配置 (图形等等) 跟踪应用程序资源的能力。
- 整合开发者所选的研发环境 (Android IDE、Android Studio 或者 Eclipse)。

有一点需要考虑的是开发环境 (如 Android IDE) 和源码控制系统间的整合。常见的源码控制系统，譬如 Subversion、CVS、Git 和 Mercurial，同样可以和 Eclipse 和 Android Studio 协同工作。Git 源码控制系统是集成在 Android IDE 中的默认的源码控制软件。你要确保你所喜爱的源码控制系统是否可以和所选的 Android 开发环境相匹配。

15.6.2 实现一个可用的应用程序版本系统

开发者应该尽早确定带有设备特色的软件版本的命名方式。单以版本号来管理软件通常是不足够的，如 Version 1.0.1。

移动开发者经常会选择以传统的版本命名和目标设备配置 (或设备类型) 相结合的方式 (Version 1.0.1. 重要特点 / 设备类型名)。这对于 QA、技术支持人员以及终端用户 (他们可能只知道设备名或者设备的特性；或者只知道设备的市场名——而这种命名又不为开发者所知) 是有帮助的。举个例子来说，一个支持摄像头的应用程序可能会以"1.0.1.Cam"来命名,其中 Cam 代表了"支持摄像头";而不支持摄像头的同一应用程序则命名为"1.0.1.NoCam",其中 NoCam 代表不支持摄像头源码分支。如果是由两个工程师来管理不同的源码分支树，那么你就可以很轻易的知道应该将 Bug 分配给谁。

同时我们也要计划好升级版本的命名。如果升级版本是需要重新编译应用程序的话，那么你可能会希望把它命名为：Version 1.0.1.NoCam.Upg1，或者类似的表述。是的，这将让局面很难控制。但如果你设计的版本命名系统合理有效的话，那么后期就会非常有用，特别是当你有不同设备的编译需求时尤为如此。最后，你也应该追踪和应用程序相关联的 `versionCode` 属性值。

同样地，应该了解清楚哪些分发方式支持将多种应用程序包或二进制文件做为同一应用程序，而哪些则需要将每种二进制文件单独处理。有几个理由来解释为什么你不应该把代码和资源放在单一的二进制包中。举个例子来说，如果以可选资源的形式在应用程序包里尝试去支持多种设备分辨率的话，那么应用程序包的大小会越来越大，最终难以控制。

15.7　设计移动应用程序

当你设计移动应用程序时，开发者必须考虑设备的强制限制条件，并确定哪种应用程序框架 (framework) 最适用于这一项目。

15.7.1　理解移动设备的资源限制

用户期望应用程序能运行流畅，响应性高，并且稳定，不过开发者必须考虑资源的限制。在设计移动应用程序时你必须记住目标设备的内存和处理能力的限制。

15.7.2　研究通用的移动应用程序架构

移动应用程序以两种模型出现：独立的和以网络为驱动的应用程序。

独立的应用程序将所有需要的东西都打包在一起，并依赖于设备来承担运算重任。所有处理都是在本地完成的，具体而言就是内存中，所以会受到设备条件的限制。独立的应用程序可能会使用网络功能，但是它们不依靠网络来完成核心功能。一个典型的独立应用程序的例子是简单的纸牌游戏——即便在飞行模式下用户也可以正常玩游戏。

以网络为驱动的应用程序提供了一种轻型的设备客户端实现，但是依赖于网络（或者云）来提供他们的大部分内容和功能。网络驱动型应用程序经常将沉重的计算负担交给服务器来完成。这种方式也让我们可以通过远程服务器来扩展和增加本地的功能——即便应用程序已经在客户端安装了很久了。开发者喜欢这种方式的另一个原因是，这种架构让他们可以只建立一个智能的程序服务器或云服务就可以应对大量的使用者（他们可能在不同的操作系统上使用服务）。如下所示是一些比较好的网络驱动型应用程序的范例：

- 基于云服务，应用程序服务器，和网页服务的应用程序。
- 可定制内容（譬如铃声和壁纸）的应用程序。
- 应用程序中有一些不是很紧急，但很占用计算能力和内存的操作，此时可以将这些工作提交给强大的服务器，随后再把结果值返回给客户端。
- 应用程序希望在后期不通过升级固件版本，就能提供额外的功能。

应用程序依赖于网络的程度是由你自己决定的。你可以只通过网络来提供内容更新（譬如流行的新铃声），或者你可以使用它来控制应用程序的"言行举止"（譬如，通过远程的方式来增加新的菜单项或者特性）。如果你的应用程序主要基于网络（譬如一个 Web 程序），并且不需要使用设备特定的属性，那么你甚至可以不用编译本地的应用程序。这种情况下，你可能更希望用户通过网页的形式来访问你的应用程序。

15.7.3 为可扩展性和可维护性而设计

我们当然可以设计出只带有固定用户交互和固定功能的应用程序，但我们还可以做得更好。网络驱动型的应用程序可能在设计时会复杂些，但从长远来考虑的话却更灵活。这里是一个范例：譬如你想写一个壁纸应用程序。你的应用程序可能是独立版本，只具有部分网络驱动型特点；或者是完全的网络驱动型——不管怎么样，你的应用程序都需要有如下两个功能。

- 显示一系列的候选图片，并允许用户做出选择。
- 将用户选择的图片设置为设备的壁纸。

一个超级简单的单机版本的壁纸程序可能只提供有限的壁纸资源。如果这些壁纸是通用的尺寸，那么还得考虑为特定的设备做格式转换。这样的应用程序显然会浪费设备空间和处理能力，而且意味着你不能更新壁纸资源，由此可见并不是一个很好的设计。

部分网络驱动的壁纸应用程序可以让用户浏览一些固定的壁纸目录，而目录中显示的则是从图片服务器中下载的内容——应用程序会自动针对当前设备做图片的格式转换。作为开发者，你可以通过服务器来随时更新壁纸资源，但是需要为每一种设备配置和屏幕尺寸生成一个新的应用程序。而如果是希望改变目录结构，那么就必须要更新一版新的应用程序。这样的应用程序设计是可行的，但是并没有完全的利用可用资源，所以并不是非常灵活。但是，你可以通过一个服务器来配合完成 Android、iPhone、Windows RT、BREW、J2ME 和 BlackBerry 10 中的客户端，这样的话比起单机版本的壁纸程序还是有不少优势的。

完全网络驱动型的壁纸程序在设备客户端做的工作很少。客户端允许服务器来控制它的用户交互界面，需要显示的目录，以及如何显示。用户可以和部分网络驱动型程序一样来浏览图片，但是当用户选择了一张壁纸后，移动端应用程序只是向服务器发送了一个请求 ：“我想要这张壁纸 ；我是某种类型的设备 ；我的屏幕分辨率是这样的”。服务器在转码并重新调整图片尺寸 (以及类似的耗费运行资源的操作) 后会把裁剪好的完美壁纸下发给客户端应用程序供用户使用。如此一来为程序添加新的支持设备就很简单自然了——只要部署一个轻型的客户端程序然后让服务器端来完成对新设备配置的支持。添加新的目录项则是由服务端来完成的，而所有设备端 (或者任何服务器能控制的设备) 都能同时分享到这一变化。只有在为客户端添加新功能时你才需要更新客户端程序，譬如引入动态壁纸特性。这种应用程序的响应时间取决于网络能力，但是程序本身却是高度可扩展的，并具有动态特性。当然，如果设备当前处于飞行模式，那么程序很可能就“无用武之地”了。

单机版本程序比较容易理解。这种实现方式适用于那种“一次性”的应用程序，以及不希望使用网络的应用程序。反之，网络驱动型应用程序需要花费更多的精力，有时候开发起来也稍微有点难度，但是从长远来看却能节省很多项目时间，而且用户可以在未来很长一段时间都享受到最新鲜的内容和特性。

15.7.4 设计应用程序的互通性

移动应用程序开发者需要考虑他们是如何与设备中的其他程序进行交互的——包括同一作者开发的其他应用程序。下面是一些需要解决的问题。

- 你的应用程序是否依赖于其他 content providers?
- 这些 content providers 是否已经被安装到设备中了？
- 你的应用程序是否作为 content provider 存在，是的话提供了哪些数据？
- 你的应用程序是否具有后台特性，譬如作为一个 service?
- 你的应用程序是否依赖于第三方的 services 或者某些可选的组件？
- 你的应用程序是否使用公共的 Intent 机制来访问第三方的功能？同时你的应用程序是否也提供类似功能？
- 当那些可选的组件不存在时，你的应用程序的用户体验是否“合格”？
- 你的应用程序是否对某些设备资源（如电池）有特殊要求？如果欠缺的话是否表现正常？
- 你的应用程序是否通过远程接口来提供功能，譬如 Android Interface Definition Language(AIDL)？

15.8 开发移动端应用程序

移动端应用程序的实现所使用的基本准则和其他平台没有太大差异。移动开发者在研发过程中所采用的步骤并没有什么难以理解的：

- 编写并编译源码。
- 在软件模拟器中运行应用程序。
- 在软件模拟器或者真机上测试和调试应用程序。
- 打包并在目标设备上部署应用程序。
- 和项目组其他成员合作，并商讨可能需要做的修改，直到应用程序真正完成。

友情提示

我们会在本书第 16 章，即“设计和开发可靠的 Android 应用程序”中讨论如何制作一款可靠的 Android 应用程序。

15.9　测试移动端应用程序

测试员面临很多挑战，包括设备的“碎片化”(非常多的设备，并且有各自的特性——有人也称此为“兼容性”)，定义设备状态(譬如什么是最初始状态？)，处理真实世界中的事件(设备通话，网络掉线)等等。另外，收集测试设备也很费时费力。

对于 QA 小组来说，一个好消息是 Android SDK 中包含了一些对模拟器和设备都挺有用的测试工具，也有很多机会来充分运用白盒测试。

你必须修改“缺陷跟踪”系统来完成针对不同配置设备和运营商的测试工作。即便是为了全面的测试设备，QA 组员也不太可能会得到一部允许破坏的设备。白盒和黑盒测试并没有明显的分界线。测试员应该要知道如何运用 Android 模拟器和 Android SDK 中提供的其他工具。移动应用程序的 QA 测试员会面临不少“边缘极限测试”。需要再次强调的是，预售的设备和用户最终拿到的设备并不一定完全一样。

友情提示

我们会在本书第 18 章，即“测试 Android 应用程序”中讨论如何开展 Android 应用程序的测试工作。

15.9.1　控制测试版的发布

在某些情况下，你可能希望控制应用程序针对的测试对象。我们不推荐将应用程序一次性的开放给全世界的用户使用。开始时先选择部分区域范围来发布应用程序才是比较理想的测试计划。下面是常见的控制测试版本发布的一些方法。

- **私密控制下的测试**：这种情况下，开发者会邀请用户到一个受控的条件下，譬如指定的某个办公室中。他们会观察用户是如何和应用程序进行交互的，并且基于观察和反馈来修改程序。开发者完成了这些更新后，会邀请更多的测试者来与应用程序进行交互——如此循环往复，直到最终得到满意的回馈。只有到了那时他们才会将程序发布给更多的终端用户。私密测试通常不允许用户在指定的测试设备之外去使用应用程序；有时你甚至希望提供自己的测试设备给他们，以保证应用程序不会泄密。

- **私密控制下的群组测试**：在这种情况下，开发者会将 APK 文件提供给一小组用户进行测试，然后以适当的方式来收集回馈。这些回馈将由开发者做必要的修正，然后再把 APK 重新发布给同一组用户，或者新用户——如此循环往复，直到用户给出的是满意的答复。此时应用程序并没有完全遵循严格的保密政策（譬如不能离开某个办公楼），而是以半开放的形式部署的。Google Play 的一项新特性可能对这类测试有帮助，那就是“Private Channel Release”。如果你拥有 Google Apps 域，那么你可以把应用程序以一种可控的私密方式发布给特定域中的用户。
- **Google Play 主导的“Staged Rollouts”**：Google Play 提供了很多特性来帮助你控制应用程序的发布目标。通过这些手段可能会使得整个测试更有成效，更容易实现。“Staged Rollouts”是 Google Play 的新特性，它允许你将应用程序提供给 alpha 和 beta 测试组，以便在 Google Play 的所有用户使用之前来收集早期的反馈。

15.10 部署移动应用程序

开发者需要决定采用何种方式来分发应用程序。对于 Android 系统，你有很多种选择。你甚至可以亲自去做程序销售（利用现有市场机制，譬如 Google Play）。统一的移动端应用市场，例如 Handango 也有可供利用的 Android 分发渠道。

友情提示

我们将在本书第 19 章，即“发布你的 Android 应用程序”中做一步深入的讨论。

15.10.1　选取目标市场

开发者必须考虑第三方分发机构的一些强制性条款。特定的分发商有可能会限制应用程序的类型；他们可能会强制要求质量保证，譬如测试认证 (虽然 Android 应用程序到本书发布前也没有特定的测试认证手段)，并且要求提供技术支持、文档和常用的用户交互流程图标准，以及实时响应型应用程序的运行性能。分发商可能也会对一些令人反感的内容进行强制限制。

小窍门

针对 Android 应用程序的最流行的分发渠道一直在变化。Google Play 仍然是 Android 程序分布的第一站，但是 Amazon 应用商店和 Facebook 应用中心也逐渐成为 Android 应用分发的有效途径。部分应用商店只接受特定用户群组和指定类型的应用程序，而其他一些商店则可以分发多种不同平台的产品。

15.11　支持和维护移动应用程序

开发者不可能只是研发出应用程序,发布给用户,然后就“万事大吉”了——即便是最简单的应用程序也可能需要维护和定期升级。总的来说，如果你以前做过传统软件开发的话，会发现移动应用程序的技术支持需求相对较少，但并不是没有。

运营商通常是为终端用户提供支持的前线人员。作为开发者，你并不需要提供 7 × 24 小时的技术支持人员或者是免费的服务。事实上，有很多程序维护问题是可以通过服务器端来解决的，而且很大一部分是内容方面的维护——譬如上传最新的媒体资源 (譬如铃声、壁纸、视频和其他内容) 到服务器上。这些需求在开始时并不明显。但别忘了你的应用程序中包含了你的邮箱地址和网址信息，对吧？当然，一旦设备出现了功能异常时，通常情况下普通用户想到的是找销售商来解决问题。

即便如此，设备的固件更新频率还是很快的，移动开发小组需要站在市场的第一线去考虑问题。下面所列的都是专门针对移动应用程序开发的维护和支持的注意事项。

15.11.1 跟踪并解决用户提交的宕机报告

Google Play——当今最流行的分发 Android 程序的途径——集成了一些允许用户去提交宕机和 Bug 报告的功能。监督你的开发者账号并及时解决掉用户提的问题，才能保证你的开发信用，并让用户觉得满意。

15.11.2 测试固件升级

Android 手机经常会收到 (有人说太过频繁) 固件升级请求。这就意味着之前你测试并支持的 Android 平台版本现在已经过时了，而你的应用程序将在新的固件版本上运行。虽然这种升级通常是要求“向后兼容”老版本的，但是未非总是如此。事实上，很多开发者都会成为升级的“受害者”——他们的应用程序不能正常运行。所以当一个重大甚至是较小的固件升级后，必须要重新测试你的应用程序。

15.11.3 维护应用程序文档

维护者和应用程序开发者通常并不是同一位工程师。所以维护和保存足够完整详细的开发和测试文档 (包括技术说明和测试脚本)，显得尤为重要。

15.11.4 管理服务器的实时变化

必须小心细致地处理实时服务器、网页或者云服务器的变化。这意味着你需要不时地正确做好备份和升级。无论什么时候你都需要保证数据的安全，并维护好用户的隐私。你应该谨慎地管理好服务器端的首次发布，不要小看了服务器端的开发和测试——我们要保证在安全的环境中进行首次和后续升级版本的测试。

15.11.5 鉴别低风险的移植机会

如果你如前面章节所述，成功完成了设备数据库的实现。那么现在就是使用它们来分析有哪些设备比较容易做移植工作的最佳时刻了。举个例子，你可能会发现某个应用程序一开始只是为某一类设备而开发的，但随后就会出现在市面上其他一些类似配置的设备中。移植现有的应用程序到新的设备，有时候和编译一个版本 (赋予合适的版本号) 并在新设备上进行测试一样自然简单。如果你定义的设备类型很合理的话，你可能会走运得不需要做任何修改就能在新设备上使用应用程序。

15.11.6 应用程序功能特性的选择

在确定你的应用程序应该支持哪些功能时，首先你需要综合考虑支持新特性所带来花费和利益。添加新特性总是比从你的设备中移除特性来得简单。一旦用户习惯了那些功能，那么移除很可能导致用户不再想使用你的应用程序了。他们甚至会给你的程序写很差的评价，并给出很糟糕的评分。所以请务必确保应用程序中的功能对用户都是有用的，而不是到了事后才发现不应该添加某项功能。

15.12 总结

移动端软件开发随着时间的推移在不断地发展，并和传统桌面型软件开发有几点重要差异。在本章内容中，你学习到了一些让大家能从传统开发中去适应移动开发的实用建议——从确定目标设备到测试和部署你的应用程序。当然，一旦运用到软件开发流程中仍然有很多改进的空间。理想的情况下，某些建议还是可以帮助你避免一些移动开发的新公司所易犯的错误，或者是为经验丰富的开发小组的改进提供参考。

15.13 小测验

1. 判断题：对于 Android 开发而言，瀑布流的软件模型比迭代式和快速成型式更合适。

2. 作者发现了哪些对确定项目需求很有帮助的方法？

3. 什么时候是开发设备数据库的最佳时期？

4. 判断题：既然 Android 模拟器上可以使用应用程序，那么真机测试就不是那么必要了。

5. 移动开发者所采用的研发步骤有哪些？

15.14 练习

1. 先想一个希望做的应用程序，然后思考下确定项目需求的最好方法是什么，并解释为什么。

2. 为你想做的应用程序列出一个需求清单。

3. 为此应用程序确认目标设备，并创建一个简单的设备数据库来记录与应用程序相关的重要数据。

15.15 参考资料和更多信息

Widipedia 上关于软件开发流程的解释

http://en.wikipedia.org/wiki/Software_development_process

Wikipedia 上关于瀑布流开发模型的解释

http://en.wikipedia.org/wiki/Waterfall_model

Wikipedia 上关于快速应用开发的解释 (RAD)

http://en.wikipedia.org/wiki/Rapid_application_development

Wikipedia 上关于迭代和增量式的开发的解释

http://en.wikipedia.org/wiki/Iterative_and_incremental_development

极限编程

http://www.extremeprogramming.org

Android 培训 :“针对多种物理屏幕做开发”

http://d.android.com/training/multiscreen/index.html

Android 培训 :“创建后向兼容的 UI”

http://d.android.com/training/backward-compatible-ui/index.html

Android API 指导 :“支持多种屏幕”

http://d.android.com/guide/practices/screens_support.html

Android API 指导 :“支持平板和手持设备”

http://d.android.com/guide/practices/tablets-and-handsets.html

Android Google Services:“Google Play 的过滤机制”

http://d.android.com/google/play/filters.html

第 16 章 设计和开发可靠的 Andriod 应用程序

本章节内容将讨论我们在多年的移动端软件设计与研发中积累的技术和一些小技巧。我们同时也提醒大家——包括设计者、开发者以及移动应用程序的经理们——应该尽全力去避免各种可能发生的缺陷。如果你是移动开发的新人，那么一次性阅读完本章可能有点吃力，所以建议能挑选相应的小节来做重点阅读。我们的部分建议可能并不一定适用于你的特定项目，而且处理流程也可能会不断在完善。理想的情况下，这些关于移动开发项目如何成功（或者失败）的信息还是可以让你提高项目成功率带来一点启发。

16.1 设计可靠的移动应用程序的最佳实践

移动应用程序的设计“规则”是简单明了的，并且在所有平台上都通用。这些规则提醒我们，应用程序在设备中只是扮演了第二个重要角色——很多 Android 设备都是以智能手机功能为主。这些规则也清楚地说明，我们确实从某种程度上依赖于运营商和设备厂商的基础设施建设。这些规则存在于 Android SDK 的版权协议和第三方应用程序商城的条款中。

这些“规则”包括：

- 不要滥用用户的信任。
- 不要干预设备的电话通讯和短信服务（如果可以的话）。
- 不要试图篡改设备的硬件、固件、软件或者 OEM 组件。
- 不要滥用或者引起运营商网络相关的问题。

现在这些规则听起来就不怎么费脑筋了，但是即便是优秀的开发者也可能因为意外情况而“犯规”——如果他们不够小心并且在发布版本前没有进行彻底的测试。对于利用网络支持服务、设备的底层硬件 API 功能和存储了用户私人数据(如名字、地点和联系人信息)的应用程序尤为如此。

16.1.1 满足移动端用户的需求

移动端用户对于那些安装在他们设备之上的应用程序也有一些特殊需求。他们希望应用程序能够：

- “让我着迷”,“使我的生活更简单便捷”,以及“让我看起来更有魅力”(摘自 Android 设计文档 *http://d.android.com/design/get-started/creativevision.html*)。
- 有简单明了的，直观易用的用户交互界面。
- 能够省心省力地帮用户完成所需的任务(提供可视化的任务结果反馈，并遵循 Android 的通用设计模型)，并且对设备运行性能的影响最小(电池，网络和数据使用量等等)。
- 处于 7×24 小时随时可用状态(远程服务器和服务总是可用的，而不是时好时坏)。
- 包含了“帮助”并且/或者“关于”信息来让用户可以提交反馈，并且有技术支持的联系方式。
- 尊重和保护好用户的隐私信息。

16.1.2 为移动设备设计用户交互界面

为移动设备设计高效的用户交互界面，特别是那些需要在一系列不同设备上运行的应用程序，是一种“魔法”。我们都见识过了一些很差劲的移动应用程序交互界面。糟糕的用户交互会让用户“退避三舍”；而优秀的用户体验才能赢得用户的青睐。好的用户体验让你的应用程序能够在竞争中脱颖而出，即便大家提供的功能都是类似的。而优秀的、精心设计的用户界面甚至可以在你的功能不如别人的情况下也能赢得用户。换句话说，把某项功能“做精做细”比起在应用程序中导入一堆不好用的功能来说要重要得多。

下面是关于如何设计移动应用程序用户交互界面的一些技巧。

- 合理利用屏幕显示。在一个屏幕中显示太多内容会让用户觉得反感。
- 坚持使用用户交互设计流程图，菜单和按钮样式。同时，也要考虑和 Android 的设计模式保持一致。
- 用“fragments”来设计你的应用程序，即便你不打算面对平板设备 (Android 支持包让我们可以支持几乎所有的目标版本)。
- “点击区域” 要足够大 (如 48dp)，并且间距也要尽可能合理 (如 8dp)。
- 常用的交互界面足够简单明了，并保持一致性。
- 使用可读性好的大字体，以及大图标。
- 以标准的控制方式来与系统中的其他程序进行交互，譬如 `QuickContack-Badge`, content providers 和搜索适配器。
- 当设计带有很多文本显示的用户界面时，一定要注意语言本地化的问题——同一文本在有的语言下会比其他语言的长。
- 以尽可能少的按键和点击来完成一项用户任务。
- 不要预先假设所有设备上都会带有某个特定的输入法或者输入机制 (譬如按钮或键盘)。
- 设计时要尽量保证，默认情况下用户只要用手指头就能正常使用程序，特殊情况下才需要使用到其他按钮或输入法。
- 为目标设备提供合理尺寸的资源。不要包含超尺寸规格的资源，因为这些东西会占用你的应用程序包空间，加载也会变慢，从而使程序显得不够高效。
- 按照“友好”用户交互界面的要求，你要假设用户在安装应用程序时并不会去一条条地阅读“权限许可”。所以如果你的应用程序执行一些有可能导致问题或者关系到隐私数据方面的操作，那么就应该在程序运行过程中再次提醒用户。总的来说，不要让用户在出现问题时觉得非常诧异——即使你在“权限许可”或者“隐私条款”中已经提醒过他们了。

友情提示

在本书第 14 章，即“设计具有兼容性的应用程序”中我们讨论过如何去设计能兼容大部分设备的 Android 应用程序，包括如何针对不同的屏幕尺寸和分辨率做开发。在第 17 章“如何规划 Android 应用程序的用户体验”中我们也会讨论用户体验方面的内容。

16.1.3 设计稳定并且响应迅速的移动应用程序

移动设备的硬件已经过了很多年的长足发展，但是开发者仍然要以“有限的硬件资源”为设计标准。用户并不总是有资金来升级 Android 设备的内存和其他硬件配置。不过 Android 用户有可能可以利用可移除存储设备（如 SD 卡）来为应用程序和多媒体数据提供额外的空间。花费一定的时间来设计出稳定和快速响应的应用程序对于项目成功与否很重要——下面所示就是设计时的一些建议和技巧。

- 不要在 UI 主线程中做费时或者费资源的操作，而是利用异步的任务、线程或者后台服务来承载这些工作。
- 使用高效的数据结构和算法；这些改变在程序的响应速度方面可以得到体现，并让用户更加满意。
- 谨慎使用递归；这类代码需要进行审核并且严格测试其运行性能。
- 记录下程序的状态。Android 的 `Activity` 栈可以做这项工作，但是你还得花点精力才能把它做好。
- 通过合理的生命周期回调函数来保存你的状态，并且时刻想着你的应用程序有可能在任何时候被挂起或者停止。如果你的应用程序被挂起或者关闭，你不能期待用户去核实什么信息（譬如点击按钮，等等）。如果你的应用程序能够正确地恢复过来，你的用户才会觉得满意。
- 程序启动和程序恢复都要尽可能地快。你不能期望用户“干等”着程序启动。所以你需要平衡预加载和实时性的数据，因为你的应用程序很可能被毫无征兆地挂起（或者停止）。
- 在执行长时间的操作时要有进度条来通知用户。不过也要考虑把耗时的操作传递给服务器来操作，因为这些工作有可能消耗超过用户预期的电量。
- 在做耗时操作前要先预估任务完成的可行性。譬如你的应用程序下载大文件前，一定得先确认下网络连接、文件大小、机器剩余可用空间等等。
- 尽可能减少本地存储空间的使用量，因为大部分设备的资源都是有限的。当在条件合适的时候使用外部存储。要注意 SD 卡（最常用的外部存储设备）有可能会被用户取出来——你的应用程序一定要正确处理这些事件。

- 开发者要明白执行 content provider 或者 AIDL 操作是要付出一定代价的（运行性能），所以请谨慎使用。
- 确保应用程序的资源消耗量和目标用户的预期值相匹配。游戏玩家可能会预料到图形计算要求多的游戏会减小电池的使用时间，但是普通的应用程序不应该消耗不必要的电池能量，对于那些不经常充电的用户而言更是如此。

小窍门

由 Google 的 Android 开发小组写的博客 (*http://android-developers.blogspot.com*) 是非常好的资源。这个博客提供了有关 Android 平台的一些深入分析，而且经常会讨论到 Android 文档不会涉及到的话题。在这里，你可以找到技巧，最佳实践，以及 Android 开发相关的话题——譬如内存管理（`Context` 管理），`View` 组件的优化（避免 `View` 的分层过深），以及如何改善 UI 速度的有效布局。聪明的 Android 开发者会经常访问这个博客并将其中的实践和技巧引入他们的工程中。记住 Google 的 Android 开发人员经常讨论的是最新级别 API 的特性；所以某些建议可能并不适合于那些老的目标平台。

16.1.4 设计安全的移动应用程序

很多移动应用程序和设备的核心程序结合在一起，譬如 Phone（电话），Camera（摄像头）和 Contacts（联系人）。确保你已经做好必要的预防措施来保护好用户的私人数据，譬如名字、地址、应用程序中所使用的联系人信息。这包括了应用程序服务器端的个人用户数据，以及网络传输过程中的类似信息。

小窍门

如果你的应用程序需要访问、使用或者传输私人数据，特别是用户名、密码或者联系人信息，那么一个可行的办法就是在程序中包含一份“终端用户许可协议”和一份“隐私条款”，并记住这些隐私条款可能会因国家而异。

处理私人数据

首先，对于应用程序存储的所有私人和敏感数据，我们都应尽全力来保护好。不要以明文的形式存储这类信息，也不要在没有安全保护的情况下通过网络传输。不要尝试绕开 Android 框架强制要求的任何安全机制。将私有用户数据保存在程序私有文件中——也就是说数据只会对程序本身可见，而不是在整个操作系统中共享。不要在不加任何强制许可的情况下，通过 content providers 暴露这些数据。在必要的时候使用 Android 框架提供的加密类来存储实现。

传输私有数据

上述的内容也同样适用于远程网络端数据存储（譬如应用程序服务器或者云存储）和网络传输。确保应用程序依赖的所有服务器和服务都已经做了安全保护，来避免数据和隐私泄露。将与你的应用程序相关的任何服务器都当成程序的一部分——然后彻底地测试它们。所有私人数据的传输都需要以典型的安全机制来加密，譬如 SSL。这些规则也同样适用于通过 Android Backup Service 之类的服务所做的备份工作。

16.1.5 如何将应用程序利润最大化

按照移动应用程序的收入来源，基本上可以把它们归结于以下的一类或几类：

- 免费应用程序（包括广告收入）
- 一次性付费（一次性购买）
- 内嵌型的产品（需要为特定内容付费，譬如铃声、道具或者是新的等级包）
- 定制付费（按照日期计划来付费，通常可见于服务类型的应用程序）
- 会员制收费（通过移动客户端来访问内容，譬如付费定制的 TV）

应用程序可以使用非常多类型的收费方式，取决于它们所使用的应用商城以及采用的付费 API（以 Google Play 为例，会把付费方式限制为 Google Wallet）。到目前为止 Android 框架中还没有内置特定的付费 API。通过 Android 系统，第三方组织可以提供自己的付费方式或者 API，所以技术上来讲没有任何限制。有一个可选的 Google Play 的内置付费 API 可供使用——Google Play 提供了多种支付方式，包括信用卡、直接通过运营商扣费、礼品卡及 Google Play 的“Balance value”。

当设计移动端应用程序时，你需要考虑有哪些地方可以收费，以及为什么用户会付费。想一想在应用程序的流程中哪些特定地方是可以收取一定费用的。譬如，如果你的应用程序有能力往设备中传递数据，那么确保这项操作在未来是可以变为一种交易的手段——如果你决定要收费，那么可以加入付费代码。一旦用户付了款，任务就开始执行，否则操作会被回退。

友情提示

在本书第 19 章，即“发布你的 Android 应用程序”中，你将学习到目前常用的几种将应用程序市场化的可行方法。

16.1.6　遵循 Android 应用程序的质量指导方针

随着 Android 版本的迭代，用户对于应用程序质量的期望就越来越高了。幸运的是，Google 花了很多精力来研究优秀的应用程序应该是怎么样的，它的雇员们自己也已经设计了不少高质量的应用程序——最让人觉得欣慰的是他们还设计了一系列的标准，以便开发者可以评估应用程序的质量水平。

在 Android 文档中，有三种推荐的质量指导方针，开发者应该认真思考如下内容。

- **核心程序质量**：“核心程序质量”是应用程序必须遵循的最基本的标准，而且也是在每一种目标设备上都应该被执行的标准。这个指导方针包括了如何去评估应用程序的视觉设计和用户交互、功能性的行为标准、稳定性和运行性能标准，以及 Google Play 推广准则。同时也提供了一系列的步骤来测试你的应用程序，以此判断它是否满足要求。你可以从这里了解到这个指导方针的更多详细信息 *http://d.android.com/distribute/googleplay/quality/core.html*。
- **平板电脑程序质量**：如果是为平板电脑编写应用程序，那么你仍需要确保满足“核心程序质量”准则。另外，Google 提供了一系列额外的质量标准来为开发者编写平板电脑程序提供帮助。这些平板电脑的指导方针被以检查清单的形式列出来了。你可以通过以下地址来了解详情 *http://d.android.com/distribute/googleplay/quality/tablet.html*。

- **改进程序质量**：即使你的应用程序满足了以上要求，也不要就此松懈。用户的需求以及应用程序间的竞争会使质量标准越来越高。为了使你的应用程序能够跟上这一节奏，Android 文档提供了一系列策略——你在质量分析阶段就可以利用这些资料来思考如何解决质量问题。如何你希望了解更多应用程序的持续质量改进信息，请访问 *http://d.android.com/distribute/googleplay/strategies/app-quality.html*。

现阶段，并没有什么强制手段来要求你的应用程序真正遵循这些质量方针，但是如果你希望应用程序能够取得成功的话，那么它们都是你必须要着重学习和花费精力的地方。

16.1.7 利用第三方的质量标准

并没有专门为 Android 应用程序做认证的机构。但是，随着越来越多的应用程序被开发出来，有可能会出现第三方的标准——目的在于区分出应用程序是"优秀"的还是"普通"。举个例子，移动应用商城可能会强制推行一些质量标准。Amazon 应用商店会在 Android 应用程序上架销售前做一些测试。Google Play 中有"编辑们的选择"一栏信息。开发者如何希望创造更多经济利润的话尤其应该好好考虑这些需求。

警告

Android 市场希望以比其他移动平台更高的标准来要求自己。"系统强加的几个规则"并不意味着"没有规则"。高标准的条款可以让用户远离恶意软件和其他恶意代码。应用程序也确实会因不当的行为而被移除出市场——就如它们当初偷偷混进应用平台市场一样。

16.1.8 开发易于维护和升级的移动应用程序

总的来说，当开发移动应用程序时应尽可能少的假设目标设备的配置。如果能做到这点，那么后期做移植或是提供简单升级时你就会体验到好处了。你应该仔细谨慎地思考你所做的任何假设。

16.1.9　利用应用程序诊断手段

除了足够的文档和清晰易懂的代码外，你也可以利用一些技巧来帮助维护和监督移动端应用程序。在程序中建立轻型的监察，日志记录，和报告机制对于产生你自己的分析数据是非常有用的。只依靠于第三方的信息，譬如应用市场报告，可能会使你丧失一些关键性的数据。譬如，你自己就可以轻松追踪如下信息：

- 有多少用户安装了应用程序。
- 有多少用户是第一次运行应用程序的。
- 有多少用户经常性地使用应用程序。
- 最流行的使用习惯以及趋势。
- 最不流行的使用习惯和功能。
- 最流行的设备（由应用程序版本和其他相关参数决定）。

通常你可以将这些数据转化为销售量的期望值——以后通过第三方应用商城就可以与真实数据进行比较。你可以做一些整理，譬如将最流行的使用习惯融入你的用户体验中。有时候你甚至可以查出潜在的Bug，譬如那些根本就没有用的功能——因为没有用户使用过它们。最后，你可以判断出哪些目标设备是最适合你的特定应用程序的。

从海量的数据中你还可以收集到一系列关于应用程序的有趣信息，如下所示：

- Google Play和那些分发渠道中得到的销售数字、评分、bug和宕机报告。
- 应用程序集成数据收集类的API，譬如Google Analytics或者其他第三方的程序监测服务。
- 对于那些依赖于网络服务器的应用程序，从服务器端就可以发现很多信息。
- 回馈信息可以通过邮件直接发送给你或者开发者，也可以通过用户评价，或者你提供的其他机制来返回。

小窍门

永远不要在用户不知道的情况下收集个人数据。收集匿名的诊断信息是很正常的，但是要避免记录任何可能涉及隐私的数据。确保你的样本数量足够大，以避免个别用户信息所带来的影响，并从结果中得出实时的质量测试数据（特别是当你考虑到销售数字时）。

16.1.10　设计便于升级的应用程序

Android 应用程序总的来说是比较容易升级的。但是整个更新或者升级的过程还是为开发者带来了一些挑战。当我们说“更新”，意味着会改变 Android 的 manifest 文件中的版本信息并且重新在用户的设备中部署新程序。当我们说“升级”，意味着生成一个全新的应用程序包（包含了新特性）并把它作为一个独立的应用程序来让用户选择安装（不会覆盖原来老的应用程序）。

从“升级”的角度来说，你需要考虑哪些条件是必须“升级”的。举个例子，你是否能划清宕机问题和用户请求之间的界限？你也应该思考程序将以什么样的频率来做更新——只有频率达到一定程度才会真的对用户有意义，但是如果太频繁的话也肯定不是好事。

小窍门

你应该将应用程序的内容更新作为程序的一项功能特性（通常是网络驱动型的），而不是必须要经过在线的应用程序升级来实现。如果应用程序可以实时更新内容，那么用户就会更加愉悦，因而程序本身也能受益良多。

当执行升级时，要思考采用什么方式才能让用户从一个版本到另一个版本的转移过程中感到更自然。你是否会利用 Android 的 Backup Service，这样的话用户在不同设备间切换时就会是无缝的；或者你会提供自己的备份方案？思考如何通知用户当前应用程序有一个大的可用版本更新。

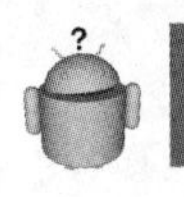

小窍门

Google 提供了一个大家熟知的 Android Backup 服务，来让开发者可以很方

> 便地保存用户的程序数据。这项服务被用于存储应用程序的数据以及设置，但并不建议做为数据库备份来使用。如果读者想了解更多详细信息，请参阅：*http://d.android.com/google/backup/index.html*。

16.1.11 利用 Android 的工具辅助应用程序的设计

Android SDK 和开发者社区提供了一系列有用的工具和资源来辅助应用程序设计。你可能希望在项目研发过程中借助于如下所示的工具。

- 图形化的布局编辑器是一个快速的“设计概念验证器”。你可以在这里找到更多详细说明：*http://d.android.com/tools/help/adt.html#graphical-editor*。
- 在你拥有特定的设备前使用 Android 模拟器。你可以使用不同的 AVD 配置来模拟各种设备配置和平台版本。
- DDMS 工具对于内存探测很有帮助。
- “Hierarchy Viewer”可以用来做精确的用户交互界面设计。和“lint”配合使用，还可以用来优化你的布局设计。
- 用于绘制“Nine-patch”的工具可以创建适用于移动端设备的可拉伸图形。
- 真机设备可能是你最重要的工具。使用真实设备来做可行性研究，并在可能的情况下用来验证你的设计理念。不要仅仅是通过模拟器来验证和设计产品。在真机设备的系统设置中的开发者选项里，有很多对开发和调试有用的工具。
- 特定设备的技术规格说明书通常可以从厂商或者运营商那里获得，这些信息对于我们确定目标设计的配置细节是很有意义的。

16.2 避免在 Android 应用程序设计中犯低级错误

最后但同样重要的是，以下所列是 Android 设计者应该尽量去避免的低级错误。

- 没有针对设备做可行性分析，就花费数月来进行设计和开发。
- 只针对单一的设备、平台、语言或者硬件配置来做设计。
- 设计的时候自认为设备会有非常大的存储空间、运行能力以及用不完的电池电量。

- 在错误的 Android SDK 基础上做开发（必须确认清楚目标设备的 SDK 版本）。
- 尝试将应用程序强制适应到更小屏幕尺寸的设备中，从而造成显示的“缩放”。
- 部署了一个包含过多图像或者媒体资源的应用程序。

16.3 开发可靠移动应用程序的最佳实践

总的来说，开发移动端应用程序与传统桌面型程序相比并没有太大差异。但是，开发者可能会发现移动应用程序的限制更多，特别是资源方面的范围。让我们再次从移动应用程序开发的一些最佳实践和规则开始分析：

- 在目标设备上尽早，并且经常性的测试和可行性有关联的假设。
- 让应用程序的体积尽可能保持的小和高效。
- 选择针对移动端设备的高效的数据结构和算法。
- 谨慎选择内存管理方式。
- 假设设备主要都是由电池供电的。

16.3.1 设计适用于移动端的研发流程

一个成功项目的“主心骨”是良好的软件流程——它可以确保标准的执行，提供很好的开发交流方式并且降低风险。我们在本书第 15 章，即“学习 Android 软件开发流程”中讨论过移动开发的整体流程。下面是一些成功的移动开发流程的通用技巧：

- 使用迭代式的开发流程。
- 使用有规律、可重现的，用利用版本管理的编译流程。
- 将目标变化通知到所有人——程序的变化通常会影响到大部分的测试结果。

16.3.2 尽早并经常测试应用程序的可行性

需要强调的是，你必须在真机设备上测试和验证开发者的假设。如果花费了几个月时间来开发的程序，结果却发现因为无法在真机上正常使用而要重新设计的话，那么情况是非常糟糕的。即便你的应用程序可以在模拟器上正常运行，并不代表它在设备中也有良好的表现。检验程序的可行性时，有以下一些功能点是需要重点考虑的：

- 和外围设备及设备硬件有交互的功能部分。
- 网络速度与延迟。
- 内存占用率与使用情况。
- 算法的效率。
- 用户交互界面对于不同尺寸和分辨率屏幕的适应性。
- 对于设备输入法的设想。
- 程序的文件大小和存储空间的使用量。

我们也知道自己像坏掉的录音机一样，在向读者不断地重复着这些建议——但是，我们却真实地看到这些错误被一而再、再而三地重犯。当目标设备还不可用时，项目本身是特别容易引发这些错误的。真实的情况是工程师被迫“亲近”瀑布流的软件开发模型，然后在模拟器上开发了几周甚至是几个月后收到异常大的、糟糕的“惊喜”。

我们不需要再次向您解释，为什么瀑布流模型是危险的了吧？你可能不曾小心地对待这个“家伙”——请务必把这一点作为飞机起飞前的安全检查吧。

16.3.3　使用编码标准，审阅以及单元测试来改进代码质量

花费了不少时间和精力来开发高效的移动应用程序的工程师们将会受到用户的褒奖。下面所列的这些是你可以做的一些努力。

- 以 Java 共享包中的特性为中心 (如果你有 C 或者 C++ 的共享库，可以考虑使用 Android NDK)。
- 开发与 Android SDK 相兼容的程序版本 (要搞清你的目标设备)。
- 使用正确的优化等级，这包括带有 RenderScript 的代码以及 NDK (如果适用的话)。

- 在应用程序中使用合适的内嵌控制方式和组件，只在需要的时候才去做定制。

你可以使用系统服务去判断设备的重要特性（屏幕类型、语言、日期、时间、输入法、可用的硬件等等）。如果你在应用程序中对系统设置做了任何改变，要确保在程序退出或者暂停时还原这些设置（如果需要的话）。

定义编码标准

为开发小组设计一套容易沟通理解的编码风格标准，有助于开发人员更轻松地完成移动应用程序的一些重要需求。这些标准可能包括：

- 实现稳定可靠的错误解决方式，以及“得体”的异常处理方式。
- 将耗时、耗资源，或者阻塞型的操作移出主 UI 线程。
- 避免在代码的关键部分生成不必要的对象或者用户交互行为，譬如动画和用户输入响应。
- 及时释放那些你不经常使用的对象和资源。
- 使用可靠的内存管理机制。内存泄露可能会让你的程序一无是处。
- 合理使用有利于本地化的资源。不要在代码或者布局文件中“写死”字符串和其他资源。
- 不要在代码本身做混淆处理，除非你有特定的原因（譬如使用 Google 的“License Verification Library”，简称 LVL)。另外，合理的注释也是必需的。但是，在开发流程的后期要考虑通过内嵌的 ProGuard 来为应用程序做混淆处理，以保护软件的版权。
- 考虑使用标准的文档生成工具，譬如 Javadoc。
- 建立并推行命名规范——不管是在代码中还是在数据库设计中。

执行代码审核

执行代码审阅可以帮助改进项目代码的质量，有利于推行编码标准，并可以在 QA 花费时间和资源开展测试之前就发现问题。

同时这可以拉近开发者和相关的 QA 测试员间的距离。如果测试员理解应用程序和 Android 操作系统是如何工作的，那么他们可以更加彻底和成功地对程序展开测试——正式的代码审查流程很可能会解决这些问题。举个例子，测试员可以通过两种方式检查出“类型安全”相关的缺陷：要么去注意输入的类型本身是否正确，或者和开发者一起去审阅“提交”和“保存”按钮的处理函数。后一种做法就避免了修改文件、审核、修正，然后重新测试验证缺陷所需的一大堆时间。代码审核虽然不能减轻测试的重担，但确定可以减少一些显见缺陷的数量。

开发代码诊断机制

Android SDK 提供了一系列与代码诊断相关联的包实现。建立一个集成了日志追踪、单元测试和可以收集重要诊断信息(譬如某方法被调用的频率，算法的运行性能)的应用程序框架，能够帮助你开发出一款可靠，高效的移动应用程序。你需要注意的是诊断机制在应用程序发布之前基本上都要被移除，因为他们会引起运行性能的下降，并降低程序的响应速度。

使用应用程序日志跟踪

在本书第 3 章，即“编写你的第一个 Android 应用程序”中，我们讨论过如何利用一个内嵌的日志跟踪类 `android.util.Log` 去实现诊断机制——后期的日志信息可以通过一些 Android 工具，譬如 `LogCat`(你可以在 `DDMS`、Android Debug Bridge、Android IDE、Android Studio 和 Eclipse 的 Android 开发插件中找到 LogCat)。

开发单元测试

单元测试可以帮助开发朝“100% 的程序路径测试”目标迈出更坚实的一步。Android SDK 中包含了 JUnit 的扩展组件，能用来测试 Android 应用程序。自动化测试可以通过以下步骤完成：先以 Java 语言编写测试用例，然后验证应用程序是否以预想的方式来运行。你可以利用自动化手段来做单元和功能测试，包括用户接口测试。

在 `junit.framework` 和 `junit.runner` 包中提供了基本的 `JUnit` 支持。在这里，你可以找到运行基础单元测试的框架，以及单独的测试用例的帮助类。你可以把这些测试用例整合进“测试套装”中。同时提供的还有标准的断言和测试结果相关的逻辑判断的实现机制。

Android 相关的单元测试类是 android.test 包的一部分。这个包中涵盖了不少为 Android 应用程序设计的测试工具，在基于 JUnit 框架的基础上还加入了很多有趣的功能，譬如：

- 通过 android.test.InstrumentationTestRunner 来简化与“Test Instrumentation”（android.app.Instrumentation）的绑定，并允许你通过 adb shell 命令行来执行。
- 运行性能的测试（android.test.PerformanceTestCase）。
- 单个 Activity（或者 Context）的测试（android.test.ActivityUnitTestCase）。
- 完整的应用程序测试（android.test.ApplicationTestCase）。
- 服务测试（android.test.ServiceTestCase）。
- 产生事件的辅助工具，譬如触摸事件（android.test.TouchUtils）。
- 更多的特殊断言（android.test.MoreAsserts）。
- 通过 uiautomator 进行用户接口测试，你可以在项目中添加 uiautomator.jar 来引入这个 API（com.android.uiautomator.*）。
- View 视图的验证（android.test.ViewAsserts）。

16.3.4　处理单个设备中出现的缺陷

偶尔有些时候，你会遇到需要在特定设备上做些特殊处理的情况。Google 和 Android 小组的观点是如果有此情况发生的话，那就是一个 bug, 因而希望你可以告诉他们——不论是通过何种方式，都请你这样子去做。但是，这种做法在短期内对你不会产生帮助；如果他们是在下一平台版本中才能解决问题，而运营商没有去做升级，那么也同样对你解决 bug 没有任何帮助。

处理单个设备上出现的问题可能会很棘手。你不希望产生不必要的代码分支，所以下面是一些选择。

- 如果可能的话，使客户端足够通用，然后通过服务器来处理设备相关的内容。
- 如果在客户端可以通过程序条件判断出这种情况的话，那么就尝试让开发者继续只在一种代码树中去解决问题，而不是产生新的代码分支。

- 如果该设备并不是高优先级的目标设备，而且花费与收获的比值显示不值得这么做的话，可以考虑先把它剔除出你的支持列表。并不是所有的 Android 市场都支持应用程序不针对某些个别设备，但 Google Play 却可以。
- 如果需要的话，产生新的代码分支来解决问题。设置好 Android 的 manifest 文件以确保分支的应用程序版本只会被安装到相应的设备中。
- 如果上述都失败的话，将问题记录下来然后等待这个潜在的“bug”被解决。让你的用户来获知这些消息。

16.3.5　利用 Android 提供的工具来做开发

Android SDK 包含了不少有用的工具和资源来为应用程序开发提供帮助。开发社区甚至加入了更多有用的辅助手段。你可能希望在项目研发过程中利用如下的工具：

- Android IDE，安装了 ADT 插件的 Eclipse 或者 Android Studio。
- 用于测试的 Android 模拟器和物理真机。
- Android 的 DDMS 工具可以用于调试，以及与模拟器或设备进行交互。
- ADB 工具可以用于日志追踪、调试以及 shell 访问。
- `Sqlite3` 命令行工具可以用于应用程序的数据库访问 (可以通过 adb shell 来使用)。
- Android 支持包可以用于导入支持库，避免开发者做重复工作。
- Hierarchy Viewer 可以用于 View 视图的用户接口调试。

还有无数的其他工具也可以在 Android SDK 中找到，你可以参考 Android 的官方文档来获取更多详情。

16.3.6　避免在 Android 应用程序开发中犯低级错误

下面是一些让人很沮丧的低级错误，Android 开发者应该尽量去避免：

- 忘记在 AndroidManifest.xml 文件中去注册 activities、services 及必要的权限。
- 忘记调用 show() 方法来显示 Toast 消息。
- 在应用程序代码中“写死”一些数据，譬如网络信息、测试用户信息以及其他类似数据。
- 在发布前忘记禁用日志诊断机制。
- 在发布前忘记移除代码中的用于测试的 Email 地址或者网址。
- 发布应用程序时没有关闭调试模式。

16.4 总结

响应及时，稳定并且安全——这些是 Android 研发的基本原则。在本章内容中，我们帮助大家——包括软件设计者、开发者和项目经理们——去学习移动应用程序设计与开发的技巧和最佳实践，这些信息来源于真实世界的知识以及很多移动开发“老手”的经验积累。按你的需求去随意挑选哪些信息最适合于你的项目，并且记住软件开发流程，特别是移动软件流程总是在不断进步中的。

16.5 小测验

1. 有哪些应用程序的诊断信息是你需要去追踪的？
2. 为“更新”而设计，和为“升级”而设计有什么区别？
3. 在 Android 设计中，有哪些工具是我们建议采用的？
4. 判断题：假设设备一直都是处于充电状态，是最佳实践之一。
5. 在 Android 开发阶段，有哪些工具是我们建议去采用的？
6. 判断题：在发布应用程序前去打开诊断日志功能是很好的实践。

16.6 练习

1. 阅读 Android 的培训文档，标题为：“安全和隐私的最佳实践”（*http://d.android.com/training/best-security.html*）。

2. 阅读 Android 的培训文档，标题为：“用户体验和 UI 设计的最佳实践”（*http://*

d.android.com/training/best-ux.html)。

3．阅读 Android 的培训文档，标题为 :“改进已发布应用程序的质量” (*http://d.android.com/distribute/googleplay/strategies/app-quality.html*)。

16.7　参考资料和更多信息

Android 培训 :“运行性能改进技巧”

http://d.android.com/training/articles/perf-tips.html

Android 培训 :“让你的应用程序响应更快”

http://d.android.com/training/articles/perf-anr.html

Android 培训 :“无缝化的设计理念”

http://d.android.com/guide/practices/seamlessness.html

Android API 指导 :“用户接口”

http://d.android.com/guide/topics/ui/index.html

Android 设计 :“设计准则”

http://d.android.com/design/get-started/principles.html

Android 发布 :“应用程序质量”

http://d.android.com/distribute/googleplay/quality/index.html

Google 数据分析 :“为 Android 服务的数据分析 SDK, v2 版本 (Beta)—概述” :

https://developers.google.com/analytics/devguides/collection/android/v2/

第 17 章 提升 Android 应用程序的用户体验

知道如何使用最新版本的 Android API 是一个良好的开始，但是完成一个 Android 应用程序并不是单单编写一堆代码来添加越来越多的功能就可以了。实现一个华而不实的用户界面的确会吸引人，但是如果用户很难理解程序的使用方法而且也没有为用户提供真正有用的功能,那么它很可能永远也不会成为一款“杀手级应用”。为了从用户可选的众多应用程序中脱颖而出，你真的必须从不同的角度好好想想应用程序需要解决的用户问题。以完美的方式解决问题，而不仅仅是拼凑出一款有各种功能的应用程序，是本书作者所能给读者们分享的最好的建议。

本章节的目的在于向读者展示各种不同的设计思想和技术，以求可以让开发者在为用户 (你脑中设想的) 设计应用程序时知道如何做出更好的决定。本章所述的那些信息并不够透彻，也不一定是你在规划应用程序时默认必须采用的方法。相反地，这些信息必须要和你特定的开发情况相匹配。以作者的观察来看，大多数成功的项目都不是靠开发者死死遵循某种“铁律”就可以实现的。通常情况下，最成功的项目是通过开发人员协同努力，因地制宜地创造出属于他们自己的，符合他们实际资源限制条件的方法而达成的。

17.1　思考目标

在一个新的 Android 开发项目伊始阶段，尽早 (在写代码前) 的设置一些期望值是好的。需要思考的最有用的预期值存在于各种形式的目标中。通常情况下，至少会有两类人会对特定的 Android 开发项目持有目标。那些使用你的应用程序的人当然是其中之一；他们希望通过你的应用程序来达成某个目标。另一方面，你自己——开发者或者开发组，也会这么做。除了用户和开发组，与项目组有关的股东也会有自己的目标。

17.1.1 用户目标

用户安装应用程序的原因就是为了满足某项需求。用户的目标有可能是多种多样的，因人而异。举个例子来说，对于那些记性不好的用户可能想找一款可以为他们记录和跟踪重要信息的程序，譬如“记事本”或者类似于“日程表”这类的应用程序。另一方面，特定的用户希望通过游戏来娱乐消遣，但是他们的空闲时间可能会呈现“碎片化”。

将开发精力集中在对用户目标的明确理解的基础之上，应该可以帮助我们确定目标用户是谁。作为应用程序的开发者，如果你尝试去满足各种用户的目标需求，最终的结果有可能会是“吃力不讨好”。如果你在设定目标用户时不多加思索的话，那么你最后可能会做出一个“记事本游戏”——针对健忘又很忙的用户来帮助他们记录某些重要信息，同时又希望他们能利用碎片时间来娱乐。

理解用户的目标需求不仅可以帮助你将开发精力集中在如何为特定类型用户创造一款“上等”用户体验的应用程序，而且可以让你发现是否还有其他应用程序已经做到这一点或者满足了类似的需求——去开发一款与现有应用程序类似的产品多少有点浪费精力。但是集中精力在目标用户的“痛处”,并体会到竞争所在，应该可以帮助你更好地利用精力。

尽早思考应用程序需要满足的用户的真实目标是什么，并想一想如何与其他众多的应用程序区分开来，然后根据这些分析来实现你的应用程序——这样的结果很可能是你的用户会因此而感谢你所做出的努力。

17.1.2 小组目标

不论你是“单枪匹马”，还是大公司里的一位小组成员，你的开发组很可能会以心里的目标来设计应用程序。这些小组的目标可能是在第一个月达到 5000 下载量，或者在第一季度创造 50,000 美元的利润。其他小组的目标范例也可能是在一个月内发布第一版本的程序——或者是完全不一样的方向，譬如打出品牌知名度。

不管小组目标是什么，尽快尽早地去思考总是好的。满足用户目标只是一部分工作，而没有明确小组目标很可能导致开发进度的延迟或者超过预算，甚至是项目永远无法完成。

17.1.3　其他股东的目标

并不是所有的 Android 应用项目都有其他股东的参与，但是有些还是存在的。其他股东可能包含了那些在你程序中提供广告的广告商。他们的目标很可能是利润最大化，在不影响应用程序用户体验的同时提高品牌知名度。在规划阶段的早期就要综合考虑其他股东，用户以及小组的目标。

如果没有事先考虑到股东们的需求，那么就可能会伤害到一些商业合作伙伴的利益，因而也就有可能危及你们的合作关系。

17.2　集中研发精力的一些技巧

了解你应该将项目精力集中到确定的目标上只是万里长征第一步。现在我们将从实践的角度来讨论思考用户目标的技巧，以及如何去达成这些目标。

17.2.1　人物角色

有一个方法来记住你的目标用户，那就是创造一个虚构的人物角色。在开发过程中使用人物角色的目的就是从他们的角度去思考用户问题。定义角色以及角色所遇的问题是确定目标用户，以及让你的产品能区别于其他应用程序的诸多方法之一。

人物角色比较容易创建。以下是你在构建虚拟角色时应该要考虑的一些信息：

- 名字
- 性别
- 年龄范围
- 职业
- 对 Android 的熟练程度等级
- 喜爱的应用程序

- 最常使用的 Android 特性
- 对你的应用程序的看法，或者意识到你的应用程序的目标
- 教育程度
- 收入
- 婚姻状况
- 爱好

上述几项还不算很完整，但是对于你确定目标用户是一个好的开始。你应该只创建一个或者两个不同的人物角色。就如我们在本章开头时提到的，如果你想取悦所有类型的用户，那么结果反而可能是没有任何一个用户的需求得到满足。

你可以把这些人物写在纸上，并且放在随手可见的地方，以便你在工作中随时参考。有时候甚至可以把这些虚拟人物与某些人物照片关联到一起，这会有一定成效；这样的话你的角色就不但有名字，也有“脸面”了。然后当你想为 Android 应用程序做一个决定的时候，你可以回过头来看下是否真的已经满足了这些用户的需求了。

17.2.2 发现和组织个体

在项目周期的早期，你应该开始思考个体、类以及其他描述你的应用程序信息的对象。在纸上画一个简单的分析图有助于你组织代码。下面是一些你可以使用的技巧。

- **域建模**：一个域模型提供了项目中使用的所有个体。域模型随着项目周期而不断演进。它经常包含了个体名称（应该是名词），以及它们与其他个体的关系。
- **类建模**：类模型和域模型非常类似，只是更加具体。类模型通常是源于域模型，但是包含了更多的细节。图例中经常会包含类名称、属性、操作，以及它们与其他类的关系。
- **个体关系建模**：个体关系模型是专门用来描述应用程序的数据模型的。数据模型则描述了数据库表。图例中经常包含个体名称、属性、与其他个体的关系及基数。

从这些图例中所获取到的信息，结合你的项目所需的那些 Android 类，会让我们感觉到随着项目推进而去思索如何实现这些相互关联的类的重要性。假如没有正确的组织和规划，那么项目规模越大，你的代码就越像“意大利面”：换句话说，没有结构性，交杂在一起，过度复杂而且很难理解。

17.2.3　用例和用例图

另一条思考目标用户的方法就是开发一系列的用例和用例图，来表示他们是如何使用你的应用程序的。一个用例通常阐述了某些场景中用户与应用程序间的交互，而用例图就将这些交互形象地通过图形表示出来。你应该将用例当成你的目标用户在应用程序中所做的操作。用例很好地帮助你理解当用户与程序交互时，它应该如何正确的做出反应。

下面是一个任务管理类应用程序的简单用例。

当第一次启动时，应用程序显示一个空的任务管理界面，来供用户输入第一个任务——这个界面中有一个“添加任务”的按钮。当用户选择了以后，应用程序随之显示出一个“输入任务”框来让用户接着操作，并且提供了“创建任务”的按钮。当用户完成了这一系列操作后，用户点击“创建任务”按钮，然后应用程序会生成和存储任务。然后屏幕上会显示出刚刚创建的这个任务，供用户来审阅。

图 17.1“任务管理”应用程序的一个简单图例就是对应的用例图。

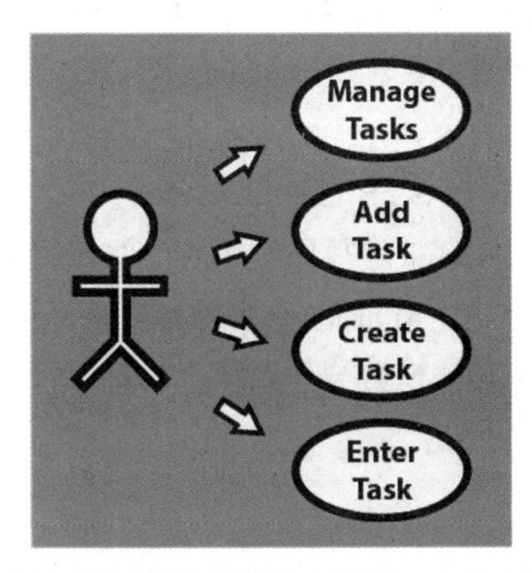

图 17.1“任务管理”应用程序的一个简单图例

创建用例图的最快方法是先在纸张或白板上绘制——虽然你可能还会同时使用图形编辑软件，或者是更高级的用例管理和图形化程序。很多情况下，能最简单并且最快的完成用例绘制的工具才是最好的，因而我们强烈推荐手绘的方式。

17.3　绘制应用程序的功能导航图

现在你知道了如何去确定目标用户，以及他们希望如何使用你的应用程序了。接下来就要花点时间思考下，怎么为用户实现一个导航功能，以引导他们通过应用程序更好地完成所需要的任务。

小窍门

在我们讨论如何在应用程序中设计导航功能之前，你应该先阅读了解用户在 Android 平台的 UI 系统中的导航习惯。更多详情可以从这里获得：*http://d.android.com/design/get-star ted/ui-overview.html*。这篇文章将帮助你学习 Android 系统中的不同界面场景——Home、All Apps(所有应用程序)和 Recents(近期打开的应用)——以及各种 System Bars(系统条)，譬如 status bar(状态栏)、navigation bar(导航栏)，以及 combinder bar(混合栏)。

小窍门

本小节所提供的很多代码范例都属于 SimpleNavigation 这个应用程序，读者可以从本书的官网下载到源码。

17.3.1　Android 应用程序的导航场景

为了理解如何在应用程序中编写导航功能，你首先必须了解 Android 都提供了哪些不同类型的导航样式。Android 有多种办法来允许用户在一个应用程序中进行导航，并且从一个程序转到另一个程序。下面我们将讲述 Android 提供的一些导航场景。

入口导航

入口导航用于指引用户进入一个应用程序——有很多种方法可供选择，譬如从 Home 界面的 Widget 组件，从 All Apps 界面，从状态栏中显示的一条通知项，甚至是从其他应用程序中等等。

横向导航

横向导航主要适用于那些有相同分层等级界面的应用程序。如果你的程序有超过一个以上的同级别界面，你可能希望用户可以通过滑动手势、Tab 页 (或者二者兼有) 来在它们之间进行导航。图 17.2 阐述了横向导航：

图 17.2　Android 应用程序横向导航的描述图

派生型的导航

派生型的导航适用于应用程序中有超过一个等级层次的情况。这意味着用户可以逐层深入到你的应用程序中。通常我们可以通过 startActivity() 来启动新的 Activity。下图描述了如何从一个顶层的 Activity 导航到低等级的 Activity 的过程：

为了实现派生类导航，你要确保派生出的 Activity 的 manifest 中声明了 parentActivityName，并且将父 Activity 设置为祖先。然后从父 Activity 创建一个指向派生者的 Intent，接着调用 startActivity()。

回退导航

回退导航是在用户点击了 Android 导航栏中的 Back 按钮或者硬件 Back 键后起效果的。默认情况下系统会回退到用户上次使用的，压入“回退栈”(Back Stack) 中的 Activity 或者 Fragment。为了重载这一默认行为，你可以在

Activity中实现onBackPressed()。下面这个图描述了在执行完横向导航后，程序是如何响应回退导航的。

图 17.3　在 Android 应用程序中执行派生型导航

图 17.4　在执行完横向导航后，再执行回退导航

你不一定要在程序中为回退导航做什么特别的工作，除非是使用 fragments。当使用 fragments 时，执行回退操作就需要确保你已经通过 addToBackStack()

来将 `Fragment` 添加到 Back Stack 中了。

祖先型导航

祖先型导航，或者称向上导航，适用于你的应用程序有超过一种层次等级，而你必须提供一种导航方式来让用户返回到更高等级的情况。图 17.5、图 17.6 分别描述了在应用程序中实现向上导航，以及当执行完派生型导航后再接着完成祖先型导航的情况。

图 17.5　显示一个向上导航的情况

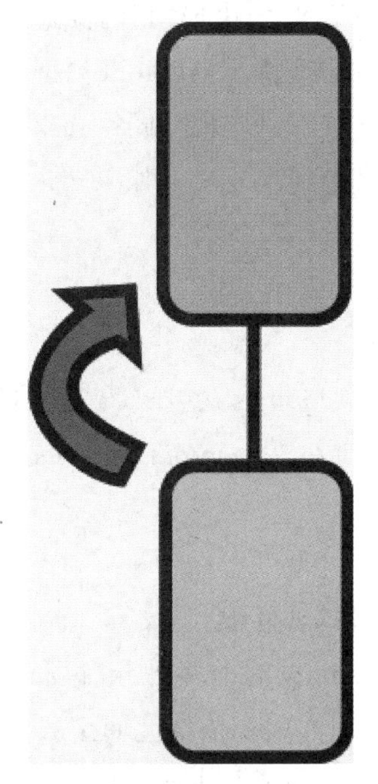

图 17.6　在应用程序中执行一个祖先型导航

为了在应用程序中实现祖先型导航，你必须做两个工作。首先是确保你派生的 `Activity` 的 manifest 中定义了正确的 `parentActivityName` 属性，然后在 Activity 的 onCreate() 方法里只要简单调用如下语句：

```
getActionBar().setDisplayHomeAsUpEnabled(true);
```

外部导航

外部导航意味着从一个应用程序转到另一个程序中。有时候这是为了获取另一个应用程序的运行结果所以调用 startActivityForResult() 来实现的；有时则可以直接通过退出当前应用程序来实现。

17.3.2 执行任务（Tasks）以及在 Back Stack 中导航

在 Android 系统中，任务 (Task) 代表了实现特定目标的一个或者多个 Activity。而“回退栈”则可以让系统利用“后进先出”的顺序来管理这些 Activity。当 Activity 或者 Task 创建时，它们就会被依次添加到“回退栈”中。默认情况下当用户按下 Back 按钮后，Android 会把最后一次的 Activity 压入栈中。另外，如果用户是按了 Home 钮，那么 Task 会把自己和其下的 activities 放置后台。后期 Task 又可以得到恢复——如果转入后台时没有销毁 Activity 或者 Task。

小窍门

你可以定制“回退栈”Activities 的默认行为，通过下面这个 Android 文档可以了解到更多详情：*http://d.android.com/guide/components/tasks-and-back-stack.html#ManagingTasks*。

17.3.3 在 Fragments 间导航

我们已经讨论了使用 Activity 时的多种导航场景。而对于 Fragment, 我们可以这么讲——导航的具体处理方式要依情况而定。如果你已经用 Fragment 来实现了 ViewPager，并且其中包含了几十甚至成百个用户可用的 Fragment，那么把它们统统添加到“回退栈”中并不见得是好做法——而且如果用户习惯于使用 Back 而不是 Up 按钮，那么他们可能会失望地发现要回退非常多次才能到达祖先 Activity。我们很清楚，祖先型导航应该被用来解决这种场景，但并不是每个用户都知道要去使用 Up 按钮。

如果 Fragment 数量比较小，那么支持回退导航是可以的。当你在设计应用程序时，不妨思考一下假如把所有 Fragment 添加到“回退栈”中的用户体验。毕竟你的应用程序有可能因为种种原而需要这么做，但是请务必考虑一下用户的感受。

17.3.4　规划应用程序导航

现在你已经知道 Android 处理系统和应用程序导航的各种不同方法了，你应该已经准备好了去规划应用程序的用户导航功能了。你可以从思考用户流图和创建“屏幕地图”开始着手。

用户流

用户流是指用户为了完成某项任务而采用的操作路径。目标可能和一个或者多个用例有关联，因为很多时候用户需要执行多种操作才能完成一项目标。当设计用户流时，请记住在兼顾用户体验的同时将步骤尽量精简。太多的步骤有可能会导航不必要的困惑，也让人觉得很烦。

你也应该限制应用程序提供的用户流数量。就如我们之前提到的，你不要尝试去创造一种对任何用户都有效的解决方案。相反，要尽力去满足用户的“让生活更简单”的需求。一个应用程序中包含多种用户流是常见的，但是你可能要集中精力设计用户经常使用的那一两种主要的操作流。

屏幕地图

设计屏幕地图是确定用户流或者主要操作流的有效方法。屏幕地图将应用程序各界面的关系以图像化的方式形象地表现出来。屏幕地图的组织方式因程序本身而异——有的地图可能涉及到一两个屏幕界面，而有的甚至会多达几十个。

你可以首先生成一个应用程序所需的屏幕界面的列表，然后再把它们依照关系连接起来。下面这个图显示了具有层次结构关系的 SimpleNavigation 应用程序中的一个简单的屏幕地图。

当设计你的屏幕地图时，需要意识到以下几点。

- 一个屏幕界面并不一定意味着你需要一个 Activity。相反地，可以使用可重复利用的 Fragment 来做显示（譬如内容）。
- 如果是多框布局的情况，将 content fragments 进行归组，而如果是单框布局的情况才分开。
- 可能的情况下，使用一个或多个系统推荐的 Android 应用程序的导航设计模式。

小窍门

关于如何创建屏幕地图和规划应用程序导航的更多信息，可以参阅以下 Android 文档：*http://d.android.com/training/design-navigation/index.html*

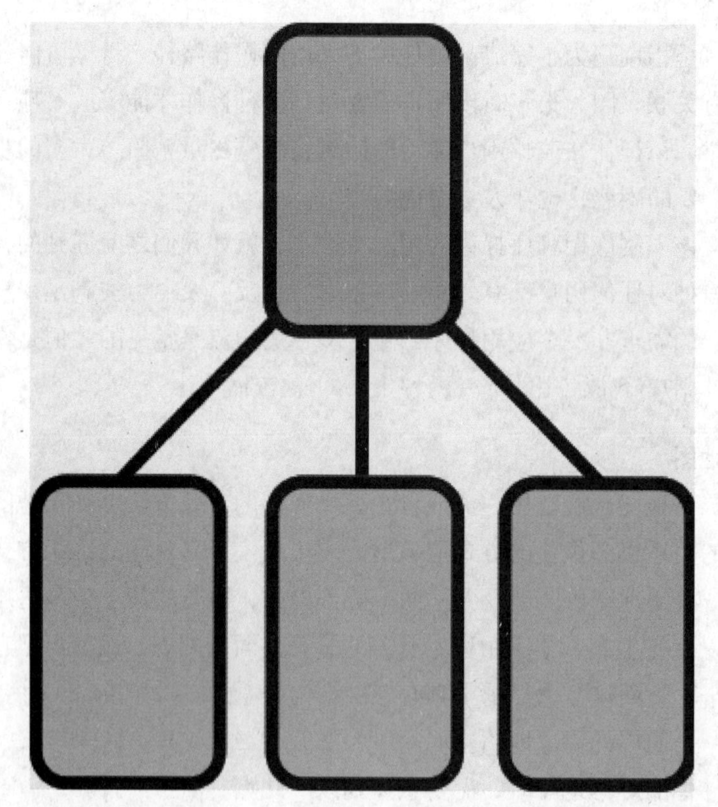

图 17.7　体现了 SimpleNavigation 代码范例中等级关系的屏幕地图

17.3.5 Android 的导航设计模式

Android 应用程序中有很多常见的设计模式。很多这些模式因为高效性而在 Android 文档中被反复强调。我们下面讨论其中一些导航设计模式。

Tabs 模式

如果你在同级别层次中有三个或者更少的相关内容区域时，可以考虑使用固定的 (参见图 17.8 两种不同的 Tab 设计模式：固定的 (左面) 和可滑动的 (右面)，左边部分) 或者可以滚动的 (参见图 17.8 两种不同的 Tab 设计模式：固定的 (左面) 和可滑动的 (右面)，右边部分)Tab 页。我们推荐利用带滑动功能的 `ViewPager` 来实现固定的 Tab 页。

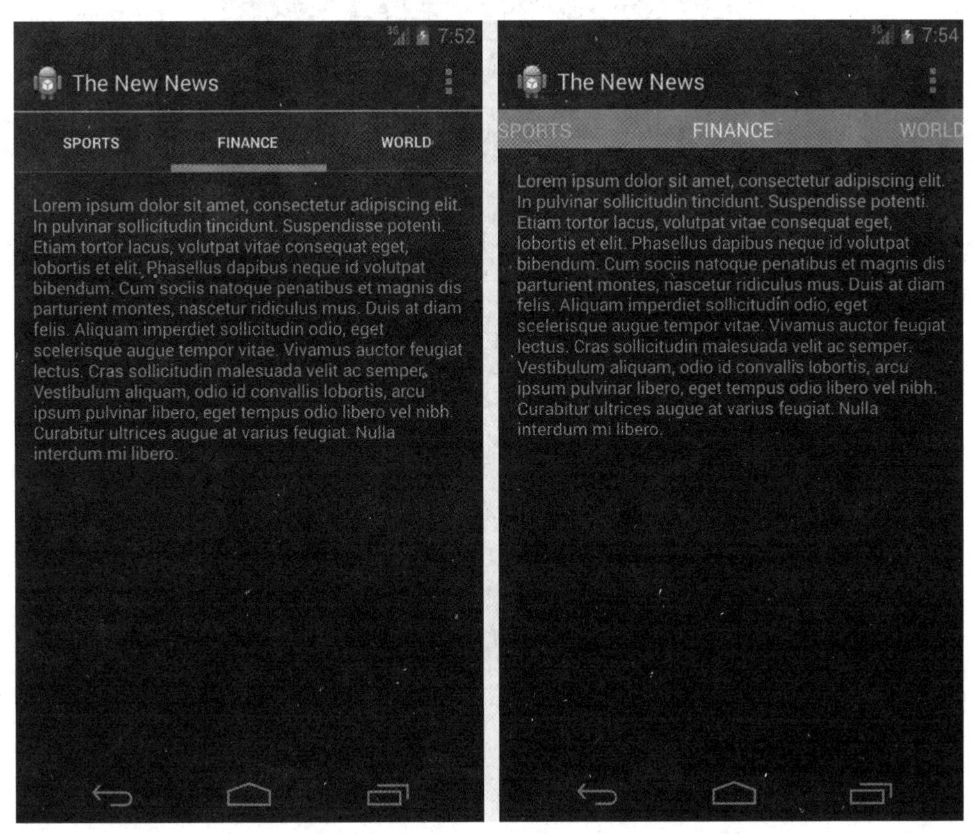

图 17.8　两种不同的 Tab 设计模式：固定的 (左面) 和可滑动的 (右面) 样式

下拉式模式

如果你的应用程序在同一层次等级有超过三个内容区域，或者其他模式不适用的话，那么请使用下拉式的导航模式（参见图 17.9 采用了下拉式导航的应用程序）。

图 17.9　采用了下拉式导航的应用程序

抽屉型导航模式

如果你在应用程序中有超过三个顶层的区域，并且你需要提供快速的低层和顶层区域访问功能的话，请使用抽屉型导航。图 17.10 使用了抽屉导航的应用程序截图显示了一个应用程序中使用抽屉型导航的情况。更多信息读者可以在Android的官方文档中找到：*http://d.android.com/training/implementing-navigation/nav-drawer.html*。

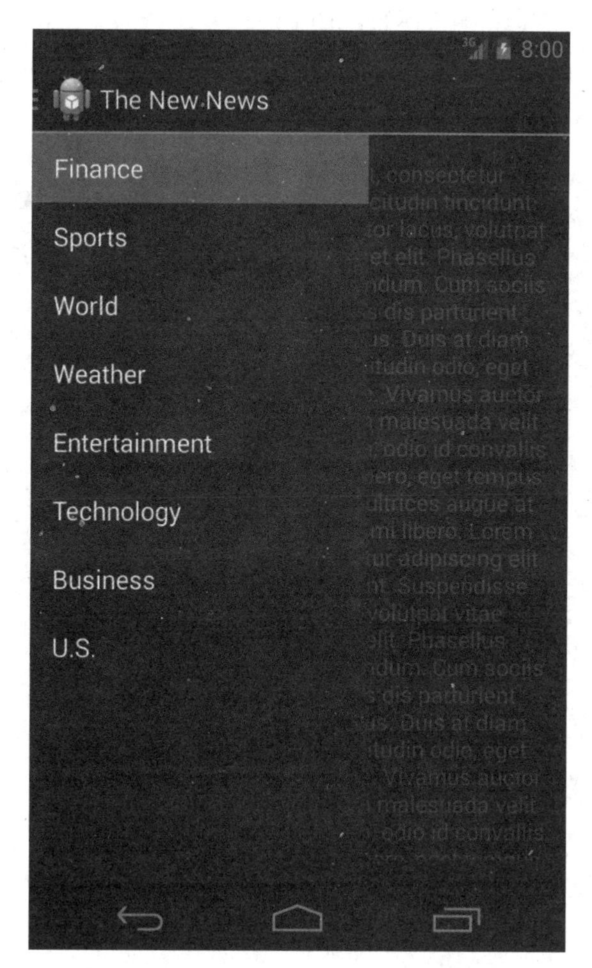

图 17.10　使用了抽屉导航的应用程序截图

首要 - 详细流模式

当使用类似于列表或网格之类的视图时，请使用带 Fragment 的“首要 - 详细流”模式——用一个 Fragment 表示列表或网络，而其他 Fragment 则表示相关详细视图。当我们在单框布局中的 Fragment 列表或风格里选择一项时，启动一个新的 Activity 来显示 Fragment 的详细视图。图 17.11 两张单框布局中的首要 - 详细流应用程序截图显示的首要 - 详细流模式的应用程序——左边部分是“提要”列表，而右边则是详细信息。在多框布局中，点击提要列表中的一项，那么将会在侧边同时显示详细的 Fragment 内容。图 17.12 首要 - 详细流应用程序以多框布局显示和上图是基本类似的，只不过它在左边部分包含了提要列表而且同时在右边部分有详细 Fragment 的显示。

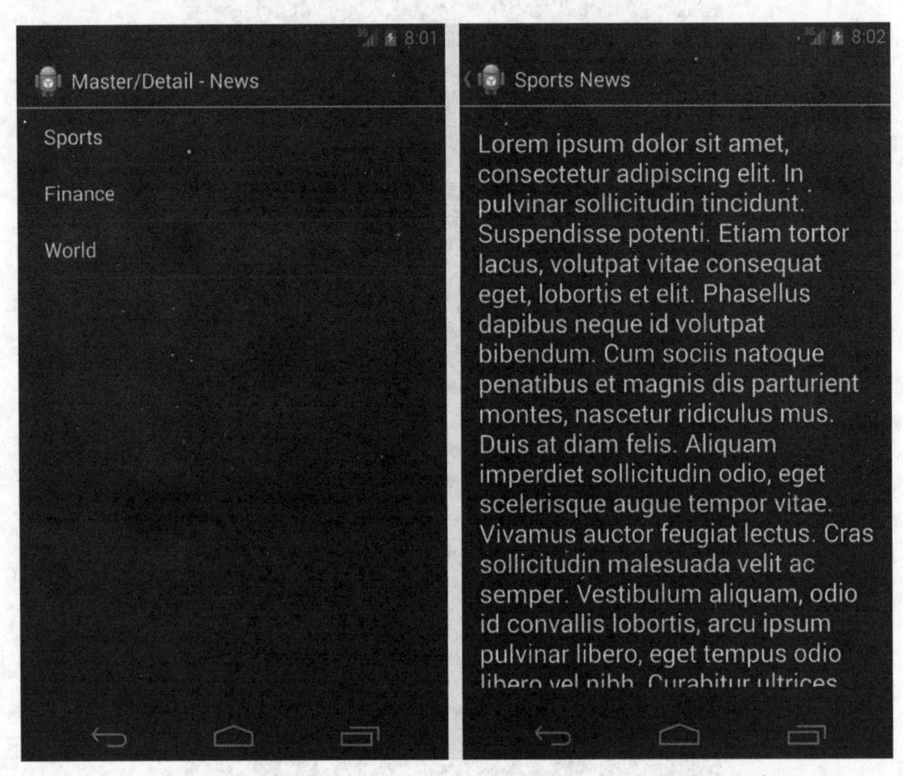

图 17.11　两张单框布局中的首要 - 详细流应用程序截图

目标型模式

如果你的应用程序需要整屏替换现有内容，而其他模式都不适用的话就可以考虑目标型模式。图 17.13 显示了带有三个 Activity 导航按钮的 Simple-Navigation 程序。

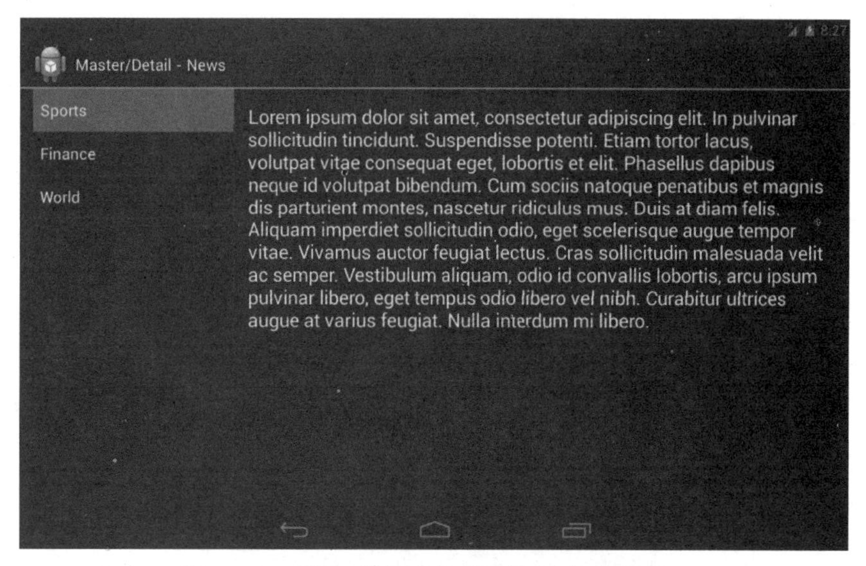

图 17.12　首要 - 详细流应用程序以多框布局显示

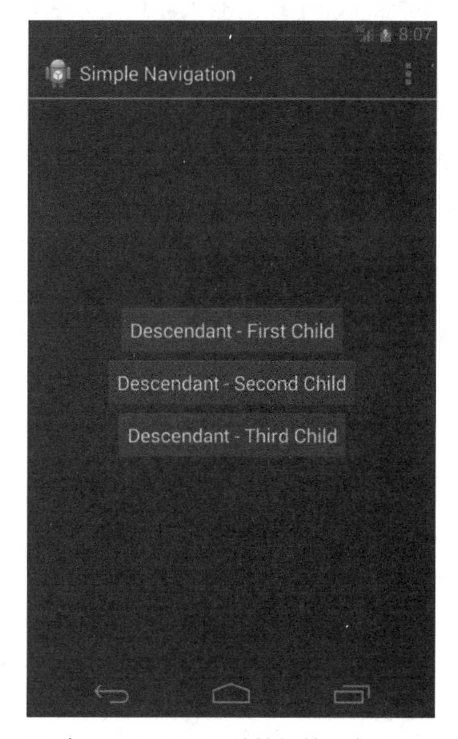

图 17.13　显示了三个 **`Activity`** 导航按钮的 **`SimpleNavigation`** 程序

17.4 引导用户使用应用程序

确定了如何在应用程序中实现导航功能，只是设计工作的一部分。另一个挑战则是如何引导用户使用应用程序中提供的功能。

功能操作与导航的区别在于前者通常是会永久改变用户数据。照这样说，在 Android 平台上有几个用于向用户呈现功能操作的常用的设计模式。

17.4.1 菜单

从 Android API 级别 1 开始，就有了通过呈现菜单来激发用户操作的设计思想。在 Android API 级别 11 时，菜单被一种更新颖的设计模式，即 ActionBar 所取代。对于级别 11 之前的应用程序，你可能需要通过菜单来为用户提供操作。有三种不同类型的菜单可供选择。

- **选项菜单**：选项菜单是你在 Activity 中展示可用操作的地方——可用操作的最大数量是 6。如果你需要实现超过 6 个菜单项，那么有一个“超过限额”的菜单指示项就会出现，以便用户可以从中选取剩余部分的选项。当然最好还是把那些最常用的操作功能放在选项菜单中。
- **环境菜单**：你可以使用环境菜单来响应用户的长按选择事件。如果应用程序支持在选择事件发生时显示环境菜单，那么一旦 Activity 某一选项被选择后，一个包含很多操作的对话框就会出现在用户面前。
- **弹出菜单**：弹出菜单看起来像是一个“悬浮”风格的显示框，用来展示与 Activity 中某些内容相关联的操作。

17.4.2 操作栏

就如前一小节所述的那样，操作栏已经成为展示操作项的一种首要方式。操作栏是特定 Activity 为用户提供功能操作的地方。你可以在 Activity 或者 Fragment 中添加或移除 ActionBar。

小窍门

本小节提供的很多代码范例都是从 SimpleActionBar 中摘取出来的。读者可以从本书的官网中下载到这些源码。

你可以使用操作栏来显示很多元素，也就是我们接下来要讨论的重点。

应用程序图标

你可以把应用程序的图标放置到操作栏中。如果你的应用程序支持向上导航，那么程序图标就是用户可以用来点击然后回到上级 Activity 的地方。

视图控制

视图控制类的元素也可以被放置在操作栏中，以方便用户打开“搜索”或者“导航”类 (可以使用 Tab 页或下拉样式) 的操作。

操作按钮

这类按钮通常是图标，文字，或者两者兼有。它们被用来显示 Activity 希望提供给用户的操作。图 17.14 SimpleActionBar 范例中带有操作按钮 (含图标),以及悬浮式操作菜单的截图描述了两个操作按钮——“Add”和“Close”，并各自带有相关联的图标。

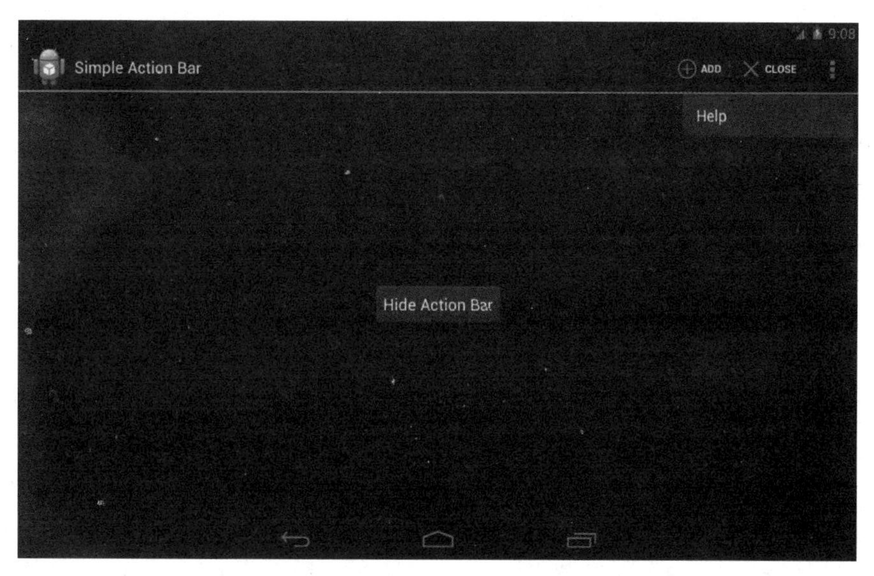

图 17.14 **SimpleActionBar** 范例中带有操作按钮 (含图标)，以及悬浮式操作菜单的截图

为了将操作按钮添加到操作栏中,你必须添加一个菜单布局到Activity中。下面是 SimpleActionBar 中使用的一个菜单布局。

```
<menu xmlns:android="http://schemas.android.com/apk/res/android">
    <item
        android:id="@+id/menu_add"
        android:icon="@android:drawable/ic_menu_add"
        android:orderInCategory="2"
        android:showAsAction="ifRoom|withText"
        android:title="@string/action_add"/>
    <item
        android:id="@+id/menu_close"
        android:icon="@android:drawable/ic_menu_close_clear_cancel"
        android:orderInCategory="4"
        android:showAsAction="ifRoom|withText"
        android:title="@string/action_close"/>
    <item
        android:id="@+id/menu_help"
        android:icon="@android:drawable/ic_menu_help"
        android:orderInCategory="5"
        android:showAsAction="never"
        android:title="@string/action_help"/>
</menu>
```

然后在你的 Activity 中需要通过 onCreateOptionsMenu() 方法来产生菜单：

```
@Override
public boolean onCreateOptionsMenu(Menu menu) {
    getMenuInflater().inflate(R.menu.simple_action_bar, menu);
    return true;
}
```

这样就可以把操作项添加到操作栏中了。要特别注意我们菜单布局中的图标属性。Android 为很多常用操作提供了默认的图标，譬如添加、关闭、清除、取消或者帮助。使用这些默认的图标将节省你很多宝贵的时间，同时也可以保持所有应用程序中用户体验的一致性。使用你自己的图标有时也是可取的，但是有可能导致用户的困惑，如果他们不习惯于你提供的这些常见操作的新图标。

悬浮操作

对于那些你无法在操作栏中放置的选项，可以考虑以悬浮的形式表示出来。确保把你的操作选项以重要程度和使用频率来排序。图 17.14 Simple-ActionBar 范例中带有操作按钮（含图标），以及悬浮式操作菜单的截图也同样展示了一个名为“Help”的悬浮操作项——这一选项只有在右上角的“超过限额”图标被按下去后才会出现。

如果应用程序同时支持小尺寸和大尺寸屏幕的平板电脑，你可能希望根据设备类型来显示不同的操作栏。既然大尺寸平板电脑上的操作栏有更多可用空间，那么我们可以设法多放置一些操作项。对于小尺寸的屏幕，你可以告诉应用程序将操作栏分隔开来（参见图 17.15 SimpleActionBar 范例的两个截图——左边带有可见的分隔操作栏（有两个操作按钮）;右边则是点击“隐藏操作栏”按钮后，不再显示操作栏左边部分），而不是把所有选项都以悬浮方式展示。这就意味着

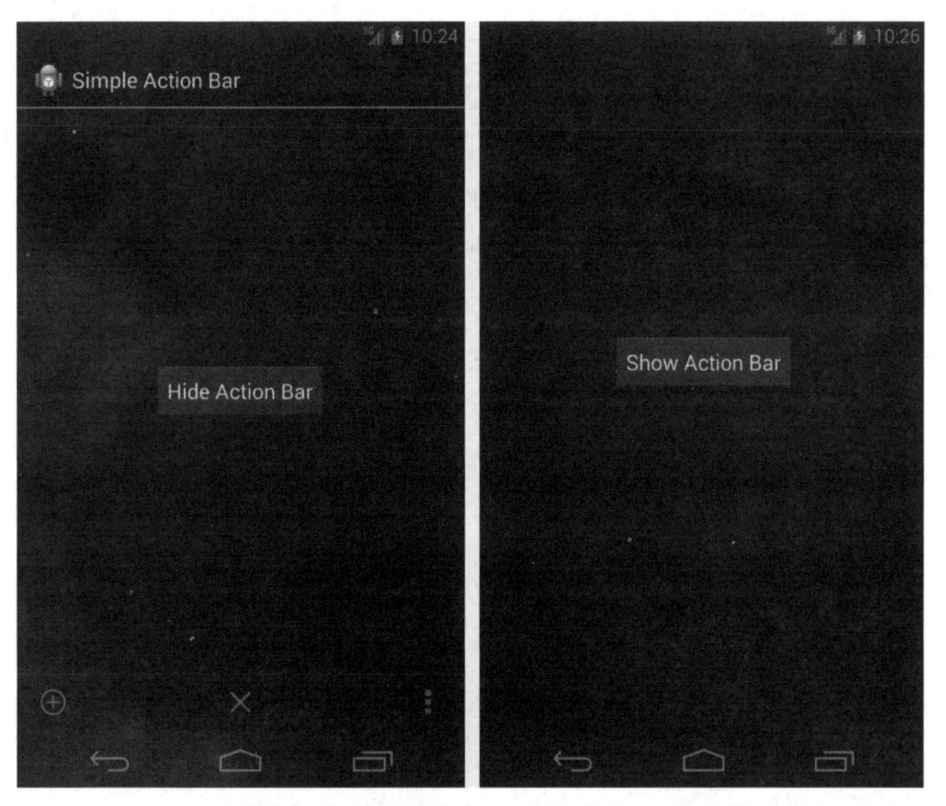

图 17.15　**SimpleActionBar** 范例的两个截图——左边带有可见的分隔操作栏（有两个操作按钮）; 右边则是点击“隐藏操作栏”按钮后，不再显示操作栏

如果顶部操作栏放不下时，底部也同样会出现操作栏。为了支持一个分隔的操作栏，你需要在应用程序的 manifest 文件中的 <application> 或 <activity> 标签里，把 uiOptions 属性设置为如下值：

```
android:uiOptions="splitActionBarWhenNarrow"
```

在特定的场景中，你可能希望隐藏操作栏。如果应用程序需要进入全屏显示模式，或者你设计一款不想总是显示操作的游戏，那么这样做是有用的。为了隐藏操作栏，只要在 Activity 中加入如下代码段：

```
getActionBar().hide();
```

如果你需要在后面某个时刻重新显示操作栏，你可以添加如下语句：

```
getActionBar().show();
```

在图 17.15 SimpleActionBar 范例的两个截图——左边带有可见的分隔操作栏 (有两个操作按钮); 右边则是点击“隐藏操作栏”按钮后，不再显示操作栏

为了让你的操作选项能够响应触摸事件，你需要在 Activity 中重载 onOptionsItemSelected() 方法。下面是我们在 SimpleActionBar 范例程序中的实现：

```
@Override
public boolean onOptionsItemSelected(MenuItem item) {
    switch (item.getItemId()) {
        case R.id.menu_add:
            Toast.makeText(this, "Add Clicked", Toast.LENGTH_SHORT).show();
            return true;
        case R.id.menu_close:
            finish();
            return true;
        case R.id.menu_help:
            Toast.makeText(this, "Help Clicked", Toast.LENGTH_SHORT).show();
            return true;
        default:
            return super.onOptionsItemSelected(item);
```

```
    }
}
```

这个 onOptionsItemSelected() 方法允许我们去检查用户究竟选择了哪个选项，所以我们使用一个简单的 switch() 语句来判断被选中的项目的 ID 值 (在菜单布局文件中定义的)。例子很简单：对于 Add 和 Help 操作项，我们只是简单地弹出个提示框；Close 操作项则会通过调用 finish() 方法来结束掉 Activity。

操作栏兼容性

为了在运行 Android 2.1(API 级别 7) 以上版本的设备中添加操作项，你可以在工程中使用 Android 的支持库 (Revision 18)。你必须使用 ActionBar-Activity 类，而不是常规的 Activity 或 FragmentActivity 类——前者扩展了 v4 支持库中的 FragmentActivity 类。另外，你必须将应用程序或者 Activity 的主题设为 Theme.AppCompat。最后，为了在你的代码中访问到操作栏，你还必须调用 getSupportActionBar() 方法。

环境操作模式

当用户从 Activity 中选择了某些东西后，你可以通过环境操作模式来显示一些有用的操作。

17.4.3　对话框

对话框是为用户提供操作项的另一种方式。使用对话框的最佳时机是：用户需要去确认某些信息；或者是用户执行的操作将会永久改变程序数据时。

如果你允许用户直接从对话框中去编辑应用程序数据的话，那么你应该在对话框中展示操作项，以便在操作执行前用户可以确认或者拒绝数据的修改。

17.4.4　从应用程序内容中发起的操作

你可能需要从应用程序的内容区域中发起一些特定的操作。如果是这样的话，有很多可供使用的 UI 元素，譬如下面所列的这些：

- 按钮
- 复选框
- 单选框
- 开关钮
- 下拉列表
- 文本区域
- 拖动条
- 选择器

关于上述这些元素的更多描述，读者可以参考第 7 章，即“探索用户界面的基础构件”。

17.5 塑造应用程序的个性

为了与其他应用程序区分开来，开发者应该好好思考一下，希望用户把你的应用程序和怎样的个性相关联。以下所列是几种常见的实现方式：

- 开发具有一致性风格的指导原则，然后在程序中坚决贯彻执行。
- 为应用程序选择一种特定的颜色和主题。使用统一的颜色来标识你的应用程序，或者在不同视觉组件中形成强烈的用户界面反差效果。
- 创建容易被用户记住的统一的应用程序启动图标。尝试将图标与程序的用途建立起直观的联系。另外，要让用户知道应用程序中的其他图标的含义。
- 以多种字体样式来表示内容。
- 高效地使用空格或者空白区域。
- 不要把用户界面元素“挤”在一起。相反地，使用 padding 和 margins 属性来保证它们之间的必要间距。
- 如果你计划让应用程序在不同尺寸的屏幕上运行，那么要确保应用程序可以有多种布局来做自适应。

小窍门

对于推荐样式的更多描述，可以参阅 Android 官方文档：*http://d.android.com/design/style/index.html*

17.6　针对不同屏幕的布局设计

在投资大量的时间和金钱开发应用程序之前，你应该花点时间来确定程序将以什么样的布局呈现到用户面前。下面是几种可以常用的屏幕布局方式，供读者参考。

草稿

你应该以草稿的形式（不论是写在纸上或者白板上）尽早确定程序布局，以及屏幕界面和它们所包含的可见元素在布局中的排列。这也是快速判断程序需要哪些界面的好方法，将帮助程序员在编写代码前发现一些易用性方面的问题。在这一阶段不要太关心细节和精确性。

线框图

虽然和草稿图类似，但是线框图更加“精致”，组织性更好。一旦你已经完成了合理的草稿后，那么就可以考虑通过线框图来进一步阐述应用程序的布局。线框图通常情况下不涉及诸如颜色、图像或者印刷样式这类的细节。就如草稿图一样，你可以在纸张或者白板上创建线框图，不过要比前者更注重细节和精确性。你甚至可以考虑用其他软件工具来设计线框图。

综合设计图

综合设计图是应用程序布局的高度仿真。通常情况下由一个图像设计工具来产生。在这一阶段，你要特别注意对产品“个性”的思考，因为关乎品牌化的很多决定就是在这个阶段做出的。你甚至可能希望给出多个综合设计图，以便可以从中选择出最适合于程序“个性”的方案。设计组成图必须在最终确定程序“个性”前完成——更要在花费大量时间编码前确认。

小窍门

Google 提供了一系列高保真的模板、图标、颜色和字体来帮助完成综合设计图。模板包含了很多常见 Android 用户界面的仿制。当你准备好了要生成综合设计图时，你也可能会选择自主开发——虽然这些已有的材料可以让你的工作更加简单，并节省大量时间。很多不同风格的素材都可以在下面这个地址下载到，所以你能自由选择所需的图像编辑器：*http://d.android.com/design/downloads/index.html*。

17.7 正确处理视觉反馈

提供与你的设计风格相符的视觉反馈，让用户知道当进行交互时将会发生（或者已经发生了）什么情况——特别是这种交互涉及程序的初始化操作。

下面是提供视觉反馈的一些方法：

- 使用不同的颜色状态、动画以及画面切换。
- 在对某个操作做最终决定前，要显示出警告消息或者对话框来让用户再次确定——另一种可选的实现方式就是像 Gmail 应用程序中提供的 Undo Pattern。当用户删除邮件时，与其询问用户去做最终确定，我们也可以弹出一个带有 Undo 选项的信息提示框（前提是消息是无意中被删除的）。
- 使用 `Toast` 信息（而不是对话框）来告诉用户一些不是非常重要，不需要再次确认的决定。
- 当用户在和表格框进行交互或者输入时，显示一些验证信息来让用户知道他们的操作是否正确。

17.8 观察程序的可用性

将程序提供给真实的目标用户越快，那么你也将越快发现设计中的问题。另外，观察用户与应用程序的交互行为以及他们的反馈是非常有意义的，可以帮助你改善设计。

一开始的时候，你可能希望把设计呈现给朋友或者家庭成员。这是测试可用性的一个很廉价的好方法。唯一的问题就是你的朋友或者家庭可能与目标用户不一定相符。因此你可能需要其他途径来寻找目标用户。一旦你找到他们，就可以请他们帮忙测试并从中学习这些用户是如何与程序进行交互的。

17.8.1 应用程序的仿制

收到用户反馈的最快方法就是在你甚至没有编写代码前就把设计描述给目标用户。你可能会想知道这是如何做到的——答案很简单。就如我们在本章前面部分所建议的，你可能已经在纸上画了很多草稿。如果是这样的话，把这些“仿制”信息提供给他们（而不是真实可用的应用程序），就是测试设计可行性的一种高效方法。

UI 故事板

一个 UI 故事板通常是源自于设计中一些屏幕界面的集合。你可能希望创建一个包含应用程序中所有屏幕界面的故事板，或者是只含有那些最重要部分的用例。通常情况下，你会在纸上呈现这些 UI 故事板，并让目标用户像真的已经有应用程序那样去使用它们。

只为目标用户提供故事板的方式也有缺陷，特别是因为这些设计并不是真正在设备中实现的。但是你所收获的好处远远超过了这些缺点。就如我们之前提到的，将故事板提供给用户（甚至只是一堆应用程序的“仿制”图纸），也可能会帮助你提早发现一些重大的设计问题。

原型

你可能会考虑创造一个程序原型。原型和 UI 故事板有相似之处，不同之处就在于它是运行在真实设备中的，因而对于用户来说也更为“精致”。程序原型的功能经常是非常局限的，而且和最终真正的应用程序有一定差距。取决于你希望投入的精力，原型或许不能提供完整的界面导航功能，而只是用于验证用户流；或者你也可能决定在原型中实现程序所将提供的一些非常重要的功能。

原型在很多情况下也没有太多风格（如果有的话），但是它应该要能让用户感觉出最终将呈现出来的布局。重点就在于程序原型并不是靠界面的华美来让用户印象深刻，而是帮助查出一些易用性方面的问题。在开发的早期阶段为目标用户呈现一个带最少功能的程序原型也是发现易用性问题的好方法。

17.8.2 测试发布版本

在正式版本发布前，你应该要先行提供一个测试版给你的目标用户。即使你已经通过 UI 故事板或者原型来测试和验证了程序的可用性，但是你仍然需要确保真实的应用程序没有大的使用问题。

测试版本通常要比程序原型来得精细，并且和后者相比很可能已经做过风格设计，也体现出了程序的“个性”。在故事板和原型阶段不易发现的问题点，在目标用户使用测试版过程中很可能就是“显而易见”的了。一个原因可能是因为此时程序已经表现出了风格——大的风格决定不会在上述两个阶段被应用进去，所以由此导致的问题在测试版之前就不会那么容易被发现了。

当然，在测试版本之前去验证你的设计对于整个工程的成功也同样是非常有价值的，因为它发生在开发的早期阶段。

17.9 总结

本章节的学习中，我们讨论了很多提升应用程序用户体验的不同方法。你应该已经了解了如何从用户的角度思考问题，并从程序的架构中去提取有价值的技巧；你学习了如何在激烈的竞争中让你的应用程序脱颖而出；你学习了实现程序导航和用户操作的各种不同的方法和模式；你也同样明白了，让应用程序尽快尽早地呈现在用户面前是最好的检验设计的方法。利用本章所提供的这些知识点，你可以开始尝试创造一款具有优秀用户体验的应用程序了。

17.10 小测验

1．在各 Activity 之间执行横向导航需要做些什么？

2．为了支持横向、派生和祖先型导航，你必须在程序的 manifest 文件中定义哪些东西？

3．为了改变 `Back` 键的默认处理方式，你需要重载哪些函数方法？

4．为了支持向上导航，你需要在 `Activity` 中调用什么函数方法？

5．为了支持一个分隔的操作栏，你需要在 XML 文件的 `<application>` 或 `<activity>` 标签中添加什么属性和数值？

6. 为了隐藏操作栏，你应该在 `Activity` 中使用什么函数方法？

17.11　练习

1. 先思考一个你想做的简单应用程序。创建你的第一个人物角色，然后定义一个或两个用例。

2. 列出上述应用程序所需要的一系列屏幕界面，并创建一个屏幕地图

3. 在纸上创建应用程序的一个简单“仿制”，然后请某人去使用它。确定你的应用程序是否有什么错误，然后尝试去改进它。

17.12　参考和更多信息

Wikipedia: 人物角色 (用户体验)

http://en.wikipedia.org/wiki/Persona_(user_experience)

Wikipedia: 用例

http://en.wikipedia.org/wiki/Use_case

Android 培训 :“用户体验和 UI 设计的最佳实践”

http://d.android.com/training/best-ux.html

Android API 指导 :“Tasks 和 Back Stack”

http://d.android.com/guide/components/tasks-and-back-stack.html

Android 设计 :“设计模式”

http://d.android.com/design/patterns/index.html

Android API 指导 :“支持平板电脑和手持设备”

http://d.android.com/guide/practices/tablets-and-handsets.html

Android 发布 :“应用程序质量”

http://d.android.com/distribute/googleplay/quality/index.html

Android 培训 :“在不影响用户体验情况下添加广告”

http://d.android.com/training/monetization/ads-and-ux.html

Android 设计 :“下载”

http://d.android.com/design/downloads/index.html

Android 设计 :“视频”

http://d.android.com/design/videos/index.html

YouTube: Android 开发者频道 :“Android 的 Action 设计”

*https://www.youtube.com/playlist?list=PLWz5rJ2EKKc8j2B95zGMb8muZvrIy-wc*F

第18章 测试 Android 应用程序

我们应该尽早并经常在设备中测试应用程序——这是对于 Android 应用程序来说最重要的质量保证的“圣经”。测试应用程序是一项繁重的工作，不过你可以在 Android 系统中比较轻松地引入传统的 QA 测试技术，譬如自动化和单元测试。本章内容我们将讨论测试应用程序的一些技巧。我们同时也提醒大家——包含项目经理、软件开发人员以及移动应用程序的测试员——有很多缺陷是应该设法去避免的。我们同时提供了一个实际的单元范例，并介绍了很多对 Android 自动化应用程序非常有用的工具。

18.1 测试移动应用程序的最佳实践

和所有的 QA 测试流程一样，移动开发项目将从设计良好的问题追踪系统、有规律的编译、有计划系统的测试中受益。有很多白盒、黑盒和自动化测试机会。

18.1.1 设计移动应用程序的问题追踪系统

市面上大多数的问题追踪系统都可以被定制并在移动应用程序的测试中使用——它必须能追踪特定设备，以及集中式应用程序服务器 (如果适用的话) 相关联的问题。

保存重要的缺陷信息日志

一个好的移动端缺陷追踪系统，应该包含典型设备的如下缺陷信息 :

- 程序的编译版本号信息、语言等等。
- 设备配置和状态信息，包括设备类型、Android 平台版本和重要的技术参数。

- 屏幕方向、网络状态和传感器信息。
- 重现问题所需要的步骤，需要非常详细的细节，譬如用了什么输入方式(触摸 / 点击)。
- 设备截图(可以用 DDMS 或者 Android SDK 中提供的 Hierarchy Viewer 工具)。

小窍门

为设备中的特定操作编写简单的标准术语是很有用的，譬如“触摸模式手势”、“点击 vs 轻点”、“长按 vs 按住”和“清除 vs 回退”等等。这样可以帮助大家描述和重现问题点。

为移动端应用程序重新定义“缺陷”

同样重要的是，我们要思考“缺陷”的广义定义。缺陷可能会在所有设备中发生，也可能只在某些设备上出现。缺陷也可能在应用程序环境中的其他部分产生，例如远程的应用程序服务器。下面是移动应用程序的一些典型类型的缺陷。

- 宕机、不可预期的中断、强制性关闭、应用程序未响应 (ANR) 事件以及其他各种导致应用程序无法继续运行或者响应的意外行为。
- 功能没有正确运行(不恰当的实现)。
- 在设备中使用了太多存储空间。
- 对于输入的验证不充分。
- 状态管理问题(启动、关闭、挂起、恢复或者断电)。
- 响应性问题(启动、关闭、挂起、恢复或者断电很慢)。
- 状态切换测试不足(状态切换失败，譬如在恢复时遇到不可预料的中止)。
- 与输入法、字体大小和屏幕相关的可用性问题；屏幕显示不正常。
- 在主 UI 线程暂停或者“卡住”(没有实现异步任务，线程处理)。
- 回馈指示器缺失(譬如没有操作进度的指示)。
- 与设备中其他应用程序交互时导致问题。
- 应用程序在设备中的运行表现不够好(耗费很多电池电量，关闭了节能模式，过度使用网络资源，造成用户必须频繁充电，烦人的通知提醒等等)。

- 使用太多内存，没有正确释放内存或者其他资源，并且当任务完成时也没有停止工作者线程 (worker thread)。
- 不遵循第三方协议，譬如 Android SDK 授权许可，Google Maps API 条款，应用市场条款，或者其他适用于应用程序的条款。
- 应用程序客户端或者服务器端没有安全地处理好受保护的 / 私密的数据，包括确保远程服务器或者服务能有充足的运行时间，并采用了安全措施。

18.1.2 管理测试环境

测试移动应用程序为 QA 小组带来了挑战，特别是在配置管理方面。这类测试的难度通常被低估了。不要犯这样的错误——认为移动应用程序更容易测试，因为它们的功能比桌面型应用程序少 (自然就更容易验证)。市面上的 Android 设备如此之多，使得在不同安装环境中的测试变得非常繁琐。

警告

要确保对项目目标的任何调整都要被 QA 小组审核验证。添加新的设备有时对开发进度只有很小的影响，但是对测试进度却可能带来重大影响。

管理设备配置

设备的“碎片化”是移动测试者面临的最大的挑战。Android 设备由全球很多不同的工厂生产，具有各种屏幕尺寸、平台版本以及硬件配置。它们会有多种多样的输入方式，譬如硬件按键、键盘以及触摸屏；它们的功能特性也是五花八门的，例如摄像头，加强的图像支持，指纹读取器，甚至是 3D 显示等等。很多 Android 设备是智能手机，但是诸如 Android 平板电脑，电视之类的其他设备也在各 SDK 版本发布后不断流行起来。追踪这些设备，以及它们的功能是一项大工程，而这些工作都需要由测试小组来完成。

QA 人员必须详细了解目标设备的每个功能，包括熟知有哪些特性是可用的，特定设备有哪些自己独有的“习性”。在可能的情况下，测试者的测试目标应该包括本地区的所有设备——而且有时使用的并非设备的默认配置或者语言，这就意味着设备需要改变输入模式，屏幕方向，以及本地化配置。另外，我们要尽可能使用电池供电来做测试，而不是坐在桌子旁，插着充电器进行测试。

小窍门

要意识到第三方的固件可能会影响到应用程序的工作表现。举个例子，让我们假设你已经在一款未知品牌的目标设备上着手测试，并进展顺利。但是，如果运营商在同样的设备中移除掉一些默认的应用程序，并安装其他应用程序，那么这就是对测试员有价值的信息。很多设备会丢弃原生的用户界面而加入很多定制化的东西，像 HTC 的 Sense 和三星的 TouchWiz。所以你的应用程序在原生态系统上运行正常并不代表终端用户采用的配置就一定是相同的。尽你所能去收集与本地区用户使用的配置类似的设备。各种风格的配置有可能会让你的用户界面显示不正常。

百分之百的测试覆盖率是有可能的，所以 QA 小组必须考虑测试优先级。就如我们在第 15 章“学习 Android 软件开发流程”中所讨论的，创建设备的数据库可以大大减少移动配置管理上的困惑，也可以确定测试优先级，并可以追踪可用来测试的物理硬件设备。使用 AVD 配置，模拟器也是一个扩大测试面的有效工具（如果没有其他途径来获取更多设备的话）。

小窍门

如果你在现实生活中遇到配置设备方面的困境，你可能希望到运营商的设备“实验室”寻求帮助。开发者可以访问运营商的官方网站来查询它们是否提供了特定设备的租赁服务，而不是参加它们的合约项目。这样子开发人员就可以安装并测试应用程序——虽然不能进行回归测试，但总比不做测试好——而且一些实验室还配有专家来帮助解决一些设备相关的问题。

确定设备的“初始状态”

目前并没有很好的办法来保存设备的某个初始状态，以便你可以任意地回到那个状态。QA 测试小组需要定义设备的“初始”状态是什么，以便做用例测试。这可能涉及特定的卸载流程，一些手工清理操作，或者某些情况下的恢复工厂配置。

小窍门

使用 Android 的 SDK 工具，譬如 DDMS 和 ADB，开发者和测试人员可以访问到 Android 的文件系统，包括应用程序的 SQLite 数据库。这些工具可以被用来监测和操控模拟器上的数据。举个例子，测试员可能会在命令行界面使用 sqlite3 来擦写应用程序的数据库，或者为特定测试场景填写测试数据。为了在设备中完成类似操作，你可能需要对设备做“root”操作。不过这已经超过本书的讨论范围了，而且我们不建议在测试设备做这样的操作。

虽然我们是在讨论“初始状态”这一议题，但还有一个问题是需要我们思考的。你可能已经听说过你可以在大多数 Android 设备中执行“root”操作，从而访问到公共的Android SDK所不提供的某些特定功能。当然会有一些应用程序(开发者所写的程序)需要这种访问权限(有些甚至是在 Google Play 上发布的)。但总的来说，我们感觉被 root 过的设备对于大多数测试小组来说都不是太好。你希望开发和测试的设备是那些与用户手上相接近的；而大多数用户并不会在设备中做 root 操作。

模拟真实世界中的活动

我们几乎不可能(并且对大多数公司来说性价比并不高)为移动应用程序设立一个完全独立的测试环境。对于基于网络的应用程序而言，更常见的情况是它们会在专门用于测试的模拟服务器上开展测试，然后在类似配置的真实服务器上再次进行测试。但是，从设备配置角度上看，移动端软件测试员必须使用真机，搭配真实的服务器才能正确测试移动应用程序。如果设备是一台手机，它需要能接打电话，以及文字短信；能定位并使用 LBS 服务，也可以完成手机所能提供的其他一些基础功能。

测试移动应用程序不单只是为了确保程序能正常运行。在现实世界中，你的应用程序不是处于“真空”中的，而是安装在各种设备中。测试移动端应用程序要保证软件可以和设备其他功能和其他应用程序“和平共处”。举个游戏开发的例子来说。当有电话进来时，测试员必须保证游戏能自动暂停(保存状态)，然后电话可以被正常接听或者拒绝。

这也意味着测试人员必须在设备中安装其他应用程序——首先试验该设备上的一些流行应用程序是一个良好的开端。在安装了这些程序的情况下来做测试，并保证真实的使用环境，才能发现一些集成方面或者使用模式方面的问题(即无法与设备中其他部分“和平共处”)。

当涉及特定类型事件的处理时，有时候测试员需要具有创新性。举例来说，测试员必须确保移动设备失去网络连接时应用程序也能正确运行。

小窍门

和其他移动平台不同，事实上测试员需要采取特殊的步骤才能让大多数的 Android 设备失去网络连接。为了测试信号丢失的情况，你可以到高速公路的隧道或者电梯中去测试，也可以把设备放到冰箱中。但不要把它放在冷冻环境中太久，因为会耗尽电池而造成损坏。金属罐头盒子也有同样功效，特别是有饼干在里面时——首先吃掉饼干，然后把设备放到里面以屏蔽信号。这个建议对于需要使用基于位置的服务的应用程序测试也同样有效。

18.1.3 让测试覆盖率最大化

所有的测试小组都尽力在为 100% 的测试覆盖率而努力，但是大家都知道这是很难实现的目标，或者说代价太高(特别是在全世界有那么多 Android 设备的情况下)。测试员必须尽其所能来覆盖更大范围的场景——其深度和广度是让人吃惊的，特别是对于那些移动端的新手来说。接下来让我们看下有哪些特殊类型的测试，以及 QA 小组又是如何找到相应的方法——有些是历经考验的，而有些是创新的——来最大化测试覆盖率的。

验证编译结果和冒烟测试的设计

除了常规的编译流程，我们也可以构建一套针对编译结果的接收测试策略(有时也称为编译验证，冒烟测试，或者健全性测试)。编译接收测试的时间很短并且只针对最关键的功能来确定编译是否成功，以此保证在完整测试之前能发现可能的问题。可以考虑为多种 Android 平台版本设计编译结果的接收测试，然后把它们同时加入验证过程。

自动化测试

移动端的编译接收测试经常是在具有最高优先级的目标设备上手工完成的，这也是开展自动化的健全测试的理想场景。通过创建一个可以在Android的SDK测试工具（monkeyrunner）中运行的自动化测试脚本，测试小组可以更好地判断一个版本是否值得进一步的测试，从而有效控制送到测试部进行完整测试的版本数量(因为有的版本是无效的)。基于Python的一系列API接口，你可以编写出可同时运行于模拟器和设备的脚本，来发送特定的按键敲击，或者完成截屏操作。和JUnit的单元测试框架结合使用，你可以开发出强大的自动测试套件。

在模拟器中测试vs在设备中测试

假如你手头有目标用户所使用的真实设备,那么就把测试精力集中到这上面。但是，真机设备以及它们所带有的合约通常会比较贵。你的测试小组不太可能会建立一个涵盖了所有运营商，或者应用程序所有目标国家的测试环境。在某些时候Android模拟器可以有效减少花费，并且改进测试覆盖率。如下所列是使用模拟器的一些好处：

- 可以模拟出那些你获取不到(或者只能短期使用)的设备。
- 可以做那些在真机设备上无法执行的复杂测试场景。
- 可以和其他桌面型软件一样做自动化测试。

在设备未可用之前使用模拟器

我们经常要针对还未上市的设备或者平台版本来做开发。这些设备被寄予厚望，而且当设备上市的第一天如果应用程序就已经就绪的话，通常就意味着更少的竞争者和更多的销量。

最新版本的Android SDK通常会在普通大众收到在线升级的前几个月就发布给开发者。而且，开发人员有时候可以通过运营商或者生产商的开发者项目来提前接触到预量产的设备。这些硬件设备一般来说都只有beta版的质量。最后的技术文档和固件有可能在未通知的情况下就发生变化。而且发布日期也可能会改变，甚至设备有可能永远都不会量产。

如果拿不到预量产的设备，测试员可以在模拟器上通过AVD配置来最大程度地模拟目标平台，因而可以降低测试周期的风险并加快程序的发布速度。

理解依靠模拟器的危险性

不幸的是，模拟器只能作为一个通用的 Android 设备，并只能模拟设备的“内部”实现——尽管在 AVD 配置中有很多可用选项。

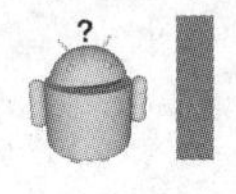

小窍门

我们应该考虑把描述不同设备的特定 AVD 配置文档做为测试计划的一部分。

模拟器并不能完整代表一台特定的 Android 设备。譬如它不包含真机设备中的信号处理芯片，或者真实的定位信息。模拟器可以收发电话和短信，照相或者摄像。但是如果应用程序最终不能在真机设备上正常工作的话，那么它是否可以在模拟器上运行就毫无意义了。

测试策略：黑盒和白盒测试

Android 提供了不少可用于黑盒和白盒测试的工具。

- 黑盒测试者可能只需要真机设备和测试文档。针对黑盒测试，更为重要的是测试员有设备相关的知识，所以提供设备的指导手册和技术文档对测试的准确性也有不小的帮助。除此之外，了解设备细节以及设备标准也对可用性测试有不少好处。举例来说，如果设备有一个可用的底座，那么了解清楚它是横向的还是纵向的也是有意义的。
- 白盒测试在移动端并不容易做到。白盒测试员有很多可供利用的工具，包括 Android IDE、Android Studio、Eclipse 开发环境（这些都是免费的），以及 Android SDK 中的很多其他调试工具。白盒测试员还可以使用 Android 模拟器、`DDMS` 和 ADB。他们也可以在用户界面调试中利用强大的单元测试框架 `uiautomator` 以及 Hierarchy Viewer。对于这些任务，测试员需要一台和开发者同样环境配置的电脑，并且需要他们具备 Java、Python 和其他各种典型工具的使用知识。

测试移动应用程序服务器和服务

测试员经常会把精力集中在程序的客户端，而忽略了服务器端的测试。很多移动端应用程序依靠于网络或者云端功能。如果你的应用程序依赖于服务器或者远程服务来进行操作，那么在服务器端进行测试也是很关键的。即便服务本身并不是你自己开发的，你也需要彻底地进行测试——从而确定它是否按照应用程序期望的工作方式运行的。

警告

用户希望应用程序可以在任何时间 (7×24 小时) 点都是可用的。减少服务器或者服务的故障时间，并确保服务不可用时应用程序能及时合理地通知用户 (并且不能是毁灭性的破坏)。如果服务本身超出你的控制范围，那么你需要参考服务端提供的许可信息。

下面是关于测试远程服务器和服务的一些指导原则：

- 服务器的编译版本管理。服务器也同样需要做版本管理，我们应该以可再现的方式来做版本管理。
- 使用测试服务器。QA 测试经常要面对的是一台模拟的服务器 (运行在一个可控的环境中)——特别是真实服务器已经在为用户服务的情况下。
- 验证可扩展性。测试服务器或者服务的承载能力，包括压力测试 (很多用户，模拟的客户端)。
- 测试服务器的安全性 (黑客攻击、SQL 注入等等)。
- 确保与服务器的双向数据传输是安全的且不易被监听 (SSL、HTTPS、有效的证书)。
- 确保你的应用程序处理好远程服务器的维护或者服务的中断事件，不论是有计划的还是不可预期的。
- 在新服务器上测试老式的客户端来保证它能正常运行。思考如何同时版本化管理你的客户端编译结果，以及服务器端的通信和协议。
- 测试服务器的升级以及回退，并计划当服务不可用时如何通知用户。

这些类型的测试为自动化测试的实施提供了很多机会。

测试应用程序的可视化界面和可用性

测试移动应用程序并不单单只是找出有问题的功能，同时也要评估程序的可用性——譬如报告程序缺少可视化界面的地方，或者导航功能不便，甚至是不能用的地方。在移动用户界面里，我们喜欢使用“边走路边嚼口香糖”的比喻。移动用户经常不能全身心地投入到应用程序中。相反的，他们会在边走路或者边做其他事情时使用应用程序。应用程序应该像用户嚼口香糖一样易于使用。

小窍门

考虑进行有用性研究，来收集那些不熟悉应用程序的人的回馈。如果只是依赖于经常使用应用程序的小组成员来开展测试，那么有可能会对一些缺陷“视而不见”。

利用第三方标准来做 Android 测试

尝试将传统的软件测试准则应用到移动开发端是一种良好的习惯。鼓励 QA 人员在你的公司中开发和共享这些准则。

我们需要再次强调的是，目前并没有专门的证书机构来为 Android 应用程序做认证。但是，没有什么能阻止移动应用商城来制定这些规则。可以考虑寻找其他移动平台上可用的认证项目。譬如 Windows、Apple 和 BREW 平台所使用的严格的测试脚本以及接收指导，并把它们引入 Android 应用程序中。不管你是否计划应用这些特定的认证，都要遵守知名的质量指导准则，因为它们有助于改善程序的质量。

处理特定的测试场景

除了功能性测试，QA 小组也要特别注意其他一些特定的测试场景。

测试应用程序的集成

另一个必要测试的是，应用程序是如何与 Android 系统的其他部分相融合的。譬如：

- 确保程序能正确处理操作系统发出的中断信号（收到短信、有来电、关机）。
- 验证应用程序暴露出来的 content provider 数据。
- 验证其他应用程序通过 `Intent` 触发的事件的处理。
- 验证在你自己程序中通过 `Intent` 触发的事件的处理。

- 验证在 `AndroidManifest.xml` 中定义的其他程序入口，譬如程序快捷方式。
- 验证应用程序可选的其他形式，譬如 Widget。
- 验证基于 service 的功能，如果适用的话。

测试应用程序的升级

如果可能的话，就为客户端和服务器(有的话)端都执行升级测试。如果是有计划的升级支持，我们可以开发一个模拟的已经升级过的应用程序，这样 QA 人员可以验证数据是否进行了正确的迁移——即便升级过的应用程序和这些数据毫无关联。

小窍门

用户会不定时地以在线的方式接收到 Android 平台的升级提醒。应用程序基于的平台版本很可能会随着时间迁移而改变。一些开发者也发现固件升级有可能会损坏他们的应用程序。所以当一个新版本的 SDK 发布后，一定要重新测试你的应用程序，这样就可以尽可能在用户发现程序出错前进行必要的升级。

如果应用程序需要数据库的支持，你应该会希望重点测试数据库。数据库的升级迁移会改变现有数据甚至是删除掉它们吗？迁移工作是从之前的所有版本的应用程序中到现有版本，抑或只是最近一次版本的迁移？

测试设备升级

越来越多的 Android 平台应用程序使用云和备份服务。这就意味着用户在升级了设备后可以无缝地把老设备中的数据迁移出来。所以即便用户不小心把手机丢到了澡盆里，或者损坏了平板的屏幕，他们的程序数据通常还是可以被挽救的。如果你的应用程序使用了这些服务，你需要测试迁移工作以确保是否可以正常进行。

测试产品的国际化

我们应该在开发的早期就测试程序对国际化的支持——同时在客户端和服务器(服务)端进行。你很可能在此时遇到与屏幕或者字符串、日期、时间、格式相关的问题。

小窍门

如果你的应用程序需要为多种语言做本地化，那么要在外国语言的配置下进行测试。譬如应用程序在英文的情况下可能没有问题，但是在德语下就不可用了，因为后者的字符通常会比较长。

测试程序的合法性

你要彻底审核应用程序必须遵守的所有策略、许可和条款。举例来说，Android 应用程序默认情况下必须遵循 Google Play 的开发者发布许可以及 Google Play 的其他服务条款(如果适用的话)。其他的分发途径和额外包可能会添加更多应用程序需要严格执行的条款。

安装测试

总的来说，Android 应用程序的安装还是很好理解的；但是你需要在具有更少资源和内存的设备上进行测试，也应该基于不同的应用市场情况来做测试。如果 manifest 配置允许在外置存储设备中安装应用程序，那么还需要保证进行有针对性的场景测试。

备份测试

不要忘记你也要测试那些对用户不常见的功能，譬如备份和还原服务，以及同步功能。

性能测试

应用程序的运行性能在移动世界里是很重要的。Android SDK 提供了对运行性能的测试平台的支持，同时也提供了监测内存和资源使用情况的方法。测试员应该熟悉这些工具并经常使用它们来发现运行瓶颈和危险的内存泄露、不当的资源使用等异常情况。

我们发现 Android 开发新手经常会犯的一个常见的运行性能错误是，把所有工作都放在 UI 主线程去执行。一些占用时间和资源的任务，譬如网络下载、XML 解析、图形渲染等等都应该被移除出主 UI 线程，这样整个用户交互界面才能顺畅。同时也可以避免大家所熟知的强制性关闭 (FC) 问题，避免收到用户的差评。

Debug类（android.os.Debug）在Android第一次发布时就存在了。它提供了一系列方法来让我们产生追踪日志，然后再通过traceview测试工具进行分析。Android 2.3引进了一个名为StrictMode(android.os.StrictMode)的新类，可以用来监测应用程序，追踪延迟问题并避免ANR。在Android的开发者博客中也有关于StrictMode的不少描述，可以参见：*http://android-developers.blogspot.com/2010/12/new-gingerbread-api-strictmode.html*。

下面是Android开发者经常会犯的另一个运行性能方面的错误。很多人并没有意识到，Android的界面显示(通过Activity来提供支持)在屏幕方向改变时默认情况下都会重启。除非开发者在此时采取恰当的操作，否则系统是不会为你做任何数据缓存的。即使是最基础的应用程序也还是需要去注意它们的生命周期管理是如何运作的。有一些与此相关的高效的工具可供使用。但是，仍然有不少人经常会犯错误——通常就是因为没有正确处理好生命周期事件。

测试应用程序中的付费机制

付费机制是非常重要的，所以我们一定要做测试。Google Play开发者控制台可以允许我们测试应用程序的付费机制。具体而言，需要一部安装了最新版本Google Play的真机设备。确保付费机制能正常工作,可以帮助我们减小收入损失。

测试意外情况

不管是在什么工作流程的约束下,我们都要知道用户有可能会做一些随意的、不可预期的事情——可能是有意的,也可能是无意的。有些用户是“按钮毁灭者”,而其他人有可能在放入口袋前忘记锁键盘，导致了一连串诡异的输入；经常旋转屏幕，把物理键盘不断地滑出/收起，或者其他一些会触发设备发生意想不到的变化的操作。而在这些“边缘”事件发生时还有可能会有来电或者短信息(对于手机而言)——你的应用程序要能正确处理所有这些异常情况。Monkey命令行工具可以帮助你测试这类事件。

为将应用程序打造成“杀手级应用”而测试

每个移动开发者都希望开发一款“杀手级应用”——即那些让人疯狂的，一下子冲到排行榜首位，每个月收入百万以上的应用程序。大多数人都会觉得只要他们找到正确的方向，他们就可以马上开发出杀手级应用。开发者总是会去研究榜单前十名和 Google Play 的编辑者们推荐的那些应用程序，来尝试分析怎样开发出下一个优秀的应用程序。但是让我们来告诉你一点小秘密：如果“杀手级应用”有共性的话，那就是它的质量标准要高于平均水平——永远不可能出现延迟、难用、烦人的情况。测试和严格执行质量标准可能就是普通应用和“杀手级应用”之间的区别。

如果你花点时间来分析移动应用商城，你会注意到大的移动开发公司发布的应用程序普遍质量较高，且有一致性的设计风格和用户体验。这些公司利用了用户界面的一致性以及超越一般水平的质量标准来建立品牌忠诚度，从而提高了市场份额（虽然他们会预估可能只有其中的一款应用程序能“叫好又叫座”）。其他比较小的公司经常有不少好想法，但是却一直在移动软件开发的质量问题上挣扎。这样，不可避免的结果就是移动应用商城充满了很多想法很好，但是用户界面设计差强人意，且有不少问题的应用程序。

18.1.4 利用 Android 的 SDK 工具来做应用程序测试

Android 的 SDK 和开发者社区提供了一系列有用的工具和资源来帮助我们做测试和质量保证工作。你在项目开发过程中可能会想利用下面所列的这些工具。

- 物理设备来做测试和问题重现。
- Android 模拟器来做自动化测试（当没有真机可用时）。
- Android 的 `DDMS` 工具可以用来调试，以及与模拟器 / 设备进行交互，也可以用来截屏。
- ADB 工具可以做日志追踪，调试和 shell 访问。
- Monkey 命令行工具可以做压力测试（可以通过 adb shell 命令来访问）。
- 通过 `monkeyrunner` 的 API 可以做自动化的单元测试套件，并编写功能性和框架性的单元测试。
- 通过命令行的 `uiautomator` 测试框架和一系列 API 来在一种或多种设备中做自动化的用户界面测试（编写 UI 功能性测试用例）。这要求 API 级别在 16 以上，而且 SDK 工具是 21 或以上版本。
- `UiAutomation` 类可以横跨多个应用程序完成自动化工作和模拟用户交

互,并允许你监测用户接口来确定测试是否通过(在API级别18后新增)。

- 通过 logcat 命令行工具来阅读应用程序产生的日志信息(最好使用应用程序的调试版本)。
- 通过 traceview 程序来察看和解析可以从应用程序中生成的日志文件。
- 通过 sqlite3 命令行工具来做程序数据库访问(利用 adb shell 命令就可以)。
- Hierarchy Viewer 工具用来做用户接口调试,运行性能调整,和设备的屏幕截图。
- 通过 lint 工具来做应用程序布局资源的优化。
- 通过 systrace 工具来做显示和应用程序进程的运行性能分析。
- 通过 bmgr 命令行工具来做备份管理测试(如果有的话)。

要记住开发者使用的 Android 工具(譬如在 Android IDE 配合下的模拟器和 DDMS 调试工具),也同样能供 QA 人员使用——而且不需要它们的源码或者开发环境。

小窍门

附录 A(即“掌握 Android 开发工具”)与穿插全书中的关于工具的讨论,不仅对开发者是有意义的,而且也会测试人员提供了更多控制设备配置的方式。

18.1.5 避免 Android 应用程序测试中的一些低级错误

下面是 Android 测试人员应该尽量避免的一些低级错误和缺陷:

- 没有像客户端那样彻底地测试服务器或者服务组件。
- 没有使用正确的 Android SDK 版本来做测试(设备 vs 开发版本)。
- 没有在真机设备中进行测试,认为模拟器就足够了。
- 测试所采用的系统与用户使用的不同(付费机制,安装等方面)。建议亲自体验一下购买你自己的应用程序的过程。
- 没有完整测试应用程序的所有入口。
- 没有在不同的信号覆盖率及网络速度下执行测试。

■ 没有在电池供电的情况下测试。测试时不要让设备一直处于充电状态。

18.2 Android 应用程序测试精要

Android 的 SDK 中提供了很多方式来帮助你测试应用程序。一些方法在 Android IDE 中就提供了，其他一些则来源于命令行工具，但是很多时候两者兼而有之。其中的很多测试方式需要编写针对你的应用程序的测试程序。

写一个针对你的应用程序的测试程序乍一听有点“吓人”，毕竟你需要写一堆的代码来完成。如果你是这方面的新手，你可能想知道为什么需要花费这么多时间来编写测试应用程序的代码。

答案很简单。编写测试程序可以帮助我们自动化地完成测试流程中的一大部分，而不是通过手工方式来验证代码是否工作正常。下面举个例子，大家应该会更清楚些。假设我们要开发一个允许用户创建、读取、更新和删除数据的应用程序。很多情况下这些操作都是基于一个数据模型来做的。编写针对数据模型的测试程序允许你去验证数据模型是否按照预期计划来工作；在查询时能提供正确的结果；在保存时能存储正确的结果，以及当删除时能正确删掉相关信息。

另一方面，当用户在你的应用程序中执行某项动作时，通常情况下，你会希望提供某种视觉回馈。编写针对视图的测试程序，可以让你验证当用户执行了特定动作后，视图是否可以一步步地显示正确信息。

小窍门

测试应该被设计来确定你的应用程序源码的执行结果应该是怎样的。只要应用程序的需求保持不变，测试就应该总是得到同样的结果——即使你修改了程序的源码。一旦你的某项测试失败了，而且测试程序本身是正确的，那么你很可能是在应用程序中犯了某些逻辑错误。

你可能会想应用程序很简单，不值得测试；或者认为你的源码中压根不会产生什么错误，因为你很确定已经覆盖了所有可能的场景。如果你相信这是真的，而且应用程序也只是做了它应该做的事，请记住你的用户可不是开发者，他们也不会降低对程序的期望值。用户可能会想到一个你的应用程序没有提供的场景，当他们希望去使用这个想象的场景时，那么很可能最后会觉得很生气——这也是差评心情的开始。即使这个功能一开始就没在程序中存在过，但是你的用户很可能并不管这些，然后责备你的应用程序怎么会有这个问题（即便这可能并不能算是你的错）。

既然你是应用程序开发者，你就应该去解决编码中的所有问题。在应用程序发展过程中，如果发布了新的特性，那么你如何确定上周的预期结果在本周没有发生改变呢？

18.2.1　利用 JUnit 进行单元测试

确认应用程序能工作正常，并将持续正常工作很长一段时间的一种好方法，就是编写单元测试。单元测试被设计用于测试应用程序的一个逻辑小块。举个例子，当用户做了某件事后，你可能总是期望结果是这样或者那样的。单元测试确保每次代码变更时，其最终的结果值都符合期望。另一种可选的验证方式就是你安装好应用程序，然后按照所有可能的情况来逐一试验每种可能的场景，来检验每次代码升级后的结果值是否还是正确的。这个方法很快就会变得很繁琐并很占用时间，因为应用程序会越变越大，而且很难追踪。

Android 基于 JUnit 测试框架提供了单元测试的功能。很多 Android 的测试类都是直接从 JUnit 继承而来的。这意味着你可以编写单元测试来检验 Java 源码，或者你可以编写 Android 相关的测试用例。JUnit 和 Android SDK 工具测试类可以在 Android IDE，或者是安装了 ADT 插件的 Eclipse 和 Android Studio 中找到。单元测试是一个大课题，下面我们讨论的内容并不算很全面，但是可以做为你学习 Android 应用程序单元测试的入门教材。

编写单元测试有两种方式。其一是先编写应用程序，然后才是测试程序；另一种相反的做法，是先编写测试程序然后才是应用程序。我们将以一个应用程序范例来让大家更好地理解单元测试。会有很多理由来让我们在设计应用程序逻辑前先完成测试程序；这种方法称之为以测试为驱动的开发（TDD）。

我们在本书中并不讨论 TDD，但是一旦你着手开展测试项目，你应该会更加肯定这种方式。使用 TDD 可以帮助你预先确定应用程序的结果，因而你可以带着这些结果来编写应用程序——在编写应用程序逻辑之前就知道预期结果有助于我们更好地做判断和开展测试工作。然后你可以接着编写应用程序（并带着预期的结果值)，直到所有的测试都通过。

需要说明的是，这并不意味着在编写代码前我们要先写完所有的测试程序。相反地，你可以先写一个单元测试，然后接着再完成对应的代码。一旦我们这么做了以后,你应该可以理解 TDD 在下面例子中的应用。TDD 是一个很宽泛的话题，有很多需要学习的东西。

18.2.2 PasswordMatcher 应用程序入门

为了学习如何执行单元测试，我们首先需要一个可以使用单元测试的应用程序。我们提供了一个很简单的程序——它将显示两个用于输入密码的 EditText。这就是说任何输入到这两个区域的字符都是匿名的。同时也有一个按钮 (监听了 onClick) 来判断这两个文本框中的输入值是否一致。图 18.1 显示了 PasswordMatcher 应用程序的用户界面。

图 18.1 **PasswordMatcher** 中包含了两个 **EditText** 和一个按钮组件

小窍门

本章节中提供的很多代码范例都是从 PasswordMatcher 这个程序和 PasswordMatcherTest 测试程序中摘取出来的。读者可以从本书的官方网站中下载到这些源码。

让我们看一下 PasswordMatcher 应用程序中的布局文件，名称为 activity_password_matcher.xml。

```
<LinearLayout xmlns:android="http://schemas.android.com/apk/res/android"
    xmlns:tools="http://schemas.android.com/tools"
    android:layout_width="match_parent"
    android:layout_height="match_parent"
    android:orientation="vertical"
    android:paddingBottom="@dimen/activity_vertical_margin"
    android:paddingLeft="@dimen/activity_horizontal_margin"
    android:paddingRight="@dimen/activity_horizontal_margin"
    android:paddingTop="@dimen/activity_vertical_margin"
    tools:context=".PasswordMatcherActivity">
<TextView
    android:id="@+id/title"
    android:layout_width="match_parent"
    android:layout_height="wrap_content"
    android:contentDescription="@string/display_title"
    android:text="@string/match_passwords_title" />
<EditText
    android:id="@+id/password"
    android:layout_width="match_parent"
    android:layout_height="wrap_content"
    android:hint="@string/password"
    android:inputType="textPassword"
    android:text="" />
<EditText
    android:id="@+id/matchingPassword"
    android:layout_width="match_parent"
    android:layout_height="wrap_content"
    android:hint="@string/matching_password"
    android:inputType="textPassword"
```

```
        android:text="" />
    <Button
        android:id="@+id/matchButton"
        android:layout_width="wrap_content"
        android:layout_height="wrap_content"
        android:contentDescription="@string/submit_match_password_button"
        android:text="@string/match_password_button" />
    <TextView
        android:id="@+id/passwordResult"
        android:layout_width="match_parent"
        android:layout_height="wrap_content"
        android:contentDescription="@string/match_password_notice"
        android:visibility="gone" />
    </LinearLayout>
```

这是一个 LinearLayout，包含了一个用来显示应用程序标题的 TextView，两个初始化为空字符串的 EditText，一个按钮，以及一个用于显示按钮点击后产生的最终结果值的 TextView——它的可见性为 GONE，意味着程序刚启动时是不可见的，而且不占用任何空间。

PasswordMatcherActivity 的源码如下：

```
public class PasswordMatcherActivity extends Activity {
    EditText password;
    EditText matchingPassword;
    TextView passwordResult;

    @Override
    protected void onCreate(Bundle savedInstanceState) {
        super.onCreate(savedInstanceState);
        setContentView(R.layout.activity_password_matcher);

        password = (EditText) findViewById(R.id.password);
        matchingPassword = (EditText) findViewById(R.id.matchingPassword);
        passwordResult = (TextView) findViewById(R.id.passwordResult);

        Button button = (Button) findViewById(R.id.matchButton);
        button.setOnClickListener(new View.OnClickListener() {
            @Override
```

```
                public void onClick(View v) {
                    String p = password.getText().toString();
                    String mp = matchingPassword.getText().toString();

                    if (p.equals(mp) && !p.isEmpty() && !mp.isEmpty()) {
                        passwordResult.setVisibility(View.VISIBLE);
                        passwordResult.setText(R.string.passwords_match_
                                notice);
                        passwordResult.setTextColor(getResources().getColor(
                                R.color.green));
                    } else {
                        passwordResult.setVisibility(View.VISIBLE);
                        passwordResult.setText(R.string.passwords_do_not_
                                match_notice);
                        passwordResult.setTextColor(getResources().getColor(
                                R.color.red));
                    }
                }
            });
        }
    }
```

如你所看到的，onClick() 接口方法会去检查两个密码是否相等，并且不为空。如果有任何一个密码是空的或者它们不相符，我们就会把用于指示结果的 TextView 的可见性改为 View.VISIBLE，显示一条错误信息，然后把文本颜色设为红色。如果密码是相等的且不为空，我们就会把显示结果的 TextView 的可见性改为 View.VISIBLE，显示一条正确消息，然后把文本颜色设为绿色。

18.2.3　确认测试的预期结果

让我们想一想应用程序应该产生怎样的结果。用户首先要在两个 TextView 中输入数据，然后当点击按钮后应用程序就要做出反应。下面是我们希望测试能够去确证的应用程序所产生的几种结果。

- 当用户把任何一个或者两个框都留为空白时，判断应用程序是否显示了一条红色的错误消息。

- 当用户输入了两个不匹配的密码时，判断应用程序是否显示了一条红色的错误消息。
- 当用户输入了两个匹配的密码时，判断应用程序是否显示了一条绿色的成功消息。

现在我们知道了应用程序应该产生什么样的正确结果，从而有助于我们编写测试程序了。为了确保应用程序是否产生了这些结果，我们将写测试程序来做相应判断。

18.2.4 创建一个 Android 测试工程

为了编写测试程序，我们必须首先创建一个 Android 测试工程。测试代码并不属于 PasswordMatcher 的一部分。相反地，我们再新建一个名为 PasswordMatcherTest 的包来容纳各测试类。

创建一个测试工程的步骤如下：

1. 在 Android IDE 环境下，依次点击 File，New，Other，然后在 Android 目录下，选择 Android Test Project，然后点击 Next（参见图 18.2 在 Android IDE 环境下新建一个测试工程）。

2. 在 Create Android Project 页面，将工程名称改为 Password-MatcherTest 然后点击 Next（参见图 18.3 在 Android IDE 中为测试工程命名）。

3. 在 Select Test Target 页面，确保 An existing Android Project 勾选了，然后选择 PasswordMatcher 工程，点击 Next（参见图 18.4 在 Android IDE 中，将测试工程与 PasswordMatcher 相关联）。

4. 在 Select Build Target 页面，选择 Android 4.3 然后点击 Finish（参见图 18.5 在 Android IDE 中选择平台目标）。

现在你的测试工程已经创建成功了，而且第一眼看上去和普通 Android 程序没什么两样——就如我们在图 18.6 在 Android IDE 中观察测试工程的目录结构它们的目录结构都很类似，而且有很多相同的文件，譬如 AndroidManifest.xml。

通过分析 manifest 文件的内容，我们已经可以清楚地看到区别（参见图 18.7 在 Android IDE 中查看 manifest 文件）。

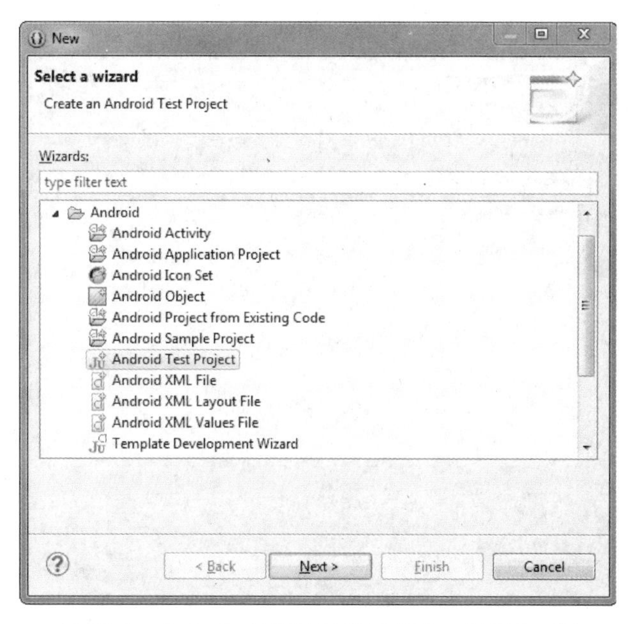

图 18.2 在 Android IDE 环境下新建一个测试工程

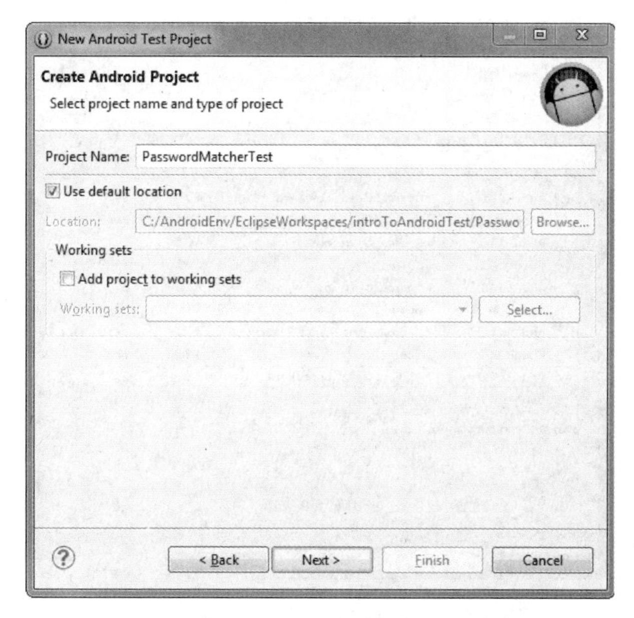

图 18.3 在 Android IDE 中为测试工程命名

图 18.4　在 Android IDE 中，将测试工程与 **PasswordMatcher** 相关联

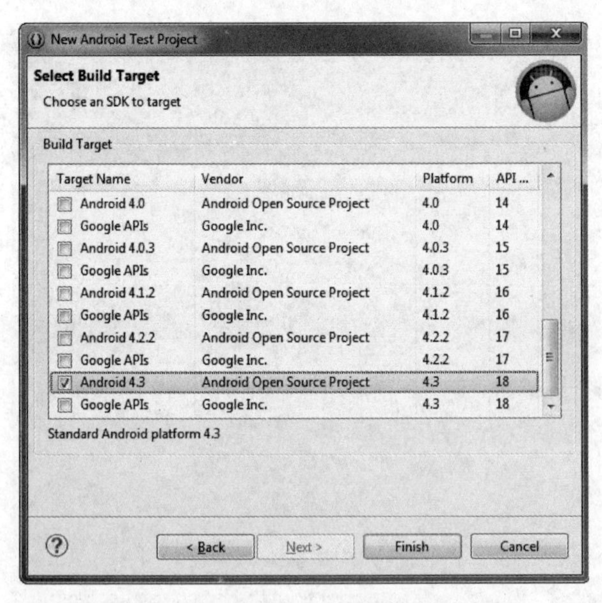

图 18.5　在 Android IDE 中选择平台目标

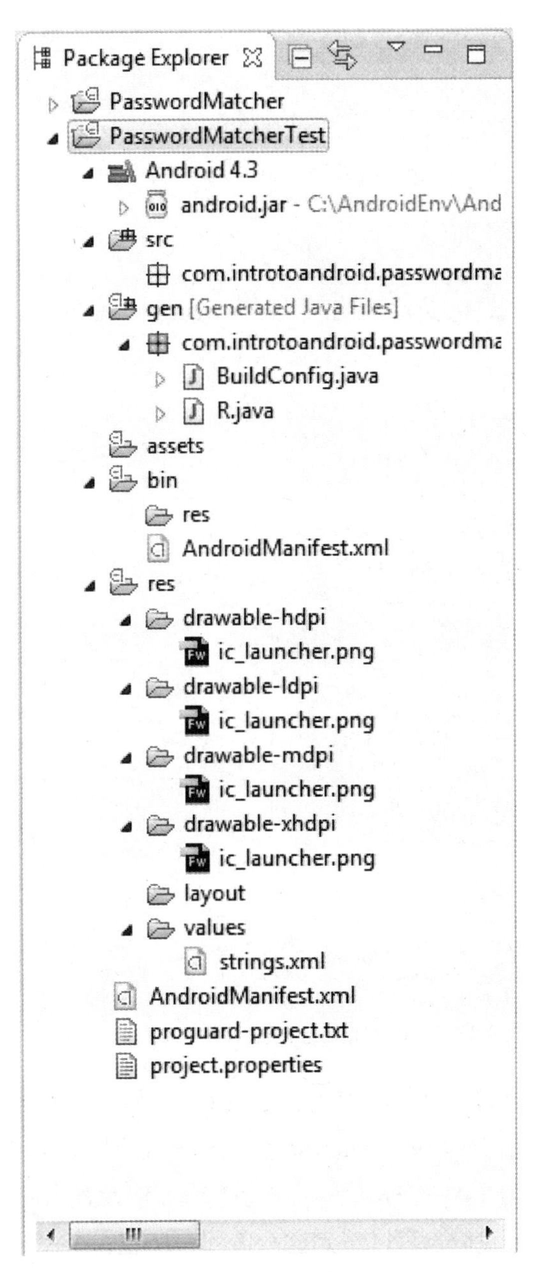

图 18.6　在 Android IDE 中观察测试工程的目录结构

对应的 manifest 文件包含了如下内容：

```
<instrumentation
    android:name="android.test.InstrumentationTestRunner"
    android:targetPackage="com.introtoandroid.passwordmatcher" />
<application
    android:icon="@drawable/ic_launcher"
    android:label="@string/app_name" >
    <uses-library android:name="android.test.runner" />
</application>
```

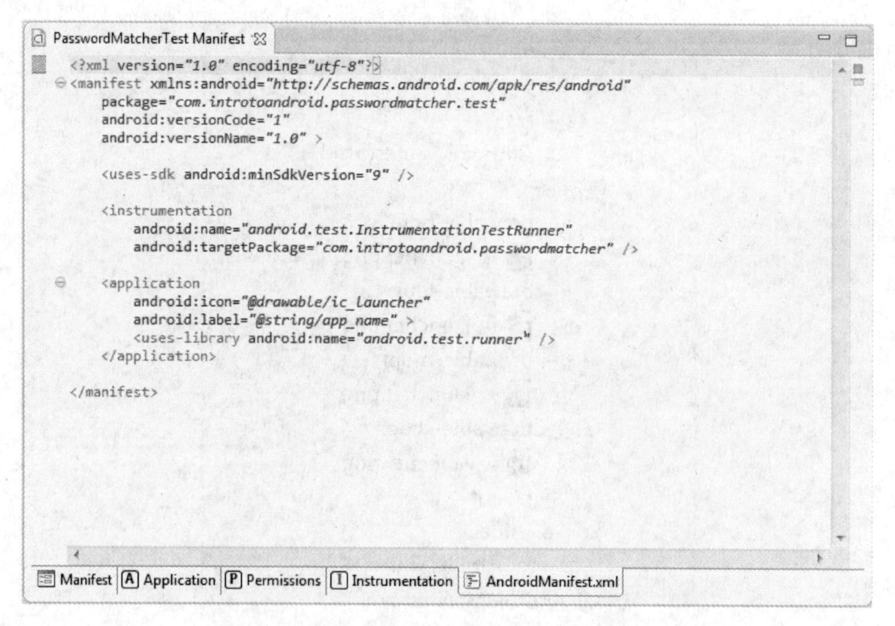

图 18.7　在 Android IDE 中查看 manifest 文件

其中 <instrumentation> 元素是测试工程中的必需项，这个声明允许我们让测试程序“钩住”Android 系统。我们指定 InstrumentationTestRunner 类的名字并把 PasswordMatcher 包设置为测试目标，以使得后续工作能正常执行。我们也可以看到这个应用程序有一个 <uses-library> 元素来指定 android.test.runner。另一个需要关注的重点是测试包的名字——com.introtoandroid.passwordmatcher.test，这和目标应用程序的包名几乎是一样的，除了在末尾多了“.test”。所有通过 Android 工具产生的测试工程的名称都是在被测试的工程名后自动添加“.test”而形成的。

我们还没有为这个测试工程添加任何类或者源码文件。让我们在 Android IDE 继续添加这些所需的元素，然后就可以通过以下步骤编写代码了。

1. 在 Android IDE 环境中的 Package Explorer 中，右键点击 PasswordMatcherTest 工程下的 src 目录中的包 com.introtoandroid.passwordmatcher.test，然后选择 New，再选择 Class。将 PasswordMatcherTest 设为类名称（参见图 18.8 新建 PasswordMatcherTest.java 文件）。Superclass 的默认值需要更改，所以点击 Browser，然后将 android.test.ActivityInstrumentationTest-Case2 输入到 Choose a type 文本域中，点击 OK（参见图 18.9 为测试类选择一个 superclass）。最后，点击 Finish 来创建 Java 类文件。

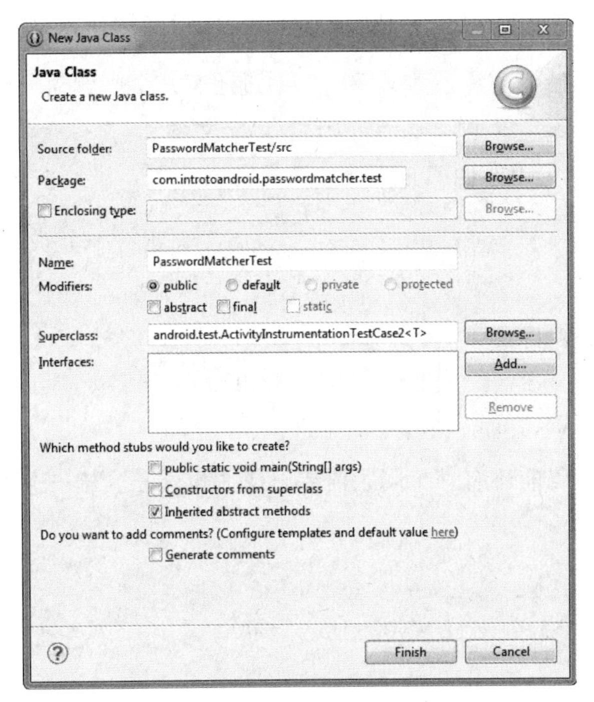

图 18.8　新建 **PasswordMatcherTest.java** 文件

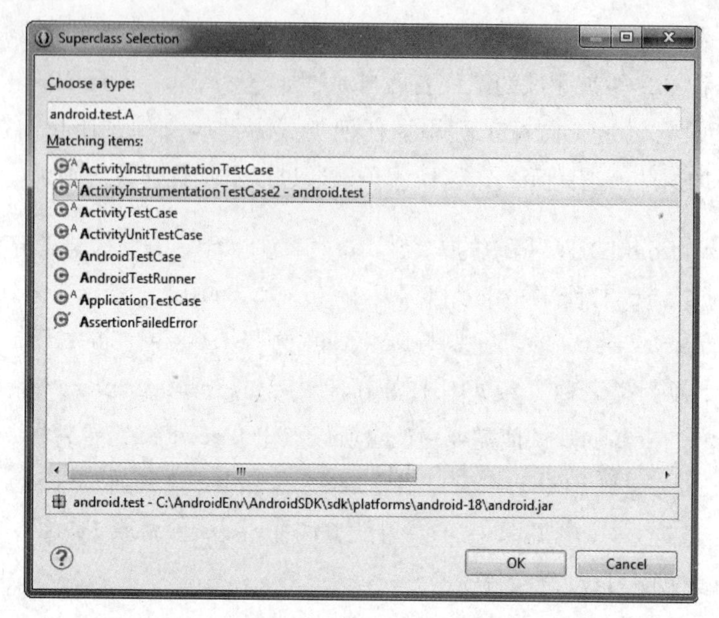

图 18.9 为测试类选择一个 **superclass**

2. 现在我们已经新建了类文件了，不过还有几个问题需要解决一下。我们必须首先导入 `PasswordMatcherActivity` 文件和与 `PasswordMatcher` 相关的资源文件。引入声明如下面所示：

```
import com.introtoandroid.passwordmatcher.PasswordMatcherActivity;
import com.introtoandroid.passwordmatcher.R;
```

3. 我们也必须将 `ActivityInstrumentationTestCase2<T>` 中的扩展类修改为 `PasswordMatcherActivity`，即 `ActivityInstrumentationTestCase2<PasswordMatcherActivity>`。

4. 在编写代码前还有一个问题需要解决，也就是新增一个类构造函数，然后添加如下代码：

```
public PasswordMatcherTest() {
    super(PasswordMatcherActivity.class);
}
```

接下来可以为这个工程编写代码了。

18.2.5 编写测试代码

编写测试代码有几个标准的操作步骤。首先，我们应该新建一个 setup 方法，用于准备接下来测试中所有需要访问的信息。这也是我们访问 PasswordMatcherActivity 的地方——它允许我们获取到所有希望被测试的视图。我们必须新建一些变量来保存这些视图，并引入所有可能需要的类。引入声明如下：

```
import android.widget.Button;
import android.widget.EditText;
import android.widget.TextView;
```

下面是我们希望在测试工程中访问的那些变量：

```
TextView title;
EditText password;
EditText matchingPassword;
Button button;
TextView passwordResult;
PasswordMatcherActivity passwordMatcherActivity;
```

下面是 setup() 接口的实现：

```
protected void setUp() throws Exception {
    super.setUp();
    passwordMatcherActivity = getActivity();
    title = (TextView) passwordMatcherActivity.findViewById(R.id.title);
    password = (EditText)
            passwordMatcherActivity.findViewById(R.id.password);
    matchingPassword = (EditText)
        passwordMatcherActivity.findViewById(R.id.matchingPassword);
    button = (Button) passwordMatcherActivity.findViewById(R.id.matchButton);
    passwordResult = (TextView)
passwordMatcherActivity.findViewById(R.id.passwordResult);
}
```

上述这个接口中会通过 getActivity() 来获取到 PasswordMatcherActivity——这样我们以后就能通过 findViewById 来访问到所有视图。

现在我们可以编写验证程序的测试代码了。大家应该首先检验下应用程序的初始化状态，来保证开始时没有错误发生——即使每次的初始化状态都是一样的，也还是要确认下。因为这样子才能在后续的测试过程中，帮助我们判断和排除掉一些可疑情况。

友情提示

当使用 JUnit 3 来做 Android 测试时，所有测试用例函数的命名都必须以 test 开头，譬如 testPreConditions() 或者 testMatchingPasswords()。这样子 JUnit 才能知道某个函数是一个测试方法，而不是普通的函数。只有以 test 开头的函数才会被当成测试用例来运行。

在运行过程中，应用程序里的几个元素会改变状态，即两个 EditText 和一个显示结果值的 TextView。让我们开始编写第一个测试用例吧！它被用来确保应用程序的启动状态是否符合预期。

```
public void testPreConditions() {
    String t = title.getText().toString();
    assertEquals(passwordMatcherActivity.getResources()
          .getString(R.string.match_passwords_title), t);
    String p = password.getText().toString();
    String pHint = password.getHint().toString();
    int pInput = password.getInputType();
    assertEquals(EMPTY_STRING, p);
    assertEquals(passwordMatcherActivity.getResources()
          .getString(R.string.password), pHint);
    assertEquals(129, pInput);
    String mp = matchingPassword.getText().toString();
    String mpHint = matchingPassword.getHint().toString();
    int mpInput = matchingPassword.getInputType();
    assertEquals(EMPTY_STRING, mp);
    assertEquals(passwordMatcherActivity
          .getResources().getString(R.string.matching_password), mpHint);
    assertEquals(129, mpInput);
    String b = button.getText().toString();
    assertEquals(passwordMatcherActivity.getResources()
          .getString(R.string.match_password_button), b);
    int visibility = passwordResult.getVisibility();
```

```
        assertEquals(View.GONE, visibility);
    }
```

Android 单元测试 API 和断言 (Assertion)

在运行第一个测试程序前，让我们先花点时间来介绍一下断言。如果你是单元测试的新手，可能还没有使用过断言语句。一个断言用于比较“期望值”（应用程序应该生成的值）和程序运行所产生的“实际值”是否相等。

有很多标准的 JUnit 断言方法可供你使用，同时 Android 也提供了不少特有的断言实现。

函数 testPreConditions() 中，首先获取到 id 值为 title 的 TextView 的文本。然后我们调用 assertEquals()，并将测试期望值，以及 getText() 得到的值做为函数的传参。当你运行测试用例时，如果两个值相等就意味着测试的断言会通过。我们继续得到 EditText 中的 text、hint 和 inputType 值，并使用 assertEquals() 来确保它们与真实值是一致的。同时我们也获取 Button 的 text 值来确认它符合预期值。最后我们确保 passwordResult 的可见性等于 View.GONE。

如果所有这些断言都通过的话，意味着整个测试完成了——你的应用程序的起始状态是正常的。

通过 Android IDE 运行你的第一个测试用例

为了在 Android IDE 或者安装了 ADT 插件的 Eclipse 中运行第一个测试用例，请在 Android IDE 中选择你的测试工程，右键点击工程，选择 Debug As，然后选择 Android JUnit Test。我们希望看到 testPreConditions() 函数显示出测试结果是正确的。

友情提示

确保你的电脑中有一个模拟器在运行，或者有一台连接到电脑上的处于调试模式的设备。如果有超过一台设备或模拟器连接到了电脑上，你可能会遇到一个选择提示框来决定进一步的操作。

现在你的测试应该已经开始了，并且你要一直等到整个测试完成才能得到结果。

分析测试结果

一旦测试完成，你应该会在 IDE 中看到一个名为 JUnit 的新窗口被打开。如果测试用例编写正确，我们会看到如图 18.10 Android IDE 中显示出 testPreConditions() 已经通过测试所示的表示测试通过的结果。

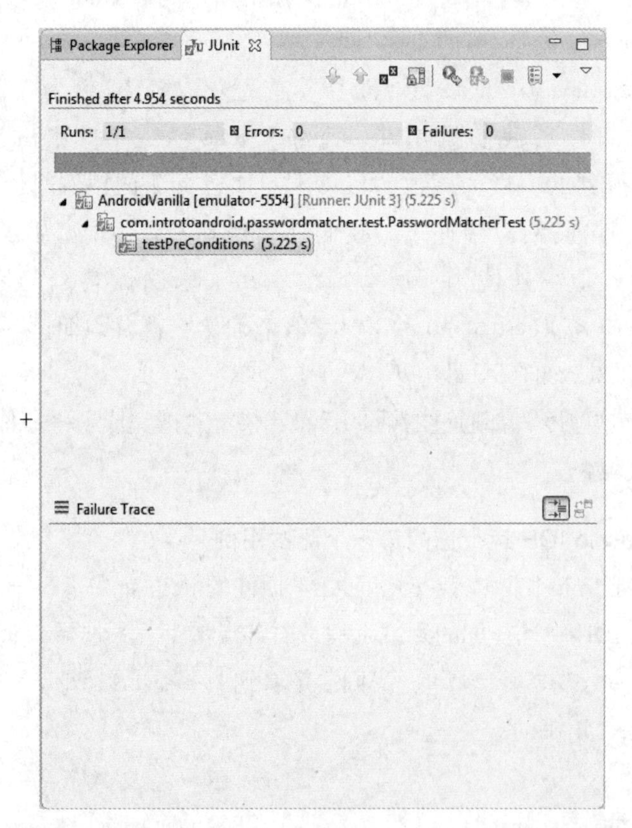

图 18.10　Android IDE 中显示出 **testPreConditions()** 已经通过测试

当测试工作完成后，JUnit 窗口提供了一些有用的细节。你应该可以看到测试是在特定的设备或者端口上运行的；在这个例子中，设备就是一个运行在 5554 端口的模拟器。你也应该能看到被运行的测试类是 com.introtoandroid.passwordmatcher.test.PasswordMatcherTest。同时请注意 testPreConditions() 也会首先被运行。图标（ ）是表示测试成功运行的一个可视化指示。另外，注意下整个测试完成的时间以及 testPreConditions() 函数完成的时间。

图标 允许你重新运行测试用例，而不需要使用 Debug As 选项。图标 允许你重新运行那些失败的测试用例——这在有的时候是很有用的，因为你可以只选择那些失败的例子去运行，从而把精力放在必须解决的问题上。

一个失败的测试用例说明预期值和实际值不符合。图标 就是用于指示一个测试项失败了。当测试失败时，你将会看到图 18.11 所示的界面。

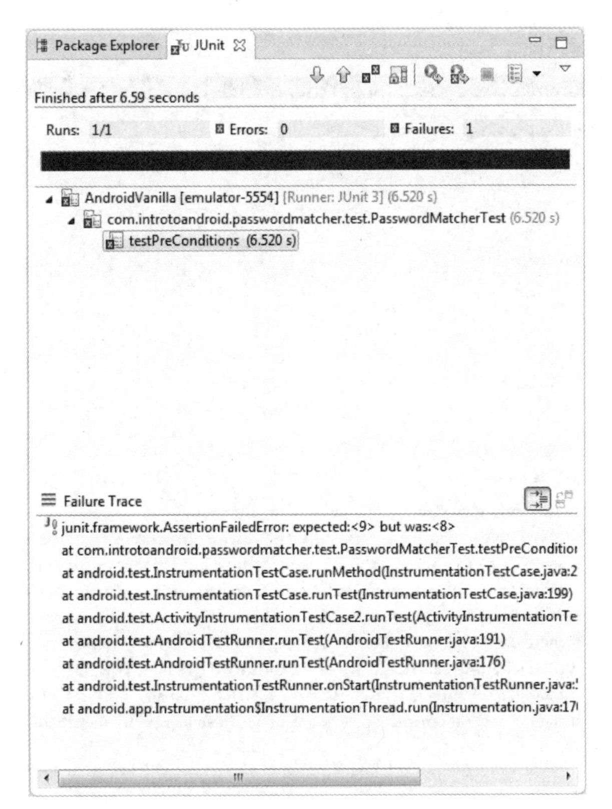

图 18.11 Android IDE 中显示出 testPreConditions() 方法失败了

你应该注意 JUnit 窗口中的 Failure Trace 区域(如图 18.11 Android IDE 中显示出 testPreConditions() 方法失败了)，它列出了所有可能会帮助你查找出问题根源的堆栈信息。

测试代码中如果有错误的话，你应该在用它来得到测试结果之前就解决掉(参见图 18.12)。图标让你知道测试中是否存在错误。

再说一次，JUnit 窗口中的 Failure Trace 区域可以辅助你发掘错误的根源；在这个例子中，这个错误就是 NullPointerException。

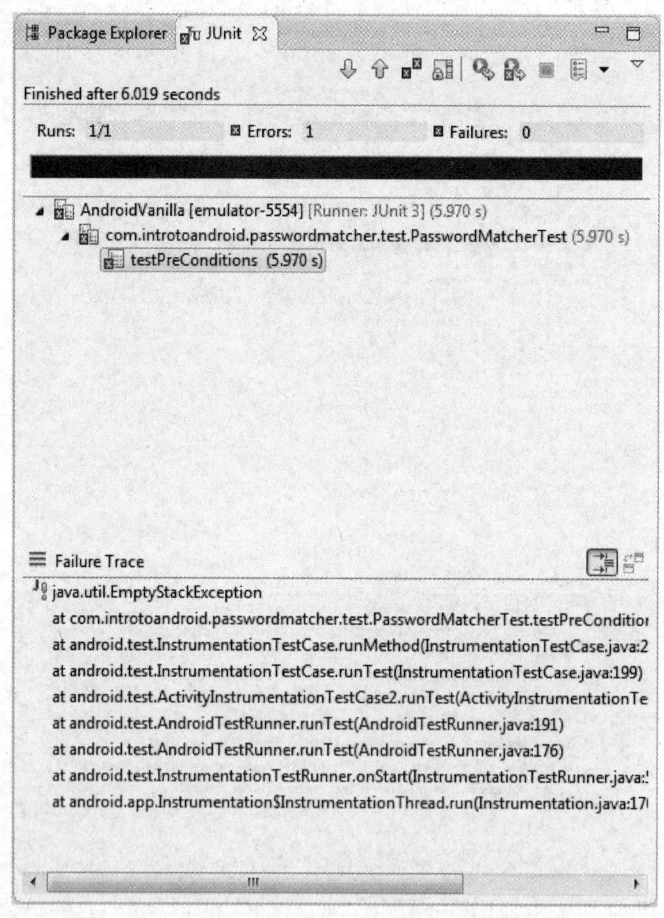

图 18.12　Android IDE 显示出 **testPreConditions()** 函数出现了一个错误

18.2.6 添加其他测试用例

测试工程还包含了其他一些测试用例，但是我们接下来只着重分析其中一个典型的实现，因为它们都是大同小异的。请参考 PasswordMatcherTest 工程来阅读所有测试用例的源码实现。我们即将讨论的是 testMatchingPasswords() 函数。就如函数名所指示的，这个测试用例会判断我们输入的两个密码值是否相等——如果是的话，那么应用程序的界面输出结果就应该和预期值保持一致。

下面是 testMatchingPasswords() 函数的实现：

```
public void testMatchingPasswords() {
    TouchUtils.tapView(this, password);
    sendKeys(GOOD_PASSWORD);
    TouchUtils.tapView(this, matchingPassword);
    sendKeys(GOOD_PASSWORD);
    TouchUtils.clickView(this, button);
    String p = password.getText().toString();
    assertEquals("abc123", p);
    String mp = matchingPassword.getText().toString();
    assertEquals("abc123", mp);
    assertEquals(p, mp);
    int visibility = passwordResult.getVisibility();
    assertEquals(View.VISIBLE, visibility);
    String notice = passwordResult.getText().toString();
    assertEquals(passwordMatcherActivity.getResources()
            .getString(R.string.passwords_match_notice), notice);
    int noticeColor = passwordResult.getCurrentTextColor();
    assertEquals(passwordMatcherActivity.getResources()
            .getColor(R.color.green), noticeColor);
}
```

上面这段代码做了几件事情。因为我们已经在 setUp() 中对视图进行了初始化，所以现在可以开始测试应用程序。首先需要调用 TouchUtils.tapView()。TouchUtils 类提供了一些在程序中模拟触摸事件的方法。对显示密码的 EditText 调用 tapView()，可以让我们得到这个区域的焦点，随后便可以通过 sendKeys() 来在其中输入 GOOD_PASSWORD 值。我们接着获取到另一个 EditText 的焦点，然后也通过 sendKeys() 方法来输入相同的 GOOD_PASSWORD 值。然后我们使用 getText() 函数来得到两个 EditText 中的值，从而确保它们是否与 GOOD_PASSWORD 相等，接着再确认它们二者是否一致。做完了这些后，测试程序将会检查代表结果值的 TextView 的可见性是否变成了 View.VISIBLE，然后进一步确认这个区域是否正确。最后，我们获取结果值的文本颜色来检查它是否已经变成绿色。

当我们运行测试程序时，你应该看到 PasswordMatcher 启动起来，然后两个 EditText 都会被自动填充密码值，接着便是 Match Passwords 这个按钮收到一个点击事件——此时你应该会看到结果值区域显示出相应数据来，并以绿色字体提示密码匹配的成功信息（参见图 18.13）。

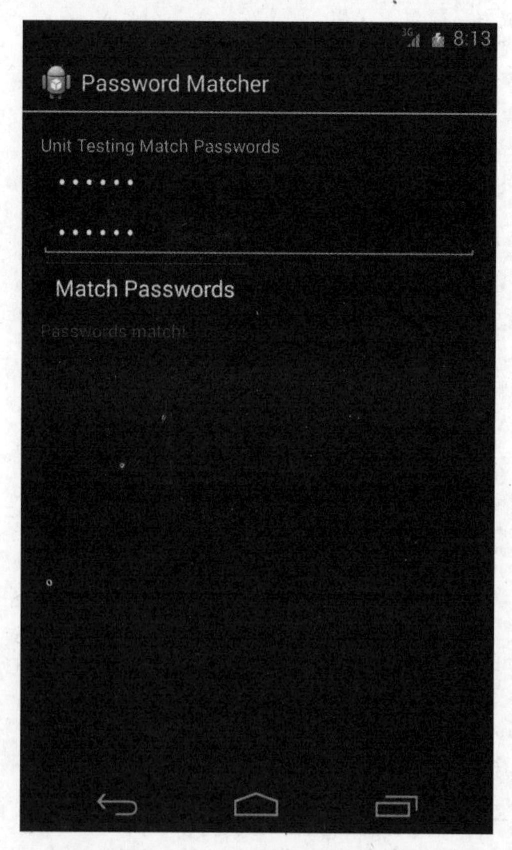

图 18.13 **PasswordMatcher** 以绿色字体显示两个密码匹配的信息

当我们执行完测试用例后，应该可以看到测试成功通过，而这就意味着应用程序的运行确实符合设计要求 (参见图 18.14)。

下面是 android.test 包中的一些类，你可能希望多了解下。更多详细的描述和列表，请参阅 Android 官方文档。

- **ActivityInstrumentationTestCase2<T>**：用来为单个 `Activity` 做功能测试。
- **MoreAsserts**:Android 中特有的断言函数。
- **TouchUtils**: 用来执行触摸事件。
- **ViewAsserts**: 用于对视图进行断言的函数集合。

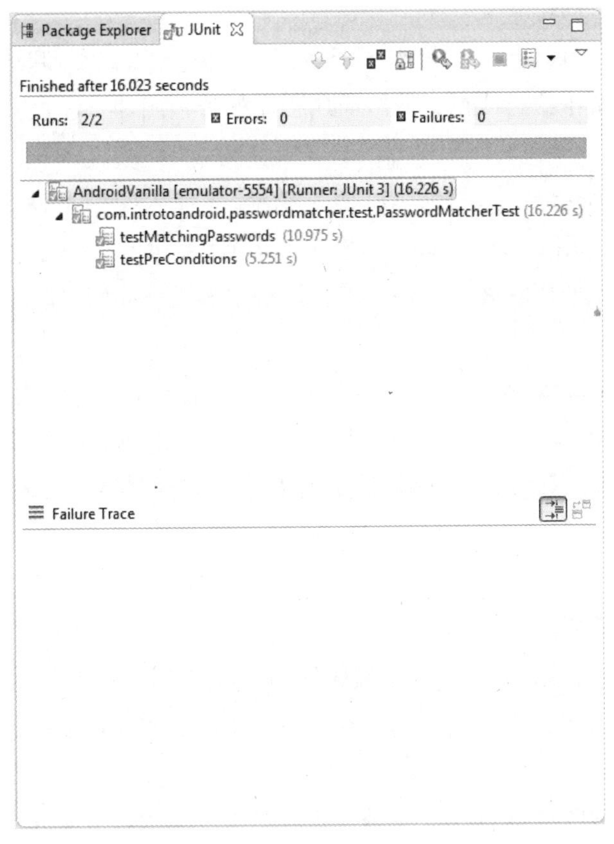

图 18.14 Android IDE 中提示测试成功

18.3 更多 Android 自动化测试程序和 API

自动化测试是非常强大的工具，你应该在开发 Android 应用程序时尽量采用。JUnit 只是由 Android SDK 提供的众多自动化测试工具中的一种。Android SDK 提供的其他用于测试的工具也值得一提。

- **UI/Application Exerciser Monkey**：这个名为 monkey 的程序可以从 adb shell 命令行中运行。使用这个工具可以为应用程序做压力测试，它可以向正在运行的测试设备发送随机的事件。这有助于我们发现当有随机事件产生时，应用程序的表现是否正常。
- **monkeyrunner**: 这是一个用于编写 Python 程序的测试 API，可以让我们控制自动化测试流程。一个 monkeyrunner 程序在 Android 模拟器或者设备之外运行，并可以用于运行单元测试，安装 / 卸载 apk 文件，在多台设备中执行测试，截取应用程序的屏幕图片，以及其他很多有用的功能。
- **uiautomator**: 这是从 API 级别 16 后才加入的一个命令行测试框架。你可以使用 uiautomator 来从 adb shell 的命令行中运行测试项。你也可以使用它来在一台或多台设备中做用户界面自动化测试和功能自动化测试。
- **UiAutomation**: 这个测试类用于在自动化流程中产生用户事件，以及利用 AccessibilityService 的各 API 来监视用户界面。你可以使用它来模拟出针对多个应用程序的用户事件。这个类是从 API 级别 18 后才被添加的。

18.4 总结

本章节我们帮助大家——应用程序的质量负责人——来学习和理解 Android 应用程序的相关测试知识，并通过一个实例介绍了如何为真正的应用程序做单元测试。

不管你是单打独斗的个人，抑或是百人小组，测试对于项目都是不可或缺的一部分。幸运的是，Android SDK 提供了一系列的工具，强大的单元测试框架和其他成熟的测试 API 来帮助我们做应用程序测试。只要遵循标准的 QA 规范并利用好这些工具，你就可以确保最终发布到用户手里的是最完美的产品。

18.5　小测验

1. 判断题：移动应用程序的一个常见典型缺陷是程序在设备中使用了过多的存储空间。

2. 列出 QA 小组应该考虑的三个特定测试场景。

3. 说出可以用于测试 Android 应用程序的单元测试库的名字？

4. 当新建一个 Android 测试项目时，Android 工具在基于被测项目名的基础上，自动为这一项目的名称添加什么后缀？

5. 当使用 JUnit3 来做 Android 应用程序测试时，测试函数名前必须加上什么前缀？

6. 判断题：测试应用程序的默认起始运行状态是没有必要的。

7. 在单元测试中，用于执行触摸事件的测试类是什么？

18.6　练习

1. 在 Android 官方文档中阅读测试相关的主题：*http://d.android.com/tools/testing/index.html*。

2. 使用 `PasswordMatcherTest` 工程，来学习如何从命令行运行测试项目，然后记下这些命令。

3. 添加另一个测试函数到 `PasswordMatcherTest` 工程中，它要使用 `ViewAsserts` 类中的接口方法来判断 `PasswordMatcher` 应用程序中的每个视图都能显示到屏幕上。编写这个测试函数然后确保成功通过测试。

18.7　参考资料和更多信息

Android 工具："测试"

http://d.android.com/tools/testing/index.html

Android 工具 : “测试基础”

http://d.android.com/tools/testing/testing_android.html

Android 工具 : “`monkeyrunner`”

http://d.android.com/tools/help/monkeyrunner_concepts.html

Android 工具 : “`UI/Application Exerciser Monkey`”

http://d.android.com/tools/help/monkey.html

Android 工具 : “UI 测试”

http://d.android.com/tools/testing/testing_ui.html

Android 工具 : “`uiautomator`”

http://d.android.com/tools/help/uiautomator/index.html

Android 参考信息 : “`UiAutomation`”

http://d.android.com/reference/android/app/UiAutomation.html

Wikipedia 上关于软件测试的讨论

http://en.wikipedia.org/wiki/Software_testing

软件测试帮助

http://www.softwaretestinghelp.com

第19章 发布你的Android应用程序

在开发并测试了应用程序后，下一个逻辑步骤就是将它发布出去，来供用户“享用”了。你甚至可能想用它来赚点钱。对于Android应用程序开发者来说，他们有很多可选的发布途径。很多研发人员选择通过移动应用商城(譬如Google Play)来售卖他们的应用产品。其他人还会开发自己的分发渠道——譬如，他们可能会在某个网站上出售应用程序。你可能会希望通过Google Play提供的一些新特性来控制谁才可以安装你的应用程序。尽管如此，开发者应该在应用程序的设计和开发阶段就去思考他们希望有哪些分发途径，因为某些特定需求很有可能会要求修改代码，或者在程序内容上做限制。

19.1 选择正确的分发模型

选择什么分发方式取决于你的目的和目标用户。下面是一些常见的问题，你应该事先思考下。

- 你的应用程序是已经做好了一切准备，抑或还要考虑先出一个Beta版本来“熨平所有褶皱”？
- 你是想覆盖尽可能多的用户，还是你的应用程序是一个垂直市场领域的产品？确定你的用户是谁，他们使用什么样的设备，以及他们是通过什么途径来获知应用程序并下载安装的。
- 如何给你的应用程序定价？是免费的还是共享的软件？你想利用的分发渠道是否有完善的付款模型(一次性支付vs订阅模式vs广告驱动型)？
- 你的分发地区是哪里？确保你想采用的应用市场支持这些地区或者国家。

- 你希望别人分享一部分利润吗？分发机制(譬如 Google Play)通常会从收入中收取一定比例的费用，以此来支持应用程序的存储，发布和接收款处理事宜。
- 你想全盘操控整个发布流程,或者你想在第三方应用市场画的“条条框框”中去完成任务？这可能会涉及一些相应的条款和许可证。
- 如果你想自己来做分发工作，具体应该怎么去施行？你可能需要开发更多的服务来管理用户，部署应用程序，并处理接收款事宜。如果是这样的话，你又该如何保护用户数据？你要遵循什么交易条款？
- 你是否考虑过要发布应用程序的试用版本？如果分发系统本身有退货策略，要充分考虑下各种可能的后果。你需要尽量减少那些购买、使用了应用程序后又想全额退款的用户的数量。举个例子，一款游戏可能会有这样的“保障”措施——既有免费版本，同时它的完整版也要有足够的游戏级别来避免用户在“可退款时间段”内就玩完了整个游戏。

19.1.1 保护你的知识产权

你已经花费了时间，金钱和精力做出了一款有价值的 Android 应用程序。现在你可能希望在发布后，可以有效地防止别人对程序进行逆向工程，或者是盗版软件。随着技术的不断发展，现在我们可以完美地保护程序了。

如果你习惯于开发 Java 程序，你可能会比较熟悉代码混淆工具。它们会从 Java 字节代码中剥离出那些容易阅读的信息，从而让反编译过程更难，反编译出来的结果不那么浅显易懂。一些例如 ProGuard（*http://proguard.sourceforge.net*）之类的工具是支持 Android 应用程序的，因为他们可以在 `.jar` 文件创建之后，并在最终转成 Android 能识别的最终包之前运行。当我们利用 Android 工具来创建工程时，ProGuard 已经内置在里面了。

Google Play 同样支持一个名为“Licence Verification Library”(LVL) 的授权服务。它作为 Google Play 的一种附加，并在 Android API 级别 3 以上版本运行。它只适用于通过 Google Play 发布的付费应用程序。它需要应用程序的支持，而且你应该认真考虑混淆代码(如果确定要使用的话)。这项服务的首要目标是去验证安装在设备中的付费程序能否让用户正常购买。你可以到下面网址中查找更多细节：*http://d.android.com/google/play/licensing/index.html*。

你可能也会担心一些“流氓”软件模仿和侵害你的品牌度或者商标、版权。Google 有很多机制来报告这类侵权事件，所以如果真的有此情况的话，你应该报告出来从而保护你的品牌。除了 Google 所提供的这个机制外，你还可以诉诸法律途径来解决问题。

19.1.2 遵循 Google Play 的政策

当你在 Google Play 上发布应用程序时，你必须同意 Google 强制要求的一些政策。其中一种就是开发者程序发现协议，你可以在这里找到说明文档：*http://play.google.com/about/developer-distribution-agreement.html*。如果你同意了这些条款，意味着你不能去做协议规定范围之外的一些禁止事项。

另一个服务条款也需要你遵循，即开发者编程规定：*http://play.google.com/about/developer-content-policy.html*。它包含了禁止垃圾消息，严格的内容管控，广告实现与控制，甚至是订阅与取消等一系列规定。和 Google Play 的最新策略保持同步是非常重要的，并要让应用程序避免因为违反这些规定所带来的不良后果。

19.1.3 向用户收费

和你可能已经用过的其他一些移动平台不同，Android SDK 并没有在应用程序中直接内嵌一些收费机制的 API。相反的，这些接口通常都是由分发渠道以附加 API 形式提供的。

在 Google Play 上销售应用程序，你必须注册一个 Google Wallet Merchant 账号。一旦注册了后，你应该将此账号与你的开发者控制台账号相关联。Google 钱包是 Google Play 中专门用于处理应用程序支付的收费服务提供者。

Google Play 允许你在 130 个不同的国家售卖应用程序，并让你的用户可以使用常用货币来支付。用户直接通过 Android 设备或者在网上就能购买程序，而且 Google Play 提供了一种很便捷的方式来追踪和管理整个流程。Google Play 接受多种支付形式，包括直接的运营商支付、信用卡、礼品卡或者 Google Play 中的余额来支付。你产生的任何利润都会按月支付到你的 Google Wallet Merchant 账号中。

如果应用程序需要向在应用程序中售卖的物品收取广告费的话（订阅或者内

置产品），应用程序开发者必须实现内置的收费机制。Google Play 提供了一种内嵌的收费 API 来帮助我们完成这些任务：*http://d.android.com/google/play/billing/index.html*。

使用你自己的内置收费系统？大多数 Android 设备可以利用 Internet 网络，所以可以使用在线的收费服务和 API——譬如 PayPal、Amazon（或者其他的一些方式）就是常用的选择。验证你所青睐的付费服务来确保它可以供移动端使用，并且应用程序需要的付费方法都是可用的，可行的，对于目标用户也是合法合理的。类似地，也要保证你采用的所有分发渠道都允许使用这些付费机制（与他们自己的相对）。

利用广告获取收入

另一个从用户那里获得收入的方法就是采用移动端广告商业模型。Android 针对程序内置广告有自己的特定规则。但是，不同的应用市场可能会强加一些规则，来规定有哪些东西是被允许的。譬如 Google 的 AdMob Ads 服务允许开发者在程序中放置广告（*https://developers.google.com/mobile-ads-sdk/docs/*）。其他一些公司提供了类似的服务。

收集与程序相关的数据

在发布之前，你可能会想在应用程序中加入一些收集统计数据的功能，来确定用户是如何使用它的。你可以写自己的数据统计机制，或者也可以使用第三方的工具譬如 Google 的 Analytics App Tracking SDK。确保你总是在收集数据前就通知用户，并将这些清楚地记载到 EULA 和隐私策略中。统计数据不仅可以帮助你看到使用程序的用户数量，而且也可以知道他们是如何使用它的。

接下来我们看一下打包和发布应用程序的几个步骤。

19.2 为即将发布的应用程序打包

开发者在准备即将发布的程序时，必须遵循几个步骤。你的应用程序必须满足应用市场的一些重要要求。下面是发布应用程序所需要的步骤：

1. 准备应用程序的一个候选的发布版本。

2. 验证应用市场的所有要求都已经满足，譬如正确配置 Android 的 manifest 文件。举个例子，保证应用程序名称和版本信息是准确的，而 `debuggable` 属性被设置为 `false`。

3. 打包然后为应用程序做数字签名。

4. 完整彻底地测试打包好的应用程序。

5. 升级并为发布准备好所有所需资源。

6. 确保你的应用程序所依赖的服务器或服务是稳定的，并已经做好了上市准备

7. 发布应用程序。

上述这些步骤是保证成功部署的必要非充分条件。开发者还应该采取如下的几个步骤：

1. 在所有目标设备上彻底测试应用程序。

2. 关掉调试功能，包括 `Log` 声明和其他日志相关的操作。

3. 验证应用程序中添加的权限——确保只加入了一些该加的，并且移除掉一些不该加的。

4. 测试最终的签名版本，此时所有调试和日志追踪功能应该都被关闭了。

现在，让我们按照执行顺序来一一详细解析上述的这些步骤。

19.2.1 为打包工作准备好代码

任何应用程序只要经历了完整的测试周期，那么在量产之前都会需要做些改动——这一改动让应用程序从可调试，准量产状态切换到可发布状态。

设置应用程序名称和图标

一个 Android 应用程序有默认的图标和标签。图标会在 launcher 程序中，以及其他一些地方 (包括应用市场) 中显示，所以应用程序必须要有一个图标。你应该为不同的屏幕分辨率准备好多套可靠的图标资源。标签，或者应用程序名称，也会出现在类似的位置。你应该选择一个不太长的，用户好理解的名字来显示到 launcher 界面中。

应用程序版本号

下一步，正确的版本命名也是必需的，特别是当将来有可能会有升级事件时。版本号取决于开发者自己，而版本代号则由 Android 系统内部采用来判断应用程序是否是一个升级版本。你应该在每次升级后都增加版本代码数值——是否为精确的数字并不重要，而它必须是要大于上一个版本的。在 Android 的 manifest 文件中为应用程序版本命名在本书第五章有讨论，即“在 Android Manifest 文件中定义你的应用程序”。

验证目标平台

确保你的应用程序正确设置了 Android 的 manifest 文件中的 `<uses-sdk>` 标签。这个标签用于指明应用程序可以运行的目标平台的最小版本号。这可能是应用程序名称和版本信息之外的另一个重要设定。

在 Android 的 Manifest 文件中配置过滤信息

如果你计划在 Google Play 商店中发布程序，你应该仔细学习这个分发平台是如何使用 Android 的 manifest 文件中的标签来做好过滤工作的。很多这类标签，譬如 `<supports-screens>`、`<uses-configuration>`、`<usesfeature>`、`<uses-library>`、`<uses-permission>` 以及 `<uses-sdk>` 在第五章中都有讨论。小心设置好这些项目，因为你不会想为你的应用程序设置太多不必要的限制。确保在做了这些配置好完整彻底地测试了应用程序。更多关于 Google Play 过滤功能的信息，请参阅 *http://d.android.com/google/play/filters.html*。

为 Google Play 准备好你的应用程序包

Google Play 对应用程序包有严格的要求。当你上传应用程序到 Android 开发者控制台以后，程序包会被验证而且任何相关问题都会提交给你。最常见的问题会出现在你没有正确配置的 Android 的 manifest 文件中。

Google Play 会在这个 manifest 文件中设置 `<manifest>` 标签中的 `android:versionName` 属性，以此来向用户显示版本信息。它也同样会使用 `android:versionCode` 属性来处理应用程序的升级过程。另两个 `android:icon` 和 `android:label` 属性也是必须存在的，因为 Google Play 将使用它们来显示应用程序的名称和图标。

警告

Android SDK 允许 android:versionName 属性指向一个字符串资源，但是 Google Play 则不允许——一旦你这么使用的话，会产生错误。

关闭调试和日志功能

下一步，你应该关闭调试和日志功能。关闭调试涉及将 android:debuggable 属性从 AndroidManifest.xml 文件的 <application> 标签中移除，或者将它设置为 false。你可以在代码中通过很多方式来关闭日志功能，譬如直接将相关代码注释掉，或者使用一个可以自动完成此操作的编译系统。

小窍门

有条件的编译用于调试的类代码的一种常用方法是使用一个 public static final boolean 类型的变量。然后通过 if 语句来判断它是 true 或者 false——后者的情况下编译器就不会把代码集成进来，当然也就不会执行了。我们推荐这类灵活的方法，而不是简单地注释带 Log 的语句或其他调试代码。

小窍门

如果你没有指定 android:debuggable 属性，那么增量的编译方式下会自动把它打开，而 export/release 类的编译则会把它关闭。强制把它改为 true 也就意味着即便是 export/release 的情况下事实上也是生成了一个调试版本。

验证应用程序权限

最后，我们应该审核应用程序所使用的权限。既要把应用程序所需的权限包含进去，也要移除掉那些不再使用的权限——用户会希望你这样子做。

19.2.2　打包应用程序并签名

现在你的应用程序已经准备好要发布了，接下来我们就要生成文件包——.apk 文件了。Android 设备的安装包管理器会拒绝安装一个没有经过数字签名的程序包。在整个开发进程中，Android 工具会使用一个调试密钥来自动为我们做签名。调试密钥不能用于最终的发布版本。相反地，你应该使用一个真实的密钥来为应用程序签名。你可以使用私钥来为应用程序的发布包做数字签名，以及升级。这就确保了此应用程序（作为一个整体）是来源于你——开发者的，而不是其他一些无关人员（甚至是骗子）。

警告

私钥可以鉴别出开发者的身份，因而对于在开发者与用户间建立信任关系具有很关键的意义。我们需要确保私钥信息的安全。

Google Play 要求你的应用程序的数字签名有效期应该在 2033 年 10 月 22 号以后。这个日期看上去很遥远——对于移动设备来说确实如此。但是，因为一个应用程序必须使用相同的密钥来升级，并且有紧密关联的应用程序也必须共享相同的密钥，所以密钥本身很可能会在多种应用程序中使用。因此，Google 强制要求保留足够长的有效期，以便用户可以正常升级和使用。

友情提示

虽然找一家第三方的认证权限机构来申请密钥是可行的，但是自签名也是一种很常用的实现方案。在 Google Play 中，使用第三方认证机构并没有什么好处。

自签名在 Android 应用程序中很流行，而且认证机构也并非是必需的，关键在于创建一个合适的密钥并保证它的安全。Android 应用程序的数字签名可能会影响到一些特定的功能。系统在安装应用程序时会验证签名是否已经过期，但是一旦安装完成以后，应用程序就会一直工作——即便后来签名过期。

你可以在 Android IDE 中通过如下方式来导出 Android 包并签名（或者你可以使用命令行工具）。

1. 在 Android IDE 环境中，右键点击对应的应用程序工程然后依次选择 `Android Tools, Export Signed Application Package…`选项（或者，在右键点击了对应工程后，你可以选择 `Export`，展开 `Android` 区域，然后选择

Export Android Application）。

2. 点击Next按钮。

3. 选择要导出的工程（右键点击的那个工程就是默认工程，或者你可以选择Browse…来选择其他工程）然后点击Next。

4. 在Keystore selection界面，选择Create new keystore选项然后输入文件路径（这是存储密钥的地方），以及keystore的管理密码（如果你已经有了一个keystore，选择Browse来挑选keystore文件然后输入正确的密码）。

警告

确保你为keystore选择了足够复杂的密码。同时也要牢记keystore的存储地，因为在升级应用程序时还要用到它。如果keystore被上传到版本控制系统中，密码可以有效地保护它。但是，你应该考虑在获取它时增加一个权限层。

5. 点击Next按钮。

6. 在Key Creation界面，输入key的详细信息，如图19.1所示。

7. 点击Next按钮。

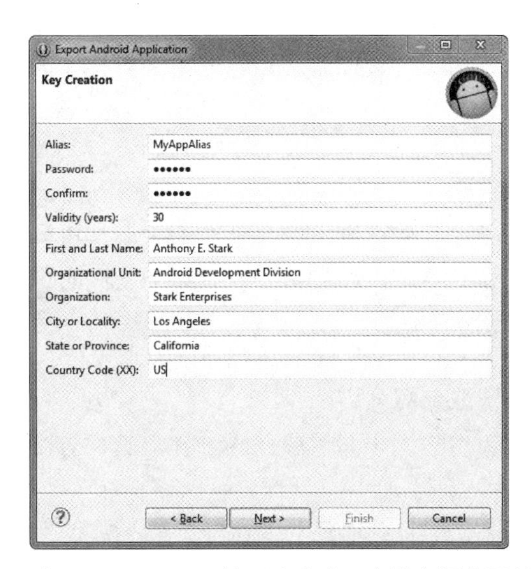

图19.1　在Android IDE环境下为生成一个签名版本而创建密钥

8. 在 Destination 和 key/certificate checks 界面，输入应用程序包文件的目标路径。

9. 点击 Finish 按钮。

到目前为止，你已经成功创建了一个经过签名和认证的应用程序包文件了。接下来就可以发布了。关于签名的更多详情，请参见 Android 开发者网站：*http://d.android.com/tools/publishing/app-signing.html*。

友情提示

如果不是在 Android IDE 环境中，你可以使用 JDK 中的 keytool 和 jarsigner 命令行工具，以及 Android SDK 提供的 zipalign 工具来生成一个合适的密钥然后为应用程序包文件 (.apk) 签名。虽然 zipalign 并不直接与签名相关，但它可以优化应用程序以保证后者更适用于 Android 系统。Android IDE 会在签名步骤后自动运行 zipalign。

19.2.3 测试用于发布的应用程序包

现在你已经配置好应用程序了。不过我们还需要执行一次完整的测试周期，并特别注意安装过程中的任何微小变动。这个过程中的一个重要步骤就是去验证你已经关闭了所有调试功能，这样日志追踪才不会对程序的功能和运行性能产生消极影响。

包含所有需要的资源

在你发布应用程序前，应该确保所有必要的资源都可以在程序中访问到。测试这些资源能正常工作并且可以访问是非常重要的。同时也要保证程序中合成了最新版本的资源文件。

准备好你的服务器或者服务

确保你的服务器或者应用程序需要访问的其他第三方服务是稳定的。如果你的应用程序可以通过 Web 来访问，而且不是单机版本，那么就应该确保服务器和相关服务能被正确和稳定地访问。

发布你的应用程序

现在你已经准备好应用程序，是时候来把它呈现给用户了——不论是为了个人兴趣还是为了盈利。在你发布之前，你可能会考虑部署一个应用程序网页，提供技术支持邮箱地址，帮助和反馈论坛，Twitter/Facebook/Google+/ 社交网络 “du jour” 账号，以及其他一切必需的信息。

19.3 在 Google Play 中发布程序

到今天 (本书编写时) 为止，Google Play 都是分发 Android 应用程序的最流行的平台，这里是普通用户购买和下载应用程序的地方。截至目前，它可以针对大多数 (当然，不是全部) 的 Android 设备。所以我们会向你展示如何检查应用程序包是否准备就绪，登录 Android 开发者控制台账号，以及将程序提交到 Google Play 中以供用户下载使用。

友情提示

Google Play 会经常性地升级更新。我们会尽全力提供最新的上传和管理程序的步骤。但是，本章所描述的这些步骤和用户界面可能会随时间而改变。请浏览 Google Play 开发者控制台网站 (*https://play.google.com/apps/publish*) 来了解最新信息。

登录 Google Play

如果通过 Google Play 来发布应用程序，你必须注册一个发布者账号，并正确设置 Google Wallet Merchant 账号。

友情提示

根据国际法律 (截至目前为止)，只有在一些特定的国家里，开发者 (零售商) 才可能在 Google Play 上发售收费的应用程序，你可以参考如下网址中的说明：*https://suppor.google.com/googleplay/android-developer/answer/150324?hl=en*。来自其他国家的很多开发者可以注册账号来发布程序，但是可能仅限于免费软件。如果你想了解目前已经有哪些国家支持发布应用程序，可以参考

> 以下网址中的说明：*https://support.google.com/googleplay/android-developer/answer/136758?hl=en*。

为了登录 Google Play 的发布者账号，你需要遵循以下一些步骤。

1．Google Play 的开发者控制台登录网址是：*https://play.google.com/apps/publish*，如图 19.2 所示。

2．利用相应的 Google 账号来登录。如果你还没有 Google 账户，首先需要点击“`Sign up`”按钮来创建一个。

3. 必须勾选复选框来同意 Google Play 开发者分发许可协议，如图 19.3 所示。然后点击“`Continue to payment`”。按照目前的规定，开发者需要缴纳 25 美元的一次性注册费用才能发布应用程序。

4．Google Wallet 将在付款流程中使用，所以你也必须设置一个 Google Wallet 账号（如果你还没有的话，参见图 19.4）。

5．一旦 Google Wallet 账号已经设定好了后，你必须接受 25 美元的注册费用（如图 19.5 所示）。

6．接着就进入到 `Complete your Account details`（如图 19.6 所示）界面。输入所需的各种信息然后点击 `Complete registration`。

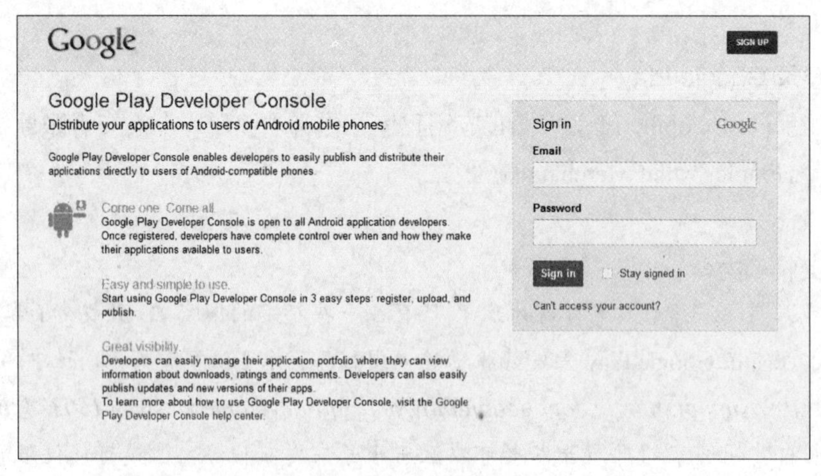

图 19.2　Google Play 的开发者控制台登录页面

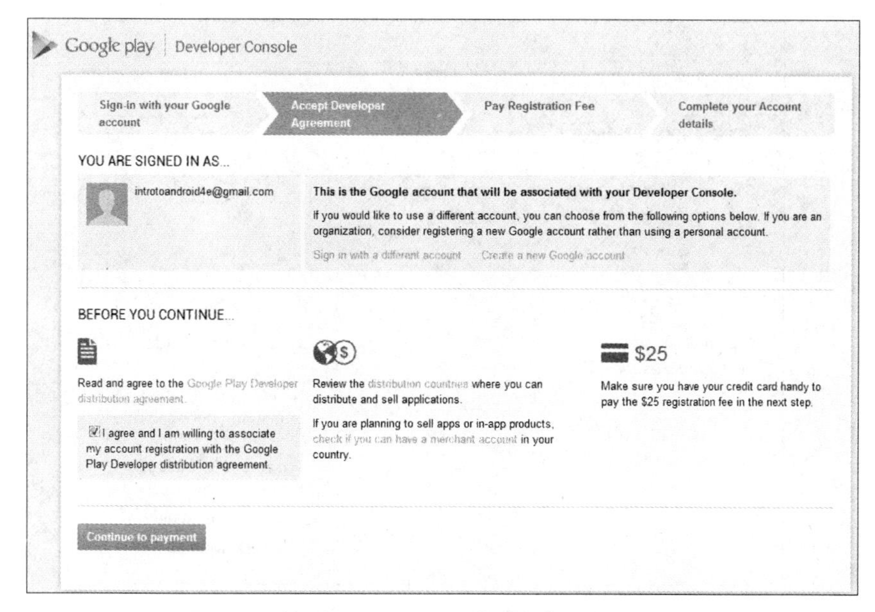

图 19.3　接受 Google Play 的开发者分发许可协议

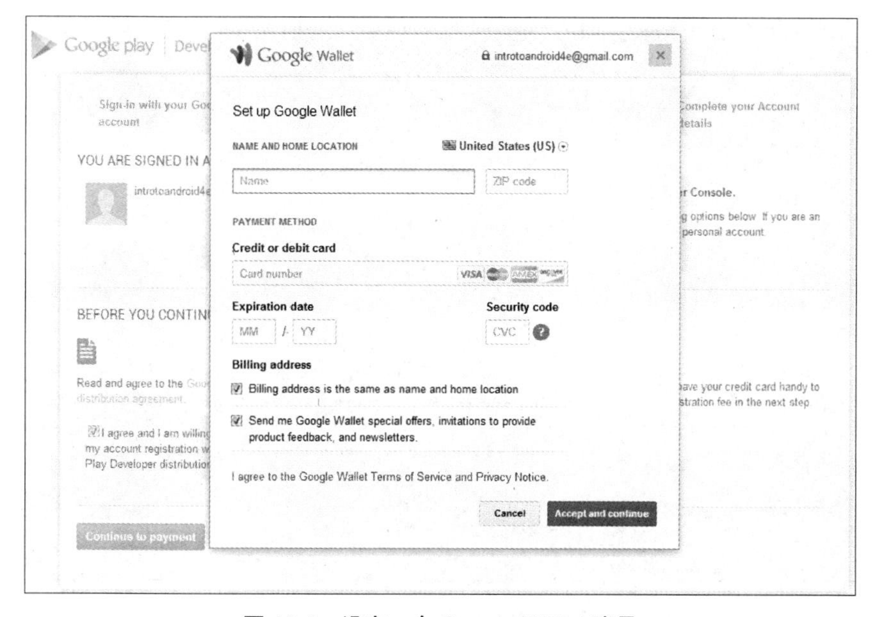

图 19.4　设定一个 Google Wallet 账号

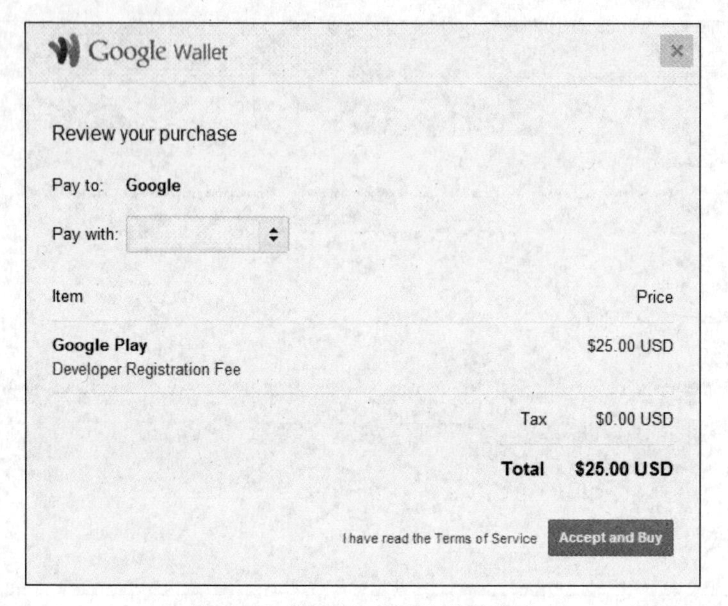

图 19.5 接受 25 美元的注册费用

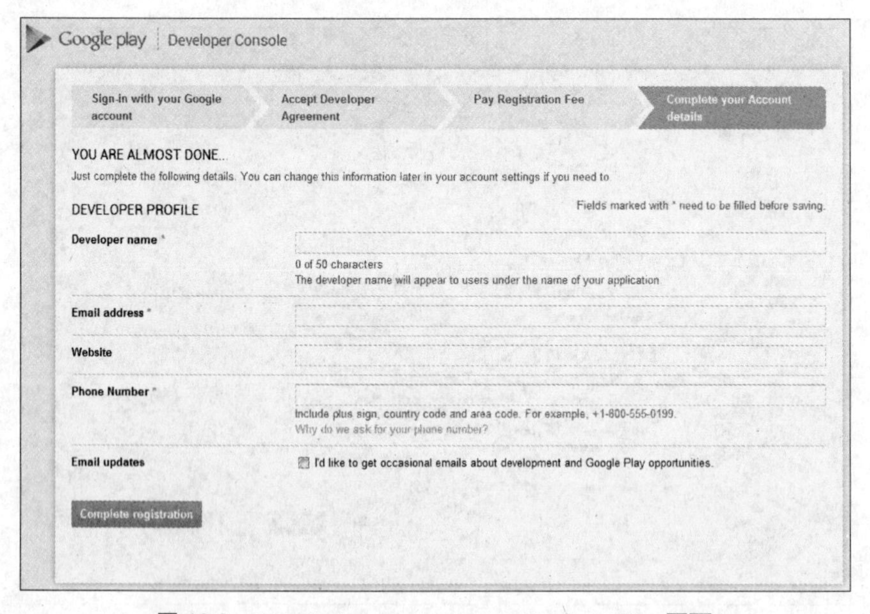

图 19.6 `Complete your account details` 页面

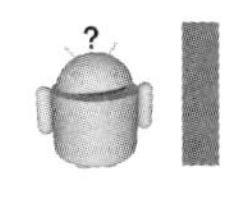

小窍门

作为注册的一个步骤，请记得打印出你签署的协议，以防后期发生变化。

当你成功地完成了这些步骤后，你就进入了 Google Play 开发者控制台的主界面了，如图 19.7 所示。不过需要注意的是，登录并付款成为 Android 开发者后，并不会同时创建一个 Google Wallet Merchant 账号——它是专门用于处理付款过程的。在开发者控制台中，你应该可以通过右下区域的链接来设定这一账号。如果你生成了一个付费应用，随时都可以完成这一账号申请。

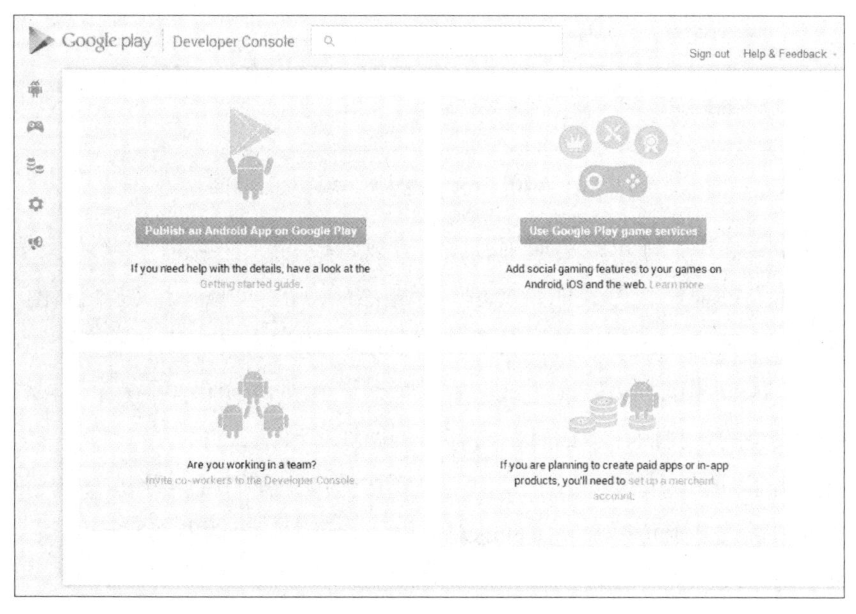

图 19.7　开发者控制台起始界面

19.3.1　将你的应用程序上传到 Google Play 中

现在你已经注册了一个可以用于在 Google Play 中发布应用程序的账号，并且应用程序包也已经成功签名，接下来就可以上传应用程序。

从 Google Play 开发者控制器的主页，登录后点击 `Publish an Android App on Google Play` 按钮。此时你应该可以看到一个 `Add New Applica-`

tion 对话框，如图 19.8 所示。

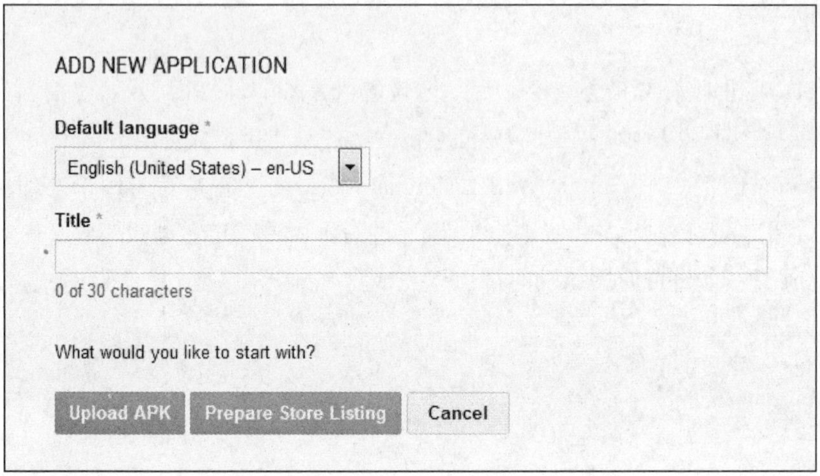

ADD NEW APPLICATION

Default language *

English (United States) – en-US

Title *

0 of 30 characters

What would you like to start with?

Upload APK | Prepare Store Listing | Cancel

图 19.8 **Add New Application** 对话框

在这个页面中，你可以为应用程序在开发者控制台中创建一个新的列表。为了发布一个新的应用程序，你需要填写标题然后点击 Upload APK 按钮。随后就会看到一个新的应用程序的上传页面（参见图 19.9）。针对上传有三个可选项，即：量产、Beta 测试和 Alpha 测试。后两个测试选项是为了执行一个阶段性的产品展示而设置的，我们在本章后续内容中再做详细讨论。

当点击了 Upload your first APK 按钮后，我们就会看到一个允许你从文件系统中挑选并上传 .apk 文件的对话框了。你可以通过拖放的形式将文件放到这个上传区域，或者直接浏览并挑选对应的文件。

19.3.2 上传应用程序营销相关的资源

在应用程序相关的 Store Listing 标签页中，包含了以 Product Details 开头的一系列区域内容（如图 19.10 所示）。在这里，你可以执行如下任务：

- 提供应用程序的额外翻译数据。
- 输入应用程序标题、描述、促销信息及最新的改动。
- 上传你的应用程序在不同尺寸设备（特别是手机、7 英寸和 10 英寸的平板电脑）上的界面的截图。

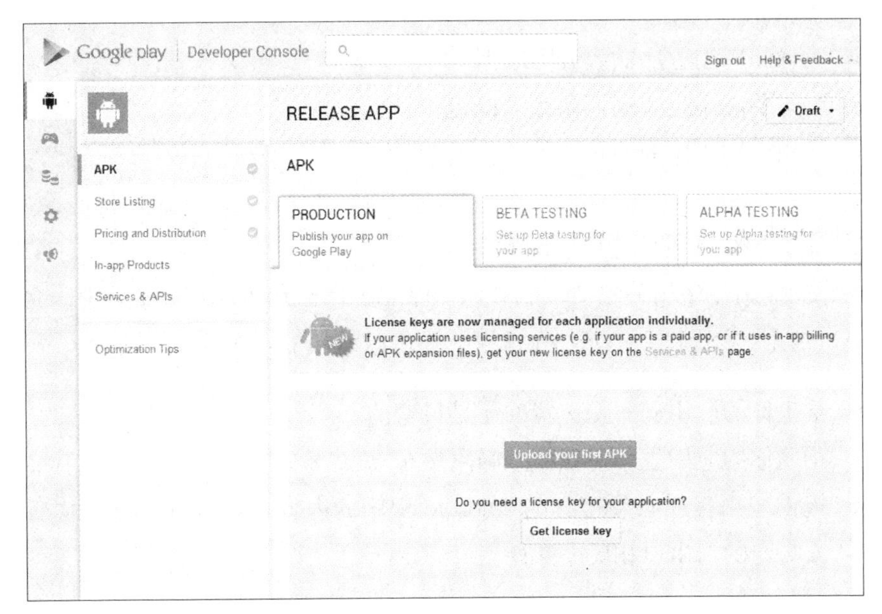

图 19.9　Google Play 应用程序上传界面

APK
Store Listing
Pricing and Distribution
In-app Products
Services & APIs
Optimization Tips
STORE LISTING　Saved
PRODUCT DETAILS
Fields marked with * need to be filled before publishing.
English (United States) – en-US
Add translations
Title *
English (United States) – en-US
Release App
11 of 30 characters
Description *
English (United States) – en-US
0 of 4000 characters
Please check out these tips on how to create policy compliant app descriptions to avoid some common reasons for app suspension
Promo text
English (United States) – en-US
0 of 80 characters
Recent changes
English (United States) – en-US

图 19.10　Google Play 的“Store Listing”和“Product Details”表格

- 提供一个高分辨率版本的应用程序图标，一张功能描述图，一张商品宣传图和一个宣传视频。
- 为你的应用程序输入分类数据。
- 为你的应用程序输入联系详情。
- 给出应用程序的隐私政策的相关链接。

19.3.3　配置定价和发布详情

在你的应用程序相关的 `Pricing and Distribution` 标签页中，允许你输入定价信息(参见图 19.11)。在这里，你可以做如下操作：

- 指出你的应用程序是免费的还是付费的。
- 指明你的应用程序想在哪些国家发布。
- 提供应用程序必须遵守的 Android 程序的内容指导方针，以及你所在国家规定的与出口相关的法律。

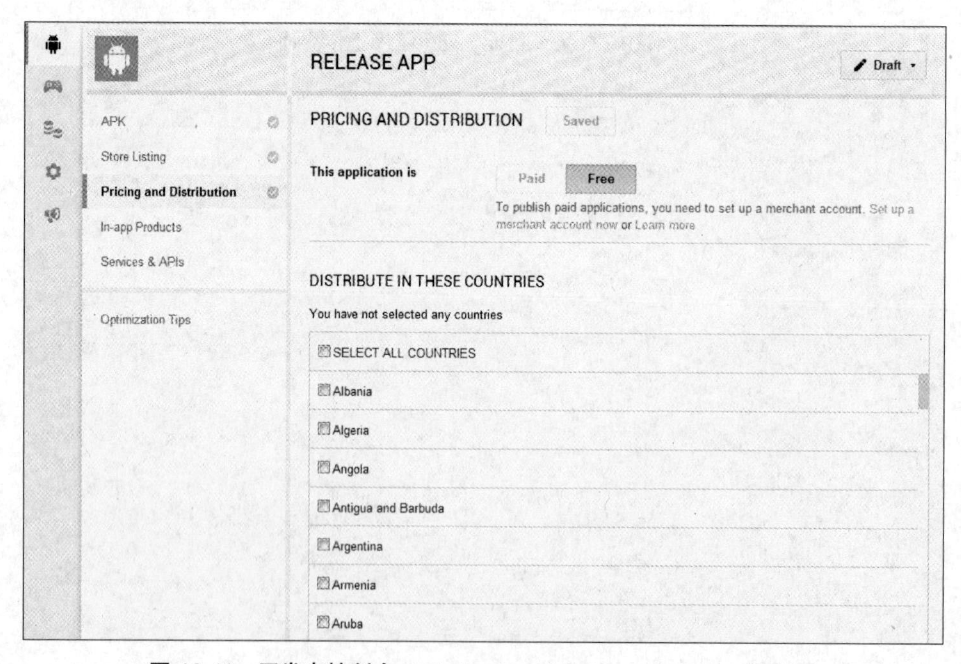

图 19.11　开发者控制台 **Pricing and Distribution** 标签页

友情提示

现在，在 Android 市场中寄存应用程序需要收取 30% 的交易费用。费用的定价范围是 0.99 到 200 美元，而且在其他支持的货币中也有类似的范围。你可以通过下面这个网址来了解详情：*https://suppor.google.com/googleplay/android-developer/answer/138412*

19.3.4　配置额外的应用程序选项

还有其他一些与你的应用程序相关联的标签页，可以让你完成配置任务：

- 指明应用程序内置的产品。这就要求在你的 APK 中添加权限，并设置一个零售商账号。
- 管理服务和 API，譬如 Google Cloud Messaging(GCM), 授权和内置付款机制，以及 Google Play 的游戏服务。
- 实现一些有助于提高应用程序在 Google Play 中排名的优化技巧。

19.3.5　管理其他开发者控制台选项

在管理应用程序方面，你还可以创建一个 Google Play 游戏服务并审阅你的付费程序的详细账务报告。当然前提是你得有一个零售商账号。财务信息包含在一个以 CSV 格式提供的可下载文件中。

Google Play 游戏服务

Google Play 新增了游戏服务 API。这些接口允许你去添加积分榜，实时的多玩家服务，并利用云服务 API 来存储游戏数据。在把游戏服务集成到应用程序之前，你需要先在开发者的控制台中接受 Google 的 API 服务条款。

友情提示

Google Play 游戏服务相关的 API 为开发者提供了很多有用的工具，但是这并不意味着非游戏类的应用程序就不能使用它们。

19.3.6　将应用程序发布到 Google Play 中

一旦填写好了所有要求的信息，你应该已经准备好了将应用程序最终发布到 Google Play 中了——在发布后的几乎同一时间，应用程序就会出现在 Google Play 商城中了。之后你可以查看统计数据，包括评分、活跃的安装数，以及开发者控制台的 `All Applications` 区域中所指示的宕机信息（参见图 19.12）。

小窍门

如何接收特定设备的宕机报告？在 Android 的 manifest 文件中检查应用程序的市场过滤选项。你是否包含或者排除了相关的设备？你也可以通过调整应用程序的支持设备列表来排除掉一些无关设备。

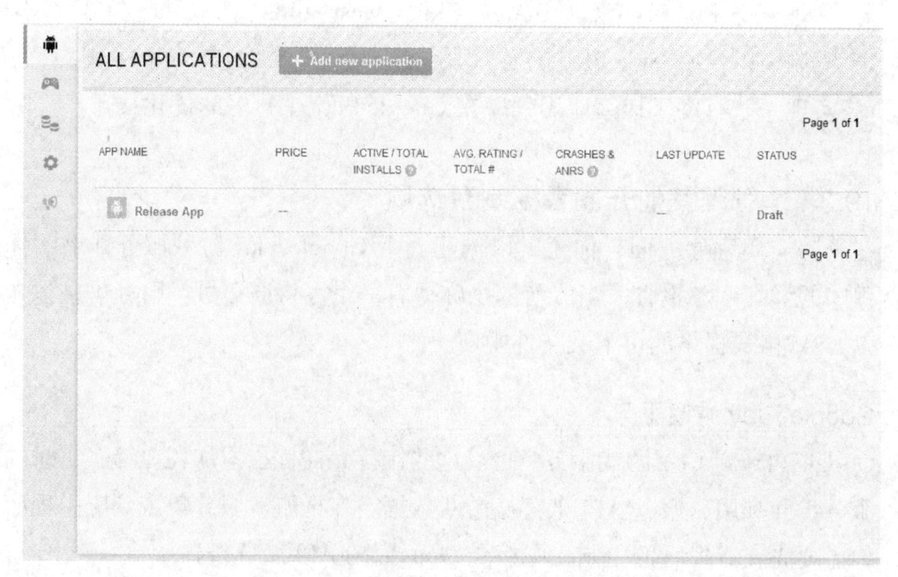

图 19.12　在 Google Play 开发者控制台中查看应用程序的统计数据

19.3.7　在 Google Play 中管理应用程序

在 Google Play 中发布了应用程序后，你还需要管理它。应该考虑的事情包括了理解 Google Play 的退货策略是怎么工作的，管理应用程序的升级，以及在必要的时候将应用程序“下架”。

理解 Google Play 关于产品退货的策略规定

目前 Google Play 有一个 15 分钟的应用程序退款政策。也就是说，用户可以使用应用程序 15 分钟，在此时间段内可以申请全额退款。但是，这只适用于首次下载和首次退款。如果一个用户已经退回你的应用程序并希望再次尝试的话，他 / 她必须最终付款——而且不能第二次退款。虽然这可以阻止滥用的情况发生，但你还是应该意识到如果应用程序本身没有什么吸引回头客的“魅力”，那么你可能会发现退货率有点高，这样子就只能“另谋出路”了。

在 Google Play 中升级你的应用程序

你可以在 Android 开发者控制台中升级现有的应用程序。只要上传同一款应用程序的一个新版本 (在 Android manifest 文件中以 `android:versionCode` 为标签) 就可以了。当你发布它时，用户将收到一个升级提醒，然后他们就可以执行升级过程了。

警告

升级的应用程序必须和原先程序的密钥保持高度一致才行。出于安全因素的考虑，Android 的安装包管理器会拒绝密钥不匹配的情况。这就意味着你需要安全地保存密钥，并将它放在容易查找的地方以备不时之需。

从 Google Play 中移除应用程序

你也可以在 Android 的开发者控制台中通过“反发布”操作来将应用程序移除出 Google Play。“反发布”操作是立刻见效的，但是 Google Play 商店中发布的这个应用程序可能在移动终端中会有缓存 (用户已经浏览过，或者下载过应用程序了)。记住“反发布”一个应用程序只能让它不再产生新用户，但却不能把它从现有用户的设备中移除。

19.4　Google Play 平台上的“阶段性展示产品”

当你还不想向全世界用户提供应用程序的时候，你可以通过“阶段性展示产品”服务来把它作为一个预发布版本。它允许你定义 alpha 和 beta 测试组，以便你可以在最终发布之前收集到回馈信息。此时任何评论在 Google Play 商城里都是不可见的，这样你就有机会来修复有可能影响应用程序“形象”并导致差评的一系列问题。

19.5 通过 Google Play 的私有渠道发布程序

如果有 Google 应用程序域，那么我们就可以向该域中的用户部署和发布应用程序。这种分发方式存在于 Google Play 商城中——这对于那些只想发布给特定组织中的用户的应用程序很有用。与其自己开发和设立内部的分发机制，不如充分利用 Google Play 所提供的那些强大的功能特性，以此来保证应用程序只提供给有特定权限的组员。

19.6 翻译你的应用程序

因为 Google Play 可以面向多达 130 多个不同的国家，并还在持续增加中，所以你应该在开发阶段就尽早考虑将应用程序翻译成不同的语言。有一些简单的方法可以让你为应用程序的本地化做准备，包括如下这些：

- 从一开始就要时刻谨记应用程序的本地化实现。
- 首先厘清你需要支持哪些语言。
- 不要在应用程序代码中“写死”字符串。相反的，使用 string 资源来表示所有文本。这样一旦需要添加新语言时，所做的工作就只是把这些 string 做下翻译而已。
- Google Play 开发者控制台现在提供了一个项目来帮助我们翻译。一旦接受了，你就有可能请到专业的翻译人员来帮你把 string 资源翻译出来。这就为我们流水线化翻译流程，提供了一条捷径。
- 确保翻译完成后还要针对每种语言环境进行全面测试。一些翻译可能需要更多的文本宽度，因而有可能造成显示界面混乱。充分测试这些场景是很重要的，因为用户不会想使用一款连显示都不太正常的应用程序。

19.7 通过其他方式发布应用程序

Google Play 当然不是唯一可以发布 Android 应用程序的地方。还有其他可选的分发机制可供开发者斟酌。它们对应用程序的需求、收费比例，以及授权许可也都大相径庭。第三方的应用程序商城可能强制施加任何它们觉得有必要的条款，因此你需要仔细了解清楚。它们也可能会有强制的内容限制方针，要求有额外的技术支持,并强制执行数字签名等等。你和你的开发小组需要根据实际需求来“因地制宜”地选择最合适的商城。

小窍门

Android 是一个开放的平台，意味着没有什么可以阻止手机厂商或者一家运营商（甚至是你自己）来自行建立一个 Android 应用商店。

下面是你可以考虑的分发应用程序的一些常用商城。

- Amazon Appstore 是一个支持免费和付费应用程序的 Android 相关的分发网站 (*http://amazon.com/appstore*)。
- SamsungApps 是由最成功的 Android 设备厂商之一的三星公司所管理的 (*http://apps.samsung.com*)。
- GetJar 宣传说自己已经拥有过亿的用户，所以在你发布应用程序时也可以重点考虑 (*http://www.getjar.com*)。
- Soc.ioMall（原先的 AndAppStore）是一个 Android 相关的分发网站，针对免费的应用程序、电子书以及音乐 (*http://mall.soc.io*)。
- Handango 可以在众多设备中发布移动应用程序，并支持多种收费模型 (*http://www.handango.com*)。
- AT&T Apps 是一家由运营商经营的应用程序商店 (*http://www.att.com/shop/apps.html*)。

19.8 自行发布应用程序

你可以直接在某个网站，服务器甚至是邮件中来发布 Android 应用程序。选择自行发布的方式对于垂直领域的应用程序、内容提供商开发移动商城，以及大品牌网站想驱动用户购买自有品牌应用程序等几种情况是最合适的。它同时也是从用户那里获取 beta 版本反馈的好办法。

虽然自行发布方式可能是最简单的一种，它也有可能是最难去做营销、保护和盈利的方式。这种方式要求我们有可以存储应用程序包的地方。

自行发布的方式有其缺点。和 Google Play 相比，它缺乏授权服务来帮助保护应用程序的隐私，也没有内嵌的收费服务，因而，这些事情都将由你自己来完成。进一步说，终端用户必须配置它们的设备来允许未知来源的安装包。这个选项可以在 Android 设备的设置程序中的“安全”区中找到，如图 19.13 所示——不过它并非在所有顾客的设备中都是可见的。

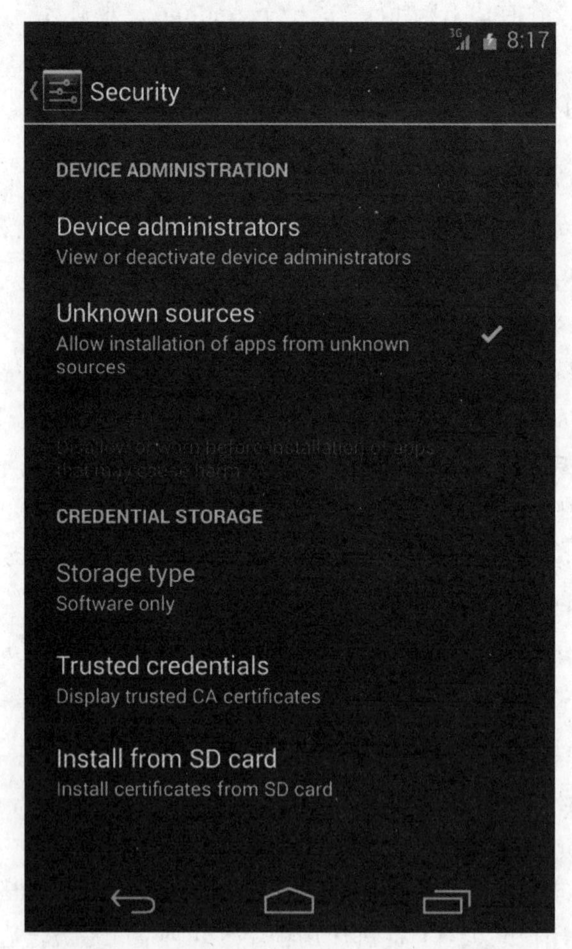

图 19.13　系统设置中“允许未知来源”的选项

用户需要做的最后一个步骤就是让你的用户在网页浏览器中输入应用程序包的 URL 地址然后下载文件 (或者点击指向它的链接)。当文件下载后，会出现标准的 Android 安装过程，询问用户去确认权限许可，然后还有可能提示是否要覆盖现有的应用程序 (譬如已有老版本存在，现在要升级的情况下)。

19.9　总结

现在你应该已经学习了如何去设计、开发、测试和部署专业级的 Android 应用程序了。在本章内容中你也已经学习了如何利用一系列盈利模式来准备好应用程序安装包。同时，我们也应该充分了解了多种不同的分发策略。不管你是想通过 Google Play、其他市场，抑或是你自己的网站、电子邮箱，甚至是这几种的结合来发布应用程序，现在是时候动手来实践了，并且为你获取利润 (或名声)。

所以，现在请放手去尝试吧——建立起你自己偏好的 IDE 环境，然后创造一款让人惊喜的应用程序吧。我们鼓励你跳出常规的范围去思考问题。Android 平台相比其他移动平台，留给开发者很多的自由度和灵活度，所以请好好利用这个优势。尽量使用已有的东西，而在不得已的情况下再自行实现。你可能会最终开发出一款“杀手级”的应用程序。

最后，如果你愿意的话，可以让我们知道你正在创造的一切让人兴奋的应用程序。你可以在本书中找到我们的联系方式。祝你好运！

19.10　小测验

1. 在 Android SDK 中提供的混淆工具叫什么名字？
2. 判断题：Android SDK 中已经内嵌了付款机制的 API。
3. 用于收集应用程序数据的 Google 的第三方组件叫什么名字？
4. Android 的 manifest 文件中的 `versionName` 和 `versionCode` 有什么区别？
5. 判断题：你应该在上传应用程序到 Google Play 之前关闭掉日志功能。
6. 判断题：对于上传到 Google Play 中的应用程序，你不能做自签名。
7. Google Play 要求什么类型的零售商账号来创建付费的应用程序？

19.11 练习

1. 在以下网址中阅读其中的“发布概述”部分，以及其他相关小节：

   http://d.android.com/tools/publishing/publishing_overview.html

2. 在 Android 的开发者网站中，通读“Distribute”(分布)标签页的内容，网址如下：

   http://d.android.com/distribute/index.html

3. 在 Google Play 中发布你的第一个应用程序。

19.12 参考资料和更多信息

The Google Play 网址 :

https://play.google.com/store

Android 工具 :“发布应用程序概述”

http://d.android.com/tools/publishing/publishing_overview.html

Android 开发者分发 : 发布应用程序

http://d.android.com/distribute/googleplay/publish/index.html

Android 工具 :“ProGuard”

http://d.android.com/tools/help/proguard.html

Android Google 服务 :“Google Play 中的过滤服务”

http://d.android.com/google/play/filters.html

Android Google 服务 : Google Play 分发 :“应用程序授权”

http://d.android.com/google/play/licensing/index.html

Android Google 服务 : 游戏

http://d.android.com/google/play-services/games.html

Android 开发者分发 : 政策 :“Google Play 的政策和指导方针”

http://d.android.com/distribute/googleplay/policies/index.html

VI

附录

附录A
掌握 Android 开发工具

Android 开发者很幸运，有很多可以协助他们设计和开发高质量应用程序的工具。其中一些工具作为 Android IDE 的默认部分集成进去了——它们可能与 ADT 插件捆绑在一起，并随着后者安装集成进 Eclipse 中；而其他一些工具就只能通过命令行的形式来使用了。在这个附录的讲解中，我们将谈论 Android 系统中可用的一系列重要工具。了解 ADT 有助于你少遭遇“绊脚石”，从而更快地开发 Android 应用程序。

友情提示

本附录讨论的范围只限于截止写作之时可用的 Android 工具，但不包括 Android Studio，因为它还很新并且功能不完整。如果你想确切了解在写本书时我们用到了哪些工具，请参考“本书所用的开发环境”相关章节。

当我们讨论 IDE 时，重点说的是 Android 的 IDE。不管什么时候我们提到 Android IDE，相同的操作也可以在安装了 IDE 插件的 Eclipse 中进行。因为它们两者是基本相等的，因而后续我们就只谈论 Android IDE。

友情提示

Android 开发工具会经常性地升级。我们会尽力提供最新工具的操作步骤。但是，本附录所讲的步骤和用户界面还是会随时间而改变，请读者到 Android 开发网站 (*http://d.android.com/tools/help/index.html*) 和本书官网 (*http://introductiontoandroid.blogspot.com*) 中去检验和查询最新信息。

A.1 使用 Android 文档

Android 文档虽然不是工具，但对开发者却是很重要的资源。Android 文档的一个 HTML 版本可以在 SDK 的 `/docs` 子文件夹中找到，而且这也应该成为你遇到问题时首先访问的第一站。你也可以随时通过 Android 开发者网站来访问到最新的帮助文档：*http://developer.android.com/index.html*(或者更简短的，*http://d.android.com*)。Android 文档组织得很好，而且支持搜索操作。总的来说，它被分为几个目录，每个目录中又有多个分区，如图 A.1 所示。

- Design（设计）：这个选项页提供了设计 Android 应用程序的相关信息。
  - Get Started（入门）：当设计应用程序时，你必须从某些方面开始入手。这一部分的内容包含了如何开始设计 Android 应用程序的一些学习资料。
  - Style（风格）：这里提供的链接指向了对应用程序的可视化风格有用的相关信息。譬如主题、颜色、图标和排版等等在这里都能找到解答。
  - Patterns（样式）：提供了 Android 应用程序的各种常见设计样式的链接。保持用户体验的一致性是很重要的，这一部分就专门讨论了与此相关的一些问题。
  - Building Blocks（UI 界面模块）：包含了一系列常用的 UI 组件，并分为几种类型来描述。每个分类下还会分别详细讲解特定的组件。
  - Downloads（下载资源）：这里提供了很多可供我们下载使用的相关资源，对于 Android 应用程序的设计很有用。目前可供下载的既有控件和图标，也有排版以及颜色方面的指导等等。支持以 .zip 的格式一次性下载所有文件，或者也可以根据设计目标来下载对应的文件。
  - Videos（视频）：这个部分提供了很多 Google I/O 大会上的演讲视频。这些视频对于我们从 Android 开发组学习到一些技巧和设计要点是大有裨益的。
- Develop（开发）：这个选项页提供了开发 Android 应用程序的相关信息。
  - Training（培训）：这一部分包含了特定类的使用指南，以及可以在你的程序中使用的代码范例。使用指南以 Android 开发的学习过程为顺序来排列，并对很多重要主题进行了深入讨论。这些培训对于开发者而言是弥足珍贵的。

- API Guides（API 指导）：这里提供了很多 Android 主题、类或者程序包的深入分析。虽然和 Training 部分有关联，但是 API 指导显然会对某个 API 特性做出更全面的解释。
- Reference（参考信息）：这里包含了搜索支持包，以及按类索引的 Android API（作为 Android SDK 的一部分，且是 Java 文档的格式）。开发过程中在这一部分花费的时间是最多的，譬如查找 Java 类文档，检验函数参数，或者其他类似的操作。
- Tools（工具）：这是学习与 Android IDE 绑定在一起的开发插件的绝佳资源。我们对很多插件工具的讨论已经贯穿全书，你可以通过 IDE 或者命令行的方式来使用它们。其中的“Tools Help”（工具帮助文档）尤其有用，因为它让我们学习到如何使用 SDK 工具和平台工具。
- Get the SDK（获取 SDK）：这个部分提供了与 Android SDK 相关的下载，其中包括 Android SDK，SDK 工具（同时兼容 Windows,Mac 和 Linux）。
- Google Services（Google 服务）：这里提供了教程，代码范例，以及 API 指引来帮助我们把 Google 服务集成到应用程序中。

- Distribute（分发）：这里提供了分发 Android 应用程序的相关信息。
  - Google Play：你在这里可以找到关于 Google Play 的介绍资料。在发布之前全面理解 Google Play 是很重要的。这一部分的讨论内容包括了如何增加曝光度，货币化你的程序，以及对于分发的控制。
  - Publishing（发布）：这一部分内容旨在指导开发者学习如何在 Google Play 中发布他们的应用程序。这里不但详细解释了开发者控制台的使用，而且还有一份检查表（checklist）来确保应用程序可以成功发布。
  - Promoting（推销）：这个部分讨论了如何在 Google Play 之外来推销你的程序。Google 提供了很多工具来简化这个过程，譬如 Device Art Generator，就可以用来生成你的应用程序界面在真机运行时的显示效果图（这样就可以直接用于广告和宣传稿件中）。这个部分也提供了品牌化的指导方针，来让你把 Android 和 Google Play 品牌集成到应用程序的广告稿中。

- **App Quality（应用程序质量）**：这一部分提供了最大程度提高应用程序质量的指导文档。你可以学习到评估应用程序质量的多种标准，以及如何才能提升质量。
- **Policies（策略）**：这个部分包含了开发者必须遵循的各种指导方针——如果不遵守的话，最终很可能会被移除出 Google Play，因而理解这些策略是很重要的。
- **Spotlight（聚光灯）**：这里提供了 Google Play 中曾成功发布过的一些经典应用程序。学习别人的成功经验，可以帮助我们更进一步的分析和理解流程，从而找到适合你的应用程序的规律。
- **Open Distribution（开放式发布）**：这一部分讨论了除 Google Play 外的其他可选的分发途径。虽然 Google Play 是取得成功的关键源泉，但是开发者还是需要了解其他一些途径——这些信息在这一部分都会做简单的讨论。

图 A.1 是 Android 官网中“Android SDK Reference”这一页面的内容截屏。

现在是时候来学习如何正确地使用 Android SDK 文档了。我们建议大家能首先检查在线的文档资源，然后再来尝试本地存储的帮助文档。

小窍门

Android SDK 中的不同特性是适用于不同平台版本的，新的 API、类、接口和函数方法会随着时间而不断出现。因此文档中的每一项都会加上 API 等级标签来表示它是在什么时候被第一次引入的。为了确认特定平台版本上是否有某一项功能，需要我们检查它对应的 API 等级，通常是在文档的右边。你也可以按照特定的 API 等级来过滤文档，然后显示出来的就是在该平台版本中都有效的那些信息了（参见图 A.1，左边中间位置）。

请记住这本书是作为“开发指导伴侣”而写的。它覆盖了 Android 的基础知识，并且竭力将提取出来的信息转化为你可以吸收的形式，以助你快速的上手和完成开发任务。同时我们也会帮助你理解 Android 平台上有哪些可用、实用的东西。

本书并不会提供 SDK 的详尽参考资料，但却是你的最佳实践指引。你需要非常熟悉 Android SDK 提供的 Java 类文档，这样才能设计和开发出成功的 Android 应用程序。

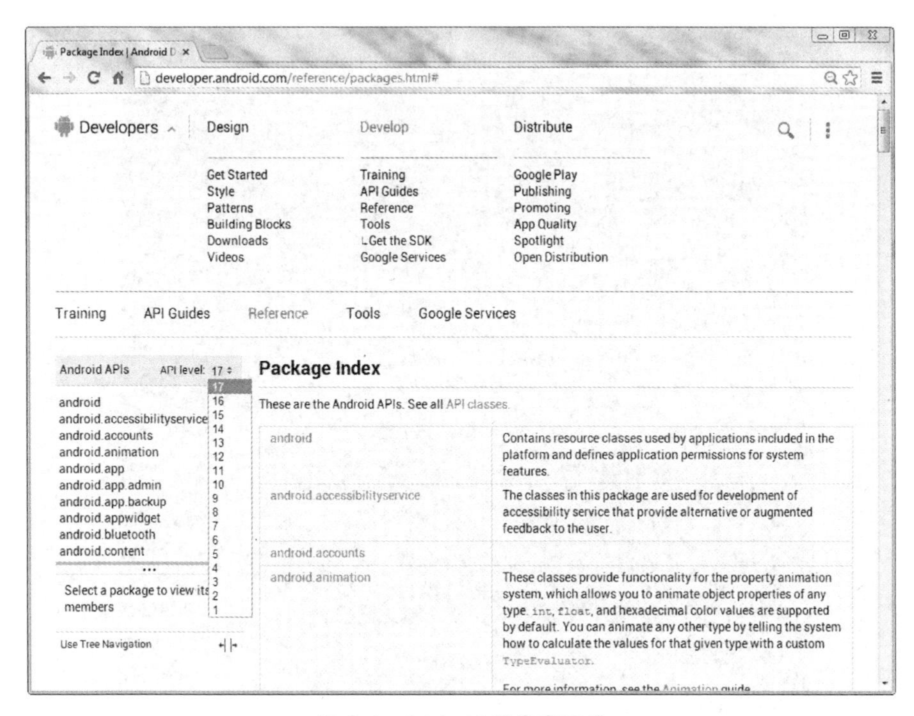

图 A.1　Android 开发者网站

A.2　利用 Android 模拟器

虽然我们在第 2 章，即“建立你的 Android 开发环境”中已经把 Android 模拟器作为核心工具介绍过了，但是它还是值得再次讨论。Android 模拟器和 Android SDK、Android 虚拟设备管理器（这个我们在其他章节也分析过）一起，可能是对于开发者来说最强大的工具了。所以对于开发者来说，学习和理解模拟器的限制显得尤其重要。Android 模拟器是和 Android IDE 环境集成在一起的。关于模拟器的更多信息，请参考附录 B，“快速入手指南：Android 模拟器”。我们建议你在学习了本附录的剩余内容后，再去阅读附录 B。

图 A.2 显示了 Android SDK 中一个叫做“App Navigation”的范例程序在 Android 模拟器中运行时的情况。

你也可以在 Android 的开发者网站中找到关于模拟器的更多详细信息：*http://d.android.com/tools/help/emulator.html*。

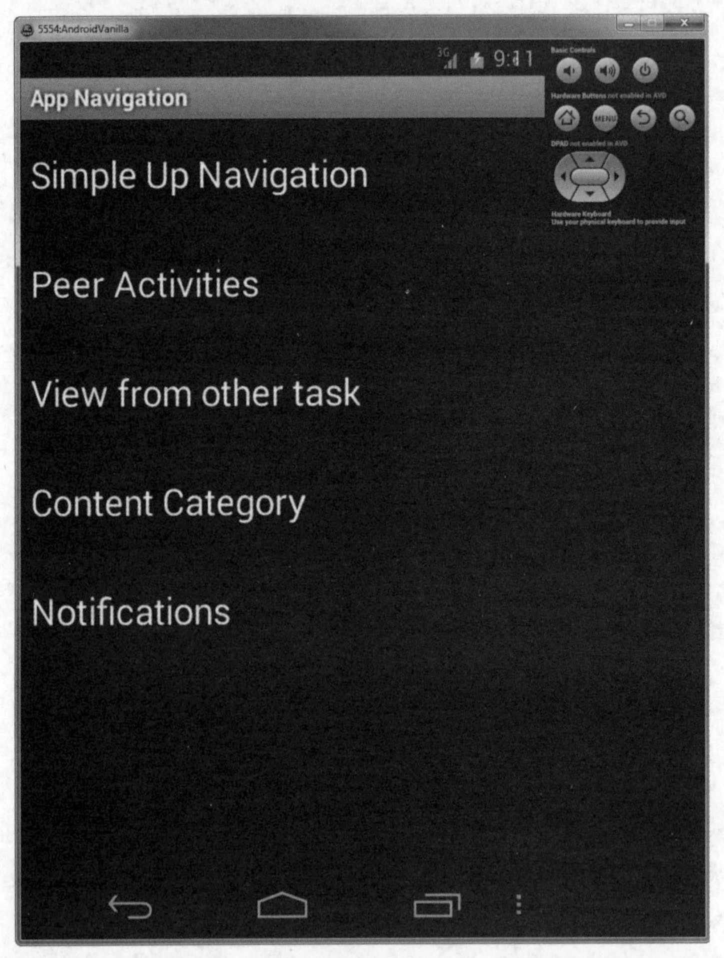

图 A.2 `App Navigation` 范例程序在 Android 模拟器中的运行情况

A.3 通过 `LogCat` 查看应用程序日志

在本书第 3 章，即“编写你的第一个 Android 应用程序”中我们学习了如何利用 android.util.Log 类来为应用程序记录日志信息。输出的日志内容会显示在Android IDE的LogCat窗口中(具体来说是在IDE的Debug和DDMS视图下)。当然，你也可以直接使用 logcat 工具。

即便你有一个调试器，把日志功能加入应用程序中也是很有用的。因为你可以监视程序的日志输出——不论它是从模拟器或是设备中产生的。日志信息在项目开发阶段可以帮助我们追踪问题根源，以及报告应用程序的状态。

日志数据是以严重程度来分类的。当你在工程中新建一个类时，我们推荐为它定义一个唯一的调试标签，这样后期就可以借此标签轻易地追踪到这个类所产生的日志消息了。你可以使用这个标签来过滤日志数据，并从中找到你感兴趣的那些信息。你可以在 Android IDE 中使用 LogCat 工具来过滤出那些带有调试标签的内容。具体做法，可以参考附录 D，即“Android IDE 和 Eclipse 技巧”中的“创建定制的日志过滤条件”小节。

最后，当我们添加日志功能时，需要考虑性能上的损失。过度频繁的日志信息会影响到设备和应用程序的运行性能。至少调试 (debug) 和详细 (verbose) 这两种类型的日志应该只适用于开发用途，应用程序发布前必须移除。

A.4 利用 DDMS 来调试应用程序

当我们要在模拟器或者真机设备上调试时，需要把目光转移到 Dalvik Debug Monitor Service(DDMS) 上。DDMS 是集成到 Android IDE 中的一个工具，并可以在相应视图中访问。它也作为 Android SDK 安装目录的 /tools 文件夹下的一个独立的可执行文件存在。

Android IDE 中的 DDMS 视图 (参见图 A.3) 提供了一系列有用的特性来帮助我们与模拟器和设备进行沟通，以及调试应用程序。你可以使用 DDMS 来查看和管理在设备中运行的进程 / 线程，查看堆数据，链接到进程进行调试，和一系列其他任务。

你可以在附录 C“快速入手指南 : Android DDMS”中找到关于 DDMS 特性和如何使用它的一系列信息。我们建议你最好在学习了本附录内容后，再去阅读更详细的分析。

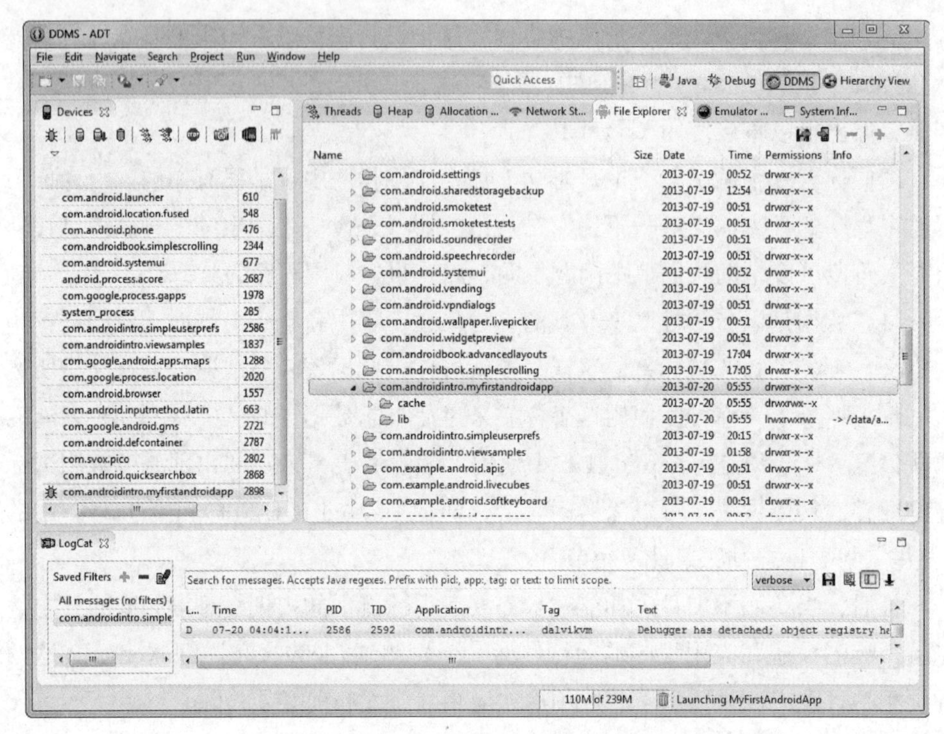

图 A.3 利用 Android IDE 中的 DDMS 视图

A.5 使用 Android 调试桥（ADB）

Android 的调试桥 (ADB) 是一个客户端 / 服务器模式的命令行工具，它可以让开发者在 Android IDE 环境下去调试运行于模拟器或者设备之中的代码。DDMS 和 Android 开发者工具都是通过 ADB 来为开发环境和设备 (或者模拟器) 建立沟通媒介的。你可以在 Android SDK 的 /platform-tools 目录下找到名为 `adb.exe` 的命令行工具。

开发者也可以使用 ADB 来与设备的文件系统进行交互，手工安装和卸载 Android 应用程序，以及发起 shell 命令。譬如，`logcat` 和 `sqlite3` 这两个 shell 命令可以让你访问到日志数据和应用程序的数据库。

关于 ADB 的更多详尽的参考资料，请参阅 Android SDK 文档：*http://d.android.com/tools/help/adb.html*。

A.6 使用资源编辑器和 UI 设计器

Android IDE 对于 Java 程序来说，是一款稳定的，设计良好的开发环境。当使用 Android IDE 时，你可以访问到很多简单易用的 Android 工具来帮助设计，开发，调试和发布应用程序。和其他应用程序一样，Android 程序也是由功能 (Java 代码) 和数据 (资源，譬如字符串和图像) 组成的。功能可以由 Android IDE 的 Java 编辑器和编译器来完成。ADT 插件可以被集成到 IDE 中，它包含了很多特殊的编辑器来允许我们创建 Android 相关的资源文件——譬如字符串和用户界面资源模板，也就是人们所说的布局文件。

友情提示

Android 工具小组做了很多工作以使开发者可以在另一个 IDE 中开发 Android 程序——这就是 Android Studio，它是基于“IntelliJ IDEA”来实现的。我们可以体会到 Google 在 Android Studio，以及安装了 ADT 插件的 Eclipse 上的持续投入。

大多数 Android 资源会以特定的格式存储在 XML 文件中。作为 ADT 插件的一部分，资源编辑器和 UI 设计器允许你以有组织的、图形化的方式 (或者直接修改原始 XML 文件) 来与程序资源打交道。资源编辑器的两个例子包括字符串资源和 Android 的 manifest 文件编辑器。当你面对的是 `/res` 工程目录下的 XML 文件时 (譬如字符串、风格或者尺寸资源)，通用的资源编辑器就会被加载。

当你打开工程中的 Android 的 manifest 文件时，相应的资源编辑器就会出现。图 A.4 所示的是针对 manifest 文件的资源编辑器，包括多个以资源类型分类的管理页面。注意最后一页总是 XML 页，也就是你可以手工更改 XML 资源文件的地方 (如果有需要的话)。

典型的 Android 布局 (交互界面模板) 资源都是以 XML 文件表示的。但是，有些人更喜欢使用“拖放”式的控制方法，或者希望把 UI 元素到处移动，并可以很方便地预览到最终用户看到的效果图。ADT 插件的最新升级版本，已经大大改善了 UI 设计器了。

一旦你在 /res/layout 工程目录结构中打开一个 XML 文件时，UI 设计器就会被加载，然后我们就可以通过“拖放”的方式来控制，并且可以在不同风格配置 (Android API 等级、屏幕分辨率、屏幕方向、主题等等) 的 AVD 中看到效果图，如图 A.5 所示。你也可以切换到 XML 编辑模式来直接设置相应属性。

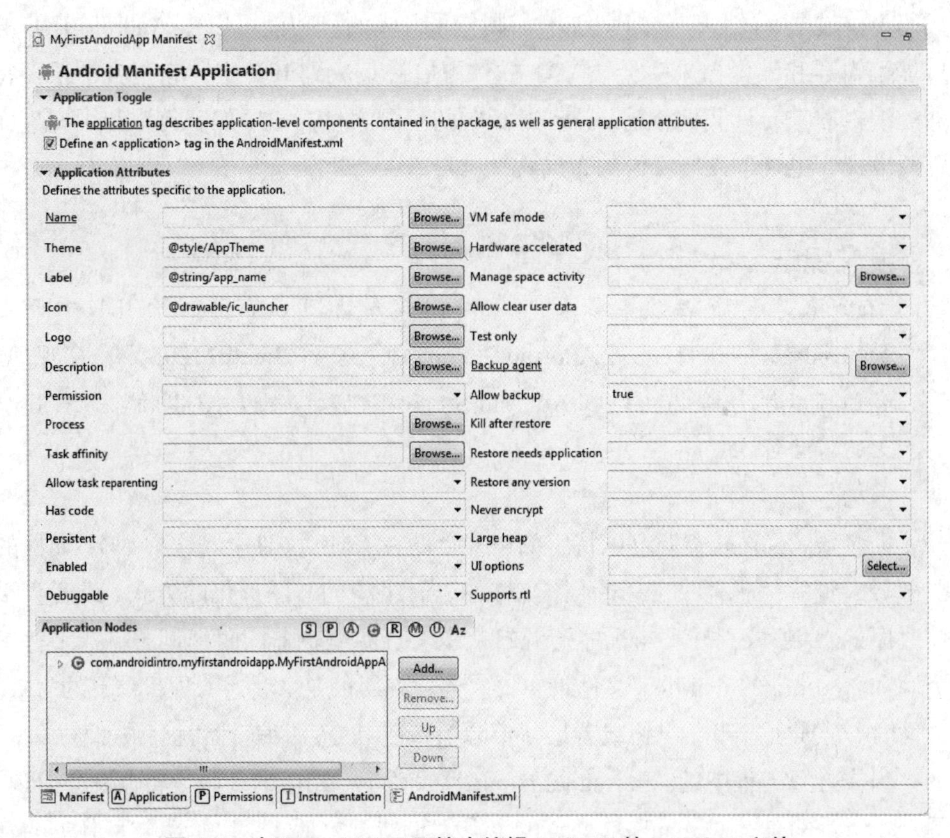

图 A.4　在 Android IDE 环境中编辑 Android 的 manifest 文件

小窍门

我们推荐将 Android IDE 中的“Properties”这一栏放到 UI 设计器的右边，方便我们编辑所选控件的属性，如图 A.5 右下方所示。

我们在第 7 章，即“探索用户界面模块”中讨论过设计和开发用户界面的细节，以及如何使用布局和控制用户界面。现在，我们希望你已经注意到应用程序的界面元素是以资源来存储的，并且 ADT 工具提供了一些有用的工具来帮助设计和管理这些资源。

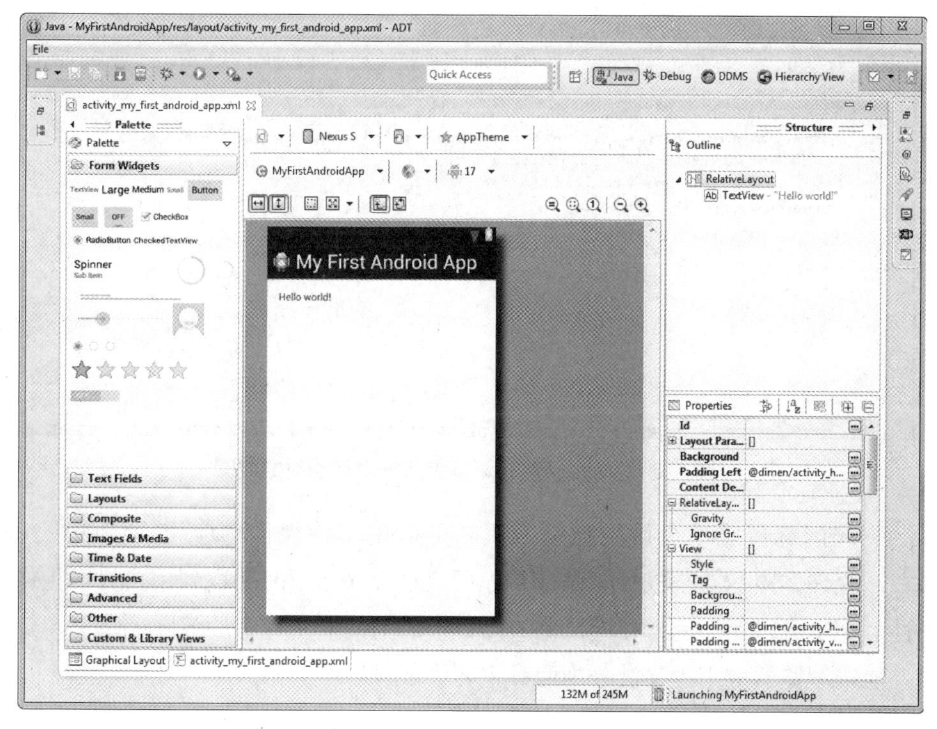

图 A.5　在 Android IDE 环境下使用 UI 设计器

A.7　使用 Android 的“层级浏览器”

Android 的层级浏览器（Hierarchy Viewer）是用于理清布局元素关系(等级)的一个工具，同时它可以帮助开发者去设计，调试和配置他们的用户界面。开发人员可以使用这个工具来检测用户界面的控制属性，从而开发出完美的布局。层级浏览器以一个可执行程序的形式存储在 Android SDK 安装目录的 /tools 子文件夹下，也可以在 Android IDE 视图中访问到。图 A.6 显示了当连接了模拟器后，第一次启动时层级浏览器的外观（在图形视图显示之前）。被检测的应用程序包是 com.example.android.appnavigation。

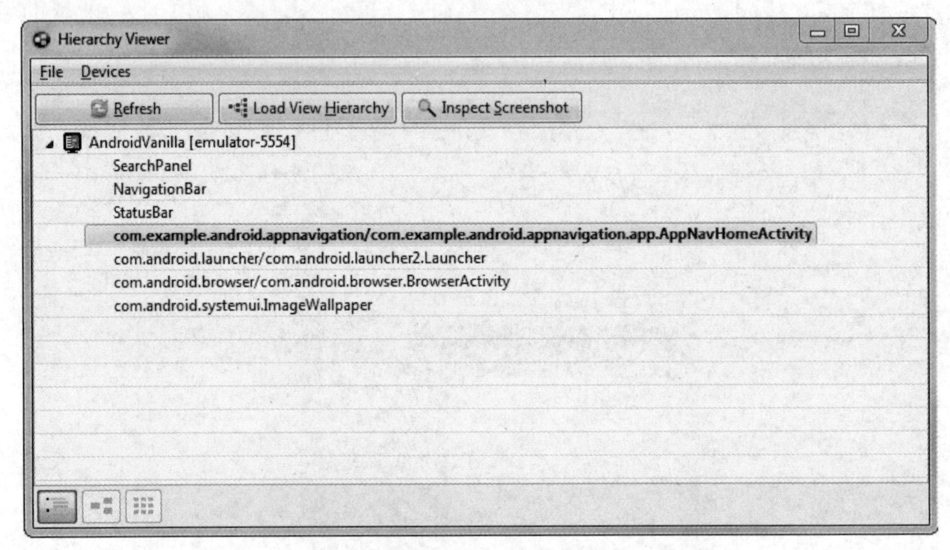

图 A.6 Android 层级浏览器第一次启动时的截图

层级浏览器是一个可视化的工具，可以用于检视你的应用程序的用户界面——允许你鉴别并改进布局设计。你可以在程序运行时获取到用户界面控件的属性。你也可以保存运行在模拟器或设备中的当前应用程序的截屏。

层级浏览器应用程序被分为两种主要模式。

- **布局视图模式**：这种模式下，会显示用户界面的树形等级结构。你可以放大视图，选择特定的控件，然后查看它们的当前状态和详细信息；同时也会有配置信息来帮助你优化控件。
- **完美像素 (Pixel Perfect) 模式**：这种模式下会以放大的形式显示出用户界面的像素点网格——这对于想查看特定布局排列的开发者是很用的。

你可以通过这个工具的左下角位置的按钮来在上述两种模式间切换。

A.7.1 启动层级浏览器

为了在模拟器中启动层级浏览器来分析你的应用程序，可以执行如下几个步骤。

1. 在模拟器中启动你的 Android 应用程序。
2. 导航到 Android SDK 工具子目录中，然后启动层级浏览器程序（在 Windows 操作系统中就是 `hierarchyviewer.bat`），或者使用 Android IDE 中的 `Hierarchy View` 视图。我们发现使用前一种方式更为方便，因为工作过程中在 IDE 中切换视图是比较烦人的。
3. 从 `Device` 列表中选择对应的模拟器。
4. 选择你想检测的应用程序，而且此时应用程序必须已经在模拟器中运行。

A.7.2 在布局视图模式下工作

布局视图模式对于调试用户交互控件的绘制操作是很有价值的。如果你想知道为什么有些元素没有得到正确绘制，就可以尝试启动层级浏览器，然后在运行过程中检查下控件的属性。

友情提示

当你在层级浏览器中加载一个应用程序时，你将意识到应用程序的用户界面并不在树级结构视图的最顶端。事实上，应用程序内容之上还有几个布局层。譬如，系统的状态栏和标题栏就是高层级的控制元素。应用程序的内容部分其实是包含在一个名为 `@id/content` 的 `FrameLayout` 组件中的。当你在 Activity 类中通过 `setContentView()` 加载了布局内容后，你是在为高层级的 `FrameLayout` 指定具体的加载内容。

图 A.7 显示了在布局视图模式下的层级浏览器。

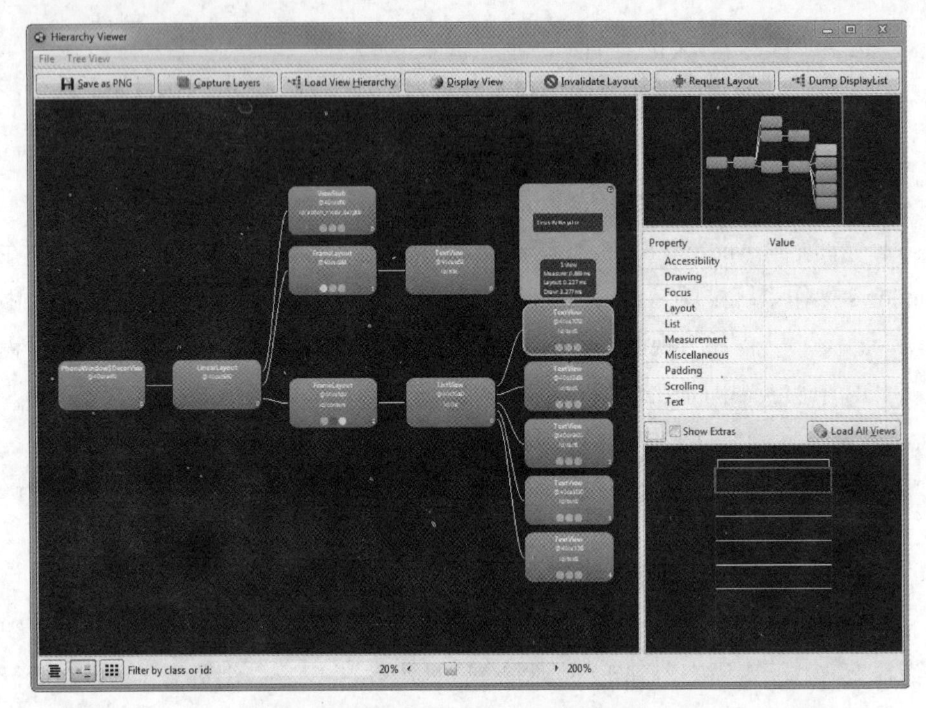

图 A.7　层级浏览器工具（布局视图模式）

当层级浏览器中第一次加载应用程序时，你将看到几个栏目的信息。其中的主要栏目以树型方式表示出控件的父子关系。每个树节点都代表了屏幕上的一个用户控件，并显示了它的特有标识、类型和有利于优化的配置信息（稍后我们还会进一步讨论）。屏幕右侧还有一系列其他小框。“放大镜”允许你快速地在整棵树中导航。其中属性框表示每个被高亮显示的树节点的多种属性。最后，当前加载的用户界面的线框图模型也会显示出来，并用红色框突出当前被选中的控件。

小窍门

如果你为视图元素设置了友好的 ID 属性，而不是难记的自动生成的序列号 ID，那么在层级浏览器的各个应用程序视图中导航时就会更便利。举个例子，一个名为 `SubmitButton` 的按钮比起 `Button01` 显然更好。

你可以使用层级浏览器工具来与应用程序的用户界面进行交互与调

试。你还可以通过UI线程中允许使用的 `View.invalidate()` 和 `View.requestLayout()` 方法来重新刷新 UI，并调整布局——这两个接口会在必要的情况下初始化视图对象，并绘制或者重新绘制它们。

A.7.3 优化你的用户接口

你也可以使用层级浏览器来优化用户接口元素。如果你之前已经使用过这个工具，可能会注意到树形视图中的那些红的、黄的和绿色的点。这些是每个特定控件的性能指示器：

- 左边的点代表了针对此视图的测量操作执行了多久。
- 中间的点代表了针对此视图的布局渲染执行了多久。
- 右边的点代表了针对此视图的绘制操作执行了多久。

指示器代表了每个控件与树中其他控件的关系。它们本质上并不严格表示“好、坏”之分。一个红色的点意味着此视图和其他视图相比渲染最慢；黄色的点表示此视图的渲染速度比 50% 的其他视图慢；而绿色的点代表了渲染最快的那 50% 的视图。当你在树中点击一个特定的视图时，你也将看到这些指示器所基于的真正的性能时间。

小窍门

层级浏览器提供了精确控制功能。但是它不会告诉你用户界面是否以最有效的方式来组织。不过你可以尝试下 Android SDK 安装目录下的 `/tools` 子文件夹中的 `lint` 命令行工具（前称是 `layoutopt`）。这个工具将帮助你鉴别出用户界面中的那些不必要的布局元素。你可以在下面的 Android 开发者网址中了解到详情：http://d.android.com/tools/debugging/debugging-ui.html#lint。

A.7.4 在“像素级”模式下工作

你可以使用“像素级”模式来更细致地检测应用程序的用户界面。你也可以加载 PNG 仿制文件到用户界面中，然后调整应用程序的外观。你可以点击层级浏览器的左下角带有九个像素点的按钮，切换到“像素级”模式。

图 A.8 阐述了你如何利用“像素级”模式中的放大镜来检测当前正在运行的应用程序的屏幕界面。

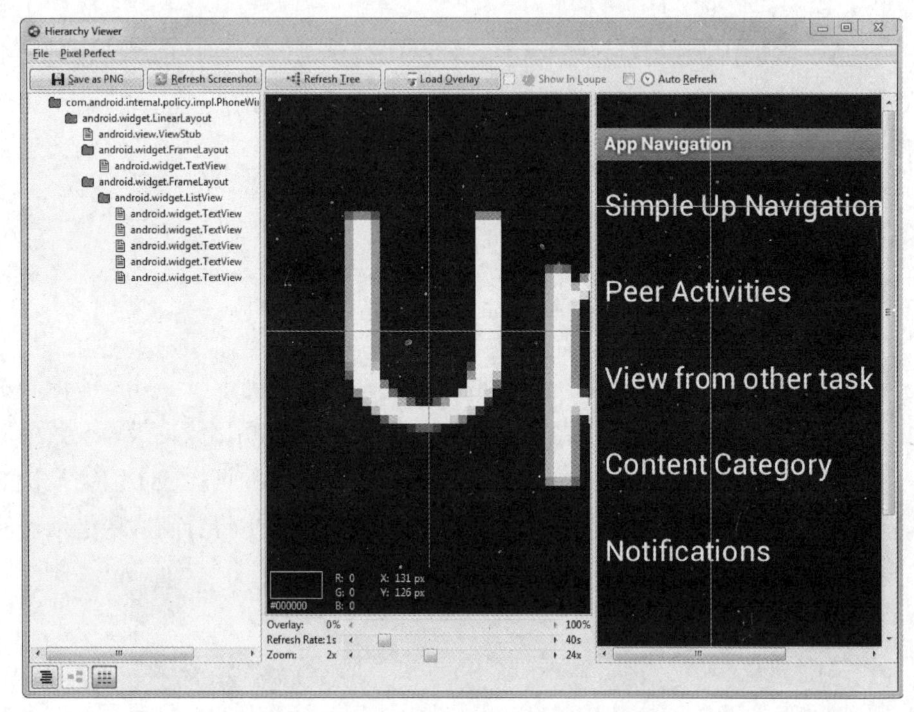

图 A.8 层级浏览器工具（"像素级"模式）

A.8 利用 Nine-Patch 可拉伸图像

Android 支持“Nine-Patch”类型的可拉伸图像——它能灵活支持不同特色的用户界面，设备屏幕和屏幕方向。“Nine-Patch”可拉伸图像可以通过 Android SDK 的 `/tools` 目录下的 `draw9patch` 工具来从 PNG 文件中生成。

Nine-Patch 可拉伸图像是在普通 PNG 文件的基础上加入“补丁”，也就是在图形中选择一部分作为可“伸缩”区域，而不是把整个图形作为伸缩的基础。图 A.9 阐释了图形如何被分成 9 个区域——通常中间的部分是透明的。

工具 draw9patch 的界面简单明了。在左边框中，你可以定义当图像被拉伸时的具体表现。在右边框中，你可以预览已经定义的行为的最终效果图。图 A.10 显示了当设置完成后的一张 PNG 文件。

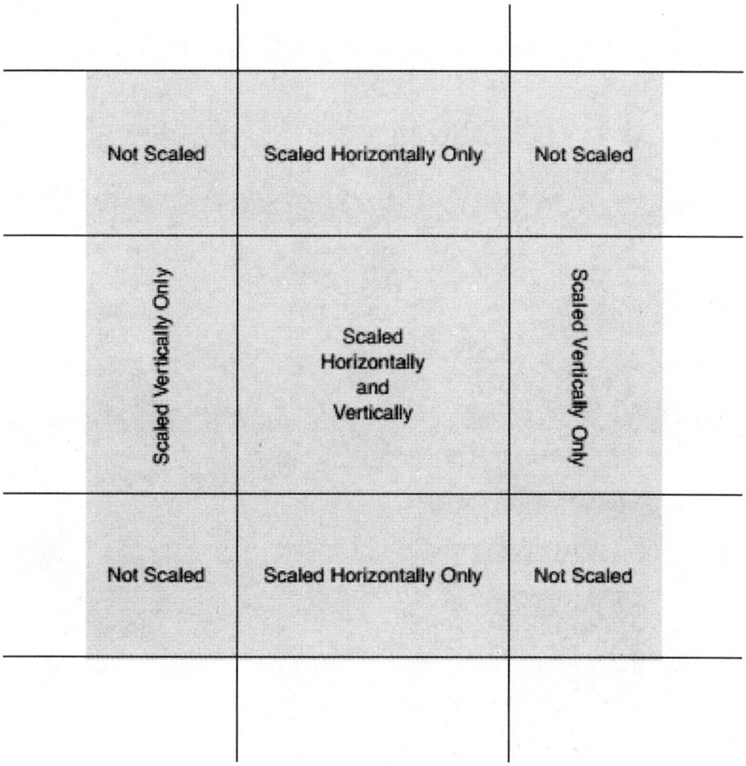

Not Scaled	Scaled Horizontally Only	Not Scaled
Scaled Vertically Only	Scaled Horizontally and Vertically	Scaled Vertically Only
Not Scaled	Scaled Horizontally Only	Not Scaled

图 A.9 正方形的 Nine-Patch 图形是如何被伸缩的

通过 draw9patch 工具来将一个简单 PNG 文件转化为 Nine-Patch 可伸缩图形文件的步骤如下。

1. 在 Android SDK 工具子目录中启动 draw9patch.bat。
2. 将 PNG 文件拉到对应区域中 (或者使用 File，Open Nine-Patch)。
3. 点击左框下方的 Show patches 复选框。
4. 正确设置 Patch scale(设置得高些可以看到更显著的效果)。
5. 沿图形的左边缘线点击相应的部位，从而设置水平的拉伸规则。

6．沿图形上边缘线点击相应部位，从而设置垂直拉伸规则。

7．在右框中预览效果，不断调整直到满意为止。图 A.11 和图 A.12 分别显示了两种可能的配置方案。

8．要想删除一个规则，可以按 `Shift` 键，然后点击对应的黑色像素点。

9．将你的图像保存成以 `.9.png` 为后缀扩展名的文件（例如，`little_black_box.9.png`）。

10．在你的 Android 工程中导入图形文件，然后像普通 PNG 文件那样使用它。

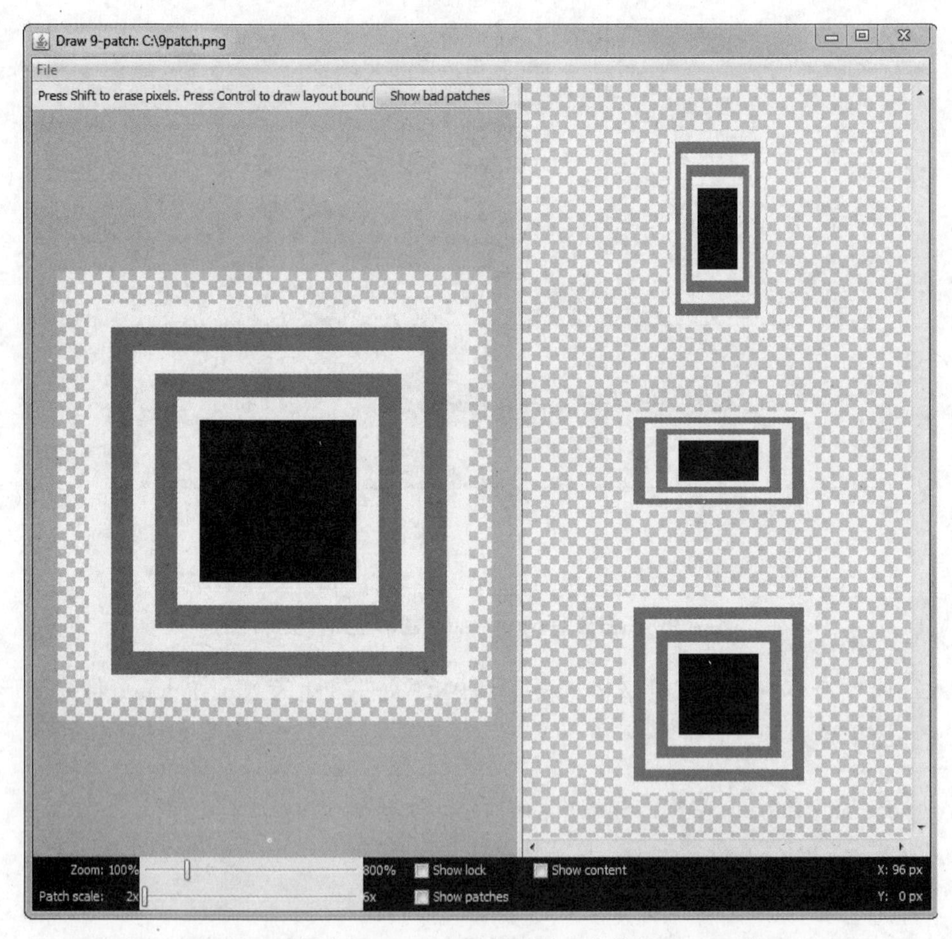

图 A.10　在做 Nine-Patch 处理前的一个简单 PNG 文件

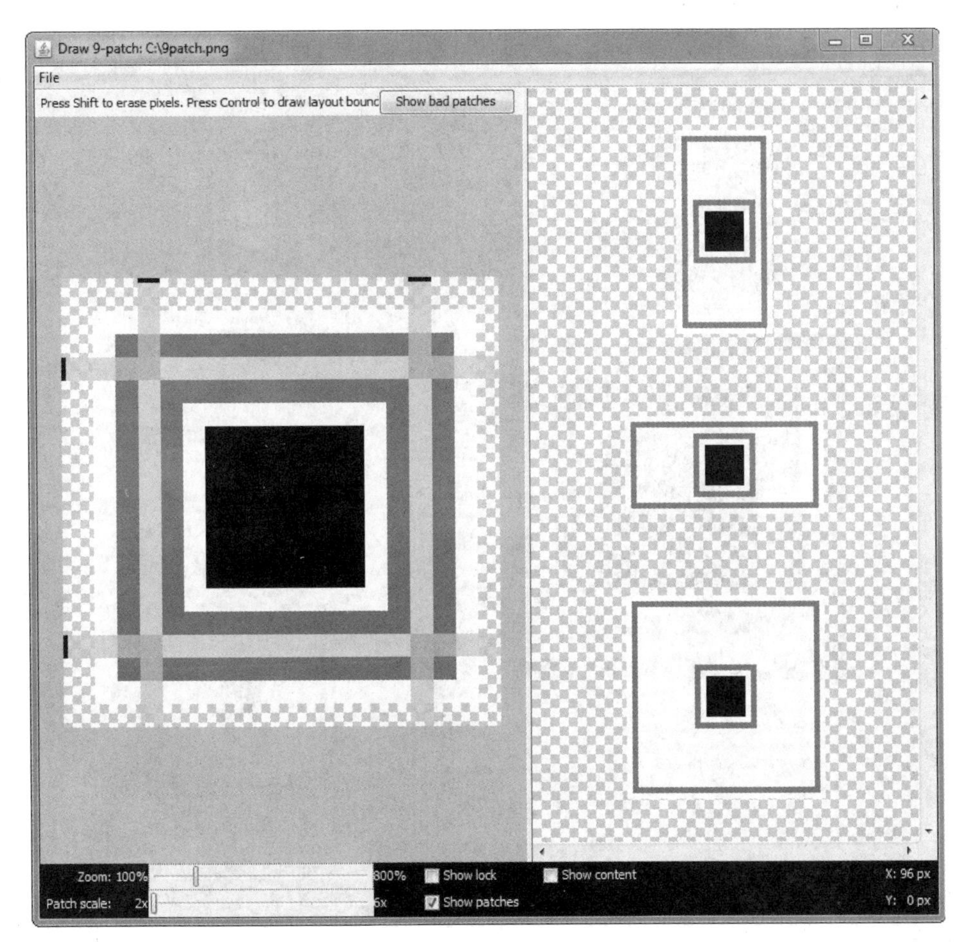

图 A.11 定义了部分 Nine-Patch 规则后的 PNG 文件

A.9 使用其他的 Android 工具

虽然我们的讨论范围已经覆盖了其中一些最重要的工具，但是 Android SDK 中还是有不少其他特殊用途的实用工具——它们是那些已经集成到 Android IDE 中的功能的实现基础。但是，如果你的开发环境不是 Android IDE 的话，这些工具也可以通过命令行的方式来访问。

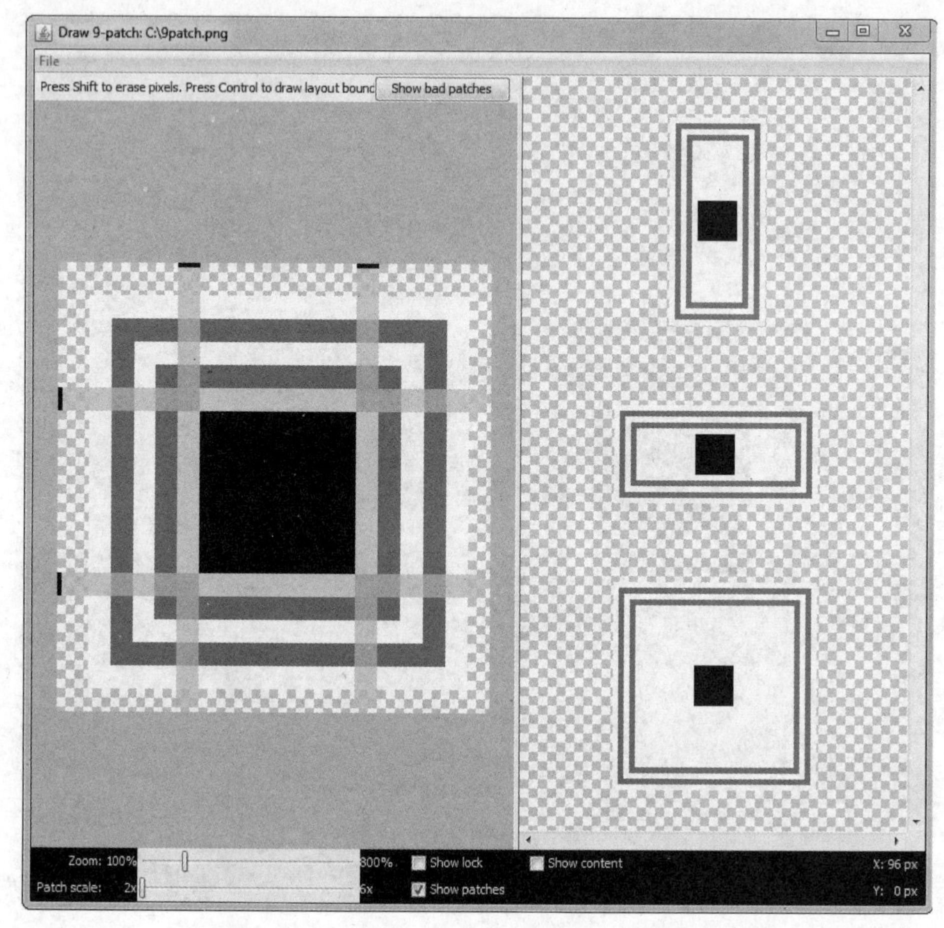

图 A.12　另一个定义了不同 Nine-Patch 规则的 PNG 文件

这些工具是作为 Android SDK 的一部分而存在的，你可以在以下网址中找到完整的工具列表：*http://d.android.com/tools/help/index.html*。

在上述网址中，你可以找到每个工具的详细描述，以及指向它的官方文档的链接。下面是我们还未曾讨论过的一些有用工具。

- **android**: 这个命令行工具提供了和 Android SDK 和 Android 虚拟设备管理器类似的功能，它也可以帮助你创建和管理工程，如果你没有使用 Android IDE 的话。
- **bmgr**: 这个 shell 工具可以通过 `adb` 命令行来访问，它用于与 Android 备份管理器进行交互。

- **dmtracedump、hprof-conv、traceview**：这些工具用于诊断，日志调试，以及分析应用程序。
- **etc1tool**: 这个命令行工具让你可以在 PNG 文件和 ETC1（Ericsson Texture Compression）文件之间进行转化。ETC1 的技术文档可以在这里找到：*http://www.khronos.org/registry/gles/extensions/OES/OES_compressed_ETC1_RGB8_texture.txt*。
- **logcat**: 这个 shell 工具可以通过 adb 命令行工具来访问，它用于与平台日志工具，即 LogCat 进行交互。虽然你一般是通过 Android IDE 来观察日志输出的，但这并不意味着不可以使用这个 shell 工具来获取，清除，和重转向日志输出（当你在做自动化操作，或者开发环境不是 Android IDE 时，这将是一个很有用的功能）。虽然命令行 logcat 工具被用于提供更好的过滤功能，Android IDE 中的 logcat 视图也已经把这个过滤选项加入到图形化的版本中了。
- **mksdcard**: 这个命令行工具让你可以创建与平台无关的 SD 卡映象文件。
- **monkey、monkeyrunner**: 这些工具可以用于测试你的应用程序，并实现自动化的测试套件。我们在第 18 章，即“测试 Android 应用程序”中已经讨论过应用程序的单元测试和测试方式了。
- **ProGuard**: 这个工具用于混淆和优化应用程序代码。我们在第 19 章，即“发布你的 Android 应用程序”中曾讲解过 ProGuard，并向大家特别强调了如何才能保护应用程序的知识产权。
- **sqlite3**: 这个 shell 工具可以通过 adb 命令行来访问，它用于与 SQLite 数据库进行交互。
- **systrace**: 这是用于分析应用程序运行性能的工具。
- **OpenGL ES 跟踪器**:这个工具允许你去分析 OpenGL ES 代码的运行情况，从而理解应用程序是如何处理和执行图形操作的。
- **uiautomator**: 这是一个自动化的 UI 测试框架，用于为应用程序创建和运行用户界面的测试用例。
- **zipalign**: 这个命令行工具用于对已经签过名的 APK 文件执行对齐操

作。如果你没有使用 Android IDE 的导出向导来编译、打包、签名，以及对齐你的应用程序，那么这个工具就是必需的了。我们在第 19 章，即“发布你的 Android 应用程序”中曾经讨论过这些步骤。

A.10 总结

Android SDK 提供了很多强大的工具来帮助我们开发 Android 应用程序。Android 文档是开发人员的核心参考资料。Android 模拟器可以帮助大家可视化地运行和调试 Android 应用程序，从而在某些情况下摆脱真机设备。被集成到 Android IDE 视图中的 DDMS 调试工具，对于监视模拟器和设备是很有用的。ADB 是一个隐藏在 DDMS 和 ADT 插件之后的强大的命令行工具。层级浏览器和 lint 工具可以用于开发和优化你的应用程序控件。而 Nine-Patch 工具允许我们创建适用于你的应用程序的可拉伸图形。当然还有很多其他工具我们并没有介绍到，它们可以帮助我们执行各种不同的开发任务——从设计到开发，再到测试，最后到发布环节。

A.11 小测验

1. 判断题：DDMS 是以独立的可执行文件存在的。
2. SDK 中的哪个子目录下存有 adb 这个命令行工具？
3. 判断题：Android 字符串资源文件以 json 格式来存储。
4. 在 Android IDE 中，使用 Android 布局文件的两种模式是什么？
5. 什么工具可以用于检视和优化用户界面？

A.12 练习

1. 通过查阅 Android 文档，理清 logcat 命令行工具的一系列选项。
2. 通过查阅 Android 文档，确定哪个 adb 命令是用于打印出所有已经连接的模拟器实例的。
3. 通过查阅 Android 文档，描述一下如何使用 DDMS 来追踪某个元素的内存分配情况。

A.13　参考资料和更多信息

Google 提供的 Android 开发者在线 SDK 参考资料。

http://d.android.com/reference/packages.html

Android 工具 : “Android 模拟器”

http://d.android.com/tools/help/emulator.html

Android 工具 : “使用 DDMS”

http://d.android.com/tools/debugging/ddms.html

Android 工具 : “Android 调试桥 (ADB)”

http://d.android.com/tools/help/adb.html

Android 工具 : “绘制 9-Patch 图像”

http://d.android.com/tools/help/draw9patch.html

Android 工具 : “优化你的 UI”

http://d.android.com/tools/debugging/debugging-ui.html

附录 B
快速入手指南：Android 模拟器

Android SDK 提供的最有用的工具当属模拟器。开发者可以通过它来开发针对一系列硬件配置的应用程序。本快速入手指南并不是描述模拟器命令的完整文档。相反，我们有目的性的挑选其中的核心内容来让你可以快速熟悉一些常规的操作。如果你需要查阅完整的特性和命令的话,请参考 Android SDK 的官方文档。

Android 模拟器是集成在 Android IDE 中的，譬如通过 ADT 插件来安装到 Eclipse 中。模拟器也可以在 Android SDK 的 `/tools` 目录下访问到，你可以把它作为一个独立的进程来运行。运行模拟器的最好方法就是使用 Android 虚拟设备管理器。

在本附录中，我们的讨论焦点是 Android IDE。无论何时我们提到 Android IDE，同样的操作也可以被应用到安装了 ADT 插件的 Eclipse 中。因为 Android IDE 和安装了 ADT 插件的 Eclipse 是等同的，所以后续我们只讨论 Android IDE。

B.1 模拟现实世界：模拟器的用途

Android 模拟器（参见图 B.1）用于模拟可以运行应用程序的一部真机设备。作为开发者，你可以把它配置成与目标设备相近的状态。

下面是高效使用模拟器的一些要点。

- 你可以使用键盘命令来轻松地与模拟器进行交互。
- 模拟器窗口中允许使用鼠标点击和滚动、拖动，而且键盘的方向键都是有效的。不要忘了还有侧边按钮,譬如音量控制键——这当然也是有效的。
- 如果你的电脑已经连接到了 Internet 网络，那么模拟器也是一样的——此时浏览器可以正常工作。你可以通过 F8 按键来控制网络开关。

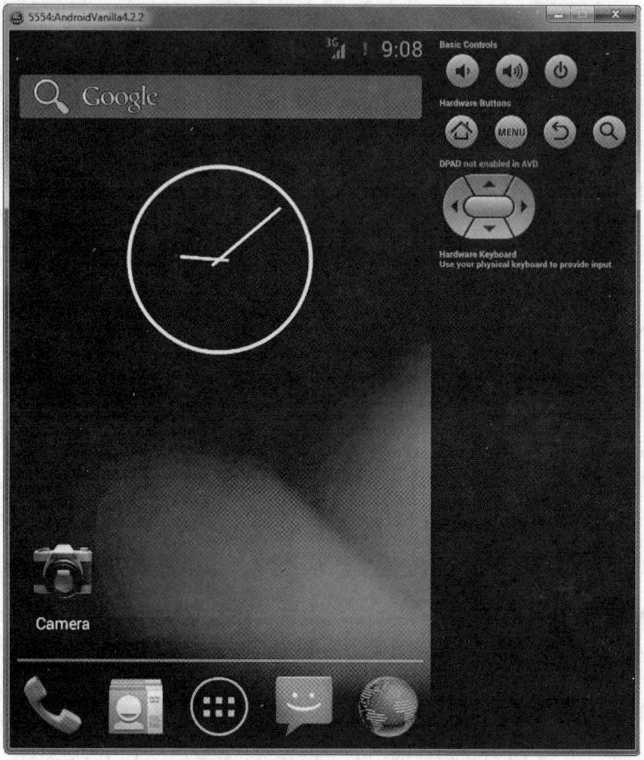

图 B.1 一个典型的 Android 模拟器

- 不同的 Android 平台版本在模拟器上会有细微的用户体验方面的差异 (Android 操作系统的基础)。举个例子，老的目标平台带有一个基本的 Home 界面，并使用一个“抽屉”来存储所有安装了的应用程序；而新的智能设备平台版本 (譬如 Android 4.2+) 则使用更“时髦”的，经过改进了的 Home 界面；Honeycomb(Android 3.0+) 目标平台则包含了 holographic 主题和 ActionBar 导航方式。要特别注意，模拟器使用的是基础的用户界面，但开发商和运营商经常会对界面进行重载，或者装饰。换句话说，模拟器的操作系统特性和终端用户使用的未必完全匹配。
- “系统设置”这个应用程序在管理系统的各种配置方面是很有用的。你可以在模拟器中使用“系统设置”来保存用户的选择，包括网络、屏幕选项，以及本地化语言选项。

- Dev Tools 应用程序对于设置开发者选项是有用的——它包含了很多实用的工具，从终端模拟器到一系列安装过的程序包。另外，也提供了账号和同步测试工具。JUnit 测试就可以直接从这里启动。
- 你可以使用 7 和 9 按键来在模拟器的横屏和竖屏之间切换（或者 Ctrl+F11 和 Ctrl+F12 按键）。
- 你可以使用 F6 按键和鼠标来模拟出轨迹球。当然这就会让你的鼠标无法使用，所以你要用 F6 才能再切换回来。
- Menu 按钮对于给定的屏幕来说是指“环境菜单”。记住不是所有设备都会有类似 Home、Menu、Back 和 Search 这样的物理按键的。
- 处理应用程序的生命周期：Home 键（在模拟器上）可以让你轻松地停止一个应用程序；你将会分别收到 onPause() 和 onStop() 这两个 Activity 的生命周期事件。想恢复的话，你需要再次启动应用程序；想暂停应用程序的话，按一下 Power 按钮（在模拟器）就可以了。此时只有 onPause() 方法会被调用。你需要第二次按 Power 按钮来激活解锁屏幕，然后才能看到 onResume() 方法被调用。
- 通知信息，譬如收到 SMS 短信将会在状态栏上显示，类似的指示还有电池余量，信号强度和网络速度等等。

警告

使用模拟器时，你需要记住最重要的一件事，即它虽然是一个强大的工具，但是并不能完全取代目标真机设备。模拟器通常比真机提供的用户体验更具有一致性，后者在现实世界中会遇到各种问题——譬如隧道导致的信号死区；当很多应用程序运行时会耗尽电池和设备资源等等。所以我们在测试流程中，一定要预留时间和资源以便在目标真机设备上彻底地测试你的应用程序。

B.2 使用 Android 虚拟设备

Android 模拟器并不是真机，但却是测试时的一大利器。开发者可以通过创建不同的 AVD 配置来模拟出各种类型的 Android 设备。

小窍门

可以把 AVD 想象成每种模拟器特有“个性”的描述者。没有 AVD 的话，模拟器就是一个空壳，就好比 CPU 没有外围设备一样。

通过 AVD 配置，Android 模拟器可以模拟出：

- 不同的目标平台版本。
- 不同的屏幕尺寸和分辨率。
- 不同的输入方式。
- 不同的网络类型，速度和信号强度。
- 不同的硬件配置。
- 不同的外部存储配置。

每个模拟器配置都是独一无二的，它在 AVD 文件中描述，并永久地保存以下数据:已经安装的应用程序,修改后的设置项,模拟的 SD 卡的内容等等。图 B.2 显示了几种采用不同 AVD 配置的模拟器实例。

图 B.2　几种不同 AVD 配置的模拟器

B.2.1 使用 Android 虚拟设备管理器

为了在 Android 模拟器中运行应用程序，你必须配置一个 Android 的虚拟设备 (AVD)。为了创建和管理 AVD，你可以使用 Android IDE 环境中的虚拟设备管理器，或者使用 SDK 安装目录下的 `/tools` 子文件夹里提供的 android 命令行工具。每个 AVD 配置都包含了描述特定类型 Android 设备的重要信息，包括下面这些：

- 友好的配置名称。
- 目标平台版本号。
- 屏幕尺寸，屏幕宽高比，和分辨率。
- 硬件配置详情和特性。包括有多少可用内存，存在哪些输入方式，以及硬件配置 (譬如对摄像头的支持状况)。
- 模拟出来的外部存储设备 (虚拟 SD 卡)。

图 B.3 阐述了你怎么利用 Android 虚拟设备管理器来创建和管理 AVD 配置。

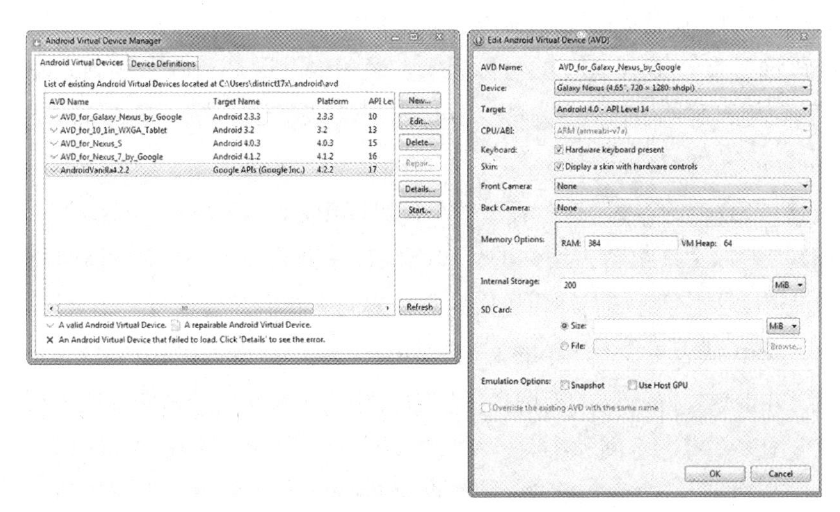

图 B.3 Android 虚拟设备管理器 (左边) 可以用于创建 AVD 配置 (右边)

B.2.2 创建一个 AVD

在 Android IDE 环境下，遵循如下步骤来创建一个 AVD 配置。

1. 从 IDE 环境中，通过点击工具栏上绿色的 Android 设备图标 ( ) 来启动 Android 虚拟设备管理器。你也可以从 IDE 菜单栏中选择 `Window, Android Virtual Device Manager` 来启动它。

2. 点击 `Android Virtual Devices` 菜单项 (如图 B.3，左边)。配置后的 AVD 会以列表的形式展示。

3. 点击 `OK` 按钮来创建一个新的 AVD（如图 B.3，右边）。

4. 为 AVD 设定一个名称。如果你尝试模拟一个特定的设备，你可能会想以它来命名。举个例子，一个名称为 `Nexus7` 的 AVD 通常意味着它模拟的是运行了 Android 4.1.2 版本的 Nexus7 平板电脑。

5. 为 AVD 选择一个设备。在这个例子中，既然我们将它命名为 `Nexus7`，对应的就要从设备下拉列表中选择 `Nexus 7(7.27,800 1280: tvdpi)`。

6. 选择一个目标版本。这代表了模拟器将运行的 Android 平台的版本。这个平台是以 API 等级来表示的。举个例子，为了支持 Android 4.2.2，要使用的 API 等级就是 17。同时，这也是你选择是否要包含可选 Google API 的地方。如果你的应用程序依赖于地图应用程序和其他的 Google 提供的 Android 服务，那么你应该选择带 Google API 的目标版本。通过以下网址可以了解到 API 等级和它们所代表的平台的完整列表：*http://d.android.com/guide/topics/manifest/uses-sdkelement.html#ApiLevels*。

7. 选择 SD 卡的容量。这个容量的单位可以用 kibibytes 或者 mibibytes 来表示。每个 SD 卡映像文件都会占用你的硬盘空间，并需要花费一定时间来生成；不要把容量设得太大，否则它们将耗尽你的磁盘空间。我们需要选择一个合理的数值，譬如 1024MiB 或者更少 (最小的值是 9MiB)——确保你的开发电脑中有足够的磁盘空间，并根据实际测试需求选择合理的尺寸。如果你要处理图片或者视频，可能需要分配多一点的空间大小。

8. 配置或者修改你想开启 / 关闭的硬件特性。如果应用程序要使用前置或后置摄像头，你可能会想模拟它们；或者，如果宿主机有摄像头硬件设备，你可能会把它们连接到 AVD 中。如果你在使用模拟器时不想借助于宿主机的键盘，或者想移除皮肤和硬件控制器，那么可能需要反向选择默认选项。我们发现保持这些选项处于开启状态更简单些。也有一些你应该考虑开启的选项，譬如

Snapshot 或者 Use Host GPU。前者会通过保存 AVD 的运行状态来减少下次启动 AVD 的时间，而后者则利用宿主机的图形处理器来在 AVD 中渲染 OpenGL ES 图形。

9. 点击 OK 按钮，然后等待操作完成。因为 Android 的虚拟设备管理器会对分配给 SD 卡映像的内存进行格式化，因而创建一个 AVD 配置有时候需要花费一定时间。

B.2.3　定制 AVD 的硬件配置

如我们之前所讨论的，你可以在 AVD 配置中选择不同的硬件属性。你需要知道默认的配置是什么，然后才清楚哪些是需要被重载的。部分可用的硬件选项见表。

小窍门

如果我们可以预先配置出最接近于目标硬件平台的 AVD，那么无疑将会节省很多时间和花费。把这些配置与你的同事（开发者，测试员）分享。我们通常会创建设备相关的 AVD，然后为它们命名。

表格 B.1　重要的硬件配置选项

硬件属性	描述	默认值
设备内存大小 hw.ramSize	设备的物理内存，以 MB 为单位	96
触摸屏支持 hw.touchScreen	设备中的触摸屏	Yes
轨迹球支持 hw.trackBall	设备中的轨迹球	Yes
键盘支持 hw.keyboard	QWERTY 键盘	Yes
GPU 模拟 hw.gpu.enabled	模拟 OpenGL ES GPU	No
D-Pad 模拟 hw.dPad	设备中的 D-Pad	Yes
GSM Modem 支持 hw.gsmModem	设备中的 GSM Modem	Yes

续表

硬件属性	描述	默认值
摄像头支持 hw.camera	设备中的摄像头	No
摄像头像素（水平）hw.camera.maxHorizontal-Pixels	摄像头水平方向最大像素	640
摄像头像素（垂直）hw.camera.maxVerticalPixels	摄像头垂直方向最大像素	480
GPS 支持 hw.gps	设备中的 GPS	Yes
电池支持 hw.battery	设备是否可以电池供电	Yes
加速计支持 hw.accelerometer	设备中的加速计	Yes
音频录制支持 hw.audioInput	设备是否可以录制音频	Yes
音频回放支持 hw.audioOutput	设备是否可以回放音频	Yes
SD 卡支持 hw.sdCard	设备是否支持可移除的 SD 卡	Yes
缓存分区支持 disk.cachePartition	设备是否支持缓存分区	Yes
缓存分区大小 disk.cachePartition.size	设备的缓存分区大小 (MB)	66
LCD 密度 hw.lcd.density	屏幕密度	160
虚拟机上应用程序的堆的最大值 vm.heapSize	应用程序可以分配的堆的最大值（超过限制时会被操作系统杀死）	取决于目标和选项 :16,24,32,48,64

B.3 以特定的 AVD 配置启动模拟器

当配置好了需要的 AVD 后，你已经准备好去启动模拟器了。有很多方法可供选择，下面这四种是你很可能会经常用到的。

- 从 Android IDE 环境中，你可以更改应用程序的 Debug 或者 Run 配置来使用特定的 AVD。

- 从 Android IDE 环境中，你可以更改应用程序的 `Debug` 或者 `Run` 配置来允许开发者在模拟器启动时手工选择对应的配置。
- 从 Android IDE 环境中，你可以直接从 Android 虚拟设备管理器中选择想要启动的模拟器。
- 模拟器可以在 Android SDK 安装目录的 `/tools` 文件夹中找到，并可以通过命令行的方式作为独立的进程来启动(当你不想使用 Android IDE 环境时才有此必要)。

B.3.1 维护模拟器性能

如果在设定虚拟设备时没有选择正确的配置选项，或者没有注意到一些常见技巧的话，那么模拟器有可能会运行缓慢。下面所列的是可以帮助你创造最佳、最快的模拟器运行体验的几点提示。

- 在 AVD 中开启 `Snapshot` 特性。然后在使用 AVD 配置时，先启动它，让它完成开机,然后再关闭它,以此来得到一个基准的“快照”(snapshot)。这对于最新的平台版本，譬如 Jelly Bean 来说是特别重要的。因为接下来的启动就会快很多,而且更加稳定。你甚至可以关闭保存新快照的功能,这样它仍能继续使用老的快照来加速启动。
- 在需要使用模拟器前就启动它，譬如当你第一次启动 Android IDE 时。这样当你准备去调试时，模拟器已经在正确运行了。
- 在调试阶段，让模拟器在后台持续运行，这样有利于你快速安装、重新安装、和调试你的应用程序。这种做法同样可以让你节省等待模拟器启动的时间，而且让你在 Android IDE 中只需要通过 `Debug` 按钮就可以让调试器重新连接。
- 记住，当调试器连接时应用程序性能将会降低。这点对于模拟器或者真机都是如此。
- 如果你已经使用模拟器测试了很多应用程序，或者只是想得到一个干净的环境，那么可以考虑重新创建 AVD 配置——由此得到的是不带之前任何配置改动的全新环境。这可以帮助你快速启动模拟器，如果你安装了很多应用程序的话。

小窍门

如果你的开发设备上的 Intel 处理器支持硬件虚拟化的话，你可以利用 Intel 提供的一个特殊的 Android 模拟器系统映像来进一步为开发环境的运行加速。学习如何安装和设定 Intel 的 Android 4.2 Jelly Bean X86 模拟器系统映像，可以参见：*http://software.intel.com/en-us/ar ticles/android-4-2-jelly-bean-x86-emulator-system-image*。

B.3.2 配置模拟器的启动参数

Android 模拟器在 AVD 配置外其实还有很多可选项。这些选项既可以在 Android IDE 中的 `Debug` 和 `Run` 配置中根据具体的应用程序来选择，也可以作为从命令行方式启动的模拟器的参数。模拟器的启动参数包括了磁盘映像、调试、多媒体、网络、系统、UI 和帮助设置。参考以下网址所示的 Android 模拟器文档来了解一个完整的启动选项列表：*http://d.android.com/tools/help/emulator.html#startup-options*。

B.3.3 启动模拟器来运行应用程序

最常用的启动方法是通过特定的 AVD 配置来指定所需的模拟器——要么通过 Android 虚拟设备管理器，要么在 Android IDE 中为你的工程选择一个 `Run` 或 `Debug` 配置，然后安装或重新安装应用程序的最新“形体”。

小窍门

记住你可以单独创建不同选项的“`Run`”和“`Debug`”配置，并为它们选择各种不同的启动参数，甚至是不同的 AVD。

为了给 Android IDE 中的特定项目创建一个“`Debug`"配置，请遵循如下步骤：

1. 选择 `Run, Debug Configuratoins`(或者右键点击项目，然后选择 `Debug As…`)。

2. 双击 Android 应用程序。

3. 为你的 Debug 配置命名 (我们经常使用项目名称)。

4. 通过 Browse 按钮来选择项目。

5. 切换到 Target 页面，然后选择合适的 Deployment Target Selection Mode——可以为模拟器直接选择特定的 AVD(只有那些符合应用程序目标 SDK 的模拟器才会显示出来); 或是选择 Always prompt to pick device 选项，然后后期模拟器在启动时再根据提示选择对应的 AVD。

小窍门

当尝试从 Android IDE 中运行或者调试应用程序时，如果当前有设备通过 USB 连接成功，那么即便已经选择一个特定的 AVD，系统仍然会弹出选择目标设备的选择框。这就允许你可以把安装或者重新安装操作重新转向到一台真机设备，而不是模拟器中。你也可以让系统一直保持这种行为，只需要为 Debug 配置的 Target 页面中的 Deployment Target Selection Mode 项选择 Always prompt to pick device 就可以了。这对于频繁在真机和模拟器调试之间切换的情况尤其有用；而如果只是在一个固定的 AVD 模拟器实例中调试时，那么设定特定的目标更为有效。

6. 在 Target 页面中配置任何所需的模拟器启动参数。你可以在 Additional Emulator Command Line Options 这一栏中输入那些不在页面中显示的常见命令行参数。

最终的 Debug 配置可能会如图 B.4 所示。

你可以通过类似的方式来创建 Run 配置。如果在 Deployment Target Selection Mode 中设定了一个特定的 AVD，那么任何时候你要调试应用程序，这个 AVD 都会被选做模拟器的目标配置。但是，如果选择了 Always prompt to pick device 这个选项，那么当你尝试去调试应用程序时，会有一个弹出框来允许你选择一个对应的 AVD 配置，如图 B.5 所示。在选择了模拟器后，Android IDE 在整个调试过程中都将保持模拟器与工程项目之间的连接通道。

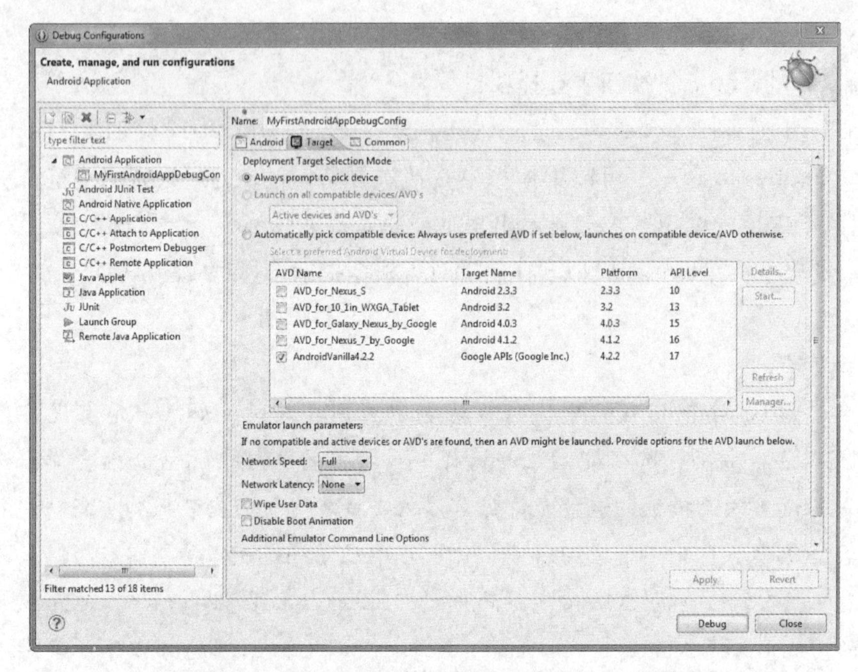

图 B.4　在 Android IDE 中创建一个 Debug 配置

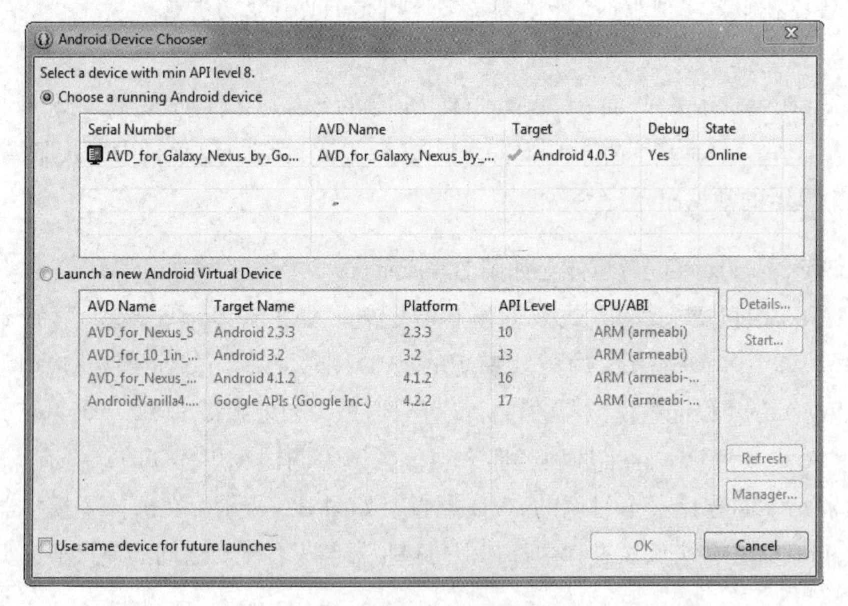

图 B.5　Android 设备选择器

B.3.4　从 Android 虚拟设备管理器中启动一个模拟器

有时候你只是想临时启动一个模拟器——举个例子，使用第二个模拟器来与现有模拟器进行交互 (模拟电话、短信等)。在这种情况下，你可以简单地从 Android 虚拟设备管理器中启动一个实例。步骤如下所示。

1. 在 Android IDE 环境下，通过工具栏中对应的图标 ( ) 来启动虚拟设备管理器。你也可以利用 IDE 菜单中的 `Window`、`Android Virtual Device Manager` 来启动它。
2. 在左侧菜单中点击 `Android Virtual Devices` 选项。配置后的 AVD 将以列表的形式显示。
3. 从列表中选择一个已有的 AVD 配置，或者创建一个与你的需求相匹配的新的 AVD。
4. 点击 `Start` 按钮。
5. 配置任何必要的启动参数。
6. 点击 `Launch` 按钮。此时模拟器就会以你要求的 AVD 配置来启动了。

警告

不能同时运行同一个 AVD 配置的多个实例——你只要想想 AVD 配置是要保存状态和数据的，就知道这个要求是合理的了。

B.4　配置模拟器的 GPS 位置

为了开发和测试需要 Google Maps 的支持，或者是基于位置服务的应用程序，你需要创建一个带有 Google API 的 AVD。当你成功创建了合理的 AVD 并启动模拟器后，你需要配置它的地理位置。模拟器没有位置传感器，所以我们要做的第一件事就是将 GPS 坐标发送给它。

要为模拟器配置假的坐标信息，首先需要通过支持 Google API 的 AVD 的配置来启动模拟器 (如果它当前不在运行状态的话)，步骤如下。

在模拟器中：

1. 点击 `Home` 键来返回主页屏幕。

2．找到并启动 Maps 应用程序。

3．如果你是第一次启动 Maps 应用程序的话，那么需要点选几个启动对话框。

4．选择 My Location 菜单项（ ），然后在设备中使能位置功能（如果它还没有开启的话）。

在 Android IDE 中：

5．在 Android IDE 的右上角中点选 DDMS 视图。

6．你会在 IDE 右上角看到一个 Emulator Control 窗格，滚动到 Location Controls 中

7．手动输入物理位置的经纬度。注意它们是以反向顺序排列的。以 Yosemite Vally 的坐标位置为例，经度：-19.588542，纬度：37.746761。

8．点击 Send。

回到模拟器中来，注意到地图现在已经显示出你所发送的位置了。此时屏幕上显示的应该是 Yosemite，如图 B.6 所示。这个位置数值在下次启动模拟器时仍然存在。

如果你需要的话，也可以使用 GPX1.1 坐标文件来由 DDMS 向模拟器发送一系列的 GPS 位置。不过 DDMS 并不支持 GPX1.0 文件。

小窍门

想知道我们是如何获知 Yosemite 的坐标位置的吗？想找到特定地址的坐标点，你可以访问 *http://maps.google.com*。首先导航到你想知道坐标点的那个位置，然后右键点击那个地方，并选择“What’s here？”，紧接着经纬度就会被放置到搜索框中。

B.5　在两个模拟器实例间互相通话

你可以利用模拟器中的 Dialer 应用程序来实现通话功能。模拟器的“电话号码”是它的端口数字——这可以在模拟器窗口的标题栏中找到。为了在两个模拟器间模拟一个通话过程，你必须执行如下的步骤。

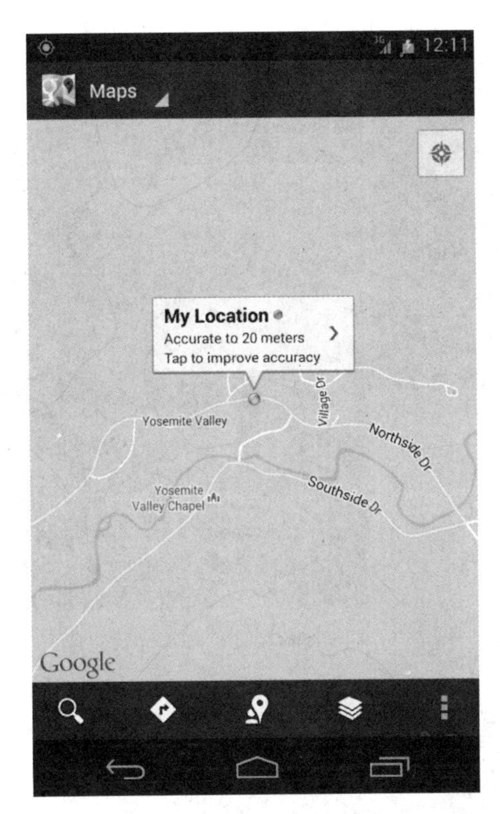

图 B.6　将模拟器地理位置设置为 Yosemite Valley

1. 启动两个不同的 AVD，以便两个模拟器可以同时运行 (使用 Android AVD 和 SDK 管理器是最简单的)。

2. 记住想接听电话的那个模拟器的端口号。

3. 在拨出号码的那个模拟器上，运行 `Dialer` 应用程序。

4. 输入你记下的那个端口号码，然后点 `Enter`(或者 `Send`)。

5. 你可以在接听的那一方看到 (并听到) 一个来电。图 B.7 描述的是一个端口为 5556(左边) 的模拟器在使用 Dialer 应用程序来呼叫一个端口为 5554(右边) 的模拟器。

6. 点击 `Send` 或者在 `Dialer` 应用程序上滑动来接听电话。

7. 假装通话一会儿。图 B.8 显示了一个正在进行中的通话。

8. 你可以按 `End` 键来随时结束任一个模拟器。

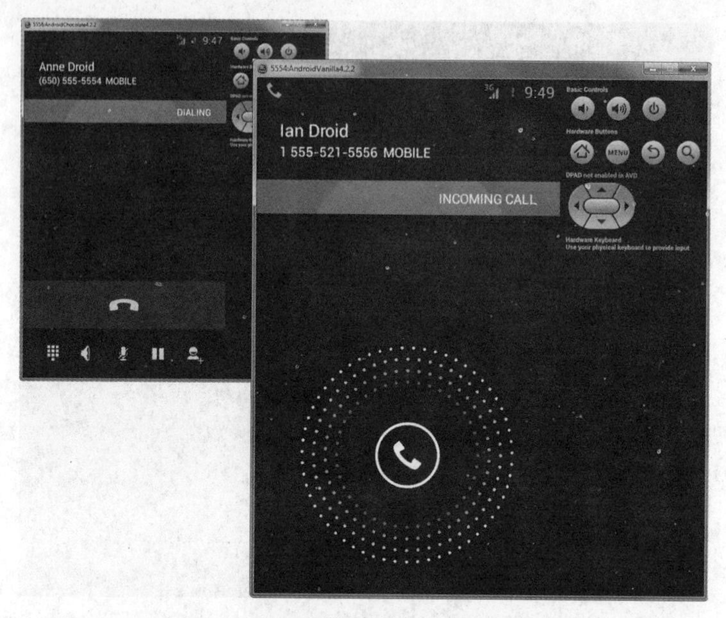

图 B.7　在两个模拟器间模拟通话过程

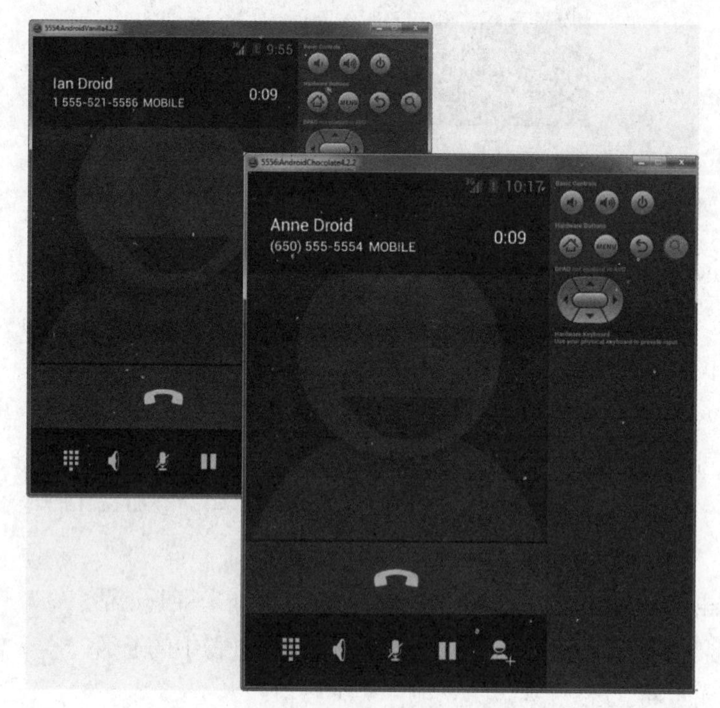

图 B.8　两个正在进行通话的模拟器

B.6 在两个模拟器实例间发送短信

你也可以在两个模拟器间发送 SMS 信息，而且步骤和前面通话过程相似，只是把模拟器端口号改为短信接收地址就可以了。为了在两台模拟器间模拟短信发送过程，你必须遵循如下步骤。

1. 启动两个模拟器实例。
2. 记住想接收短信的那台模拟器的端口号。
3. 在发送短信的那台模拟器中，启动 `Messaging` 应用程序。
4. 在 `To` 文本框中输入接收方的端口号，然后编辑一条短消息，如图 B.9 所示。最后按下 `Send` 按钮。
5. 你将在接收方看到（并听到）一条来信。图 B.9（中间，顶部）显示了 5554 端口的模拟器从 5556 端口的模拟器中接收到一条 SMS 信息。

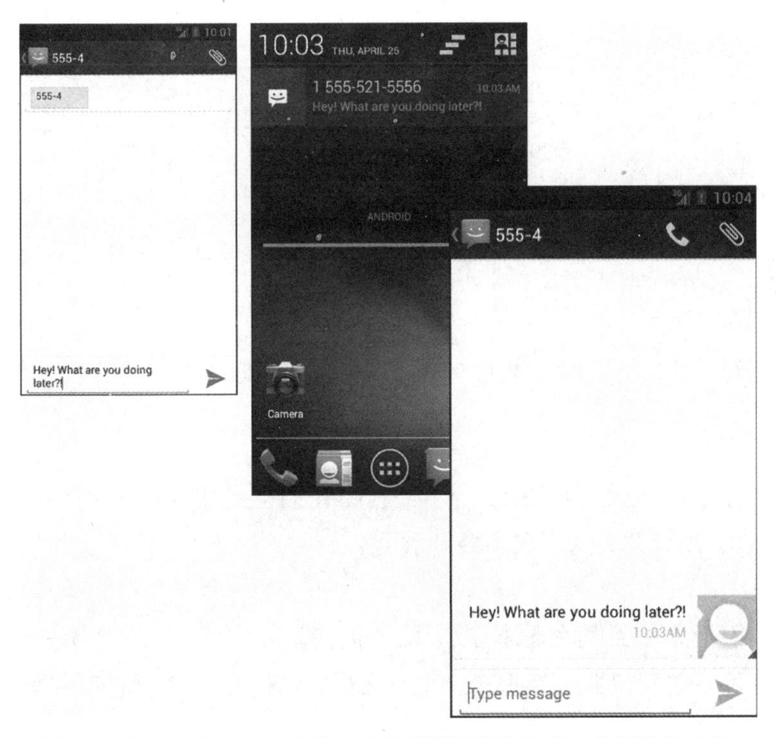

图 B.9 端口号为 5556（左边）的模拟器编辑并发送一条短信给 5554 端口的另一台模拟器（右边）

6. 将状态栏拉下来，或者启动 Messaging 应用程序来阅读短信。
7. 假装操作一会儿。图 B.9（右边，下方）显示了正在进行中的短信对话。

B.7 通过控制台来与模拟器进行交互

除了使用 DDMS 工具来与模拟器进行交互外，你也可以通过 Telnet 连接来直接发送命令给模拟器控制台。举个例子来说，为了连接上端口号为 5554 的模拟器控制台，可以执行如下操作：

```
telnet localhost 5554
```

你可以使用模拟器控制台来向模拟器发送命令。终止会话只需要输入 quit 或 exit 就行。另外，kill 命令用于关闭模拟器实例。

警告

你可能需要在系统中启用 Telnet(如果还没有这么做的话)，以此来执行其他剩余步骤。

B.7.1 使用控制台来模拟来电

你可以在模拟器中产生一个特定号码的来电，所使用的控制台命令是：

```
gsm call <number>
```

举个例子，为了模拟号码为 555-1212 的来电，所使用的命令如下：

```
gsm call 5551212
```

这个命令的结果如图 B.10 所示。因为我们已经将这个号码存储为联系人 Anne Droid，所以此时这个名字会显示出来。

B.7.2 使用控制台来模拟 SMS 信息

你也可以向模拟器发送来自特定号码的 SMS 信息，就和在 DDMS 中的情况一样。用于产生 SMS 来信的命令如下：

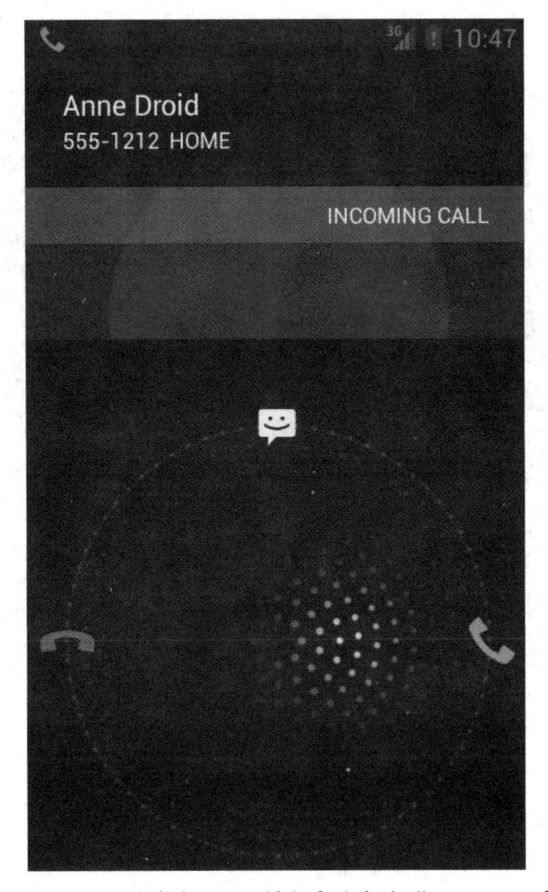

图 B.10　来自 555-1212 的来电（已经被保存为名为“Anne Droid”的联系人），通过模拟器控制台来提示

```
sms send <number><message>
```

举个例子，为了产生一个来自于号码为 555-1212 的 SMS 信息，你可以发送如下命令：

```
sms send 5551212 What's up!
```

在模拟器的状态栏中将会出现一条新短信的通知消息，它甚至会在顶部条短暂地显示出信息的内容，最后只留下短信图标。你可以下拉状态栏来查阅这条新短信，或者打开 Messaging 应用程序来查看。上述的命令在模拟器中产生的最终结果如图 B.11 所示。

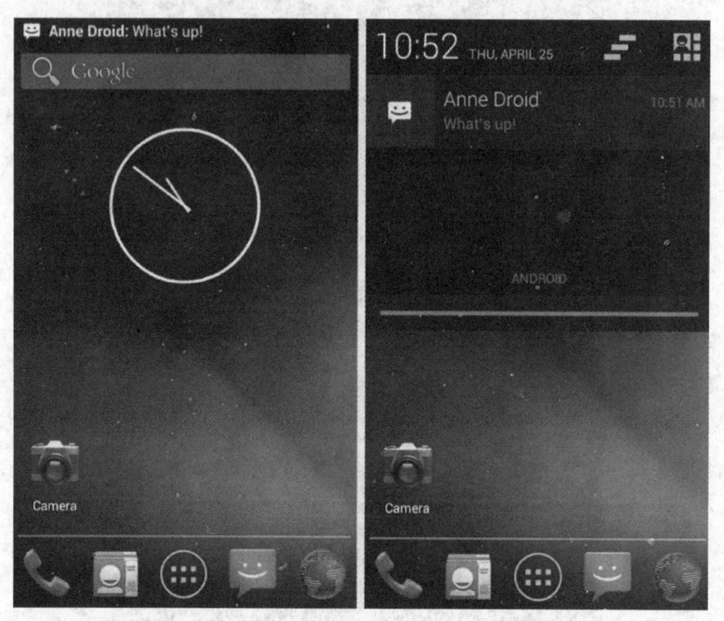

图 B.11　555-1212(已经保存为“Anne Droid”联系人)发起的一条 SMS

B.7.3　使用控制台来发送 GPS 坐标

你可以使用控制台来向模拟器发送 GPS 命令。下面是简单的 GPS 修正命令。

```
geo fix <longitude><latitude> [<altitude>]
```

举个例子，为了将模拟器的 GPS 位置修正为珠穆朗玛峰山顶，可以在模拟器中先通过 `Menu`、`My Location` 来启动 `Maps` 应用程序，然后在控制台中，发送如下的命令来准确设置坐标。

```
geo fix 86.929837 27.99003 8850
```

B.7.4　使用控制台来监视网络状态

你可以监视模拟器的网络状态，也可以改变网络速度和延迟时间。下面的命令用于显示网络状态。

```
network status
```

这个请求的一个典型结果如下所示。

```
Current network status:
download speed:          0 bits/s (0.0 KB/s)
upload speed:            0 bits/s (0.0 KB/s)
minimum latency: 0 ms
maximum latency: 0 ms
OK
```

B.7.5 使用控制台来操纵电源设置

你可以使用电源相关的命令来模拟“假的”电源状态。譬如下面的命令用于将电池剩余量设为 99%：

```
power capacity 99
```

下面的命令用于将 AC 充电状态设为关闭（或者开启）：

```
power ac off
```

你可以将电池状态设置为 unknown,、charging、discharging、not-charging 或者 full，命令如下：

```
power status full
```

你可以将电池存在状态设置为 true（或者 False），命令如下：

```
power present true
```

你可以将电池健康状态设置为 unknown、good、overheat、dead、overvoltage 或者 failure，命令如下：

```
power health good
```

你可以查询电源的当前设置，命令如下：

```
power display
```

上述请求的典型结果如下所示。

```
power display
AC: offline
status: Full
health: Good
present: true
capacity: 99
OK
```

B.7.6 使用控制台的其他命令

还有其他命令来模拟硬件事件、端口转向，以及检查、启动和停止虚拟机。举个例子，质量保证人员可能想了解关于事件的命令（可以用于在自动化中产生按键事件）的具体使用方法。这个功能和 ADB 的 Exerciser Monkey 有点类似，后者会产生随机的按键事件，然后尝试发现你的应用程序在压力测试下可能存在的问题。

B.8 享受模拟器的功能

下面是使用模拟器的一些小提示：

- 在 Home 界面，长按住屏幕然后就可以选择并更改壁纸。
- 如果在 Launcher 中的 All Apps 中长按住一个图标（通常是应用程序图标），那么你就可以把这一快捷方式放置到主页面中。最新的平台版本还有其他功能，譬如卸载应用程序或者得到更多信息——这些操作都很方便。
- 如果你在主页面中长按住图标，那么你可以把它随意挪动，甚至把它拖到垃圾箱中。
- 在设备的 Home 中滑动可以切换页面。取决于所使用的 Android 平台版本，你可以发现一系列安装有插件的页面，譬如 Google Search 和很多空白的区域——你可以把其他元件放置进来。
- 添加插件的一种办法就是在主页面中启动 All Apps，然后导航到

Widgets 中。有很多不同的插件可供使用，你可以在做出选择后将它们添加到主页面中，如图 B.12 所示。

图 B.12　为模拟器主页面定制一个“Power Control”小插件

换句话说，模拟器可以像很多真机设备一样做各种定制。而且做这些修改对于我们彻底的测试应用程序有好处。

B.9　理解模拟器的限制

虽然模拟器是强大的，但它还是有几点重要的限制 ：

- 它不是真机，所以并不能反应出真实的行为，而只是“模拟”的设备行为——通常用户在生活中对真机上的体验比模拟器的感觉要差些（因为有很多异常情况模拟器上是不会发生的）。

- 它虽然可以模拟通话和短信，但都是“虚拟”的（而且不支持 MMS）。
- 它设定设备状态（网络状态，电池充电状态）的能力还比较有限。
- 它模拟外围设备（耳机，传感器数据）的能力还比较有限。
- 对于 API 的支持（譬如不支持 SIP 或者第三方的硬件 API）比较有限。当开发特定类型的应用程序（譬如增强现实型的、3D 游戏，或者是依赖于传感器数据的应用程序）时，建议你最好是使用真机来研发和测试。
- 运行性能有限（当执行类似于视频和动画处理这类任务时，现如今的真机设备的性能通常会比模拟器要强）。
- 对开发商或者运营商相关的设备属性、主题或者用户体验的支持比较有限。但是一些开发商，譬如 Motorola 就提供了扩展的功能来更好地模拟出设定设备的行为。
- 在 Android 4.0 及以上版本中，模拟器可以使用连接的 Web 摄像头来模拟出真机设备中的摄像头。在之前版本的工具中，摄像头看上去是有效的，不过只能拍摄“假”的图片。
- 不支持 USB、蓝牙或者 NFC。

B.10　总结

在本附录中，读者学习了和 Android SDK 搭配的最重要的一个工具，也就是模拟器。作为 Android IDE 的一部分，它也可以通过命令行的方式来访问。模拟器是用于模拟真机设备的一大利器。当应用程序需要在多种不同配置的设备中测试时，与其购买它们，不如使用 Android 虚拟设备管理器来创造出配置最相近的模拟器实例，以此降低测试成本。即使模拟器并不是万能的，无法完全取代真机测试，但是你可以学习模拟器所需要提供的功能，并亲身体验到模拟器是如何惟妙惟肖地做好仿真工作的。

B.11　小测验

1. 模拟器的网络开关对应的键盘快捷方式是什么？
2. 在横屏和竖屏模式间切换的键盘快捷方式是什么？
3. 用鼠标模拟出轨迹球的键盘快捷方式是什么？

4. 按了 Home 键后 `Activity` 所经历的生命周期事件有哪些？
5. 在 AVD 配置中，支持 GPU 模拟的硬件配置的属性是什么？
6. 从控制台中连接模拟器的命令是什么？
7. 简单的 GPS 修正命令是什么？

B.12 练习

1. 查阅 Android 文档，然后给出 Android 模拟器的命令行参数列表。
2. 查阅 Android 文档，说出开启 GPU 模拟的命令行参数是什么？
3. 查阅 Android 文档，设计一条创建 AVD 配置的命令行。

B.13 参考资料和更多信息

Android 工具 : “管理虚拟设备”

http://d.android.com/tools/devices/index.html

Android 工具 : “通过 AVD 管理器来管理 AVD”

http://d.android.com/tools/devices/managing-avds.html

Android 工具 : “以命令行的方式来管理 AVD”

http://d.android.com/tools/devices/managing-avds-cmdline.html

Android 工具 : “Android 模拟器”

http://d.android.com/tools/help/emulator.html

Android 工具 : “使用 Android 模拟器”

http://d.android.com/tools/devices/emulator.html

Android 工具 : “android”

http://d.android.com/tools/help/android.html

附录 C 快速入手指南：Android DDMS

Dalvik 调试监控服务（DDMS）是 Android SDK 提供的一个调试工具。开发者可以使用 DDMS 来为模拟器或者真机提供程序调试、文件和进程管理功能。它是由多种工具组成的：任务管理器、配置管理器、文件管理器、模拟器控制台，以及日志控制台。本快速入手指南并不是 DDMS 的功能性描述文档。相反，它的目的是让你可以熟悉最常用的那些任务操作，以求尽快上手。你可以查阅 Android SDK 提供的官方文档来了解 DDMS 的完整属性列表。

本附录所提及的 IDE，是指 Android IDE——相同的操作也可以被运用于安装有 ADT 插件的 Eclipse 中。因为它们是等同的，所以接下来的内容中我们只会讨论 Android IDE。

C.1 将 DDMS 作为独立程序和 Android IDE 配合使用

如果你使用的开发环境是 Android IDE, 那么 DDMS 工具其实是以视图的形式集成进来的。通过这一方式（参见图 C.1，使用文件管理器来浏览模拟器中的文件），你可以与任何运行在开发机器上的模拟器，或者是通过 USB 连接的设备进行交互。

如果你使用的开发环境不是 Android IDE，那么 DDMS 工具也可以在 Android SDK 的 /tools 目录下找到，然后你可以把它作为独立的程序来处理，这种情况下它就在自己的进程中运行。

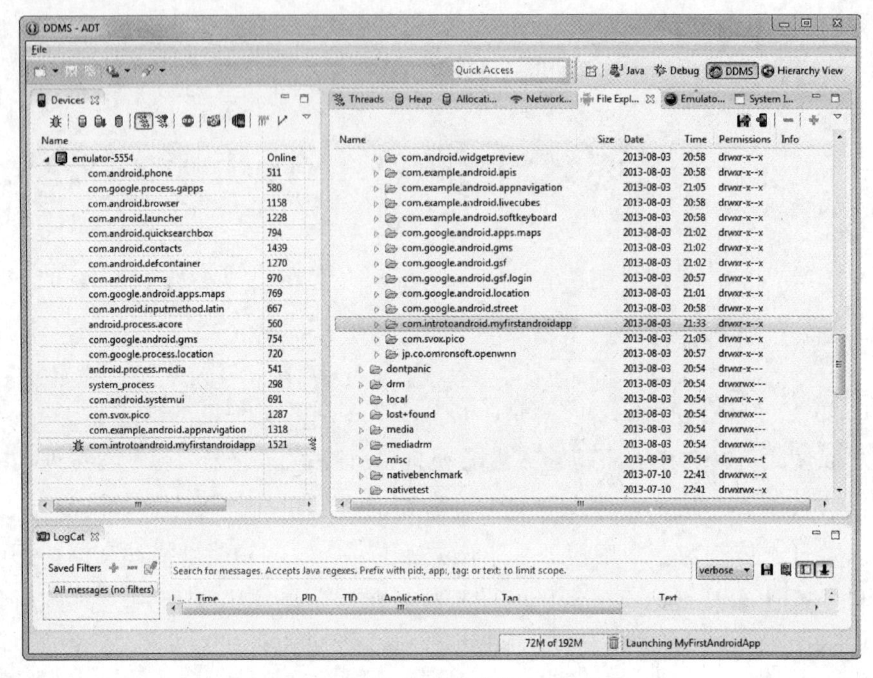

图 C.1　Android IDE 中的 DDMS 视图

小窍门

在同一时间点只允许有一个 DDMS 工具实例在运行（包括 Android IDE 中的 DDMS 视图）。其他 DDMS 的启动将被忽略；如果你已经运行了 Android IDE，然后又尝试从命令行去启动 DDMS，那么将会遇到问题——同时输出的调试日志中会显示有一个 DDMS 实例已经被忽略了。

警告

并不是所有的 DDMS 功能都同时对模拟器和真机有效。一些特定的功能——譬如模拟器控制功能，只对前者是适用的。大多数真机设备要比模拟器来得安全。因而文件管理器在真机中可能只会显示出一些有限的目录内容，而不是模拟器中所看到的情况。

C.2　使用 DDMS 的核心功能

无论你是在 Android IDE 中使用 DDMS，还是把它作为一个独立的工具，都要认识到以下核心功能。

- Devices 一栏在左上角显示出了正在运行的模拟器和那些已经连接上的设备。
- 当我们在 Devices 栏中选中了模拟器 / 设备中的某个进程后，右侧的 Threads、Heap、Allocation Tracker、Network Statistics、File Explorer 和 System Information 页面就会显示出相应的数据。
- Emulator Control 这一栏中提供了发送 GPS 信息和模拟来电 /SMS 短信等功能。
- Logcat 这一栏则让你可以监视一个特定设备或模拟器的日志控制台的输出信息，也就是我们在程序中调用 Log.i()、Log.e() 和其他日志方法显示出来的内容。

现在让我们逐一看下如何使用 DDMS 的这些功能。

小窍门

另一个 Android IDE 视图提供了层级浏览器的访问方法，这个工具可以用来调试和优化你的应用程序的用户界面。请参见附录 A“掌握 Android 开发工具”来了解这个工具的更多详细信息。

C.3　与进程、线程和堆进行交互工作

DDMS 的一大利器就是可以与进程进行交互。每个 Android 应用程序都运行在自己的虚拟机中，并有自己的用户 ID。使用 DDMS 中的 Devices 栏，你可以查看到设备中正在运行的所有虚拟机，并以包名相互区分。举个例子，你可以执行如下操作：

- 在 Android IDE 中与应用程序建立关联，并进行调试。
- 监视线程。

- 监视堆的使用情况。
- 停止进程。
- 强制进行垃圾回收 (GC)。

C.3.1　为 Android 应用程序关联一个调试器

虽然大多数情况下我们可以通过 Android IDE 中的“调试配置”来启动和调试应用程序，但其实你也可以直接使用 DDMS 来选择需要被调试和关联的应用程序。为了将调试器关联到进程中，你首先需要在 Android IDE 工作区中打开源码包。然后执行如下步骤来进行调试：

1. 在模拟器或者设备中，确认你要调试的应用程序已经在运行。
2. 在 DDMS 中，在 Devices 栏中找出应用程序的包名，然后选中它。
3. 点击绿色的小虫子图标 ( ) 来调试应用程序。
4. 切换到 Android IDE 的 Debug 视图中 (如果有必要的话)，然后和平常一样执行调试操作。

C.3.2　终止进程

你可以利用 DDMS 来杀掉 Android 应用程序，步骤如下：

1. 在模拟器或者设备中，确定哪个应用程序是你希望终止的。
2. 在 DDMS 中，在 Devices 栏中找出应用程序的包名，然后选中它。
3. 点击红色标志的按钮 ( ) 来终止进程。

C.3.3　监视 Android 应用程序的线程活动

你可以使用 DDMS 来监视一个独立 Android 应用程序的线程活动，步骤如下：

1. 在模拟器或者设备中，确认哪个应用程序是你希望监视的。
2. 在 DDMS 的 Devices 栏中找出对应的应用程序包名，然后选中它。
3. 点击带三个黑色箭头的按钮 ( ) 来显示应用程序的线程。它们将在右边的“Threads”栏中显示出来。

4. 在 Threads 栏中，你可以选择一个特定的线程，然后点击 Refresh 按钮来进一步了解线程的状态——相关结果会显示在下面。

友情提示

你也可以利用带三个黑色箭头和一个红色点的按钮（ ）来开始线程分析。

举个例子，图 C.2 中我们可以看到“Threads”栏中显示出运行在模拟器中的 com.introtoandroid.myfirstandroidapp 包的相关信息。

Threads | Heap | Allocation Tracker | Network Statistics | File Explorer | Emulator Control | System Information

ID	Tid	Status	utime	stime	Name
1	15356	Native	83	14	main
*2	15359	VmWait	0	0	GC
*3	15361	VmWait	0	0	Signal Catcher
*4	15362	Runnable	348	32	JDWP
*5	15363	VmWait	0	0	Compiler
*6	15364	Wait	0	0	ReferenceQueueDaemon
*7	15365	Wait	0	0	FinalizerDaemon
*8	15366	Wait	0	0	FinalizerWatchdogDaemon
9	15367	Native	2	0	Binder_1
10	15368	Native	0	0	Binder_2

Refresh　Sat Jul 20 04:04:42 PDT 2013

```
at android.os.MessageQueue.nativePollOnce(Native Method)
at android.os.MessageQueue.next(MessageQueue.java:125)
at android.os.Looper.loop(Looper.java:124)
at android.app.ActivityThread.main(ActivityThread.java:5041)
at java.lang.reflect.Method.invokeNative(Native Method)
at java.lang.reflect.Method.invoke(Method.java:511)
at com.android.internal.os.ZygoteInit$MethodAndArgsCaller.run(ZygoteInit.java:793)
at com.android.internal.os.ZygoteInit.main(ZygoteInit.java:560)
at dalvik.system.NativeStart.main(Native Method)
```

图 C.2　使用 DDMS 中的“Threads”栏

C.3.4　监视堆的活动

你可以使用 DDMS 来监视一个独立 Android 应用程序的堆信息——每次垃圾回收 (GC) 后，都可以通过如下步骤来更新堆信息。

1. 在模拟器或者设备中，确认你希望监视的应用程序已经在运行。

2. 在 DDMS 中，从 Devices 栏中找出应用程序的包名，并选中它。

3. 点击绿色的圆柱形图标（ ）来显示应用程序的堆信息（结果会显示在 Heap 栏中）。这些数据随着每次垃圾回收而更新。你也可以在 Heap 栏中利用

Cause GC 按钮来执行垃圾回收操作。

4. 在 Heap 栏中，你可以选择一个特定类型的元素。相应的结果会显示在 Heap 栏的下方，如图 C.3 所示。

小窍门

当使用 Allocation Tracker 和 Heap 监视器时，记住它并不代表你的应用程序正在使用的所有内存。这个工具显示了通过 Dalvik 虚拟机分配的内存。而一些程序调用还会从本地堆中分配内存。举个例子来说，SDK 中的很多图形操作函数会导致本地的内存分配，而这部分内存的使用情况并不会在这里显示出来

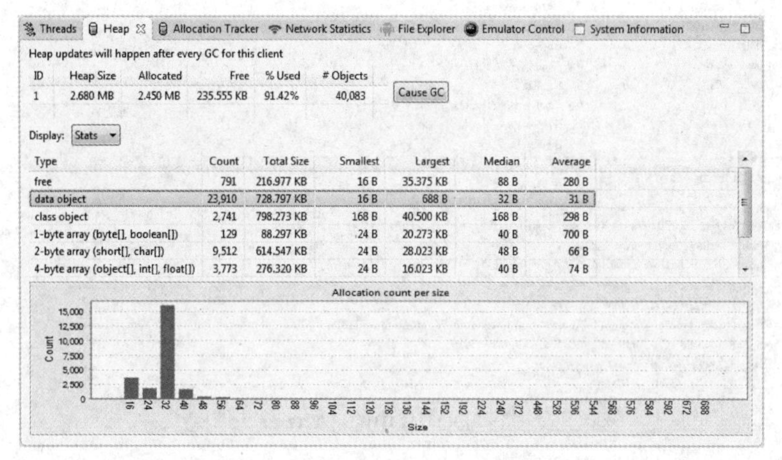

图 C.3 使用 DDMS 中的“Heap”栏

C.3.5 执行垃圾回收

你可以使用 DDMS 来强制进行垃圾回收，步骤如下：

1. 在模拟器或者设备中，确保你想执行垃圾回收的应用程序已经在运行。
2. 在 DDMS 的 Devices 栏中找出应用程序的包名然后选中它。
3. 点击垃圾桶按钮（ ）来为这个应用程序执行垃圾回收操作，其结果可

以在 Heap 栏中看到。

C.3.6 创建并使用一个 HPROF 文件

HPROF 文件可以用来监测堆的分配情况，以此优化运行性能。你可以使用 DDMS 来为应用程序程序创建一个 HPROF 文件，步骤如下：

1. 在模拟器或者设备中，确保你想要生成 HPROF 数据的应用程序正在运行。
2. 在 DDMS 的 Devices 栏中找出应用程序的包名然后选中它。
3. 点击 HPROF 按钮（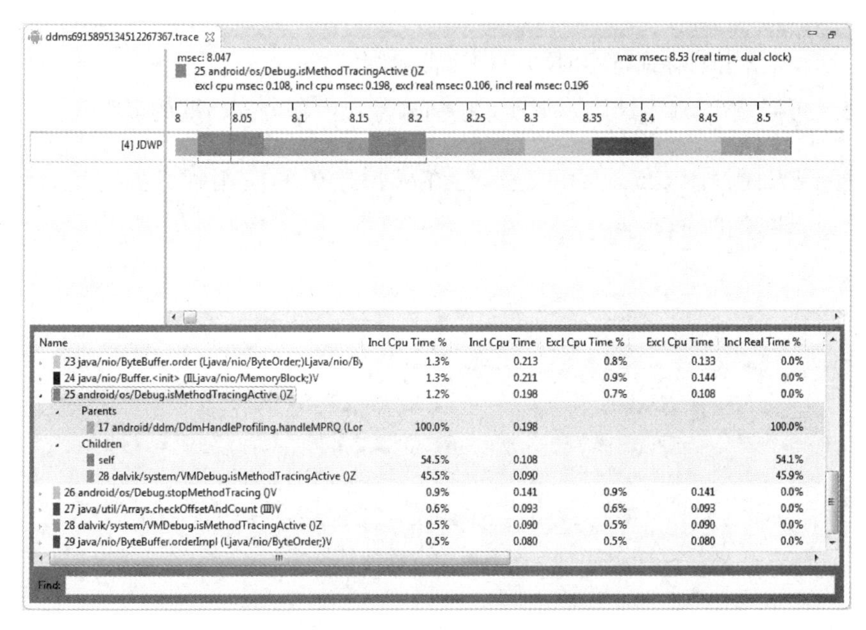）来生成应用程序的 HPROF 文件，其结果会保存在 /data/misc 目录中。

举个例子来说，在图 C.4 中你所看到的是 Android IDE 中显示出来的 HPROF 结果。如果你切换到 Debug 视图，那么还会有一个跟踪图形被显示出来。

图 C.4 使用 Android IDE 来检视 **HPROF** 信息

一旦你获取到了 Android 系统生成的 HPROF 数据，就可以通过 Android SDK 提供的 hprof-conv 工具来将它转化成标准的 HPROF 文件格式。然后你可以使用任何合适的工具来分析这些信息。

友情提示

我们可以在 Android 系统中通过多种其他方式来生成 HPROF 文件。举个例子，你可以通过编程的方式实现（利用 Debug 类）。另外，monkey 工具也有产生 HPROF 文件的选项。

C.4　使用内存分配追踪器

你可以使用 DDMS 来监视特定 Android 应用程序的内存分配情况。开发者可以根据需求来更新内存分配数据。追踪内存分配情况的步骤如下。

1. 在模拟器或者设备中，确认你想监视的应用程序正在运行。
2. 在 DDMS 的 Devices 栏中找出应用程序的包名。
3. 切换到 Allocation Tracker 栏。
4. 点击 Start Tracking 按钮来开始追踪内存分配情况，然后点击 Allocations 按钮来得到特定时间点的内存分配信息。
5. 可以点击 Stop Tracking 按钮来停止内存分配情况的追踪。

举例来说，图 C.5 显示的是运行在模拟器中的应用程序的 Allocation Tracker 栏中的内容。

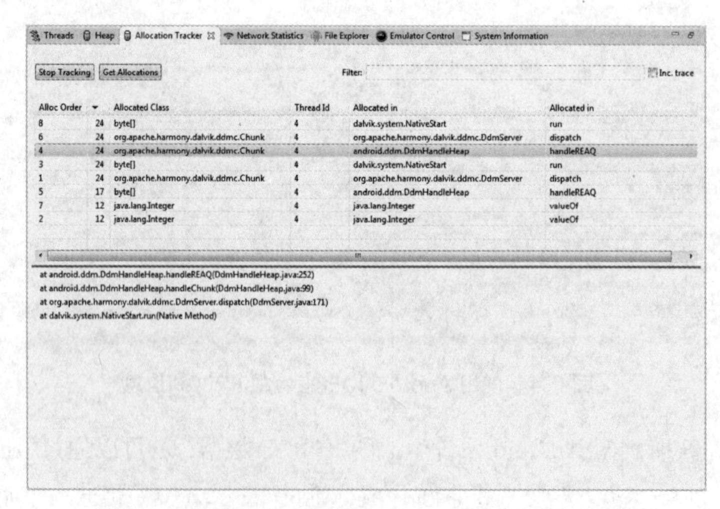

图 C.5　使用 DDMS 中的 **Allocation Tracker** 栏

Android 开发者网站有一篇关于内存分析的文章，详见：

http://android-developers.blogspot.com/2011/03/memory-analysis-for-android.html。

C.5 观察网络数据

你可以使用 `DDMS` 来分析应用程序的网络使用情况。这个工具可以告诉我们应用程序在何时执行了网络数据传输，以及其他相关信息。Android 提供的 `TrafficStats` 类用于为你的应用程序添加网络数据分析功能。为了区分应用程序的几种不同的数据传输方式，你只要在执行传输前采用一个 `TrafficStats` 标签。了解网络数据是有用的，因为可以帮助我们更好的优化网络数据传输代码。在图 C.6 中，我们会看到连接 Nexus 4 设备后 `Network Statistics` 栏中的内容。

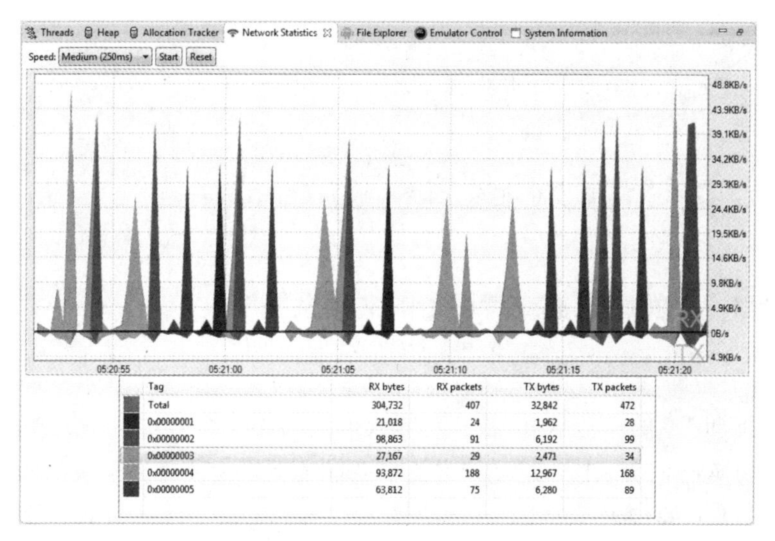

图 C.6 使用 **DDMS** 的 **Network Statistics** 栏

C.6 使用 File Explorer

你可以使用 `DDMS` 来浏览模拟器或真机设备的 Android 文件系统，并执行一些操作（对于没有 root 权限的设备，这种访问会有一定的限制）。你可以访问到应用程序文件、目录，以及数据库，还可以把文件从系统中拉出来，或者把文件传送到系统中（当然，前提是你有合理的权限）。

举例来说，图 C.7 显示的是某模拟器的 File Explorer 内容。

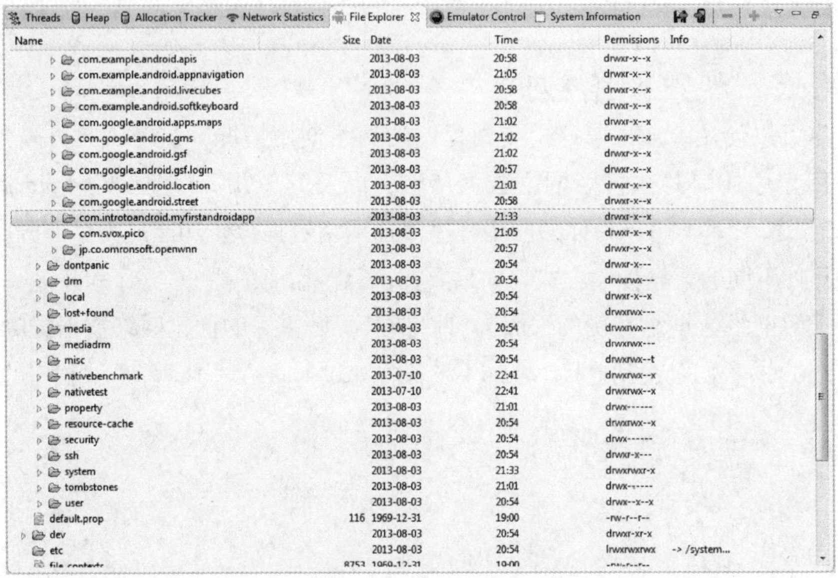

图 C.7　使用 DDMS 的 **File Explorer** 栏

C.6.1　浏览模拟器或者设备的文件系统

浏览 Android 文件系统的步骤如下：

1. 在 DDMS 的 Devices 栏中选择模拟器或者设备。
2. 切换到 File Explorer 栏中，你将看到一个文件夹层次结构。
3. 浏览目录或者文件。

要注意的是，当文件夹内容有变化时，File Explorer 需要等待一段时间才会显示出来。

友情提示

一些设备目录（譬如 /data），可能无法通过 DDMS 的 File Explorer 来访问。

表格 C.1 列出了 Android 文件系统中的部分重要目录。虽然这类信息是因设备而异的，但上面所提供的是最常见的一些目录。

表格 C.1 Android 文件系统中的部分重要目录

目录	用途
/data/app/	Android APK 文件的存储位置
/data/data/<package name>/	应用程序的顶层目录；譬如：/data/data/com.introtoandroid.myfirstandroidapp/
/data/data/<package name>/shared_prefs/	应用程序的“Shared preference”存储目录，以 XML 文件存储
/data/data/<package name>/files/	应用程序文件目录
/data/data/<package name>/cache/	应用程序缓存目录
/data/data/<package name>/databases/	应用程序数据库目录；譬如：/data/data/com.introtoandroid.pettracker/databases/test.db
/mnt/sdcard/	外部存储器 (SD 卡)
/mnt/sdcard/download/	浏览器相关文件的存储目录

C.6.2 从模拟器或者设备中复制文件

你可以使用 File Explorer 来从模拟器或者设备文件系统中复制文件 / 目录到电脑中，步骤如下：

1. 使用 File Explorer，浏览你需要拷贝的文件或目录，然后选中它。
2. 从 File Explorer 的右上角位置，点击一个带箭头的磁盘图标按钮（ ），来从设备中拉取文件。另一种可选的方法是点选按钮下拉菜单中的 Pull File。
3. 输入文件在电脑中的保存路径，然后点击 Save。

C.6.3　将文件传送到模拟器或者设备中

你可以使用 File Explorer 来把电脑中的文件传送到模拟器或者设备文件系统中，步骤如下：

1. 使用 File Explorer 来浏览需要复制的文件或目录，然后选中它。

2. 在 File Explorer 的右上角，点击带箭头和手机标志的按钮（）来把文件推送到设备中。另一种可选方式是点选按钮旁边下拉菜单中的 Push File 来完成。

3. 在电脑中选择相应的文件或目录，然后点击 Open。

小窍门

File Explorer 也部分支持“拖放”操作，这也是把目录推送到 Android 文件系统中的唯一方式；但是，我们不推荐将目录拷贝到文件系统中——因为没有删除功能。你只有通过编程的方式来删除目录(假设有相应权限的话)。另一种方式就是使用 adb shell 的 rmdir，但是你也同样需要拥有相应的权限。如果你已经充分了解到这些风险后，你可以选择将电脑中的文件或目录拖放到 File Explorer 中的目标位置。

C.6.4　从模拟器或者设备中删除文件

你可以使用 File Explorer 来删除模拟器或者设备文件系统中的文件（一次只能操作一个，而且不能是目录），步骤如下：

1. 使用 File Explorer，浏览希望删除的文件，然后选中它。

2. 在 File Explorer 的右上角中，点击红色的头号按钮（）来删除此文件。

警告

小心！删除操作没有确认过程，意味着文件将立即被删除而且无法重新恢复。

C.7　使用 Emulator Control

你可以在 DDMS 中，通过 Emulator Control 栏来与各模拟器实例进行交互通信。你必须先选中对应的目标模拟器，然后执行如下操作：

- 改变电话 (telephony) 状态。
- 模拟来电。
- 模拟来信 (SMS)。
- 发送一个 GPS 坐标位置修正。

C.7.1 改变电话状态

为了通过 Emulator Control 栏 (如图 C.8 所示) 来改变电话状态，可以遵循如下步骤：

1. 在 DDMS 中，选择你想改变电话状态的那个模拟器。
2. 切换到 Emulator Control 栏中，你要改变的是 Telephony Status 中的信息。
3. 从 Voice、Speed、Data 和 Latency 中选择正确的选项。
4. 举个例子，当把 Data 选项从 Home 变成 Roaming 后，你应该会在状态栏中看到一条提示设备当前正在漫游的提醒。

C.7.2 模拟语音来电

为了使用 Emulator Control 栏来模拟一个语音来电 (如图 C.8 所示)，可以遵循如下步骤：

1. 在 DDMS 的 Devices 栏中选择你想操作的目标设备。
2. 切换到 Emulator Control 栏，你要改变的 Telephony Actions 中的信息。
3. 输入来电电话号码，可以包含数字，+ 和 #。
4. 点中 Voice 选钮。
5. 点击 Send 按钮。
6. 你的模拟器设备在振铃，接听电话。
7. 模拟器可以正常中止通话，或者你可以在 DDMS 中通过 Hang Up 按钮来结束通话。

C.7.3 模拟 SMS 来信

DDMS 提供了向模拟器发送 SMS 信息的一种稳定方式，其操作过程和语音通话流程是类似的。为了使用 Emulator Control 栏（参见图 C.8，上半部分）来模拟 SMS 来信，可以遵循如下步骤：

1. 在 DDMS 中，选择短信的发送目标。
2. 切换到 Emulator Control 栏，你要改变的是 Telephony Actions 中的信息。
3. 输入短信发起方的电话号码，可以包含数字，+ 和 #。
4. 点选 SMS 选钮。
5. 点击 Send 按钮。
6. 然后在模拟器中，你将看到一条 SMS 来信的通知信息。

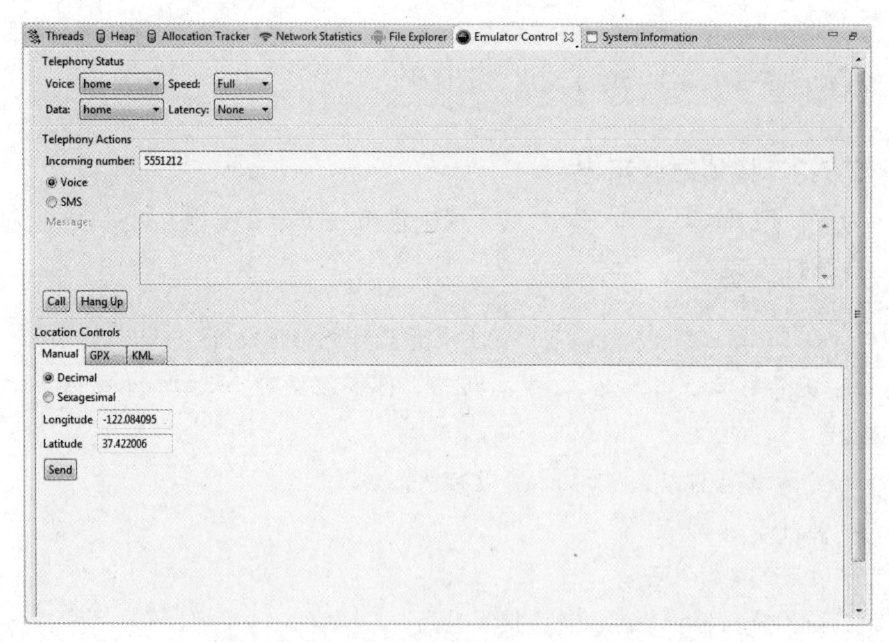

图 C.8 使用 DDMS 的 Emulator Control 栏

C.7.4　发送坐标修正信息

发送 GPS 坐标给模拟器的步骤可以在附录 B，即“快速入手指南：Android 模拟器”中找到。只要在 Emulator Control 栏中输入 GPS 信息（如图 C.8，下半部分所示），点击 Send，然后就可以在模拟器中使用 Maps 应用程序来获知当前位置了。

C.8　使用 System Information

我们可以通过 DDMS 中的 System Information 栏来了解模拟器实例的系统运行信息。你首先必须在 System Information 栏中选择希望分析的目标模拟器，然后遵照以下的使用方法：

1. 在 DDMS 中，选择目标模拟器。
2. 切换到 System Information 栏中。
3. 从 System Information 的下拉菜单中选择你感兴趣的信息。
4. 如果当前还没有数据的话，你可能需要点击 Update from Device 按钮。
5. 你应该会看到一张表示系统信息的图表，如图 C.9 所示。

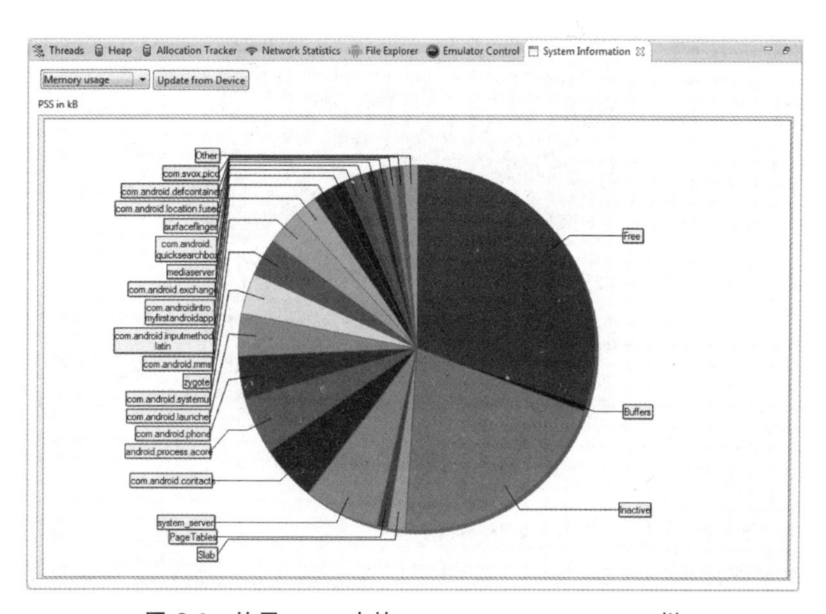

图 C.9　使用 DDMS 中的 System Information 栏

C.9 为模拟器和设备执行截屏操作

你可以从 DDMS 中对模拟器或者设备执行截屏操作，这对于调试程序来说是有用的，并且它同时适用于 QA 和开发人员。遵循以下步骤来做截屏动作：

1. 在 DDMS 中，从 Devices 栏里选择目标模拟器或者设备。

2. 在设备或者模拟器中，确保当前已经处于需要截取的界面。

3. 点击正方形的图形按钮（ ）来执行截屏操作。此时会有一个窗口弹出来，如图 C.10 所示。

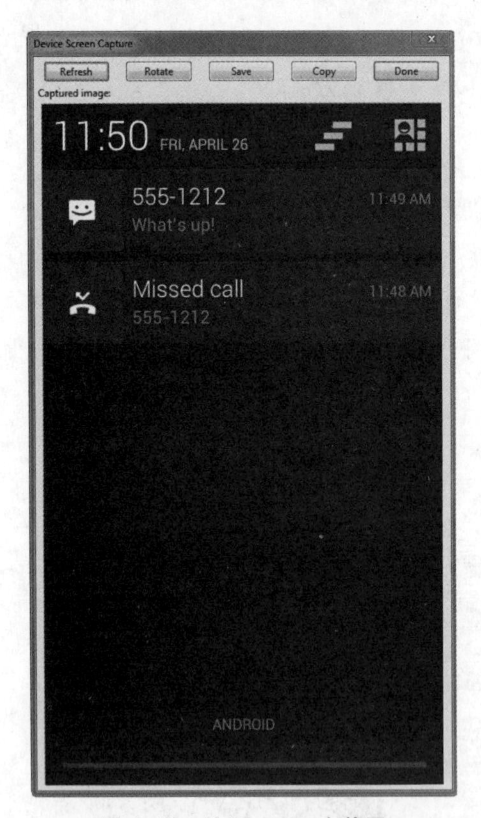

图 C.10 使用 DDMS 来截屏

4. 在截图窗口中，点击 Save 按钮来保存图像。类似的，Copy 按钮可以将图像复制到剪贴板中，Refresh 按钮则负责更新截图界面（如果模拟器或者设备的界面已经变更的话），而 Rotate 按钮可以把图形翻转 90 度。

C.10 使用应用程序的日志追踪功能

LogCat 工具已经被集成到 DDMS 中了——在 DDMS 界面的底部栏中。你可以通过在下拉选项中选择对应的日志类型来控制需要显示出来的信息。默认的选项是 Verbose（即把所有信息都显示出来）。其他选项分别对应了 debug、info、warn、error 和 assert。当被选中后，只有与选项相对应的日志信息会显示出来。你可以利用搜索域来过滤出只包含搜索结果的信息——这个操作支持 Regular expressions，而且可以带有目标前缀，譬如 text:。

你也可以创建和保存过滤条件，以方便选择符合条件的信息。你可以使用加号 (+) 按钮来添加一个过滤条件——tag、message、process ID、name 或者 log level 都可以成为过滤条件（同时还可以使用 Java 类型的"Regular expressions"）。

举个例子来说，假设你的应用程序中有如下代码语句：

```
public static final String DEBUG_TAG = "MyFirstAppLogging";
Log.i(DEBUG_TAG,
    "In the onCreate() method of the MyFirstAndroidAppActivity Class.");
```

你可以点击加号按钮（+）创建一个 LogCat 过滤条件，为它命名然后把 log tag 这一项填写成符合你调试标签的字符串，即：

```
MyFirstAppLogging
```

最后 LogCat 栏中就会显示过滤出来的结果，如图 C.11 所示。

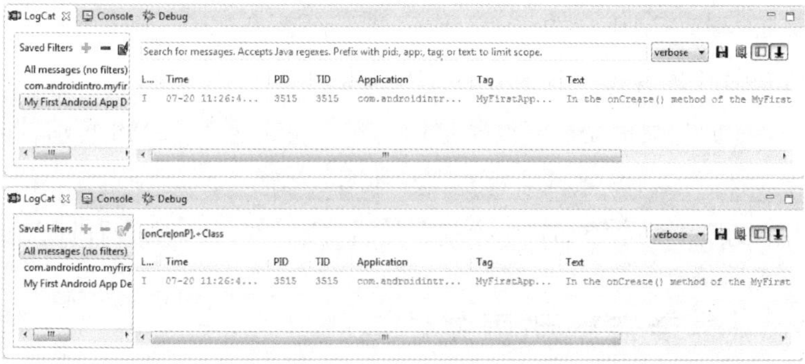

图 C.11 使用 DDMS 的 LogCat 过滤功能，上半部分是过滤条件，下半部分是 Regular Expression 搜索

如果你不想看到所有结果，也可以在搜索栏中输入 MyFirst，此时只有那些包含了这一字符串的信息才会被显示出来。

C.11 总结

在本附录中，你应该已经学习到了 DDMS 所提供的众多有价值的功能。很多 DDMS 工具都可以从 Android IDE 中访问，或者作为独立的应用程序来运行。你学习了 DDMS 提供的不少有用的工具，来帮助我们监测运行在模拟器或者设备中的应用程序的性能；你也学习了 DDMS 如何允许我们直接去和模拟器或者设备的文件系统进行交互；你应该也感觉到了和模拟器或者设备进行交互，譬如执行电话操作、短信、截屏甚至是日志追踪等操作都是很便利的。

C.12 小测验

1. 命令行形式的 DDMS 程序存放在 Android SDK 的哪个目录下？
2. 判断题：DDMS 中用于给模拟器或者设备发送 GPS 修正的视图叫做 Emulator Control。
3. 说出你可以使用 Thread 和 Heap 栏来执行哪些任务。
4. 可以被添加到代码中的，具有网络统计数据分析功能的类名是什么？
5. 判断题：LogCat 工具不是 DDMS 的一部分。

C.13 练习

1. 启动一个范例应用程序（在模拟器上或者设备中），使用 Debug 配置，然后利用 DDMS 中的各种工具来分析应用程序。
2. 学会如何与模拟器或者设备进行交互，譬如通话、SMS 短信，以及 GPS 坐标修正，并利用 DDMS 来截取每种交互的屏幕界面。
3. 为范例应用程序添加日志语句，然后使用 LogCat 来查看日志信息。

C.14 参考资料和更多信息

Android 工具：“使用 DDMS”

http://d.android.com/tools/debugging/ddms.html

Android 参考 : “网络统计数据”

http://d.android.com/reference/android/net/TrafficStats.html

Android 工具 : “读写日志信息”

http://d.android.com/tools/debugging/debugging-log.html

Android 参考 : “日志”

http://d.android.com/reference/android/util/Log.html

附录 D Android IDE 和 Eclipse 使用技巧

Android IDE（预安装了 ADT 插件的 Eclipse IDE 开发环境）是 Android ADT 包的一个组成部分。Android IDE (Eclipse) 是对于开发者来说最为流行的开发环境之一。本附录旨在提供一系列 Android IDE 的使用技巧，以期可以帮助大家快速高效地开发 Android 应用程序。即便你可能会选择使用自己的 Eclipse 工具，然后手动安装 ADT 插件，这篇附录所提供的指导说明都是同样适用的。因为 Android IDE 和安装了 ADT 插件的 Eclipse 是等同的，所以后续讨论中我们只会讨论 Android IDE。

D.1 正确组织你的 Android IDE 工作区

本小节中，读者将学习到 Android IDE 工作区的组织和使用技巧，以帮助大家建立最合适的开发环境。

D.1.1 集成源码控制服务

Android IDE 有能力通过插件的形式来集成对多种源码控制包的支持——取决于不同插件的功能，Android IDE 可以“check out”一个源文件（使得此文件可被写入，从而让你可以编辑它），“check in”文件，更新文件，显示文件状态，以及其他类似任务。

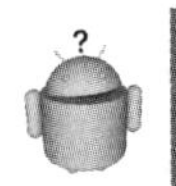

小窍门

常见的插件已经能支持 CVS、Subversion、Perforc、Git、Mercurial 和很多其他源码控制工具。

总的来说，源码控制并非适合于所有的文件。对于 Android 开发项目而言，任何在 /bin 和 /gen 目录中的文件都不应该加入到源码控制中。为了在 Android IDE 中排除掉这些例外，可以通过“Window”、“Preferences”、“Team”和“Ignored Resources”来设置。你可以点击“Add Pattern…”按钮来添加类似于 *.apk、*.ap_ 和 *.dex 这样的后缀，一次添加一个——这些修改适用于所有集成的源码控制系统。

D.1.2 重新调整各视图栏的位置

Android IDE 在默认视图中的布局是很规范的。但是，并不是每个人都喜欢默认布局。以我们的切身感受来看，某些视图还是有改进的空间的。

小窍门

体验一下什么样的布局最适合你。每个视图都可以是基于任务来排列的，而且都有它自己的风格。

举个例子，Properties 栏通常可以在视图底部中找到。对于编辑源码的情况来说，这样的布局是挺好的——因为这一栏只有几行字那么高。但是对于编辑资源的情况而言，情况就不是这样子了。幸运的是，在 Android IDE 中这很容易修正：只要左键点击拖动（标题栏）栏目然后把它放到新的位置（譬如在 Android IDE 窗口的右侧）就可以了。这样我们就可以轻松地获取到那些常用的属性值了。

小窍门

如果你把视图搞乱了，或者只是想重置归位，那么只要点击 Window，Reset Perspective 就可以了。

D.1.3 最大化窗口

有的时候你可能会觉得编辑窗口太小了，特别是当有很多小窗口和栏目围绕着它时。这种情况下可以尝试：双击你想编辑的那个源码栏目。“Boom!”，现在它就最大化到几乎占用整个 IDE 窗口了。再双击一次源码栏就可以回到正常状态

（Ctrl+M 是 Windows 系统下的对应快捷键；而 Mac 系统下则是 Command+M）。

D.1.4　最小化窗口

你也同样可以最小化某些区域。譬如，如果你不喜欢底部通常会出现的 console 栏或者是左部通常会出现的 Package Explorer，你可以使用每个区域右上角的最小化按钮。想恢复时只要点击一个像是两扇小窗的按钮即可。

D.1.5　并排浏览窗口

你想同时浏览两个源码文件吗？你可以的！只要把一个源码栏拖动到编辑区域的边缘或者是底部就能实现了。你将看到一个暗色的外框（如所示），用于指示文件将要被放置的新位置——要么与另一个文件并排或者在其之上 / 之下。这就创造出了并行的编辑区域了（如图 D.1 所示）。你可以重复类似的操作来同时查看三个，四个或者更多的文件。

```
MenuActivity.java   AudioActivity.java
1  package com.androidintro.simplemultimedia;
2
3+ import java.util.SortedMap;[]
12
13 public abstract class MenuActivity extends ListActivity {
14     private SortedMap<String, Object> actions = new TreeMap<String, Object>();
15
16
17     @Override
18     protected void onListItemClick(ListView l, View v, int position, long id) {
19         String key = (String) l.getItemAtPosition(position);
20         startActivity((Intent) actions.get(key));
21     }
22
23     /** Called when the activity is first created. */
24     @Override
25     public void onCreate(Bundle savedInstanceState) {
26         super.onCreate(savedInstanceState);
27
28         prepareMenu();
29
30         String[] keys = actions.keySet().toArray(
31                 new String[actions.keySet().size()]);
32
33         setListAdapter(new ArrayAdapter<String>(this,
34                 android.R.layout.simple_list_item_1, keys));
35     }
36
37     public void addMenuItem(String label, Class<?> cls){
38         actions.put(label, new Intent(this, cls ));
39     }
40
41     abstract void prepareMenu();
42 }
43
```

图 D.1　暗色的外框是窗口并排放置时的情况

D.1.6　查看同一个文件的两个不同区域

想同时查看同一个源码文件的不同区域？你可以的！确保此文件当前已经打

开并获取到焦点，从菜单中选择 Window，然后选择 New Editor，这样子同一文件的另一个编辑窗口就出现了。依照前面一个技巧，你就可以同时查看同一个文件的不同区域了（如图 D.3 所示）。

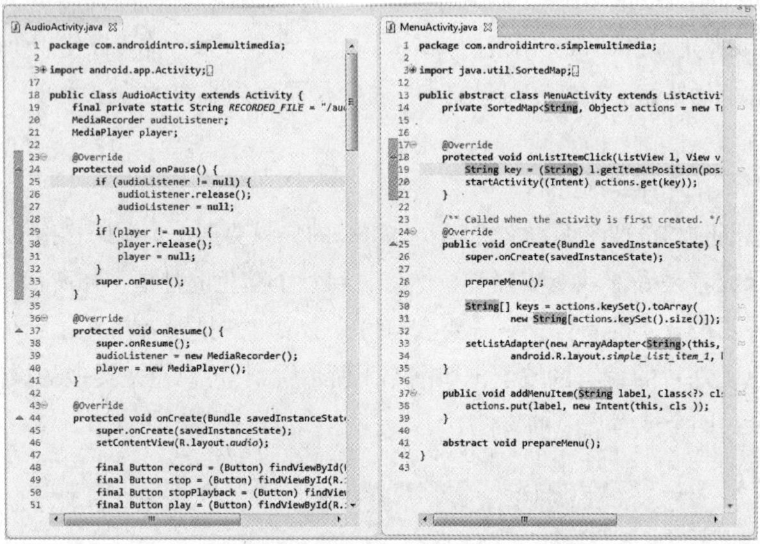

AudioActivity.java

```
1  package com.androidintro.simplemultimedia;
2
3⊕ import android.app.Activity;
17
18 public class AudioActivity extends Activity {
19     final private static String RECORDED_FILE = "/au
20     MediaRecorder audioListener;
21     MediaPlayer player;
22
23⊖    @Override
24     protected void onPause() {
25         if (audioListener != null) {
26             audioListener.release();
27             audioListener = null;
28         }
29         if (player != null) {
30             player.release();
31             player = null;
32         }
33         super.onPause();
34     }
35
36⊖    @Override
37     protected void onResume() {
38         super.onResume();
39         audioListener = new MediaRecorder();
40         player = new MediaPlayer();
41     }
42
43⊖    @Override
44     protected void onCreate(Bundle savedInstanceStat
45         super.onCreate(savedInstanceState);
46         setContentView(R.layout.audio);
47
48         final Button record = (Button) findViewById(
49         final Button stop = (Button) findViewById(R.
50         final Button stopPlayback = (Button) findVie
51         final Button play = (Button) findViewById(R.
```

MenuActivity.java

```
1  package com.androidintro.simplemultimedia;
2
3⊕ import java.util.SortedMap;
12
13 public abstract class MenuActivity extends ListActivi
14     private SortedMap<String, Object> actions = new T
15
16
17⊖    @Override
18     protected void onListItemClick(ListView l, View v
19         String key = (String) l.getItemAtPosition(pos
20         startActivity((Intent) actions.get(key));
21     }
22
23     /** Called when the activity is first created. */
24⊖    @Override
25     public void onCreate(Bundle savedInstanceState) {
26         super.onCreate(savedInstanceState);
27
28         prepareMenu();
29
30         String[] keys = actions.keySet().toArray(
31                 new String[actions.keySet().size()]);
32
33         setListAdapter(new ArrayAdapter<String>(this,
34                 android.R.layout.simple_list_item_1,
35     }
36
37⊖    public void addMenuItem(String label, Class<?> cl
38         actions.put(label, new Intent(this, cls ));
39     }
40
41     abstract void prepareMenu();
42 }
43
```

图 D.2　两个源文件并排放置

AudioActivity.java

```
1  package com.androidintro.simplemultimedia;
2
3⊕ import android.app.Activity;
17
18 public class AudioActivity extends Activity {
19     final private static String RECORDED_FILE = "/au
20     MediaRecorder audioListener;
21     MediaPlayer player;
22
23⊖    @Override
24     protected void onPause() {
25         if (audioListener != null) {
26             audioListener.release();
27             audioListener = null;
28         }
29         if (player != null) {
30             player.release();
31             player = null;
32         }
33         super.onPause();
34     }
35
36⊖    @Override
37     protected void onResume() {
38         super.onResume();
39         audioListener = new MediaRecorder();
40         player = new MediaPlayer();
41     }
42
43⊖    @Override
44     protected void onCreate(Bundle savedInstanceStat
45         super.onCreate(savedInstanceState);
46         setContentView(R.layout.audio);
47
48         final Button record = (Button) findViewById(
49         final Button stop = (Button) findViewById(R.
50         final Button stopPlayback = (Button) findVie
51         final Button play = (Button) findViewById(R.
```

AudioActivity.java

```
42
43⊖    @Override
44     protected void onCreate(Bundle savedInstanceStat
45         super.onCreate(savedInstanceState);
46         setContentView(R.layout.audio);
47
48         final Button record = (Button) findViewById(
49         final Button stop = (Button) findViewById(R.
50         final Button stopPlayback = (Button) findVie
51         final Button play = (Button) findViewById(R.
52
53⊖        record.setOnClickListener(new View.OnClickLi
54
55⊖            public void onClick(View v) {
56                 if (audioListener == null) {
57                     audioListener = new MediaRecorde
58                 }
59
60                 // Fully qualified path name. In thi
61                 String pathForAppFiles = getFilesDir
62                 pathForAppFiles += RECORDED_FILE;
63                 Log.d("Audio filename:",pathForAppFi
64
65
66                 audioListener.setAudioSource(MediaRe
67                 audioListener.setOutputFormat(MediaR
68                 audioListener.setAudioEncoder(MediaR
69
70
71                 audioListener.setOutputFile(pathForA
72
73                 try {
74                     audioListener.prepare();
75                     audioListener.start();
76                 } catch (Exception e) {
77                     Log.e("Audio", "Failed to prepar
78                 }
79
```

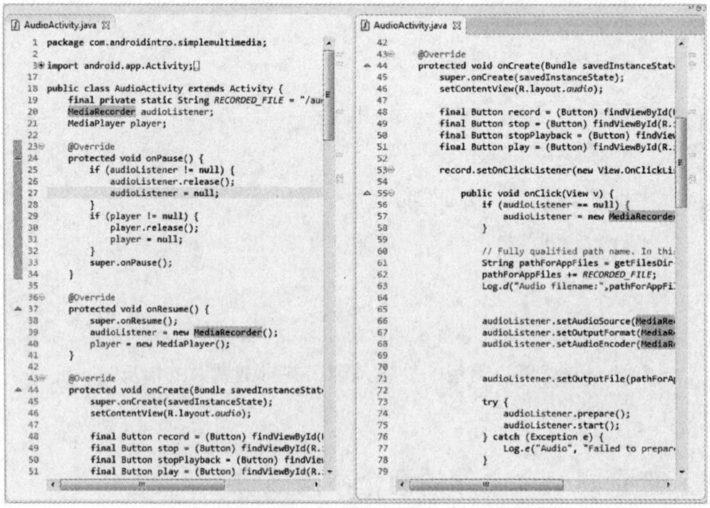

图 D.3　并排查看同一个文件的不同区域

D.1.7　关闭不需要的页面

是不是有时会感觉到我们打开了太多已经不再需要编辑的文件？的确是这样的！有几种方案来解决这个问题。首先，你可以右键点击某个文件页面然后选择 `Close Others` 来关闭所有其他打开的文件。你也可以通过中键点击来快速关闭指定的页面(这对于具有中键鼠标的Mac系统也同样适用，譬如带滚轮的鼠标)。

D.1.8　让窗口可控

最后，你可以使用 Android IDE 来设置允许打开的文件编辑器的数量。

1. 打开 Android IDE 中的 `Preferences` 对话框。
2. 点击扩展 `General`，选择 `Editors`，然后勾选 `Close editors automatically`。
3. 在 `Number of opened editors before closing` 中输入期望的数值。

一旦数值达到极限，新打开的窗口就会迫使老的编辑器被关闭。`Number of opened editors before closing` 的一个建议值是 8，此时既不会有太多的窗口，也可以保证我们常用的窗口以及它所引用的窗口处于开启状态。请注意，如果你在 `When all editors are dirty or pinned` 中选择了 `Open new editor`，那么系统有可能会允许更多的文件被打开。如果你同时编辑很多文件但是却可以在大多数常规任务中保持操作的简洁，那么这一设置并不会对效率产生影响。

D.1.9　创建定制的日志过滤条件

每一条 Android 日志声明都包含了一个标签。你可以使用这些带有 `LogCat` 中定义的过滤条件的标签。你可以点击 `LogCat` 中的绿色的加号按钮来添加新的过滤条件。为过滤条件命名——可能直接使用标签名——然后输入你想用的标签。现在在 `LogCat` 中有其他栏来显示出包含此标签的相关信息了。另外，你可以创建按照严重等级分类的过滤条件。

Android 的传统让我们在创建标签时喜欢以类名来为标签命名，你可以从本书中看到不少佐证。注意我们通常会在类中定义一个常量变量，以此简化日志函数的调用。下面是一个例子：

```
public static final String DEBUG_TAG = "MyClassName";
```

当然这个传统并不是强制的。你可以以特定的任务来组织标签，或者你可以使用其他有逻辑性的方式来做这一工作。另一个简单的方式如下所示：

```
private final String DEBUG_TAG = getClass().getSimpleName();
```

虽然它在运行过程中并非最高效的，但是这句代码可以让你避免复制 + 粘贴可能带来的错误。如果你曾经遇到过因为错误的标签而误导了你对问题的判断，那么这个方式对你是有用的。

D.1.10 搜索你的工程

在 Android IDE 中，你有几种简单的方法来搜索工程文件。我们可以从 Android IDE 的工具栏的 `Search` 菜单中找到不少相关选项。通常情况下，我们使用 `File` 搜索项，因为它允许你在整个工作区中搜索所有文件中的文本。`Java` 搜索项也可以帮助你找出 Java 相关的元素，譬如类和域。

D.1.11 组织 Android IDE 任务

默认情况下，任何以“`//TODO`”开头的注释都会显示在 `Java` 视图的 `Tasks` 栏中。这对于标注那些需要进一步实现的代码区域是有用的。你可以点击特定的任务，然后直接追踪到需要进一步实现的区域的注释处。

你也可以创建带“`to-do`”元素的注释标签。譬如我们经常会在注释中留下人名的简称，以便后期在代码审核时可以快速找到特定的功能实现。下面是一个例子：

```
// LED: Does this look right to you?
// CDC: Related to Bug 1234. Can you fix this?
// SAC: This will have to be incremented for the next build
```

如果对某些代码实现还不是特别确定，后期很可能会再次修改时，我们也可能会使用一个特别的注释(譬如 //HACK)。为了在你的 Task 列表中添加定制的标签，可以编辑 Android IDE 的偏好设置(在 Window，Preferences 中可以找到)。添加任何你想追踪的标签，而且标签本身还可以带有优先等级。举个例子来说，带有你的名字简称的等级比较高，而 HACK 标记的优先级就相对低些——因为后者可能在实现方式上并不是最佳的。

D.2　使用 Java 语言来编程

在本小节中，我们提供了应用程序的一系列编码技巧。

D.2.1　使用自动完成功能

自动完成功能体现了快速编程的特色。如果这个功能没有显示出来，或者被隐藏了，你可以通过 Ctrl+ 空格来把它调出来。自动完成功能不仅可以让你节省编写代码的时间，同时也可以帮助你记住各种函数的使用方法——或者帮助你查找到一个新的方法。你可以在某个类中寻找合适的函数方法，甚至还可以同时查看到与之相关的 Javadocs。你可以通过类名或者实例变量名来方便地找出某个静态方法。只需要一个“点号”(或者是 Ctrl+ 空格)，你就可以追踪相关的信息了。你也可以通过输入名称的一部分来快速过滤结果值。

D.2.2　创建新的类和方法

你可以通过右键点击对应的包，然后选择 New，Class，来快速地创建一个新的类，以及对应的源码文件。下一步，你输入类名，点选 Superclass 和 Interfaces，然后选择是否要创建默认的注释和构造方法实现框架或者是抽象方法。

和创建新类的方法类似，你可以快速创建方法框架，操作过程就是右键点击类(或者在类编辑器中)然后选择 Source，Override/Implement Methods。接着你可以选择需要创建框架的函数方法，以及在哪里创建，是否产生默认的注释等等。

D.2.3 导入（Imports）功能

当你在代码中第一次引用一个类时，你可以把鼠标悬浮在最近使用的类名上，然后选择 Import Classname(package name) 来让 Android IDE 快速添加正确的导入声明。

另外，导入命令（Windows 下是 Ctrol+Shift+O，Mac 下是 Command+Shift+O）可以让 Android IDE 自动地管理导入功能。Android IDE 会移除掉那些没有用的导入声明，并主动为我们添加那些已经使用但未被导入的包名。

如果在自动导入过程中有任何无法明确的类名，譬如 Android 的 Log 类，Android IDE 就会提示你需要导入哪个包。最后，我们可以配置 IDE 来使你每次保存文件时都能自动地管理导入功能——这种配置既可以应用于整个工作区，也可以是单个工程。

为某个工程单独做配置会让你有足够的灵活性。如果你同时工作于多个工程中，而且不想修改一些代码（即使这些修改是一种改进）。这种情况下的操作步骤如下：

1. 右键点击工程，然后选择 Properties。
2. 扩展 Java Editor 然后选择 Save Actions。
3. 勾选 Enable project specific settings，勾选 Perform the selected actions on save，然后勾选 Organize imports。

D.2.4 格式化代码

Android IDE 有一个内建的机制来格式化 Java 代码。格式化代码可以有效地保持编码风格的统一，将新的风格应用到老代码中，或者将风格与某客户端或者目标相匹配（譬如一本书或者文章）。

为了快速地格式化某部分代码，首先要选择源码，然后点击 Ctrl+Shift+F（Windows 环境下），或者 Command+Shift+F（Mac 环境下），然后代码就会按照当前的设置被格式化了。如果没有选中任何代码，那么整个文件都会被格式化。通常情况下，你需要选择更多的代码——譬如整个函数实现——来让缩进级别和括号都匹配正确。

Android IDE 的格式化设置可以在 Java Code Style，Formatter 下的 Properties 中找到。你可以针对单个工程或者整个工作区来做配置，你也可以通过修改任何想要的规则来体现自己的编码风格。

D.2.5　为几乎所有事物重命名

Android IDE 中的 Rename 工具是非常强大的。你可以使用它来为变量、方法、类名或者其他事物重新命名。更通常的情况是，你可以右键点击希望重命名的元素，然后选择 Refactor，Rename。其他可选的实现是，在选择了元素后，我们可以点击 F2（Windows 环境下），或者 Command+Alt+R（Mac 环境下）来开始重命名流程。如果你是为文件中的顶层类重命名，那么文件名也会发生变化。如果这个文件被源码控制所追踪的话，Android IDE 经常会主动处理源码控制方面的变化。如果 Android IDE 判断出将被改名的元素在其他地方有引用，那么这些地方也会被重命名——甚至是注释部分也会被重命名。是不是很高效？

D.2.6　重构代码

你是否曾经发现自己不断地写重复的某些代码段？譬如下面的例子。

```
TextView nameCol = new TextView(this);
namecol.setTextColor(getResources().getColor(R.color.title_color));
nameCol.setTextSize(getResources().
getDimension(R.dimen.help_text_size));
nameCol.setText(scoreUserName);
table.addView(nameCol);
```

上述代码段设置了文本颜色、文本字体大小，以及文本。如果你已经写了两三遍类似的代码段，那么重构在这种情况下就有“用武之地”了。Android IDE 提供了两个有用的工具——Extract Local Variable 和 Extract Method——来加速繁琐任务的实现。

使用 **Extract Local Variable** 工具

这个工具的使用步骤如下。

1. 选择语句：getResources().getColor(R.color.title_color)。

2. 右键点击然后选择 Refactor, Extract Local Variable，或者按 Alt+Shift+L。

3. 在弹出的对话框中，输入变量名，然后勾选 Replace all occurrences。然后点击 OK，静待 "奇迹" 的发生。

4. 重复上述步骤来设置文本大小。

现在，操作结果很可能是下面这样子的：

```
int textColor = getResources().getColor(R.color.title_color);
float textSize getResources().getDimension(R.dimen.help_text_size);
TextView nameCol new TextView(this);
nameCol.setTextColor(textColor);
nameCol.setTextSize(textSize);
nameCol.setText(scoreUserName);
table.addView(nameCol);
```

是不是很方便?

使用“Extract Method”工具

现在你可以学习第二个工具了，步骤如下：

1. 选择第一段代码的五行语句。

2. 右键点击然后选择 Refactor, Extract Method（或者使用 Alt+Shift+M）。

3. 为方法命名，然后点击 OK，静待“奇迹”的发生。

默认情况下，新的方法会显示在当前方法之下。如果其他段代码是完全一样的（意味着其他代码段的声明也是以同样顺序进行的），类型完全一致等等，那么它们也会被做相应的替换。你可以在 Extract Method 工具的对话框里看到计数值——如果结果值不是你所预期的，那么就要检查一下代码是否遵循了正确的模式。现在你有类似下面的代码：

```
addTextToRowWithValues(newRow, scoreUserName, textColor, textSize);
```

这比原始代码更容易使用，而且它几乎是不需要我们输入任何信息就创建出来了，从而让你节约了大量时间。

D.2.7 重新组织代码

有的时候，格式化操作对于代码的简洁和可读性的提升还不充分。在开发一个复杂的 Activity 时，你可能会产生大量的内嵌类和方法——Android IDE 中就有一个快速的技巧来解决这种情况。首先打开有问题的文件，并确保 outline 视图可见。

只要在 outline 视图中点击和拖曳相应的方法，并以合适的逻辑顺序进行排列，你将会看到由此带来的变化。这个办法几乎适用于 outline 中列出的所有元素，包括类、方法和变量。

D.2.8 使用快速修正功能

快速修正功能，可以在 Edit，Quick Fix（Windows 环境下的快捷键是 Ctrl+1，Mac 下是 Command+1）中找到，而且它不光用于修正潜在的问题。它会针对被选中的代码区弹出一个带有多个选项的菜单，并提供修正结果的预览。快速修正中的一个有用的功能是 Extract String 命令。通过 QuickFix 来将字符串快速移动到 Android 的字符串资源中，而且代码中引用的地方也会被自动更新。思考一下这个工具对于下面两行代码的作用：

```
Log.v(DEBUG_TAG, "Something happened");
String otherString = "This is a string literal.";
```

更新后的 Java 代码如下所示：

```
Log.v(DEBUG_TAG, getString(R.string.something_happened));
String otherString = getString(R.string.string_literal);
```

相应的元素已经被添加到字符串资源文件中了：

```
<string name="something_happened">Something happened</string>
<string name="string_literal">This is a string literal.</string>
```

操作过程中还会弹出对话框来让你定制字符串名称，以及需要出现在哪些可

选的资源文件中 (如果有的话)。

快速修正功能也可以在布局文件中使用——通过与多个 Android 相关选项的配合，来执行提取风格、提取元素到 include 文件中，甚至是改变组件类型等操作。

D.2.9 提供 Javadoc 风格的文档

合理的代码注释是有用的 (如果操作正确的话)。以 Javadoc 风格做的注释会出现在代码完成对话框和其他地方，因而使它们更为有用。为了给方法或者类快速添加 Javadoc 注释，只要按 Alt+Shift+J（Windows 环境下）或者 Alt+Shift+J（Mac 环境下）就可以了。你可以选择 Source，Generate Element Comment 来填充 Javadoc 中的特定域，譬如参数名和作者，从而加速操作过程。最后，如果你以“/**”来开始注释段，然后按 Enter，那么相应的代码段就会产生。

D.3 解决某些诡异的编译错误

有的时候，你会在 Android IDE 中发现一些突然出现的编译错误。这种情况下，你可以尝试 Android IDE 提供的几个快速解决技巧。

首先，尝试刷新一下工程——只要右键点击工程，然后选择“Refresh”或者按 F5 就可以了。如果这个方法不起作用的话，再尝试把 R.java 文件删除——这个文件存放在工程的 /gen 目录下（不要担心，这个文件会在每次编译时自动生成）。如果 Compile Automatically 选项被打开了，那么文件会被重新创建。否则你需要重新编译整个项目。

第二种解决这类编译错误的办法与源码控制有关。如果工程是通过 Android IDE 的 Team，Share Project 菜单来管理的，那么 IDE 可以管理只读或者自动生成的文件；如果你不想或者无法使用源码控制的话，那么要确保工程中的文件都是可写的 (换句话说，不是只读的)。

最后，你可以尝试清理整个项目。操作过程就是选择 Project，Clean，然后选择想要清理的工程。Android IDE 会移除掉所有临时的文件，然后重新编译整个项目。如果是 NDK 工程的话，那么不要忘了重编本地层的代码。

D.4　总结

在本附录中，你已经学习到了 Android IDE 提供的多种强大特性的使用技巧、如何管理 Android IDE 的工作区、以及用 Java 语言编写应用程序代码的技巧。Android IDE（Eclipse）的这些特性使得它成为我们开发 Android 应用程序的绝佳选择。

D.5　小测验

1. 判断题：我们有可能在 Android IDE 中使用源码控制系统。
2. 在 Android IDE 中最大化窗口的键盘快捷键是什么？
3. 怎样才能同时浏览两个源码文件？
4. 判断题：在 Android IDE 中，不可能在两个窗口中同时浏览同一个文件的不同区域。
5. 格式化 Java 源码的键盘快捷键是什么？
6. 使用 `Extract Local Variable` 工具的键盘快捷键是什么？
7. 使用快速修正功能的键盘快捷键是什么？

D.6　练习

1. 练习使用本附录中所提及的各种键盘快捷键。
2. 使用 Eclipse 文档或者 Internet 来找出至少另一种没有在本附录中提及的 Java 开发中使用的键盘快捷键。
3. 练习在 Android IDE 中重新组织各种 UI 元素，直到你觉得满意为止。

D.7　参考资料和更多信息

Eclipse 资源 :“Eclipse 资源”

http://www.eclipse.org/resources/

Eclipse 资源 :“Eclipse 文档”

http://www.eclipse.org/documentation/

Eclipse 资源 :“入门”

http://www.eclipse.org/resources/?category=Getting%20Started

Eclipse Wiki: “主页”

http://wiki.eclipse.org/Main_Page

Oracle Java SE 文档 : “如何为 Javadoc 工具编写文档注释”

http://www.oracle.com/technetwork/java/javase/documentation/index-137868.html

附录 E
小测验答案

第 1 章：介绍 Android

1. 叫做“The Brick”
2. “Snake”游戏
3. Android,Inc. 公司
4. 第一款 Android 设备叫作 G1。HTC 是生产商，T-Mobile 是运营商。

第 2 章：建立你的 Android 开发环境

1. 版本 6
2. `Un Known sources`
3. `USB debugging`
4. `android.jar`
5. `junit.*`
6. Google AdMob Ads SDK

第 3 章：编写你的第一个 Android 应用程序

1. 快照（`Snapshot`）功能极大的改进了模拟器的启动性能。
2. 其中“`e`”代表 ERROR，“`w`”代表 WARN，“`i`”代表 INFO，“`v`”代表

VERBOSE，而“d”代表 DEBUG。

3.“Step Into”对应的是 F5；“Step Over”对应的是 F6；“Step Return”对应的是 F7；而“Resume”则是 F8。

4. 在 Windows 环境下是 Ctrl+Shift+O，而在 Mac 环境下则是 Command+Shift+O。

5. 可以在希望打上断点的语句的左边栏中执行双击操作。

6. Alt+Shift+S

第 4 章：Android 应用程序基础

1. Context 类
2. getApplicationContext() 函数
3. getResources() 函数
4. getSharedPreferences() 函数
5. getAssets() 函数
6. 另一个名称是“back stack”
7. onSaveInstanceState() 函数
8. sendBroadcast() 函数

第 5 章：在 Android 的 Manifest 文件中定义你的应用程序

1. 分别是：Manifest、Application、Permissions、Instrumentation 和 AndroidManifest.xml。

2. android:versionName 和 android:versionCode

3. <uses-sdk> 标签

4. <uses-configuration> 标签

5. <uses-feature> 标签

6. <supports-screens> 标签

7. `<uses-library>` 标签

8. `<permission>` 标签

第 6 章：管理应用程序资源

1. 错

2. 资源类型包括了：Property animations、tweened animations、color state lists、drawables、layouts、menus、arbitrary raw files、simple values 和 arbitrary XML。

3. getString() 函数

4. getStringArray() 函数

5. Android SDK 支持的图像格式包括：PNG、Nine-Patch Stretchable Images、JPEG、GIF、WEBP。

6. 格式是：@resource_type/variable_name

第 7 章：探索 UI 构造元素

1. findViewById() 函数

2. getText() 函数

3. EditText

4. AutoCompleteTextView 和 MultiAutoCompleteTextView

5. 错

6. 错

第 8 章：设计布局

1. 错

2. 对

3. setContentView() 函数

4. 错

5. android:layout_attribute_name="value"

6. 错

7. 错

8. ScrollView

第 9 章：用 Fragment 来分割 UI 界面

1. FragmenManager

2. getFragmentManager() 函数

3. Fragment 类名

4. 错

5. 包括：DialogFragment、ListFragment、PreferenceFragment、WebViewFragment

6. ListView 组件

7. 利用 Android 的支持包

第 10 章：显示对话框

1. 分别是：Dialog、AlertDialog、CharacterPickerDialog、DatePickerDialog、ProgressDialog、TimePickerDialog 和 Presentation 对话框

2. 错

3. dismiss() 函数

4. AlertDialog 类型

5. 对

6. getSupportFragmentManager() 函数

第 11 章：使用 Android 偏好

1. 支持的数据类型有：Boolean、Float、Integer、Long、String、String Set

2. 对

3. /data/data/<package name>/shared_prefs/<preferences filename>.xml

4. 分别是：android:key、android:title、android:summary、android:defaultValue

5. addPreferencesFromResource() 函数

第 12 章：使用文件和目录

1. 0 和 32768

2. 错

3. /data/data/<package name>/

4. openFileOutput() 函数

5. getExternalCacheDir() 函数

6. 错

第 13 章：利用 Content Provider

1. MediaStore

2. 对

3. READ_CONTACTS 权限

4. 错

5. addWord() 函数

6. 错

第 14 章：设计兼容的应用程序

1. 对
2. `99%`
3. `<supports-screens>` 标签
4. 错
5. `ldltr`, `ldrtl`
6. 错
7. `onConfigurationChanged()` 函数

第 15 章：学习 Android 软件开发流程

1. 错
2. 最小公分母和定制方法
3. 尽早，即当项目需求和目标设备刚刚确定时
4. 错
5. 编写然后编译源码，在模拟器中运行应用程序，在模拟器或设备中测试和调试应用程序，打包并部署应用程序到目标设备中，在目标设备中测试和调试应用程序，结合开发小组中的其他变化，然后如此循环反复直到应用程序开发完成。

第 16 章：设计和开发安全可靠的 Android 应用程序

1. 有多少用户安装了应用程序；有多少用户第一次启动了应用程序；有多少用户经常使用应用程序；最流行的使用模式和趋势是什么；最不流行的使用模式和特性是什么；什么设备是最流行的。

2. “更新”意味着修改 Android manifest 中的版本信息，然后在用户设备中重新部署更新后的版本。“升级”意味着创建一个全新的应用程序包——它具有新的特性，并作为一个独立的应用程序来供用户安装，而且不替代老的应用程序。

3. 使用不同 AVD 配置的 Android 模拟器，`DDMS` 和层级浏览器，layoutopt，

Nine-Patch 工具，真机设备，以及特定设备的技术文档。

4. 错

5. Android IDE，安装了 ADT 插件的 Eclipse、Android Studio、Android 模拟器，物理设备，`DDMS`、`adb`、`sqlite3` 和层级浏览器

6. 错

第 17 章：提升 Android 的应用程序体验

1. 所有 Activity 必须存在于应用程序的同一个层级中，只需要调用 `startActivity()` 函数就可以了

2. 定义 `parentActivityName` 然后使用正确的 `Activity`

3. `onBackPressed()` 函数

4. `setDisplayHomeAsUpEnabled(true)` 函数

5. `android:uiOptions="splitActionBarWhenNarrow"`

6. `getActionBar().hide();`

第 18 章：测试 Android 应用程序

1. 对

2. 在应用程序合成时测试，在应用程序升级时测试，在设备升级时测试，在产品国际化时测试；测试一致性，安装测试，备份测试，性能测试，内嵌收费机制测试，测试那些异常情况，并为提高你的应用程序成为“杀手级”程序的机率而测试

3. `JUnit` 库

4. `.test`

5. `test`

6. 错

7. `TouchUtils` 类

第 19 章：发布你的 Android 应用程序

1. ProGuard

2. 错

3. Google 的 Analytics App Tracking SDK

4. versionName 用于向用户显示应用程序的版本信息，而 versionCode 是 Google Play 内部用来鉴别和处理应用程序升级操作的整形数值。

5. 对

6. 错

7. 一个 Google Wallet Merchant 账户。

附录 A: 掌握 Android 的开发工具

1. 对

2. /platform-tools

3. 错

4. 图形化布局模式，XML 编辑模式

5. 层级浏览器

附录 B: 快速入手指南：Android 模拟器

1. F8

2. Ctrl+F11/Ctrl+F12

3. F6

4. onPause() 和 onStop() 函数

5. hw.gpu.enabled

6. telnet localhost <port>

7. geo fix <longitude><latitude> [<altitude>]

附录 C: 快速入手指南：Android DDMS

1. `/tools`

2. 对

3. 在 Android IDE 连接和调试应用程序，监视线程，监视堆，停止进程，强制垃圾回收。

4. `TrafficStats` 类

5. 错

附录 D: Android IDE 和 Eclipse 的使用技巧

1. 对

2. Windows 环境下是 `Ctrl+M`，Mac 环境下是 `Command+M`。

3. 首先同时打开两个源码文件窗口，拖曳其中一个文件的页面然后把它放到编辑区域的边缘或者底部。

4. 错

5. Windows 环境下是 `Ctrl+Shift+F`，Mac 环境下是 `Command+Shift+F`

6. `Alt+Shift+L`

7. Windows 环境下是 `Ctrl+1`，Mac 环境下是 `Command+1`

反侵权盗版声明

电子工业出版社依法对本作品享有专有出版权。任何未经权利人书面许可，复制、销售或通过信息网络传播本作品的行为；歪曲、篡改、剽窃本作品的行为，均违反《中华人民共和国著作权法》，其行为人应承担相应的民事责任和行政责任，构成犯罪的，将被依法追究刑事责任。

为了维护市场秩序，保护权利人的合法权益，我社将依法查处和打击侵权盗版的单位和个人。欢迎社会各界人士积极举报侵权盗版行为，本社将奖励举报有功人员，并保证举报人的信息不被泄露。

举报电话：(010)88254396；(010)88258888

传　　真：(010)88254397

E-mail：dbqq@phei.com.cn

通信地址：北京市万寿路173信箱　电子工业出版社总编办公室

邮　　编：100036